# 정밀측정의 최적화 기술

신현성 · 김광호 · 김형선 지음

측정은 단순 길이의 측정에서부터 복잡한 형상과 기하학적인 형상에 대한 측정까지 그 방법 또한 제품의 요구되는 정밀도에 맞추어 발전하고 있다. 이에 제품의 설계에서부터 제작 완료될 때까지 사용되는 측정기와 이를 활용한 정밀측정의 최적화 기술에 관하여 서술하였다.

기전연구사

# 머리말

4차 산업 시대에 들어서면서 소비자들은 다양하고 더 정밀한 제품에 대한 요구가 증가하고 있다. 이러한 소비자들의 높은 욕구를 충족하기 위해서는 제품을 설계에서부터 완성될 때까지 품질을 일정하게 유지하고 향상하기 위한 관리가 동반되어야 하는데 이것을 '품질관리'라 한다. 이러한 품질관리에 있어 가장 중요한 역할을 하는 것이 "측정"이다. 측정은 단순 길이의 측정에서부터 최근에는 복잡한 형상과 기하학적인 형상에 대한 측정까지 그 방법 또한 제품의 요구되는 정밀도에 맞추어 발전하고 있다. 이에 맞추어 본 교재에서는 제품의 설계에서부터 제작 완료될 때까지 사용되는 측정기와 이를 활용한 정밀측정의 최적화 기술에 관하여 서술하였다.

첫 번째로 정밀측정의 최적화 기술로 품질관리에 사용되는 용어에 대하여 정리 및 설명하였다.

두 번째로 제품 제작 현장에서 사용되는 버니어캘리퍼스, 마이크로미터 등 기본적인 측정기의 원리와 측정법에 관하여 기술하였다.

세 번째로 제품 제작 후 측정실에서 이루어지는 진원도, 표면거칠기, 경도 등 측정기와 측정 방법에 관하여 기술하였다. 측정실에서는 제품 제작 현장에서보다는 더욱더 정밀한 측정값을 구하는 것은 물론이며, 측정된 값을 가지고 유도되는 여러 가지 측정 방법을 기술하였다.

네 번째로 3차원 측정기의 사용법과 GD & T(Geometric and Tolerancing)가 적용된 제품 측정 방법에 관해 기술하였다. 또한 CAE S/W인 UG NX를 이용한 3차원 측정프로그램 작성 기법에 관한 설명이 추가되었다.

다섯 번째로 측정 프로그램(UG NX)과 3차원 측정 장비 간의 물리적 사산을 표현하는 최신의 방법인 디지털 트윈(Digital Twin) 기술을 체험할 수 있도록 구성하였다.

여섯 번째로는 독자들의 자격취득을 위해 정밀측정 산업기사 문제에 대해 해설을 추가하였으며, 교재에 사용한 시편의 제작 도면을 첨부하여 학습에 도움을 주고자 합니다.

마지막으로 본 교재 집필에 도움을 주신 한국폴리텍대학 교직원들의 협조에 감사드립니다. 또한 기전연구사 나영찬 사장님과 직원 여러분들께도 감사드립니다.

정밀측정의 최적화 기술의 좋은 결실을 기대하며 본 교재에 관한 궁금한 사항이나 의견을 주시면 성심성의껏 답변드리겠습니다.

2022년 8월

빛고을에서 저 자 씀

# 차 례

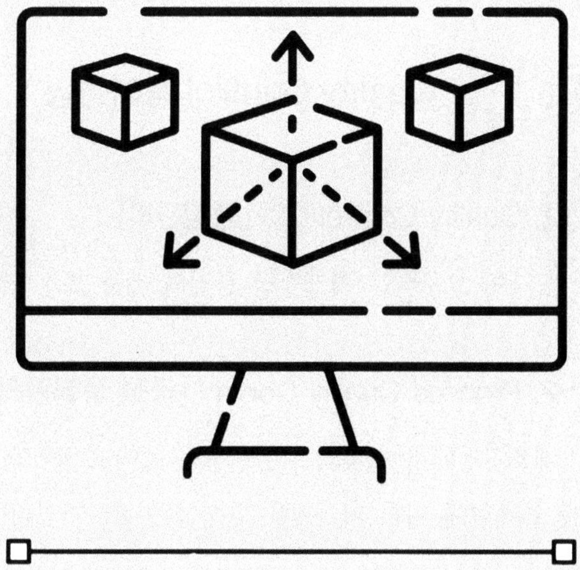

chapter

01

# 품질관리(Quality Control) 용어의 이해

## 1.1 Quality Control 용어설명

### 1. Quality Control(QC) [품질관리]

고객이 요구하는 경제적인 품질의 제품 또는 제품을 제조하기 위한 관리시스템이다.

### 2. Process Quality Control [공정 품질관리]

제조공정에서 제품의 품질변동을 줄이고 품질의 안정성을 유지하는 활동, 이러한 활동을 통해 공정개선 및 표준화에 의한 기술력을 향상하는 관리기법이다.

### 3. Statistical Process Control(SPC) [통계적 공정제어]

통계적 방법에 따른 공정품질 관리기법이다.

### 4. Population [모집단]

공정개선을 위해 고려해야 할 특성이 있는 모든 항목의 그룹, 공정에 따른 제품의 품질관리를 위한 그룹, 표본은 일반적으로 샘플(sample)로 표시되는 것이다.

### 5. Lot [재조그룹]

같은 조건에서 생산된 제품, 제품의 품질을 관리하고자 같은 원료와 같은 공정에서 생산되는 그룹을 표시하는 제품의 단위이다.

### 6. Sample [견본]

특성을 검사하기 위해 모집단에서 선택된 제품의 견본을 의미한다.

### 7. Sample Size [견본 수량]

제품의 특성을 조사하기 위해 모집단에서 꺼낸 제품의 수량이다.

### 8. Bias [편위]

기준값에서 여러 번 측정을 수행할 때 측정된 값의 평균값을 뺀 값을 의미한다.

### 9. Dispersion [퍼짐정도]

평균값에 대한 목표 특성 값의 변화, 표준 편차는 일반적으로 평균 주위의 값 분산을 나타내는 데 사용한다.

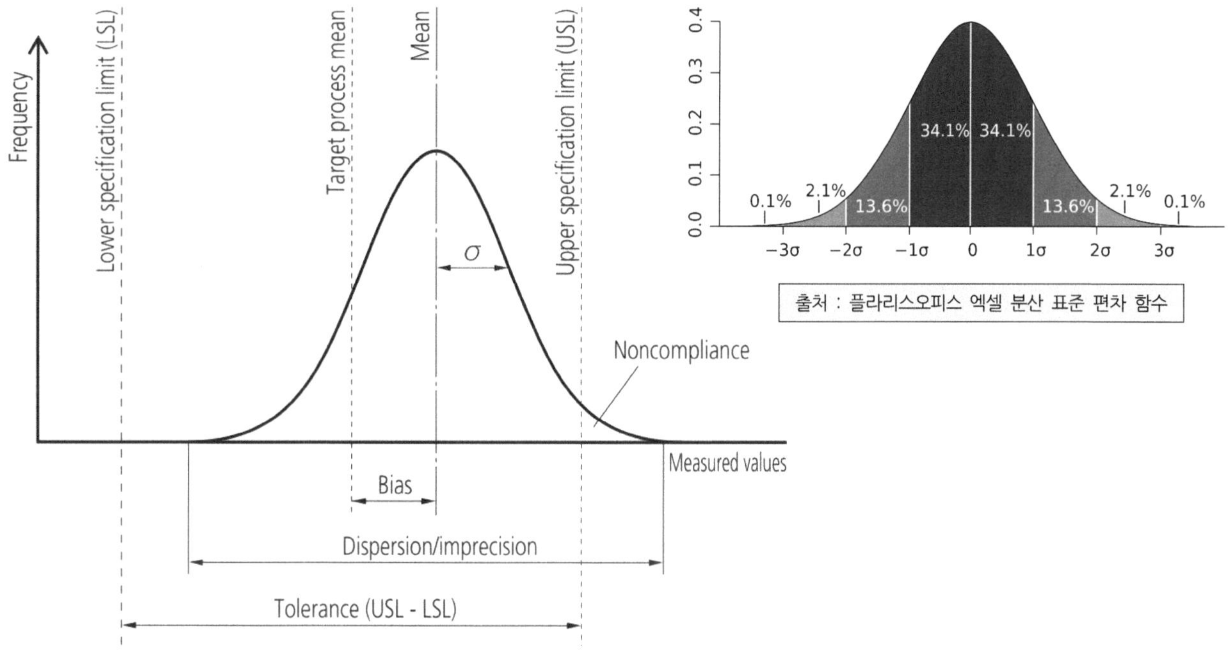


출처 : 플라리스오피스 엑셀 분산 표준 편차 함수

**그림 1.1** 정규분포 곡선

## 10. Histogram [봉그래프]

최대 측정값과 최소 측정값 사이의 범위를 여러 분할로 나누고 각 분할의 값, 수(모양 빈도)를 막대그래프 형식으로 표시하는 그림, 이는 대략적인 평균 또는 대략적인 분산 정도를 이해하기 쉽게 만들며 봉 모양의 대칭 분포를 정규 분포라고 하고 쉽게 계산할 수 있는 특성으로 이론적 예에서 많이 사용된다.

## 11. Process Capability [공정능력]

공정이 충분히 표준화되고 오작동의 원인이 제거되며 공정이 통계적 제어 상태에 있을 때 입증된 공정별 성능, 공정능력은 공정에서 출력되는 품질의 특성이 정상일 때 평균 $\pm 3\sigma$ 또는 $6\sigma$로 표시되고 $\sigma$는 표준편차이다.

## 12. Process Capability Index(PCI 또는 Cp) [공정능력지수]

측정대상 특성이 공차한계 내에서 제조공정이 얼마나 잘 제작되어 있는지를 검증하여, 항상 "1"보다 커야 한다.

지수 값은 목표 특성의 공차를 공정능력($6\sigma$)으로 나누어 계산되고 평균($\overline{X}$)과 표준값의 차이를 $3\sigma$로 나누어 계산한 값은, 한 방향 공차로 나타내는 데 사용된다. 공정능력지수는 특성이 정규 분포를 따르는 것으로 가정한다.

※ Note : 정규 분포를 따르면 99.74% 결과 데이터는 평균에서 $\pm 3\sigma$ 범위 내에 있다.

① 양방향의 공차(Bilateral tolerance) : $Cp = \dfrac{USL - LSL}{6\sigma}$

> USL(상한치) : Upper specification limits
> LSL(하한치) : Lower specification limits

② 편측방향의 공차(Unilateral tolerance) – 상한치만 규제된 경우 : $Cp_U = \dfrac{USL - \overline{X}}{3\sigma}$

③ 편측방향의 공차(Unilateral tolerance) – 하한치만 규제된 경우 : $Cp_L = \dfrac{\overline{X} - LSL}{3\sigma}$

양방향 공차에서 공정능력지수(Cp)의 구체적인 예

| | | |
|---|---|---|
| Cp = 1 | 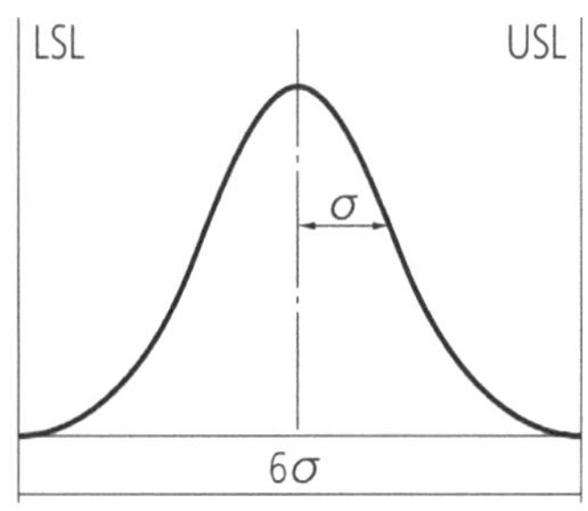 | 6σ 공정능력과 공차 한계가 일치하므로 공정능력은 거의 달성되지 않는다. |
| Cp = 1.33 | 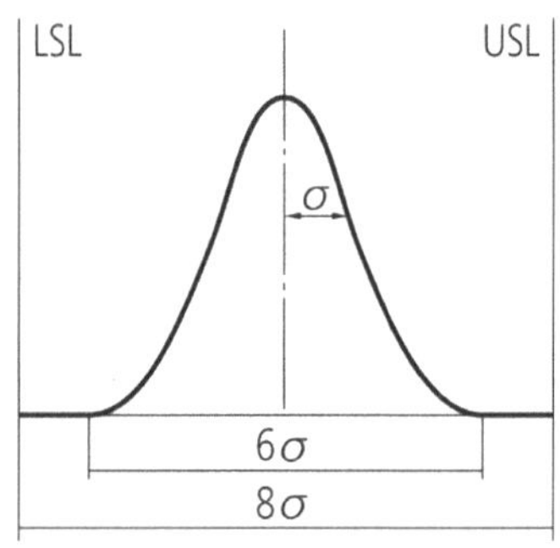 | 공정능력이 공차 한계의 1σ 이상이 아니므로 적용할 수 있는 공정능력의 최소값이다. |
| Cp = 1.67 | 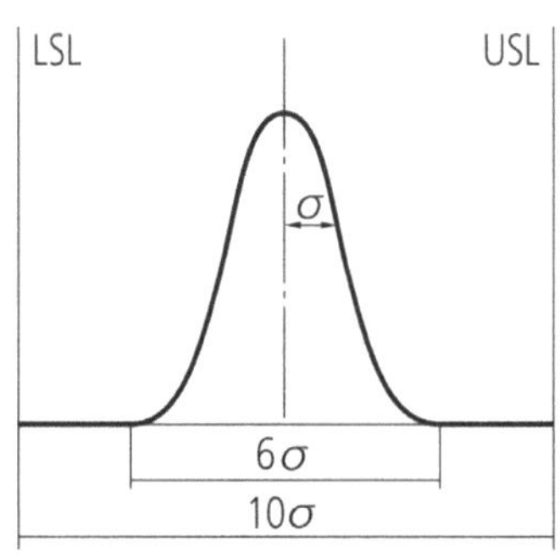 | 공정능력이 공차 한계에 2σ 이상이 아니므로 공정능력이 충분합니다. |

Cp는 공차 한계와 공정 분산 사이의 관계만을 나타내며 공정 평균의 위치는 고려하지 않는다.

※ Note : 목표 공정 평균과 공정 평균 간의 차이를 고려하여, 공정능력지수를 일반적으로 $C_{PK}$ 라고 하며 이는 상한 공차(USL에서 평균을 뺀 값)를 $3\sigma$(공정능력의 절반)로 나눈 값 또는 하한 공차(평균값에서 LSL을 뺀 값)을 $3\sigma$로 나눈 값 중에서 더 작은 값이다.

$$C_{PK} = \mathrm{Min}\,(C_{PL},\ C_{PU})$$

## 13. Control chart [관리도]

공정변동을 우연 원인과 오작동으로 분리하여 공정을 제어하는 데 사용되며 관리도는 하나의 중심선(CL)과 위, 아래에 관리 한계선(UCL/LCL)으로 구성된다. 모든 점이 공정에서 나타내는 특성값일 때 상한과 하한 제어 한계선 내에 있으면 공정이 통계적 제어 상태에 있다고 말할 수 있고 관리도는 제품공정과 품질을 제어하는 데 유용한 도구이다.

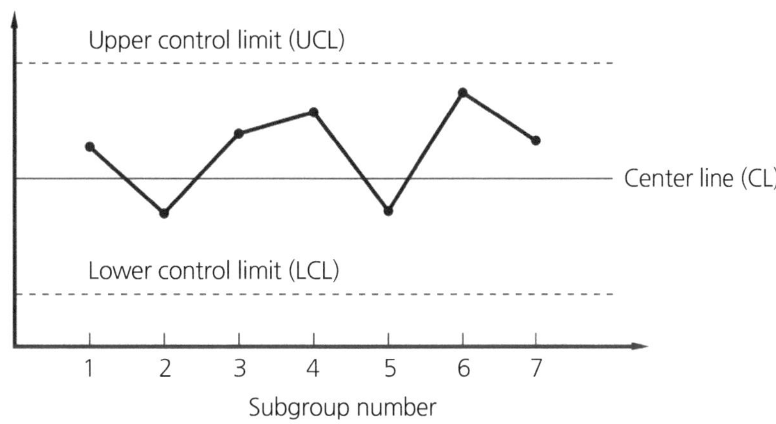


**그림 1.2** 제품의 측정관리도

## 14. $\overline{X}$–R control chart [$\overline{X}$–R 관리도]

공정관리에 가장 많이 사용되는 관리도인 $\overline{X}$-R 관리도는 공정 평균의 비정상적인 편향을 감시하기 위해 각 하위 그룹의 평균을 사용하여, 제어 평균을 사용하는 $\overline{X}$ 관리도 및 제어 범위를 사용하여 비정상 변동을 보는 R 관리도로 구성되고 일반적으로 두 개의 관리도는 함께 사용한다.

## 15. 관리도를 읽는 방법

바람직하지 않은 것으로 간주하는 관리도에서 연속적인 포인트 위치의 일반적인 추세는 다음과 같다. 이러한 추세는 '특별한 원인'이 공정에 영향을 미치고 상황을 해결하기 위해 공정 운영자의 조치가 필요하다는 것을 의미한다. 이러한 결정 규칙은 지침만을 제공하고 실제로 결정 규칙을 만들 때 공정별 특성을 고려한다. 상한 및 하한 관리 한계가 중심선에서 $3\sigma$ 떨어져 있다고 가정하고 관리도를 나누고 다음 규칙을 적용하기 위해 $1\sigma$ 간격으로 6개 지역으로 X 관리도와 $\overline{X}$ 관리도에 적용된다. 이러한 "행동 경향"은 정규분포를 가정하여 공식화되고 다른 분포에 맞게 규칙을 공식화할 수 있다.

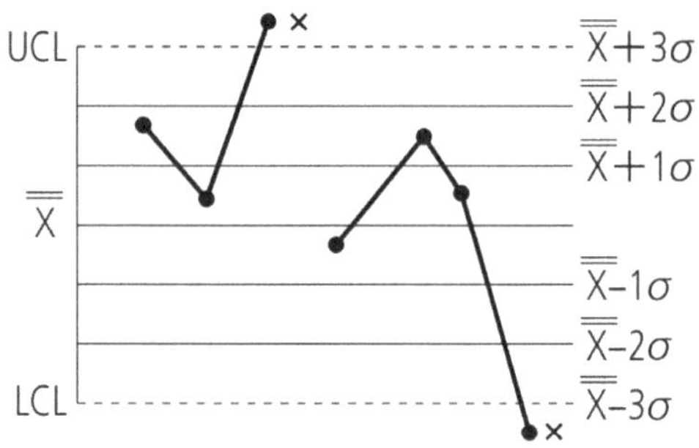


(a) 제어 한계선 중 하나를 넘어서는 점이 있다.

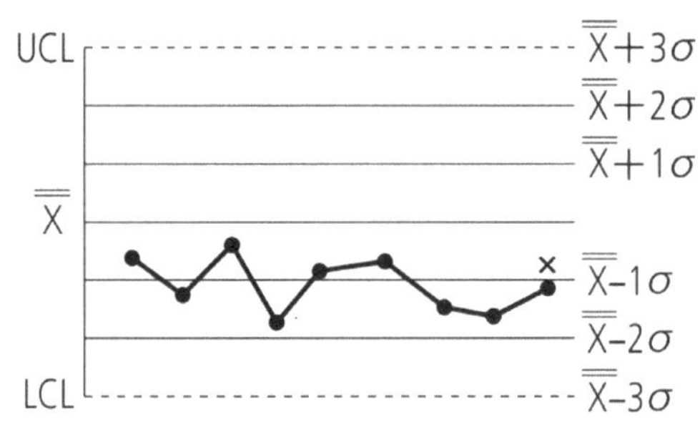


(b) 9개의 연속 점은 중심선의 한쪽에 있다.

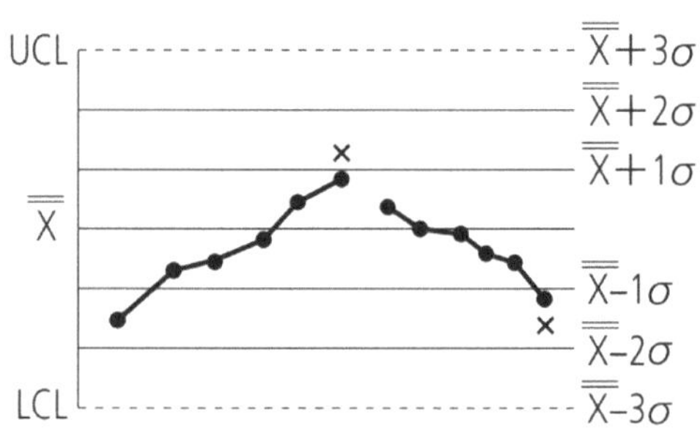


(c) 6점 연속 증감한다.

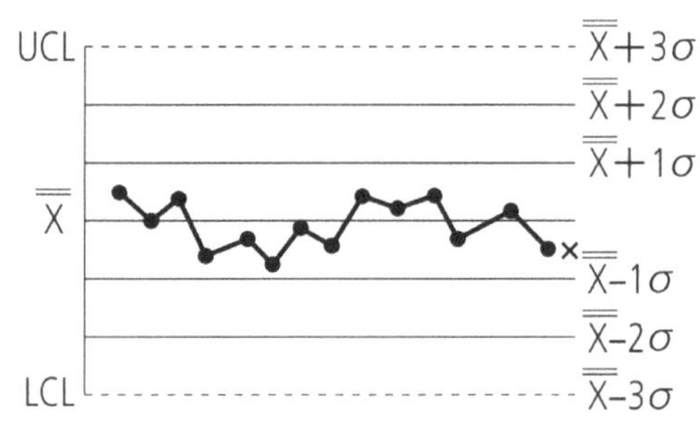


(d) 14개 점이 교대로 증가 및 감소한다.

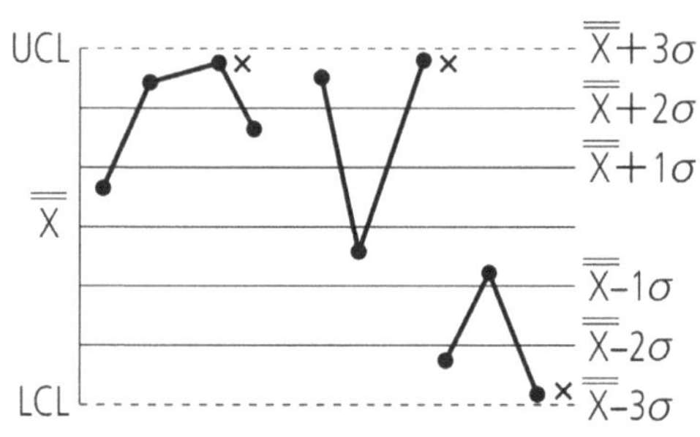


(e) 3개의 연속 점 중 2개가 양쪽에서 $\pm 2\sigma$ 이상이다.

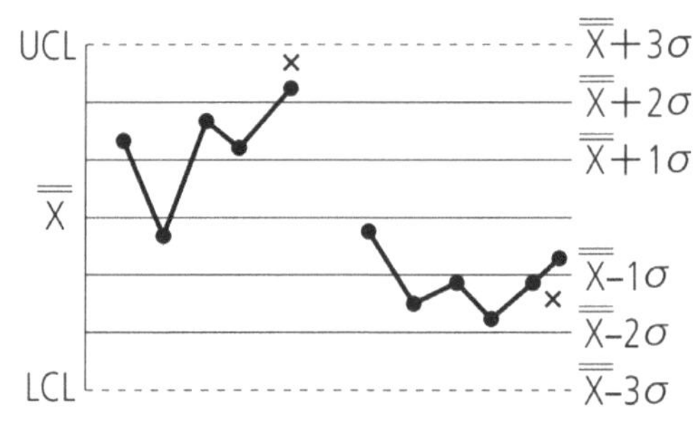


(f) 5개의 연속 점 중 4개가 양쪽 중앙에서 $\pm 1\sigma$ 이상이다.

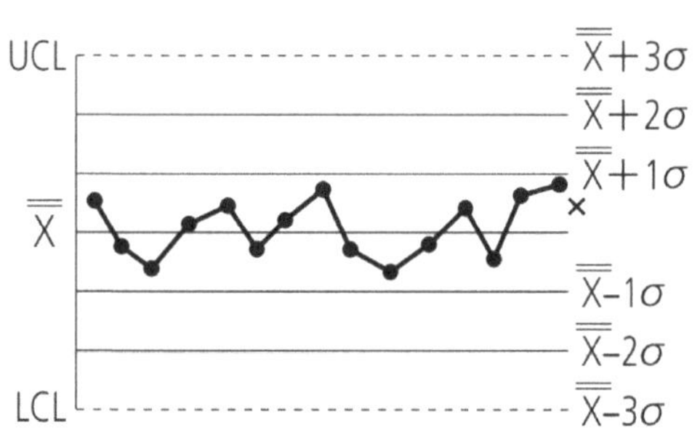


(g) 중심선으로부터 $\pm 1\sigma$ 내에 15개의 연속 점이 있다.

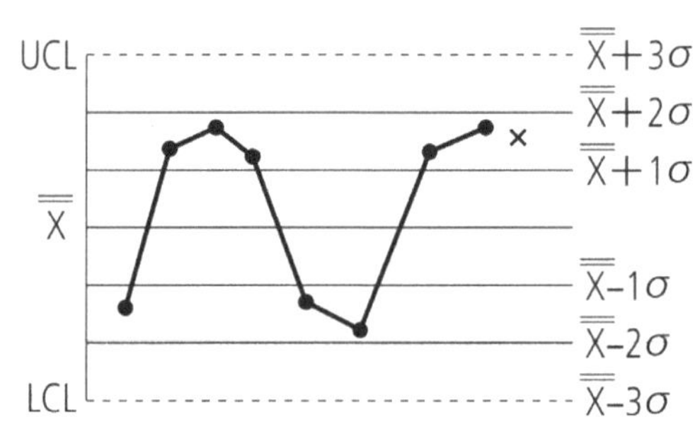


(h) 5개의 연속 점 중 4개가 양쪽 중앙에서 $\pm 1\sigma$ 이상이다.

**그림 1.3** 관리도를 읽는 방법의 이해

※ 상기 내용은 일본 표준협회가 발행한 JIS 품질관리 핸드북의 해석을 기반으로 Mitutoyo가 작성한 내용이다.

## 1.2 계측기의 표시와 도량형 선택

측정된 값에 대한 정보를 제공하는 표시에는 인간의 감각으로 직접 인식되어야 하며 광학, 음향 또는 다양한 출력기능으로 제공된다. 디스플레이 장치에는 디지털, 아날로그 또는 기타 특수한 표시 방법이 있으며 재료측정의 경우 측정된 값과 표시된 값이 일치한다.

### 1. 계측기의 표시 정의

1) 아날로그 지시기(analog indication)

① 스케일 표시(scale indication) : 스케일 표시는 스케일 마크를 읽을 수 있는 위치이다.

② 라인 스케일(line scale) : 선형으로 서로 뒤따르는 여러 눈금으로 기질(substrat)을 표시한다.

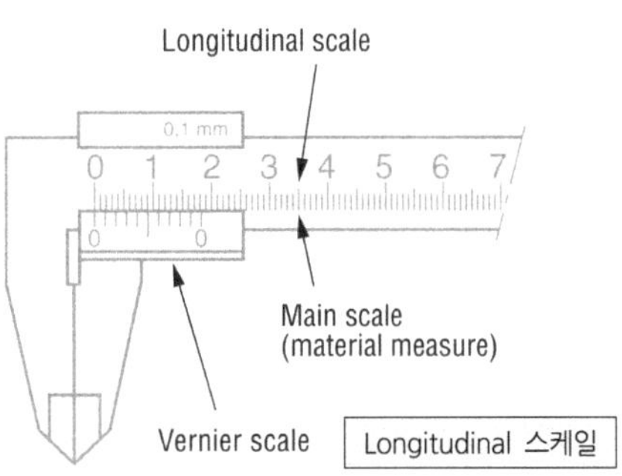


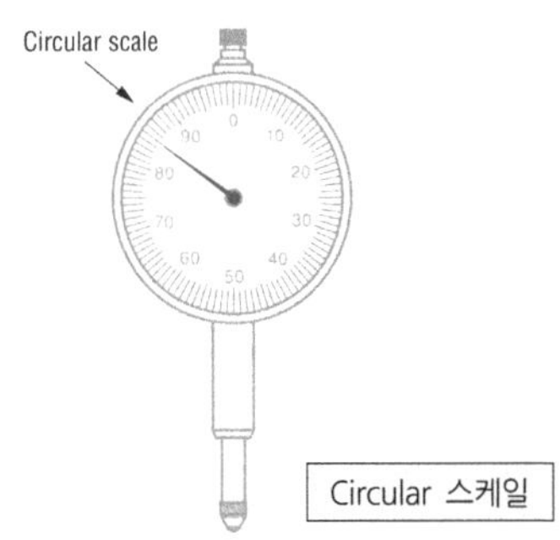


**그림 1.4** 아날로그 계측기의 스케일 표시

③ 스케일 공간(scale spacing) : 스케일 간격은 표시 눈금으로 동일한 선을 따라 측정된 두 개의 연속 스케일 표시 눈금 사이의 거리이며 길이 단위로 표시된다.

④ 스케일 구분(scale division) : 두 개의 연속된 표시 눈금 사이를 의미한다.

⑤ 스케일 간격(scale interval) : 스케일 간격은 두 개의 연속 표시 눈금과 일치하는 값 사이의 차이이며 이 특성은 눈금에 표시된 단위로 표시된다.

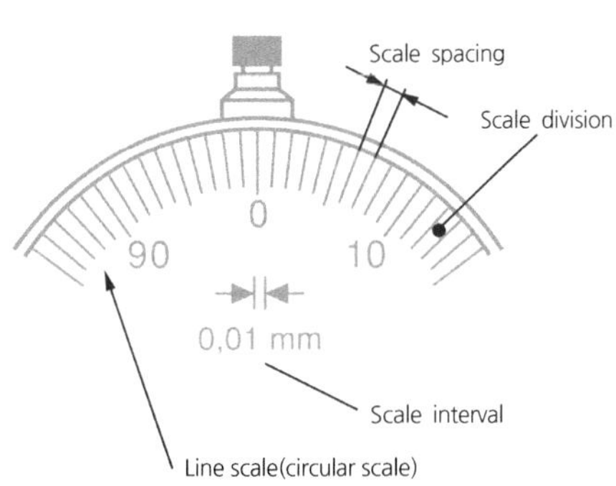


**그림 1.5** 아날로그 계측기의 스케일 용어

⑥ 버니어 간격(vernier interval) : 계측기의 보조 스케일 눈금으로 측정값의 정도를 높이며 하나의 측정값으로 표시된다.

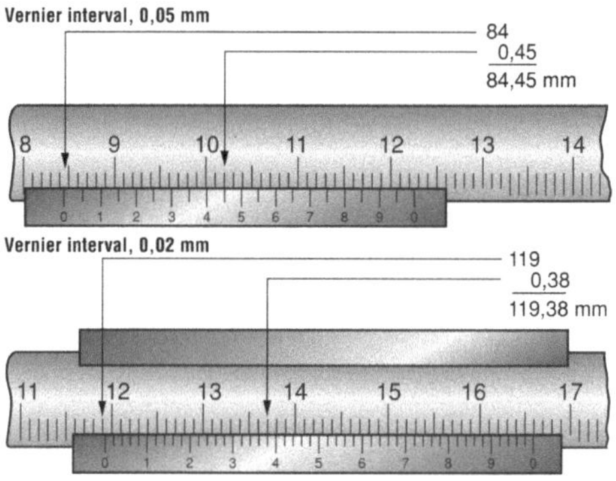


그림 1.6 버니어 스케일의 활용

2) 디지털 지시기(digital indication)

계측 결과값이 숫자 형태로 표시되는 지시기이다.

① 수치 스케일(numerical scale) : 수치 스케일은 숫자(0~1)의 연속으로 표시하고 다중 스케일에서 단일 숫자에 소수로 나란히 배열하며 표시 정도를 의미한다.

② 수치 분할(numerical division) : 수치 분할은 숫자 눈금에서 마지막 위치와 연속되는 두 자리 숫자의 차이를 의미한다.

③ 수치 간격(numerical interval) : 숫치 간격은 표시의 하나의 숫자 값에 의한 변경이며 이 특성은 측정 단위로 표시된다.

## 2. 도량형의 정의

① 표시범위(range of indication) : 표시범위는 측정기기의 최대 및 최소 디스플레이값을 의미한다.

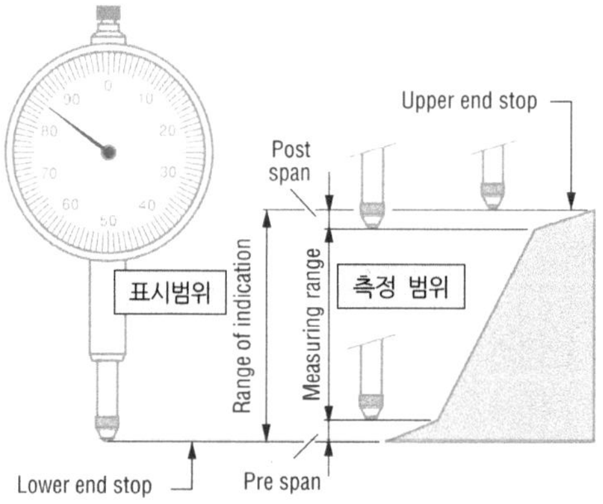


그림 1.7 다이얼게이지의 표시범위

② 측정 범위(measuring range) : 표시장치의 측정 범위는 측정된 값이 최대범위를 초과할 수 없는 범위이고 측정 범위에 따라 오차는 범위는 다를 수 있다. 그림 1.8과 같이 측정 범위는 관련된 전체 표시 범위 내에 포함된다.

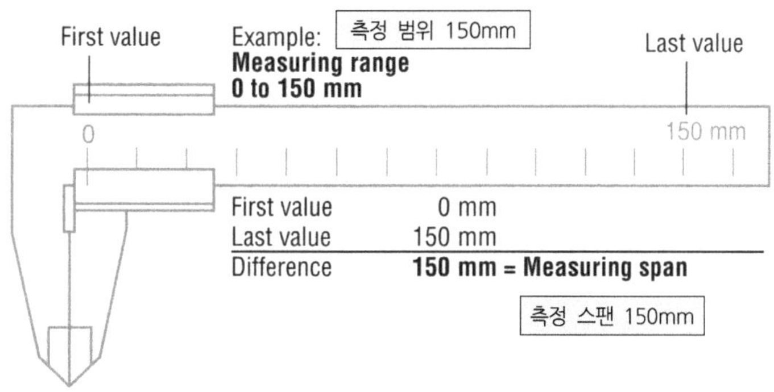


**그림 1.8** 버니어 캘리퍼스의 측정 범위

③ 측정 스팬(measuring span) : 이 범위는 지정된 최소측정값과 마지막 측정값의 차이로 버니어 캘리퍼스의 경우 측정 범위를 의미한다.

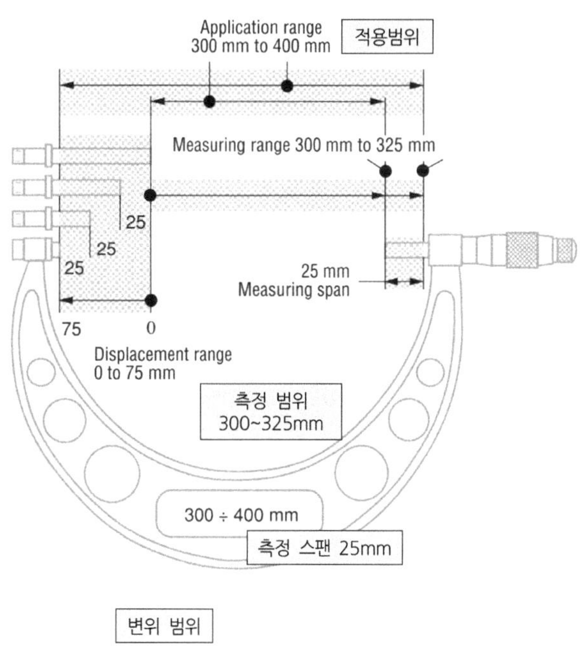


마이크로미터에서는 측정 스팬이 범위가 지정된 최소측정값과 마지막 측정값인 25mm이다.

④ 변위 범위(displacement range) : 측정 범위를 이동할 수 있는 측정 관련 범위이며 그림 1.9에서는 같은 마이크로미터의 경우 25mm 단위의 앤빌(anvil)을 교체하여 0~25mm 측정 범위씩 이동할 수 있다.

⑤ 적용 범위(application range) : 적용 범위는 변위와 측정 범위의 차이에 의해 결정되고 그림 1.9에서와 같은 마이크로미터의 경우 앤빌을 교체하여 300~400mm까지 측정할 수 있다.

⑥ 측정량(measurand) : 측정의 물리량, 측정량은 측정되거나 측정될 길이 또는 각도이다.

⑦ 측정값(measured value) : 모든 측정값은 측정 결과로 나타내며 이 값은 측정과 직접 관련되는 계측기기 또는 장치의 출력기능에 추가로 할당된다. 측정값은 수치와 단위의 곱으로 표현되며 측정된 값은 실제값과 관련 계측기에서 발생한 임의적 이거나 체계적인 오류가 포함된다.

⑧ 측정 결과(result of measurement) : 인지한 시스템 오류를 기반으로 측정된 값, 이 결과는 측정 불확실성에 의해 더욱 증가하고 임의의 알려지지 않은 시스템 오류가 포함된다.

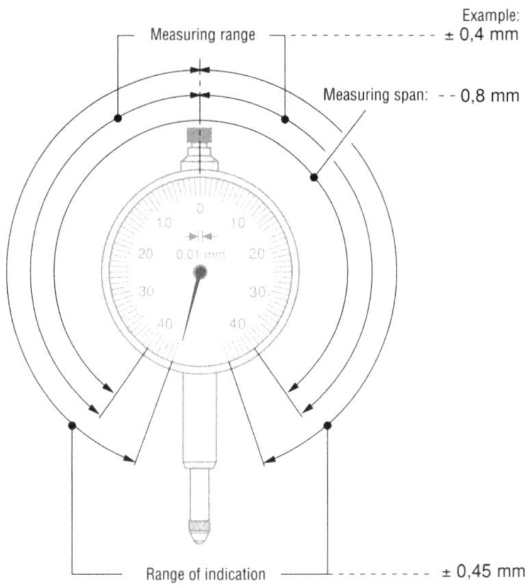


**그림 1.10** 다이얼게이지의 도량형(측정 범위 0.8mm)

⑨ 도량형 특성 MPL의 허용한계(permissible limits of a metrological characteristic MPL) : 제조업체 또는 기타에 적합한 사양 또는 표준에 따라 지정된 계측 장비의 도량형 특성에 대해 허용되는 최대값을 의미한다.

⑩ 도량형 특성 MPE에 대한 최대 허용오차(maximum permissible errors for a metrological characteristic MPE) : 제조업체 또는 기타에 적합한 사양 또는 표준에 따라 지정된 계측 장비의 도량형 특성에 대해 허용되는 오차의 극한값이다.

⑪ 반복성(repeatability) : 같은 반복 측정에서 얻은 결과의 차이, 같은 조건에서 측정 불확도의 평가에 중요한 정보를 제공하는 반복성은 정량적으로 분산 값의 표준 편차로 표현된다.

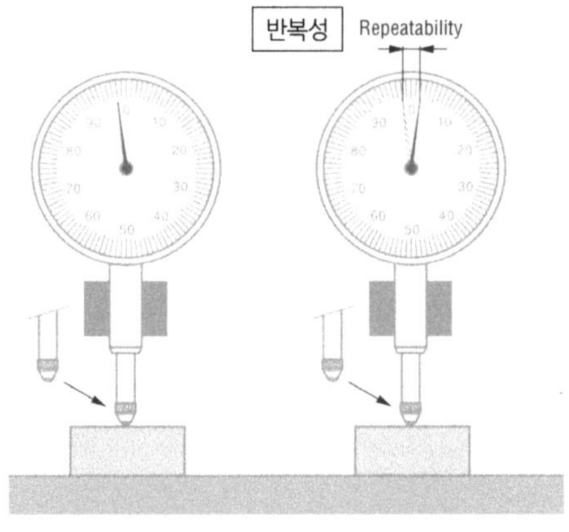


**그림 1.11** 다이얼게이지의 반복성

⑫ 반복성 한계(repeatability limit) : 반복성에 대한 한계치를 의미한다.

⑬ 최대 허용오차 G(maximum permissible errors G) : 이러한 오류는 도량 학적 특성 MPL의 허용한계로 동화되며 계측기기의 상한 및 하한 편차와 관련이 있고 일반적으로 실제 계측에서는 대칭으로 표시 없이 단일 값으로 표시된다.

⑭ 표시의 편차 범위(deviation span of indication) : 이 편차 범위는 관련 그림 1.7에 표시된 대로 좌표의 최고점에서 최저점까지의 거리와 일치하며 얻은 값은 전체, 로컬 측정 범위 또는 측정 범위에 적

용할 수 있다. 필요한 모든 측정은 한 방향으로(측정 힘의 역전 없이) 수행된다. 다이얼게이지의 경우 위로 플런저를 움직여 전체 편차 범위를 설정하는 데 필요한 경우 양방향으로 수행(측정 힘의 역전) 되어 다이얼 게이지용 플런저가 위아래로 움직인다.

⑮ 히스테리시스(hysteresis) : 히스테리시스는 측정기기의 다양한 표시 간의 차이를 나타내며 같은 조건에서 같은 측정량의 증가/감소 값에 의해 측정된다. 계측 값의 분산은 표준 편차로 정량적으로 표시된 히스테리시스는 계측 어디에서나 적용될 수 있다.

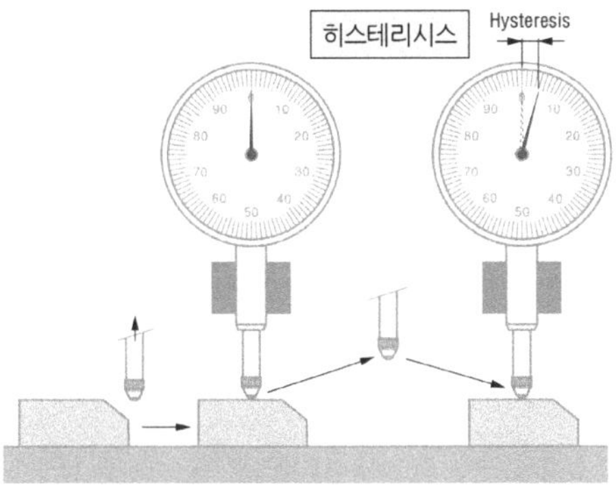


**그림 1.12** 다이얼게이지의 히스테리시스

## 3. 계측기의 적합성을 입증하기 위한 결정 규칙

ISO 14253-1은 기하학적 제품 제원(geometrical product specification, GPS) 사양에 대한 적합성 또는 비 적합성을 설정하기 위한 규칙을 제공한다.

이 규칙은 공작물의 측정과 계측 장비에 의한 검사에 유효하며 ISO 표준은 측정의 불확실성에 대한 허용 또는 더 정확하게는 측정 불일치에 대한 측정의 불확실성을 허용하고 주어진 계측기 사양을 증명해야 한다.

따라서 공작물의 경우 사양이 사전 설정된 공차와 일치하고 계측 기기의 도량형 특성(MPE)에 대한 최대 허용 오차와 같아야 한다.

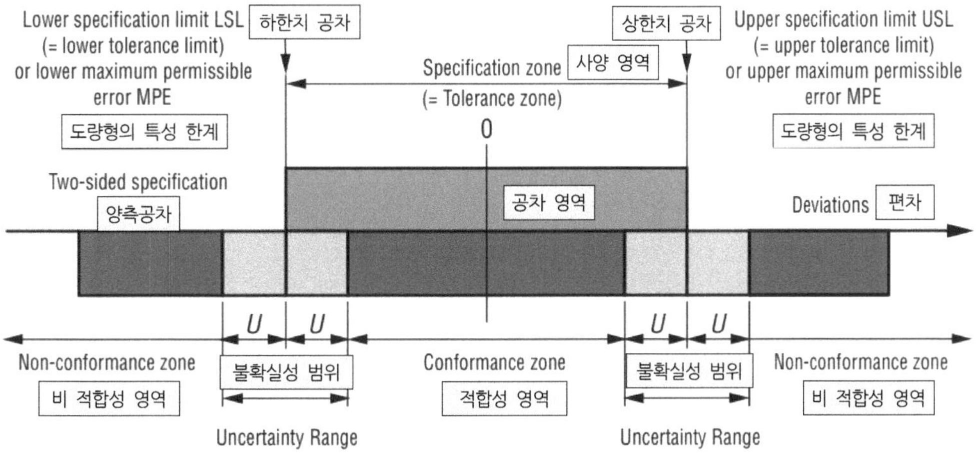


(a) 양측공차에서 도량형의 특성

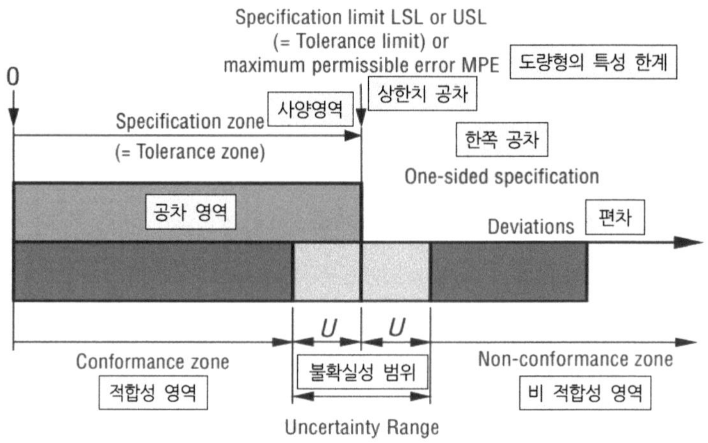


(b) 편측공차에서 도량형의 특성

**그림 1.13** 도량형의 특성(MPE) 한계

주어진 사양은 일정하지만, 측정 불확실성(uncertainty)이 변수이며 다른 구성 요소의 영향을 받아 적합성(conformance) 또는 비 적합성 영역(non-conformance)은 유효 확장 불확실성 U의 크기에 따라 달라진다.

1) 적합성 증명 규칙

① 측정 결과 y가 공차 영역 안에 있을 때

측정 결과 y가 공차 영역(tolerance zone) 안에 있을 때 적합성은 증명되며 확장된 불확실성 U에 의해 양쪽에서 감소된 사양 영역으로 계측기 성능에 대한 적합성이 제조업체(공급자)에 의해 입증되어 공작물 또는 계측기기로 수용할 수 있다.

② 측정 결과 y가 공차 영역 밖에 있을 때

측정 결과 y가 규격 영역을 넘어서서 확장 불확실성 U만큼 양측으로 증가하면 부적합이 입증되고 이 경우 구매자(고객)가 부적합의 증거를 제시하면 관련 측정 기기를 거부할 수 있다.

③ 부적합을 증명하기 위한 규칙

확장된 불확실성 U와 관련된 측정 결과 y가 LSL 및 USL 경계를 모두 포함할 때 적용되며 결과적으로 공작물 또는 계측 기기를 자동으로 수락하거나 거부할 수 없다. 이러한 경계(dead end cases)의 경우 아래 규칙을 따르는 것이 좋다.

- 불확실성이 줄어든 계측을 반복하여 적합성 또는 부적합을 명확하게 보여주며 이러한 방식으로 진행하면 필요한 증거를 제공할 수 있어 당사자에게 도움이 된다.
- 이러한 경우에 적용되는 절차(계측공정)를 제공하여 상호 합의에 도달한다.

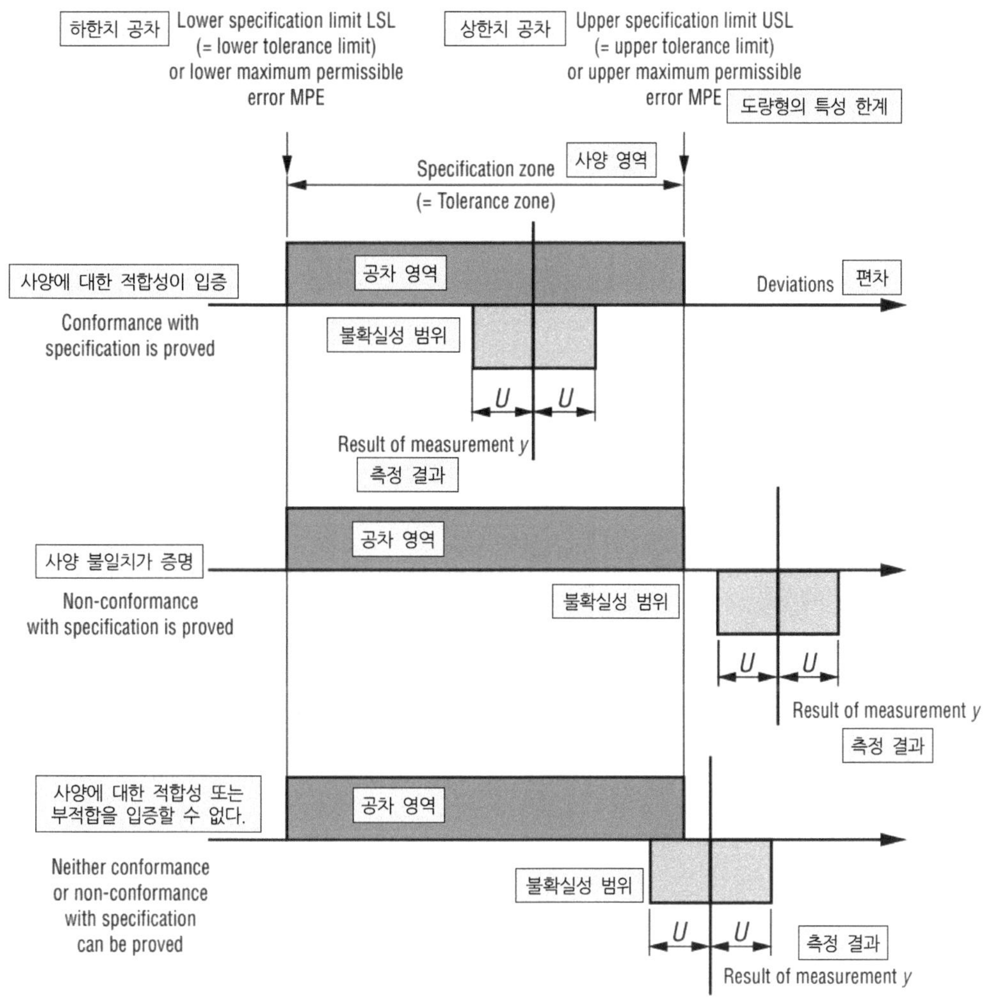


**그림 1.14** 도량형의 적합성 판단기준

※ 상기 내용은 TESA Technology co. 기술자료를 번역한 내용입니다.

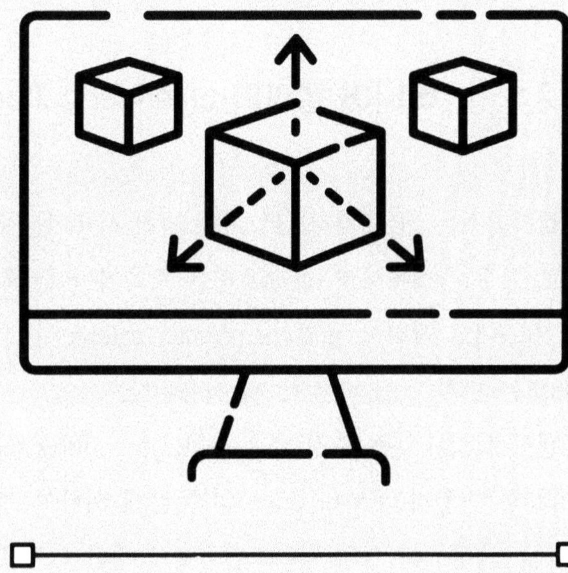

chapter

02

# 버니어 캘리퍼스(Vernier Calipers)의 활용

## 2.1 버니어 캘리퍼스(vernier calipers)

캘리퍼스는 전 세계적으로 가장 널리 사용되는 길이 계측기이며 간단한 구조, 취급 용이성 및 빠른 작동으로 치수 측정에서 가장 선호하는 계측기이다. 특수한 측정 면에서 사용할 수 있는 다양한 형태의 범용계측 기구이고 버니어 캘리퍼스(vernier calipers)는 자와 캘리퍼를 조합하여 측정 물의 바깥지름, 안지름, 깊이 또는 단차 등을 측정할 때 사용된다.

캘리퍼스는 외측 측정 면(outside measuring faces) 사이에 계측 물을 끼우고 슬라이더의 어미자(main scale)와 아들자(vernier scale)의 눈금에 의하여 측정할 수 있는 구조로 되어 있다.

최근 측정 정확성의 필수조건으로 측정값을 빠르고 쉽게 읽을 수 있도록 다이얼 형식 또는 오류 없이 판독되는 디지털 모델이 제공된다.

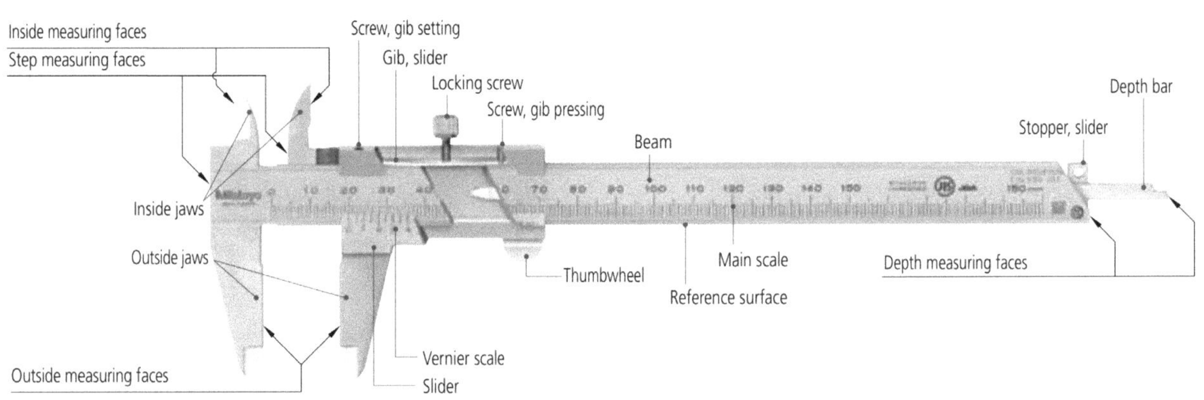


(a) Vernier Caliper

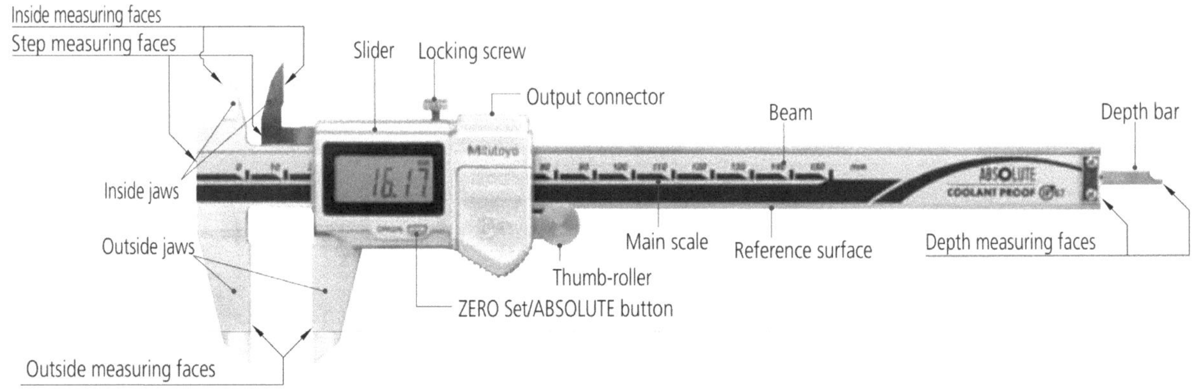


(b) Absolute Digimatic Caliper

**그림 2.1** 버니어 캘리퍼스

① 사용 후 취급 : 캘리퍼스는 사용한 후에 물과 기름을 완전히 닦아내고 부식 방지용 기름을 가볍게 발라, 보관하기 전에 건조시킨다.

② 보관 시 참고사항 : 보관 중에는 직사광선, 고온, 저온 및 습도 등을 피해야 하고 디지털 캘리퍼스는 3개월 이상 사용하지 않으면 보관하기 전에 배터리를 제거한다. 특히 보관 중에 캘리퍼의 측정 면(outside measuring faces)을 완전히 닫아 두지 않는다.

## 1. 측정의 실제 예

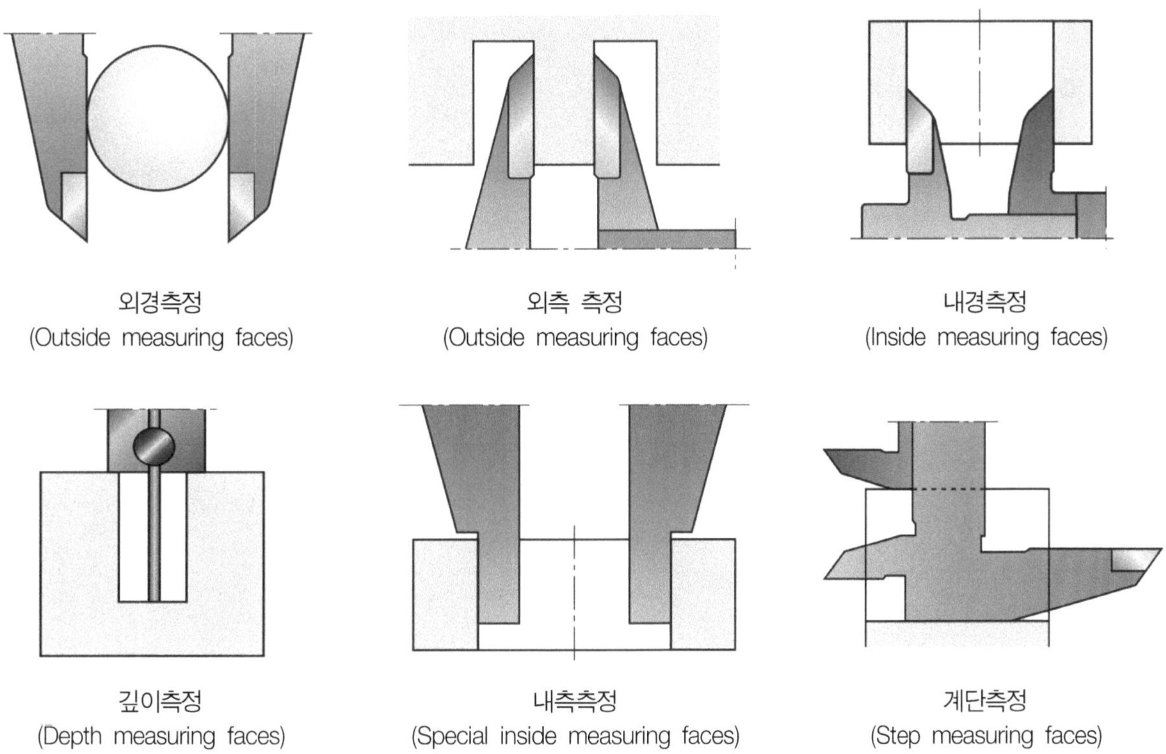


**그림 2.2** 버니어 캘리퍼스의 측정 예

## 2. 특수 목적 캘리퍼스의 적용

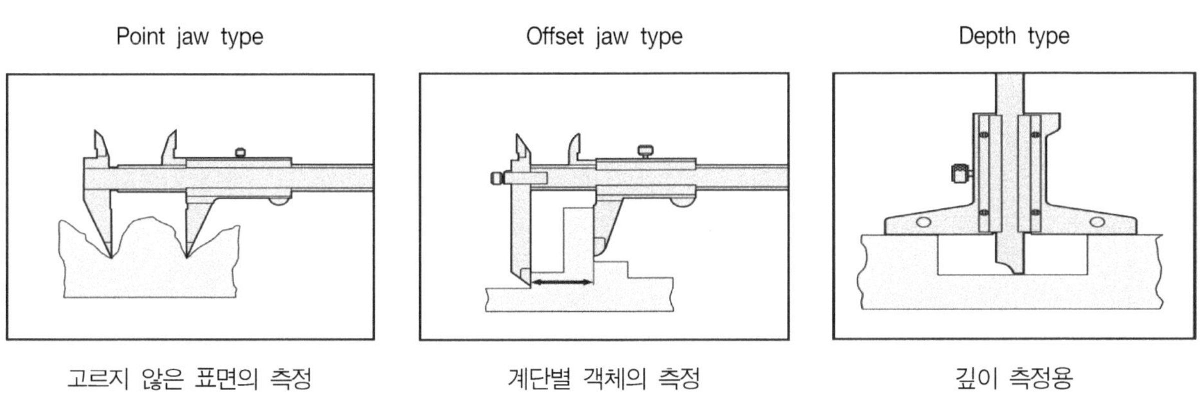

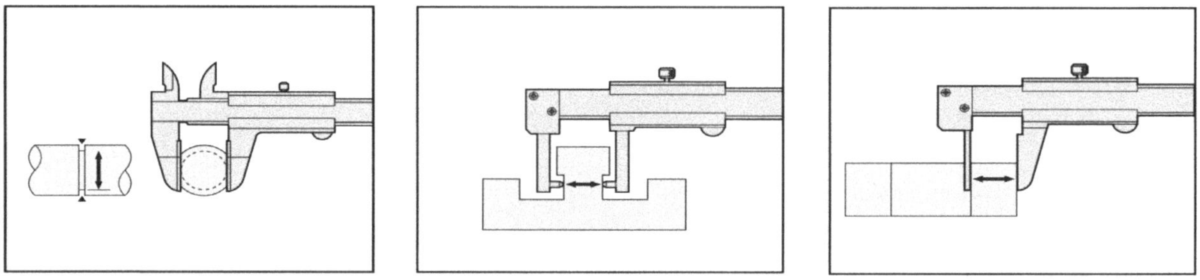


**그림 2.3** 특수 버니어 캘리퍼스 사용 예

## 3. 버니어 캘리퍼스의 치수 읽기

### 1) 버니어 캘리퍼스

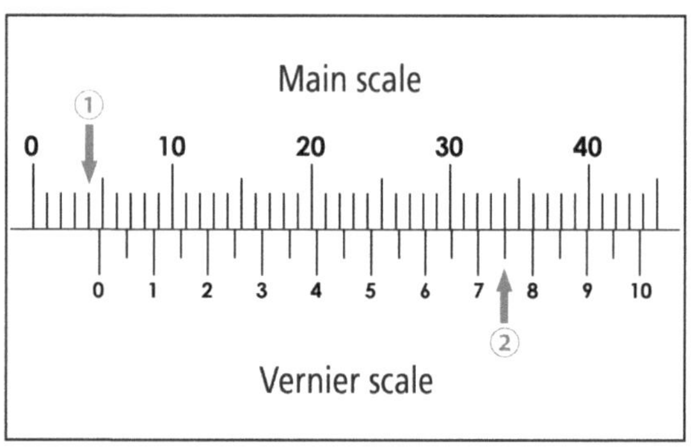


- 최소눈금(graduation) : 0.05 mm

| | |
|---|---|
| (1) 어미자(main scale reading) : | 4.00 mm |
| (2) 아들자(vernier scale reading) : | 0.75 mm |
| 버니어 읽기(caliper reading) : | 4.75 mm |

**그림 2.4** 버니어 캘리퍼스 읽기

그림 2.4와 같이 어미자(main scale)의 왼쪽 눈금 선에서 아들자(vernier scale)와 겹치지 않는 구간의 치수(4.00 mm)를 읽고, 어미자와 일치하는 아들자의 위치를 읽어(0.75 mm), (1)과 (2)를 합산하면 측정된 값이 환산된다.

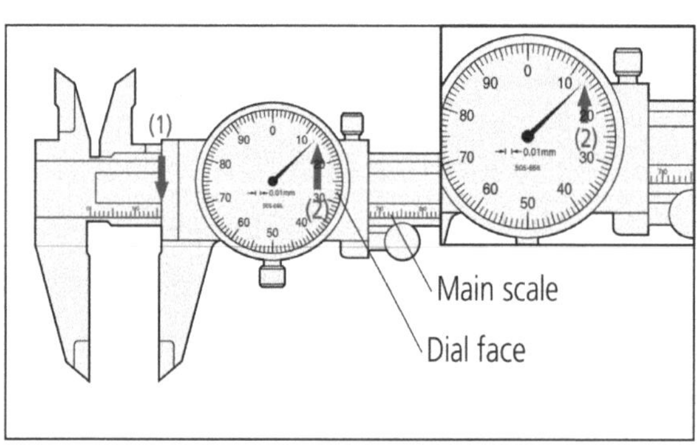


- 최소눈금(graduation) : 0.01 mm

| | |
|---|---|
| (1) 어미자(main scale reading) : | 16.00 mm |
| (2) 아들자(dial face reading) : | 0.13 mm |
| 버니어 읽기(caliper reading) : | 16.13 mm |

**그림 2.5** 다이얼 캘리퍼스 읽기

그림 2.5와 같이 어미자(main scale)의 왼쪽 눈금 선에서 아들자(slider)와 겹치지 않는 치수(16.00 mm)를 읽고, 아들자(dial face reading)의 값을 읽어(0.13 mm), (1)과 (2)를 합산하면 측정된 값이 환산된다.

## 4. 버니어 눈금의 종류

버니어 눈금은 캘리퍼의 슬라이더에 표시되어 있고 버니어 눈금의 눈금은 1mm가 어미자 눈금보다 적어, 눈금 당 0.05mm 적은 치수입니다. 캘리퍼 조가 이동하면 연속적으로 0.05mm씩 이동하고 버니어 눈금 라인과 기본 눈금 라인이 일치하므로 0.05mm 단위로 계측할 수 있다.

하나의 버니어 분할은 메인 버니어의 구획보다 0.05mm씩 짧게 만들어 긴 치수의 버니어 눈금을 만들어져 있어 버니어 눈금을 쉽게 읽을 수 있으나 버니어의 원리와 측정 정도는 같다.

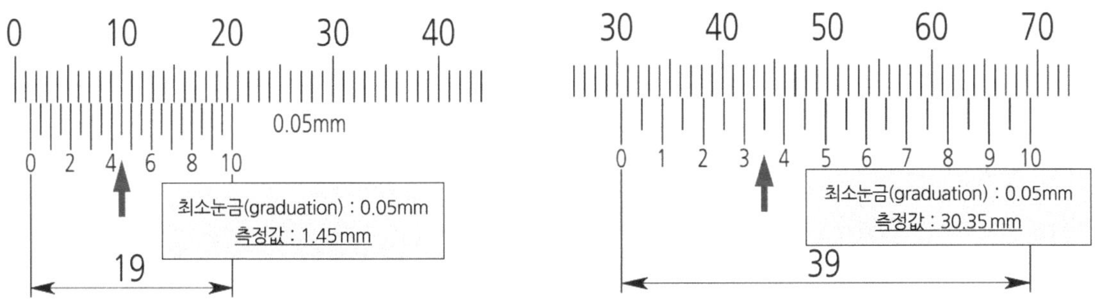


(a) Standard vernier scale (b) Long vernier scale

**그림 2.6** 버니어 캘리퍼스

## 5. 캘리퍼 사용에 관한 일반사항

1) 오류의 잠재적 원인

버니어 캘리퍼스로 측정할 때 다양한 요인으로 인해 오류가 발생할 수 있다. 주요 요인으로는 시차 효과, 캘리퍼가 Abbe의 원리에 의한 변형, 과도한 측정력, 버니어 캘리퍼와 공작물의 온도 차이로 인한 열팽창, 나이프 에지의 두께의 영향 등이 있다. 작은 구멍의 지름을 측정에서 턱 사이의 간격, 눈금의 부정확도, 기준 모서리 직진도, 메인 블레이드의 평면도와 턱의 직각도와 같은 오차 요인이 기기 오차 내에 포함된다. 그러므로 버니어 캘리퍼스가 허용오차를 만족할 경우 이러한 요소의 문제를 일으키지 않는다.

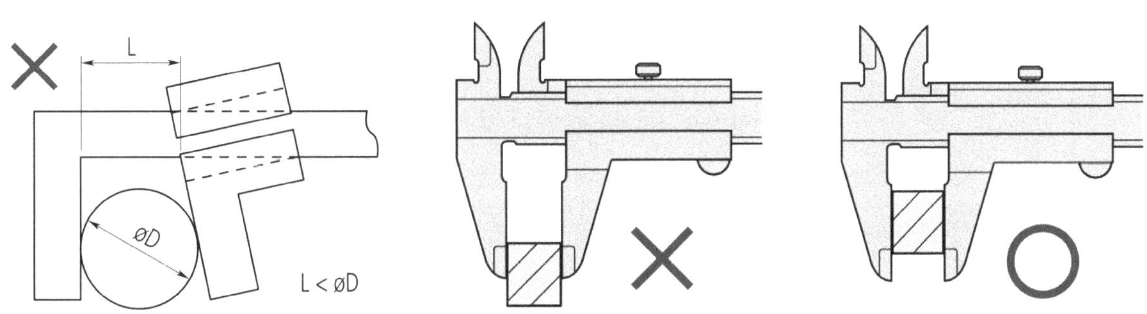


(a) 측정물보다 L이 적은 경우 (b) 부 적합한 방법 (c) 적합한 방법

**그림 2.7** 버니어 캘리퍼스의 올바른 사용법

버니어 캘리퍼의 구조에 의한 오류 요인을 이해할 수 있도록 JIS에 취급 정보를 추가하여 설명되어 있다.

이러한 참고사항은 측정력과 관련이 있으며 버니어 캘리퍼스에는 일정한 힘을 주는 장치가 없으므로 적절한 측정력으로 공작물을 측정해야 한다. 그림 2.7과 같이 조(jaw)의 끝으로 측정할 때 큰 오류가 발생할 수 있으므로 주의하여야 한다.

2) 내부 측정(inside measurement)

측정하기 전에 그림 2.7과 같이 안쪽 조를 가능한 한 깊이 넣어 측정하며 내부 측정은 최소 표시 값을 사용하고 또한 홈, 폭(groove width)의 측정에서도 표시되는 최소값을 읽는다.

3) 깊이 측정(depth measurement)

그림 2.2의 깊이 측정에서는 표시되는 최소값을 사용한다.

4) 눈금을 읽을 때 시차 에러(parallax error when reading the scales)

버니어 눈금 선과 주 눈금 선의 정렬 상태를 확인할 때 버니어 눈금 선을 일직선상에서 보아야 한다. 경사 방향 "A"에서 버니어 눈금 선을 보면, 버니어 눈금과 슬라이더의 계단 높이(H)로 그림과 같이 "X"에 의해 정렬 위치가 왜곡되고 이와 같은 오류를 시차 에러라 한다. 이러한 오류를 피하려고 JIS 규격에서는 계단 높이가 0.3mm를 넘지 않도록 규정되어 있다.

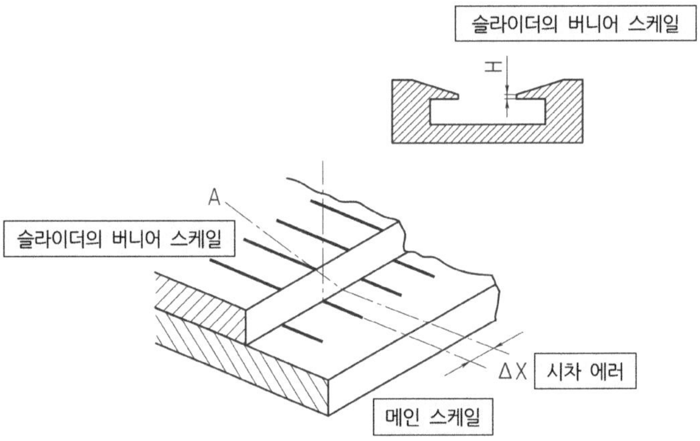


**그림 2.8** 버니어 캘리퍼스 시차 에러

5) 이동 조의 기울기 에러(moving jaw tilt error)

슬라이더에 과도한 힘이 가해지거나 빔의 기준 모서리에서 진직도가 부족하여 움직이는 조와 고정 조가 기울어지면 그림 2.9와 같이 측정 오류가 발생한다. 그림과 같은 측정 오류는 Abbe의 원리에 의해 검증할 수 있다.

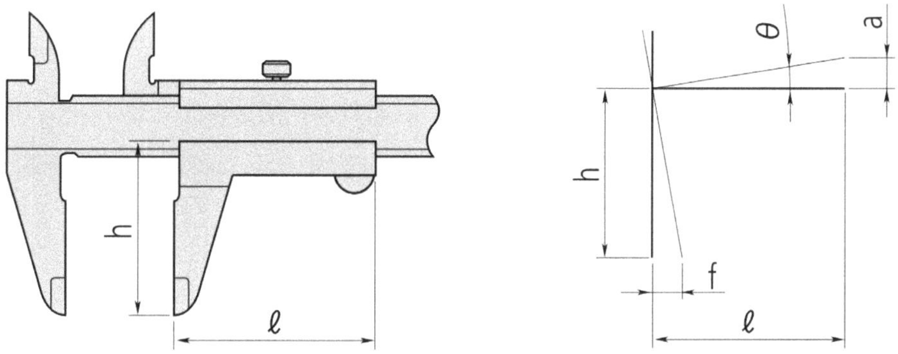


**(예)** 슬라이더의 기울기(a) 슬라이더의 길이(l) 50mm에서 기울기가 0.01mm이고, 측정 조의 길이(h)가 40mm이면 조의 오차(f)는 (40/50)×0.01mm=0.008로 계산된다. 또한, 가이드 면이 마모되면 올바른 측정 힘을 사용해도 오류가 발생할 수 있다.

**그림 2.9** 이동 조의 기울기 에러

6) M형 버니어 캘리퍼로 작은 구멍의 측정(small hole measurement with an M-type caliper)

작은 구멍의 내부 지름을 측정할 때 구조적 에러 $\Delta d$가 발생하며 이러한 오류를 고려하여야 한다.

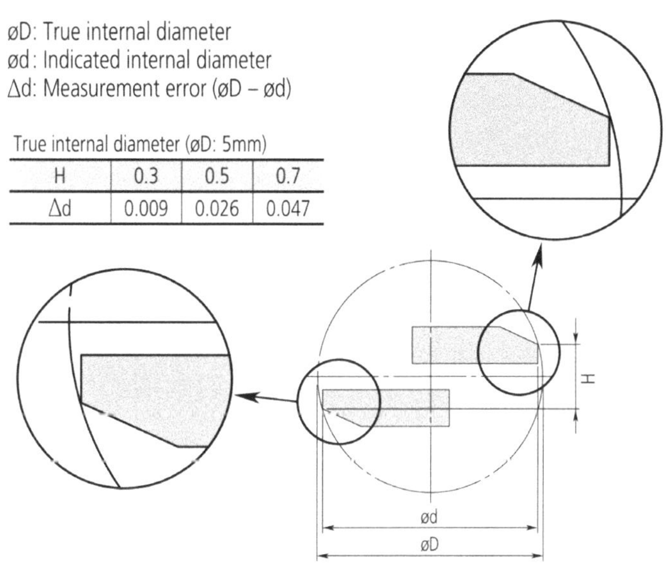


| H | 0.3 | 0.5 | 0.7 |
|---|---|---|---|
| Δd | 0.009 | 0.026 | 0.047 |

**그림 2.10** 캘리퍼스 조에 의한 측정 에러

7) 측정과 온도의 관계(relationship between measurement and temperature)

버니어 캘리퍼스는 스테인리스강으로 제작되어 있어 선형열팽창 계수($\alpha$)가 $10.2 \pm 1 \times 10^{-6}$/K이고, 공작물 재료, 실온 및 공작물 온도 등에 의해 측정 정확도의 영향을 고려하여야 한다.

$$\epsilon_t = \alpha(\Delta T) \tag{2.1}$$

여기서, $\alpha$ : 열팽창계수(coefficient of thermal expansion)

$\Delta T$ : 온도변화량(℃)

8) 취급(handling)

버니어 캘리퍼스 조는 날카로워 다치지 않도록 주의하며 디지털 캘리퍼의 규모가 손상되지 않도록 취급하고 전기 마커펜 등으로 식별번호 또는 기타 정보 등을 표시하는 경우 주위가 요구된다. 또한, 딱딱한 물체에 의해 충격을 가하거나 버니어 캘리퍼를 바닥에 떨어뜨려 버니어 캘리퍼스가 손상되지 않도록 주의한다.

9) 빔 슬라이딩 표면 및 측정 면 유지 보수

캘리퍼스를 사용하기 전에 부드러운 천으로 슬라이딩 표면과 측정 면의 먼지와 이물질을 닦아낸다.

10) 원점 확인 및 설정(checking and setting the origin before use)

외부 측정 면 사이에 깨끗한 종이를 넣고 천천히 잡아당겨 측정 표면을 청소한다. 버니어 캘리퍼스를 사용하기 전에 조를 닫아 버니어 스케일(디스플레이)이 "0"로 표시되는지 확인한다. 또한 디지메틱(digimatic) 캘리퍼스를 사용하는 경우에는 배터리를 교체한 후에 원점(origin)을 다시 설정하여 사용한다.

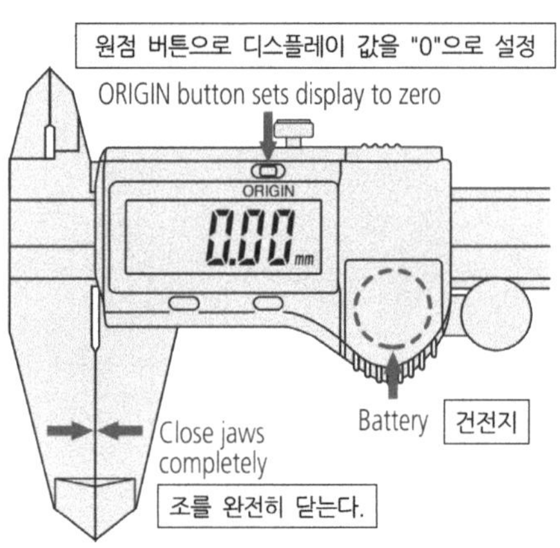


**그림 2.11** 디지메틱 캘리퍼스 시차 에러

## 6. 표면 접촉 에러에 의한 측정의 최대 허용오차 $E_{MPE}$ [JIS B 7507:2016]

캘리퍼의 측정에 적용되는 표시 에러이며 표 2.1은 측정 에러의 표시 값의 최대 허용오차 EMPE를 알 수 있다.

**표 2.1** 캘리퍼 계측기의 최대 허용오차 $E_{MPE}$ (기차) 단위 : mm

| Measurement length | Scale interval, graduation or resolution | |
|---|---|---|
| | 0.05 | 0.02 |
| 50 or less | ±0.05 | ±0.02 |
| Over 50, 100 or less | ±0.06 | ±0.03 |
| Over 100, 200 or less | ±0.07 | |
| Over 200, 300 or less | ±0.08 | ±0.04 |

주) $E_{MPE}$ includes the measurement error arising from the straightness, flatness and parallelism of the measuring surface

그림 2.12는 측정 표면 사이에 게이지 블록 또는 동등 이상의 게이지를 삽입하고 측정 범위에서 위치를 측정한 다음 기준기(블록 게이지) 치수와 측정치수 차이에 의해 결정된다.

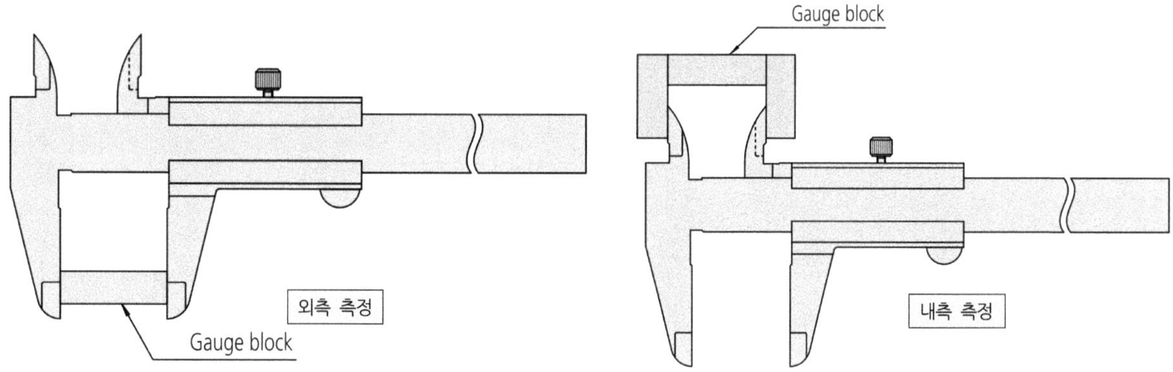


**그림 2.12** 캘리퍼스 기차 측정 방법

스케일 시프트 오류(scale shift error)는 캘리퍼 내부의 표시 오류이며 외부 측정 면 이외의 측정 면을 사용하는 경우 측정, 깊이측정 등에 적용되고 내부 측정 표시 값의 최대 허용오차 SMPE는 표 2.1에 표시된 값과 같다.

**실습에 사용되는 계측기** 다음의 실습과제를 버니어 캘리퍼스를 이용하여 측정하시오. 단, 각각의 부위를 측정할 수 없는 경우 보고서에 "측정불가"로 표시한다.

1) 사용계측기 버니어 캘리퍼스(0~150mm) [Mitutoyo 530-102 또는 동일 대체품]

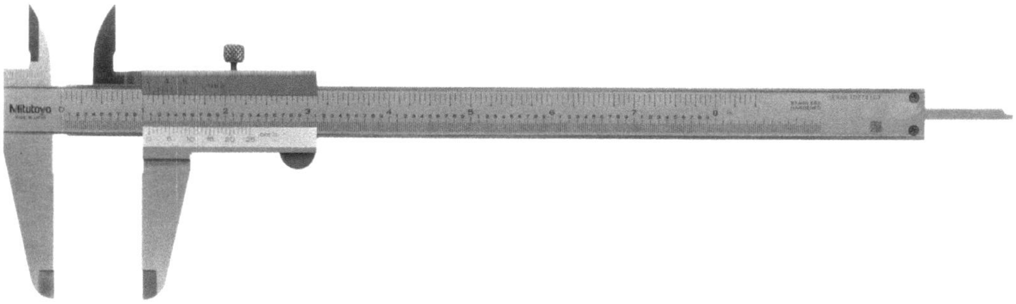

## 2.2 버니어 캘리퍼스 계측실습

| 작업과제명 | 길이측정기 사용하기 2.1 |
|---|---|

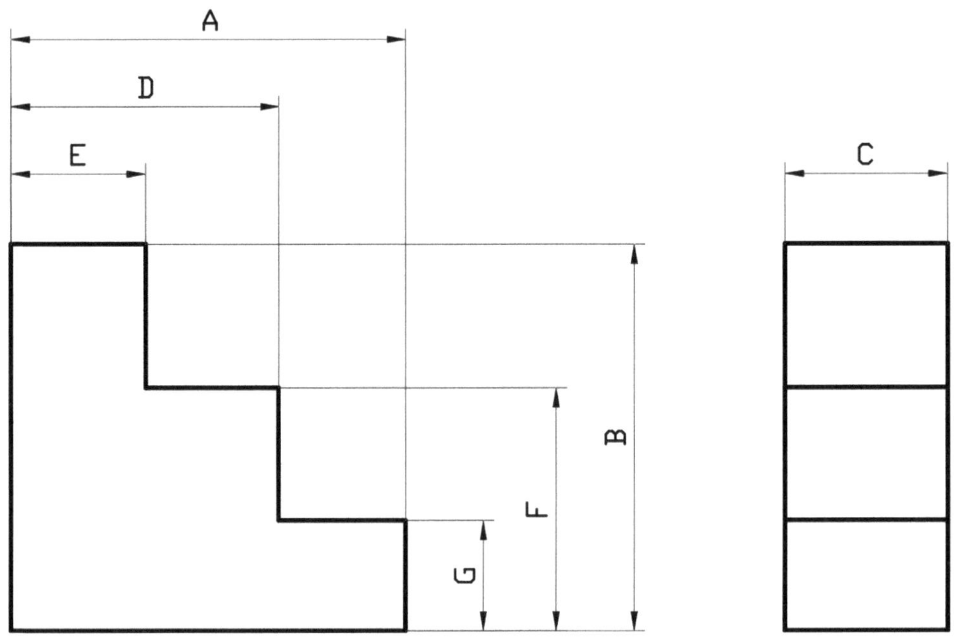


**측 정 세 부 사 항** [사용시편번호 : ]

| 측 정 항 목 | | | | | | 계 측 기 관 리 |
|---|---|---|---|---|---|---|
| 측정부위 | 1회 | 2회 | 3회 | 평균값 | 검증값 | 사용계측기 : |
| A | | | | | | |
| B | | | | | | 계측기의 측정정도 : |
| C | | | | | | |
| D | | | | | | 계측결과의 평가 : |
| E | | | | | | |
| F | | | | | | |
| G | | | | | | |
| | | | | | | |
| | | | | | | |
| | | | | | | |
| | | | | | | |

| 작업과제명 | 길이측정기 사용하기 2.2 |
|---|---|

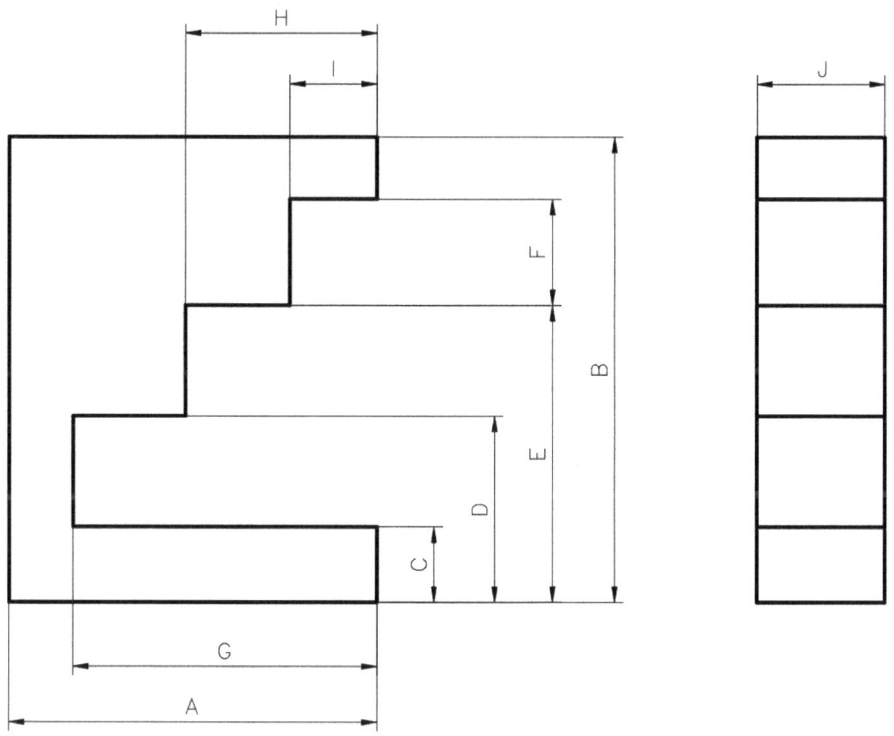


**측 정 세 부 사 항** [사용시편번호 : ]

| 측 정 항 목 | | | | | | 계 측 기 관 리 |
|---|---|---|---|---|---|---|
| 측정부위 | 1회 | 2회 | 3회 | 평균값 | 검증값 | 사용계측기 : |
| A | | | | | | |
| B | | | | | | 계측기의 측정정도 : |
| C | | | | | | |
| D | | | | | | |
| E | | | | | | 계측결과의 평가 : |
| F | | | | | | |
| G | | | | | | |
| H | | | | | | |
| I | | | | | | |
| J | | | | | | |
| | | | | | | |
| | | | | | | |
| | | | | | | |
| | | | | | | |

| 작업과제명 | 길이측정기 사용하기 2.3 |
|---|---|

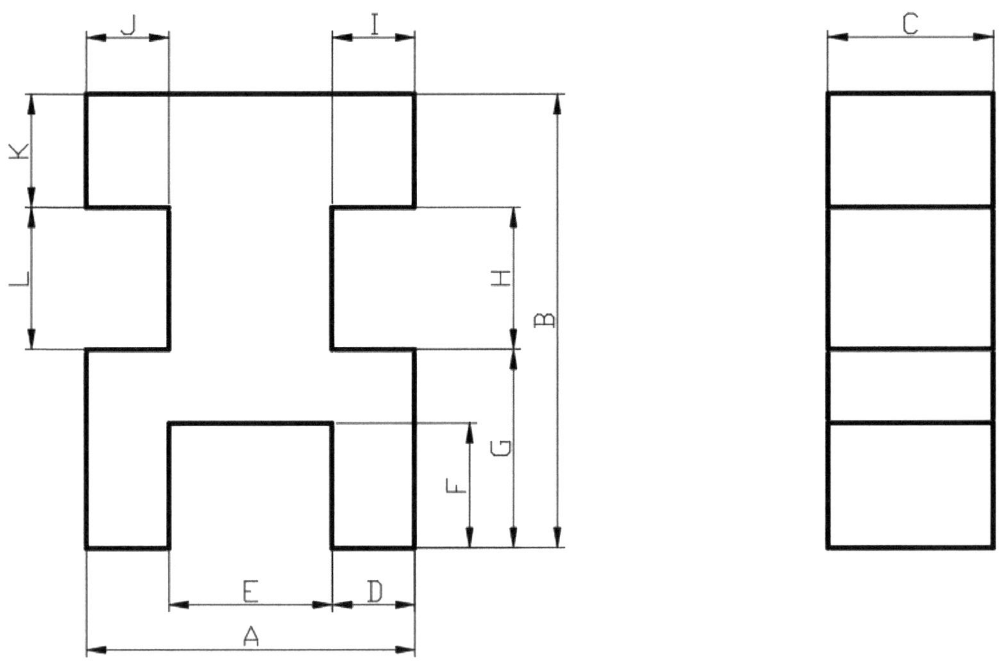


**측 정 세 부 사 항** [사용시편번호 : ]

| 측 정 항 목 | | | | | | 계 측 기 관 리 |
|---|---|---|---|---|---|---|
| 측정부위 | 1회 | 2회 | 3회 | 평균값 | 검증값 | 사용계측기 : |
| A | | | | | | |
| B | | | | | | 계측기의 측정정도 : |
| C | | | | | | |
| D | | | | | | 계측결과의 평가 : |
| E | | | | | | |
| F | | | | | | |
| G | | | | | | |
| H | | | | | | |
| I | | | | | | |
| J | | | | | | |
| K | | | | | | |
| L | | | | | | |
| | | | | | | |
| | | | | | | |

| 작업과제명 | 길이측정기 사용하기 2.4 |
|---|---|

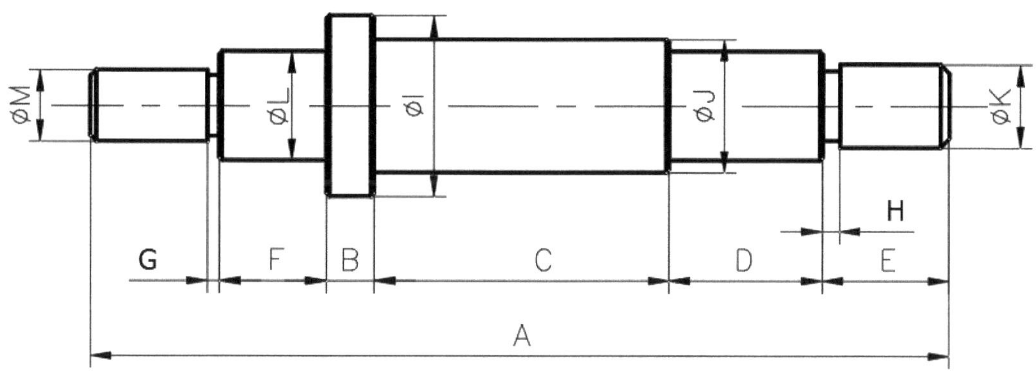


| 측 정 세 부 사 항 | [사용시편번호 : ] |
|---|---|

| 측 정 항 목 | | | | | | 계 측 기 관 리 |
|---|---|---|---|---|---|---|
| 측정부위 | 1회 | 2회 | 3회 | 평균값 | 검증값 | 사용계측기 : |
| A | | | | | | |
| B | | | | | | 계측기의 측정정도 : |
| C | | | | | | |
| D | | | | | | 계측결과의 평가 : |
| E | | | | | | |
| F | | | | | | |
| G | | | | | | |
| H | | | | | | |
| I | | | | | | |
| J | | | | | | |
| K | | | | | | |
| L | | | | | | |
| M | | | | | | |
| | | | | | | |

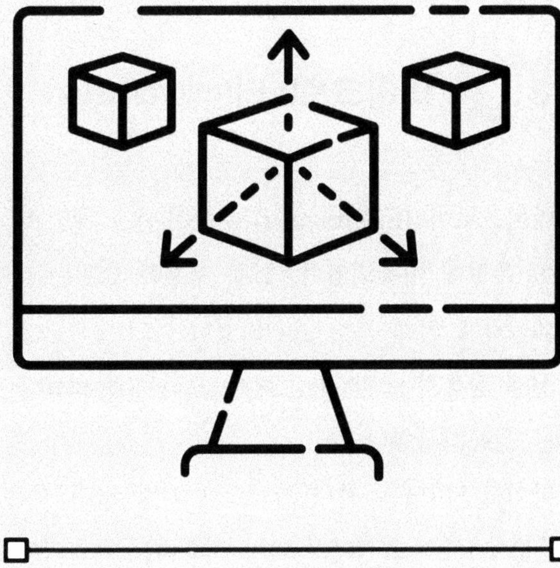

chapter

03

# 마이크로미터(Micrometer)의 활용

## 3.1 마이크로미터(micrometer)

마이크로미터(micrometer)는 1819년경 제임스 와트(James Watt)에 의해 발명되었으며 나사를 이용하여 길이 측정에 이용되었다. 현재 사용하고 있는 마이크로미터와 가장 유사한 형식의 계측기를 1848년 팔머(Palmer)에 의해 특허 출원되었다.

실제 상용화는 약 20년 후에 브라운(Brown)과 샤프(Sharpe)에 의해 특허사용권을 빌려 강판 두께 계측기를 상용화하였다.

마이크로미터는 전 세계적으로 가장 널리 사용되는 길이측정기이며 간단한 구조, 취급 용이성 및 빠른 작동으로 치수 측정에서 가장 선호하는 계측기이다. 특수한 측정 면에서 사용할 수 있는 다양한 형태의 범용측정 기구로 계측 물의 바깥지름, 안지름, 깊이 또는 단차 등을 측정할 때 사용된다.

마이크로미터는 앤빌 면(anvil face)과 스핀들 면(spindle face) 사이에 계측 물을 끼우고 래치 드라이브를 이용하여 일정한 측정력을 가한 후에 슬리브 눈금(sleeve scale)과 심블 눈금(thimble scale)에 의해 측정할 수 있는 구조이다.

최근 측정 정확성의 필수조건으로 측정값을 빠르고 쉽게 읽을 수 있도록 다이얼 형식 또는 오류 없이 판독할 수 있는 디지털 모델이 제공된다.

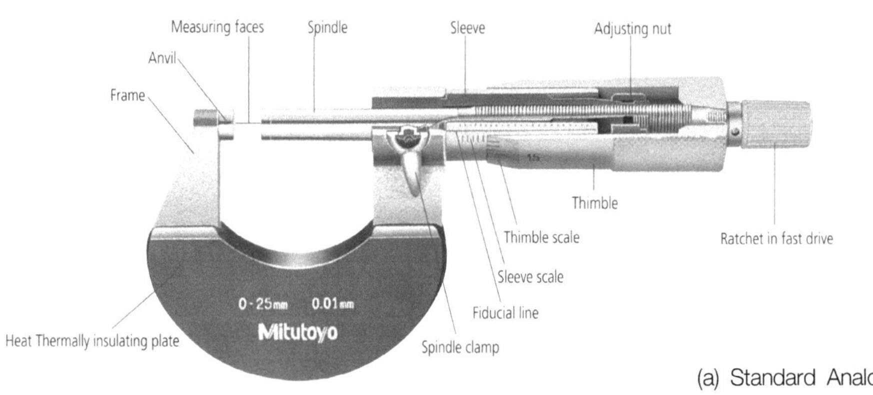


(a) Standard Analogue Outside Micrometer

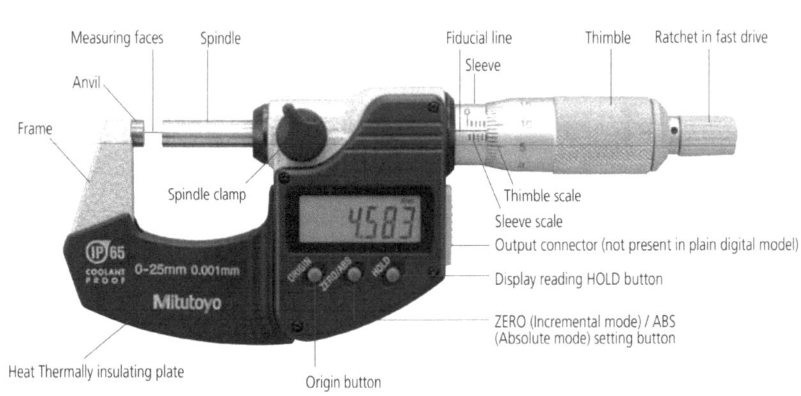


(b) Digimatic Outside Micrometer

**그림 3.1** 마이크로미터

① 사용 중 취급 : 마이크로미터를 떨어뜨리거나 부딪치지 않도록 주의하고 과도한 힘으로 마이크로미터 심블(thimble)을 돌리지 않는다. 실수로 잘못 취급하여 마이크로미터가 손상되었다고 생각되면 추후 사용하기 전에 정확도를 검사해야 한다.

② 사용 후 취급 : 보관 기간이 길거나 눈에 보이는 보호용 유막이 없는 경우, 마른 천으로 닦아서 부식 방지용 전용 기름을 마이크로미터에 가볍게 발라 보관하며 아래 사항이 고려되어야 한다.

- 직사광선을 피하여 마이크로미터를 보관한다.
- 습도가 낮고 통풍이 잘되는 곳에 마이크로미터를 보관한다.
- 먼지가 적은 곳에 마이크로미터를 보관한다.
- 마이크로미터를 평탄한 바닥 또는 전용 용기에 보관한다.
- 마이크로미터를 보관할 때는 항상 측정 면(measuring faces) 사이에 0.1~1mm의 간격을 유지한다.
- 마이크로미터를 고정된 상태로 보관하지 않는다.

## 1. 특수 목적 캘리퍼스의 적용

Blade micrometer

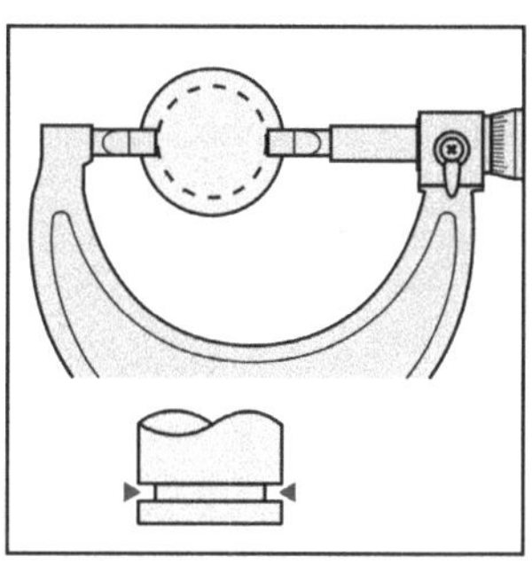

좁은 폭 외경 측정용

Inside micrometer, caliper type

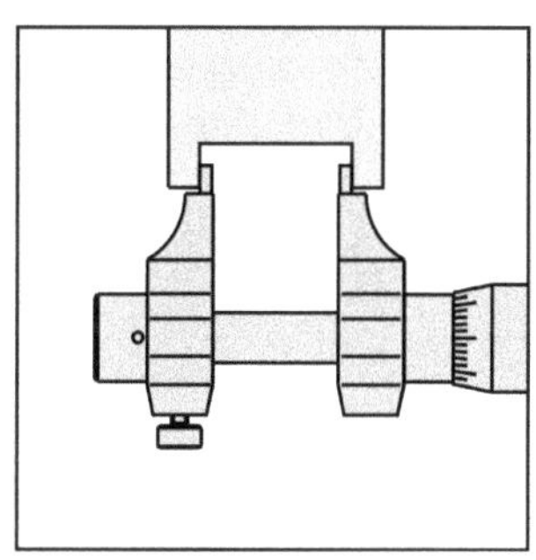

작은 내경 홈, 폭 측정용

Spline micrometer

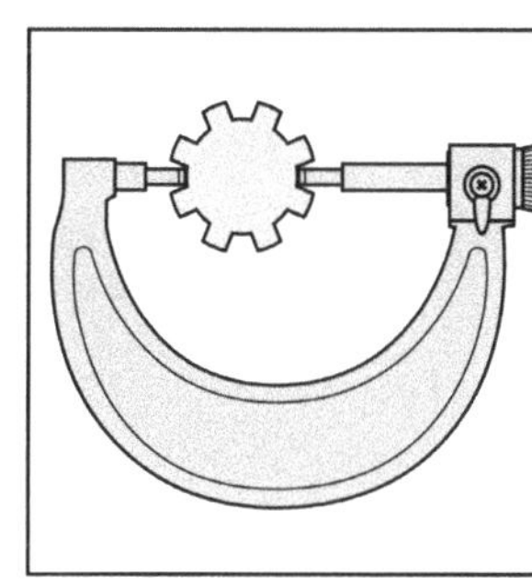

스플리인 축의 골경 측정용

Tube micrometer

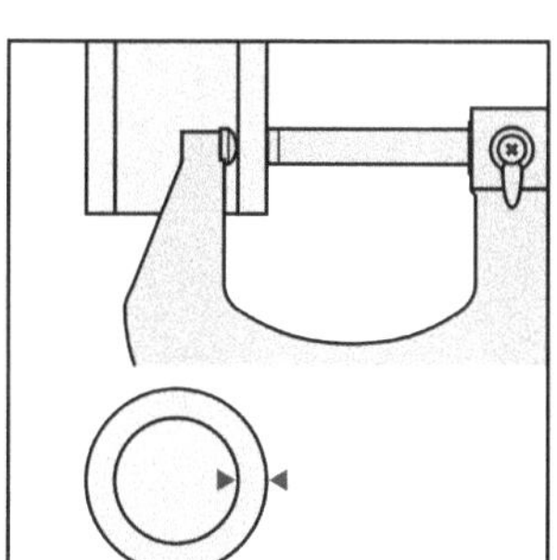

파이프 두께 측정용

Point micrometer

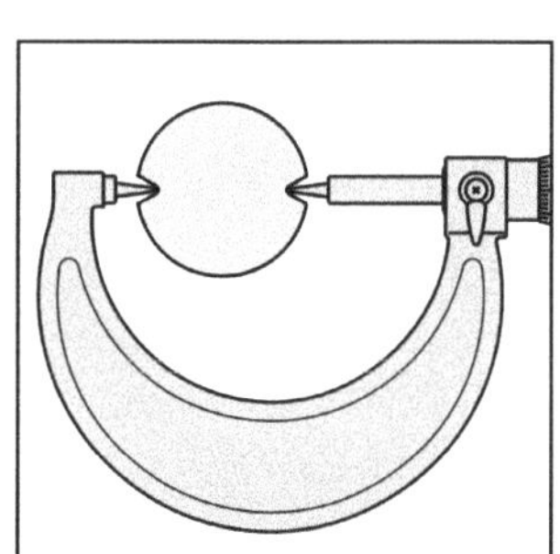

축의 골경 측정용

Screw thread micrometer

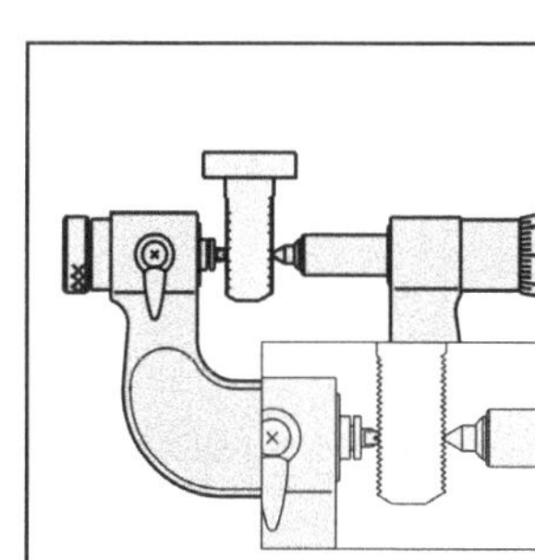

나사의 유효경 측정용

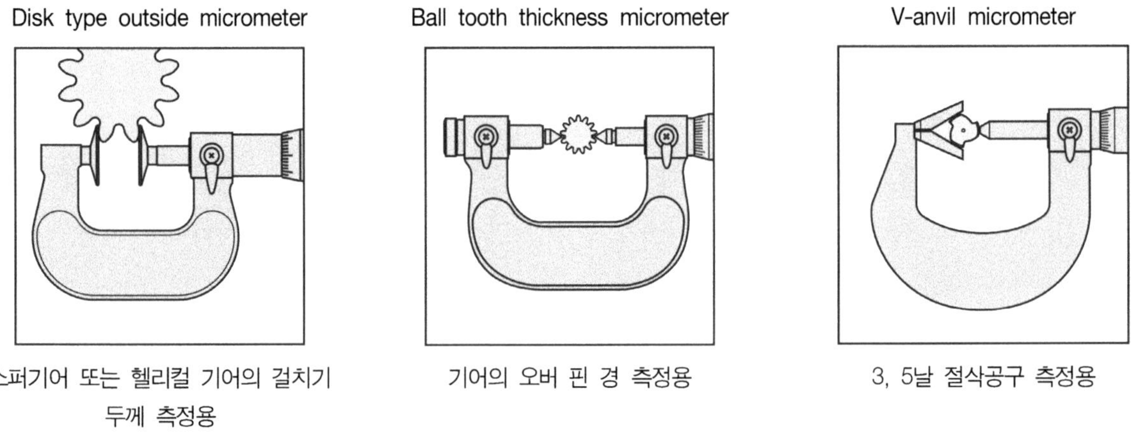


**그림 3.2** 특수 마이크로미터의 사용 예

## 2. 마이크로미터의 치수 읽기

### 1) 표준 마이크로미터, 최소눈금(graduation) : 0.01 mm

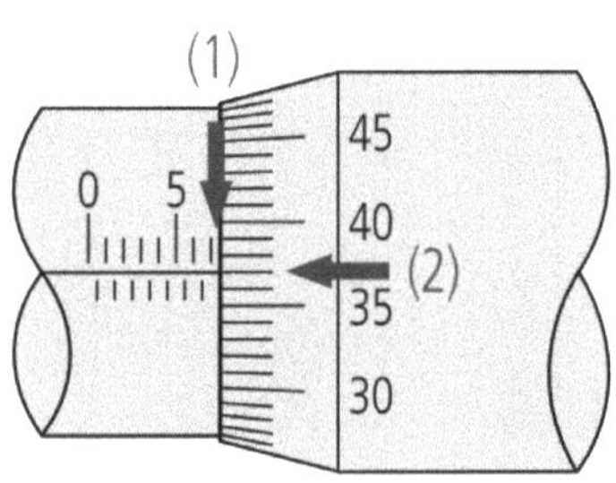


- 최소눈금(graduation) : 0.01 mm

| | |
|---|---|
| (1) 슬리브 눈금(sleeve scale reading) : | 7.00 mm |
| (2) 심블 눈금(thimble scale reading) : | +0.37 mm |
| 마이크로미터 읽기(micrometer reading) : | 7.37 mm |

**그림 3.3** 마이크로미터 읽기

슬리브 눈금(sleeve scale)의 왼쪽 눈금 선에서 심블의 눈금 선(thimble scale)과 겹치지 않는 구간의 치수(7.00 mm)를 읽고, 슬리브 눈금과 심블의 눈금 선에서 일치하는 위치(0.37 mm)를 읽어, (1)과 (2)를 합산하면 측정된 값이 환산된다.

그림 3.4에서와 같이 심블은 표시된 것처럼 0.01 mm까지 직접 읽을 수 있지만, 선 두께가 간격의 1/5이므로 선의 반이 일치할 때 0.001 mm로 추정하여 환산할 수 있다.

(a) 슬리브 선과 심블 선의 겹침　　(b) 슬리브 선과 심블 선의 정렬

**그림 3.4** 마이크로 미터의 눈금 특성

2) 버니어가 부착된 마이크로미터, 최소눈금 : 0.001 mm

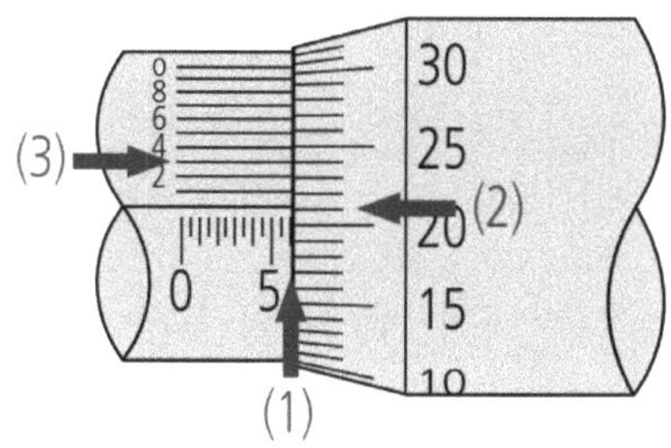


- 최소눈금(graduation) : 0.001 mm
(1) 슬리브 눈금(sleeve scale reading) : 6.00 mm
(2) 심블 눈금(thimble scale reading) : +0.21 mm
(3) 버니어 눈금(vernier scale reading) : +0.003 mm
마이크로미터 읽기(micrometer reading) : 6.213 mm

**그림 3.5** 버니어가 부착된 마이크로미터 읽기

슬리브 눈금의 왼쪽 눈금 선에서 심블의 눈금 선과 겹치지 않는 구간의 치수(6.00 mm)를 읽고, 슬리브 눈금과 심블의 눈금 선에서 일치하는 위치를 읽어(+0.21 mm), 추가로 버니어 눈금(vernier scale)의 값(+0.003 mm)과 (1), (2)와 (3)을 합산하면 측정된 값이 환산된다.

## 3. 마이크로미터의 구조의 이해

1) 측정력 제한 장치(measuring force limiting device)

일반적으로 공작물이 앤빌과 스핀들 사이에 있을 때 슬리브를 회전시켜 측정 위치까지 이동하고 래치를 이용하여 공작물에 일정한 측정력을 가한다.

래칫은 심블의 속도, 작동음과 측정력에 의해 선정되며, 한 손으로 손쉽게 조작할 수 있는가를 고려해야 한다.

**표 3.1** 마이크로미터 Ratchet의 특성

| Ratchet의 종류 | 작동음 | 한 손으로 조작 | 비 고 |
|---|---|---|---|
| Ratchet stop 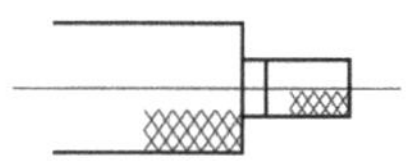 | 발생 | 부적합 | 래치 조작 음과 미세 충격 발생 |
| Friction thimble (F type) 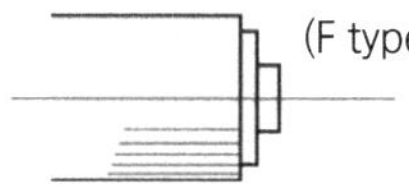 | 없음 | 적합 | 충격이나 소리 없이 부드러운 작동 |
| Ratchet thimble (T type) 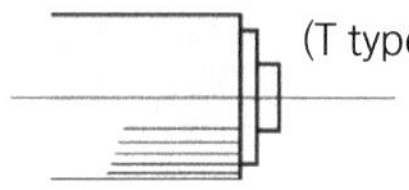 | 발생 | 적합 | 작동 음으로 일정한 측정력 확인 |
| Ratchet thimble 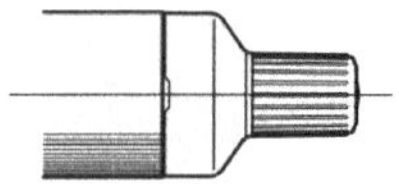 | 발생 | 적합 | 작동 음으로 일정한 측정력 확인 |

2) 맨손에 의한 고정 프레임의 변형(micrometer expansion due to holding frame with the bare hand)

그림 3.6의 그래프는 맨손으로 프레임을 잡고 있을 때 손에서 프레임으로 열이 전달되어 마이크로미터의 프레임 팽창을 보여준다. 이는 온도로 인한 변형으로 인해 측정 오류가 발생할 수 있다. 측정 중에 마이크로미터를 손으로 잡아야 하는 경우 접촉 시간을 최소화하고 단열재를 장착하면 변형이 상당히 줄어들거나 장갑 착용으로 변형을 방지할 수 있다.

다음 그래프는 일반적인 쥠 상태의 지연시간에 따른 변형량을 나타내며 계측기의 특성에는 적용할 수 없다.

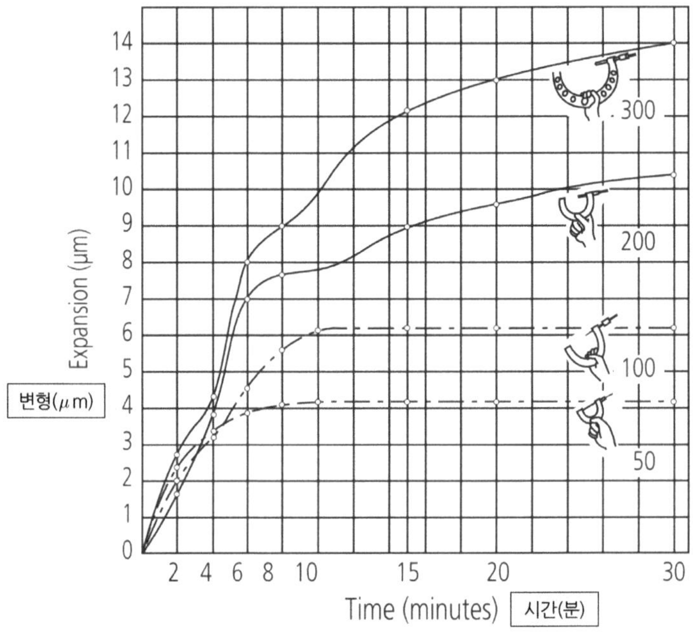


**그림 3.6** 온도에 의한 마이크로미터의 변형

3) 온도 변화에 따른 기준바의 길이 변형(length standard expansion with change of temperature)

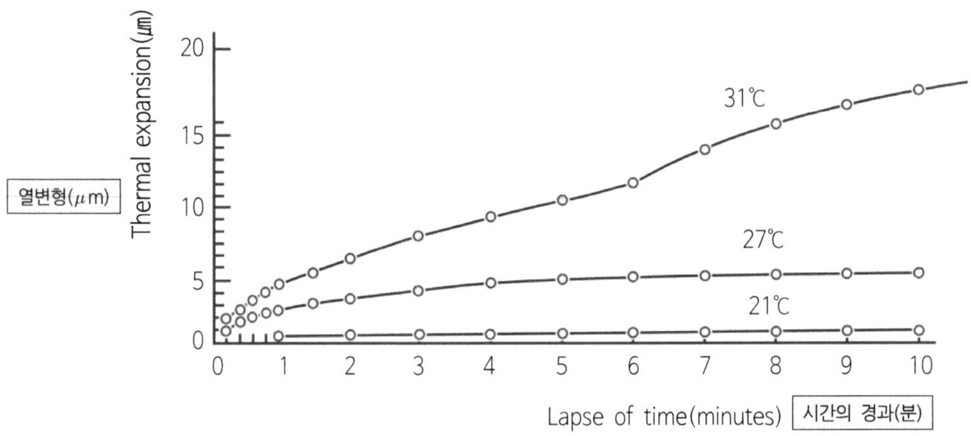


**그림 3.7** 온도에 의한 기준바의 변형

온도 변화에 따른 길이 변형의 실험은 20℃의 실내 온도에서 200mm 기준 바를 이용하여 온도에 따른 기준바의 변형을 나타낸 자료이다. 이 그래프에 의해 마이크로미터를 잡는 동안 마이크로미터를 사용하지 말고 장갑을 착용하거나 열 절연체로 길이 표준을 가볍게 지지하는 것이 중요하다는 것을 보여주는 자료이다. 측정을 수행할 때 확장된 마이크로미터는 원래 길이로 돌아갈 때까지 시간이 걸린다는 점을 유의하며 그림 3.7은 계측기에 보장된 결과가 아닌 200mm 기준바의 실험적인 값이다.

4) 마이크로미터와 표준길이와 열변형(difference in thermal expansion between micrometer and length Standard)

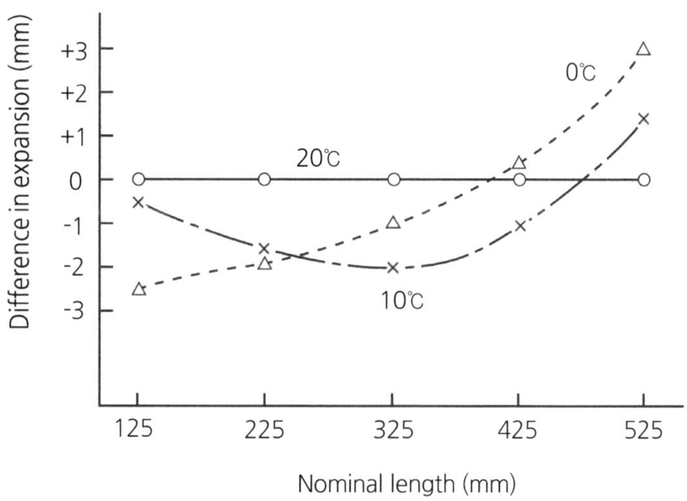


**그림 3.8** 온도에 의한 마이크로미터의 변형

그림 3.8은 온도를 안정화하기 위해 마이크로미터를 약 24시간 동안 20℃의 실온에서 방치하고, 마이크로미터의 표준으로 비교한 결과이다.

마이크로미터를 같은 시간 동안 0℃와 10℃의 온도에 방치하여 비교한 결과이며 그래프는 각각의 온도에서 125~525mm 구간에서 비교한 결과이다.

이 그래프는 시작점을 조정하기 전에 최소 몇 시간 동안 마이크로미터를 비교계측기와 같은 위치에 두어야 하며 그래프값은 보장된 값이 아니라 실험적인 참고 값이다.

5) 지지 방법과 방향에 의한 변형(effect of changing support method and orientation) (단위 : $\mu$m)

그림 3.9는 영점 설정 후 마이크로미터의 지지 방법(방향)을 변경하여 비교한 결과이며 설정된 후 다른 세 가지 경우는 측정 오류를 보여준다. 이러한 결과는 지지 축과 같은 방향과 베이스에서 지지하는 방법으로 위치하여 측정하는 것이 좋다.

| Supporting method | Supported at the bottom and center | Supported only at the center |
|---|---|---|
| Attitude / Maximum measuring length(mm) | 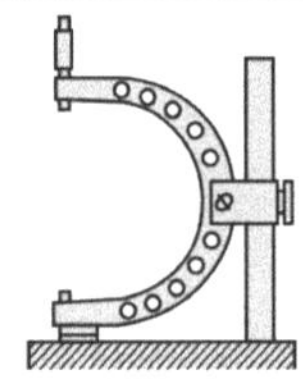 |  |
| 325 | 0 | -5.5 |
| 425 | 0 | -2.5 |
| 525 | 0 | -5.5 |
| 625 | 0 | -11.0 |
| 725 | 0 | -9.5 |
| 825 | 0 | -18.0 |
| 925 | 0 | -22.5 |
| 1025 | 0 | -26.0 |

| Supporting method | Supported at the center in a lateral orientation. | Supported by hand downward. |
|---|---|---|
| Attitude / Maximum measuring length(mm) | 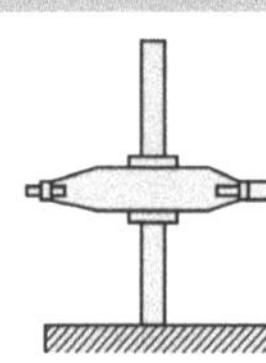 | 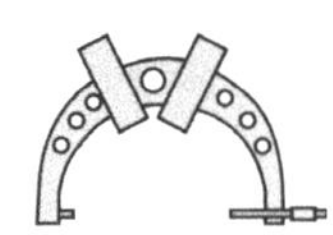 |
| 325 | +1.5 | -4.5 |
| 425 | +2.0 | -10.5 |
| 525 | -4.5 | -10.0 |
| 625 | 0 | -5.5 |
| 725 | -9.5 | -19.0 |
| 825 | -5.0 | -35.0 |
| 925 | -14.0 | -27.0 |
| 1025 | -5.0 | -40.0 |

**그림 3.9** 지지위치에 따른 마이크로미터의 변형

6) 아베의 원리(Abbe's principle)

Abbe의 원리는 스케일과 측정 위치가 같은 축 방향일 때 적용된다.

이는 캘리퍼 조 마이크로미터와 같은 기기에서 움직이는 측정 조의 상대 각도($\theta$)의 변동이 있으며 계측기 스케일에 측정 변위가 발생하며 이를 Abbe 원리에 의한 오차($\epsilon = 1 - \ell$)라고 한다.

스핀들 진직도 오차, 스핀들 가이드 오차 또는 측정력에 의해 $\theta$로 변화되고 측정조 R의 길이가 길어질수록(기준 축과 측정 축이 멀어질수록) 아베 오차는 커진다.

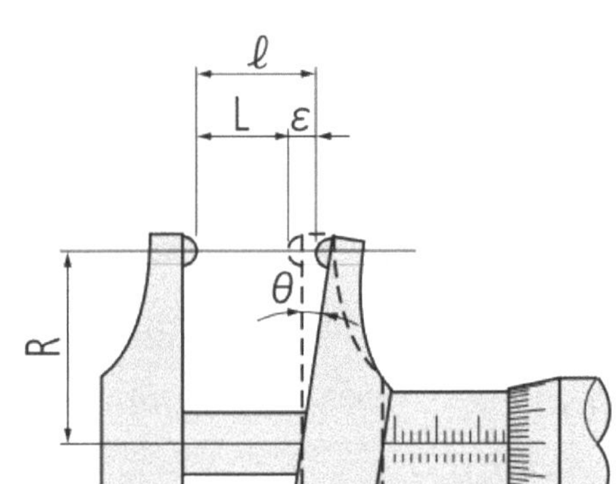


**그림 3.10** 아베 원리에 의한 변형

### 7) 후크의 법칙(Hooke's law)

Hooke의 법칙에 따르면 탄성 소재의 변형률은 응력에 비례하고 변형률의 직선 기울기이며 탄성계수는 재질의 탄성한계 내에서 적용된다. 여기에서 $\sigma$ : 응력, E : 재료의 탄성계수이고 $\epsilon$ : 변형률이다.

$$\sigma = E \cdot \epsilon \tag{3.1}$$

### 8) 헤르츠의 공식(Hertz's formulae)

헤르츠의 공식은 평면 사이에서 측정할 때 탄성 압축으로 측정 조가 구 형상 또는 실린더 형상 등으로 변형이 발생한다. 그림 3.11의 공식은 포인트 또는 라인접촉에서 측정력으로 인한 측정기의 변형을 해석하는 데 유용하다.

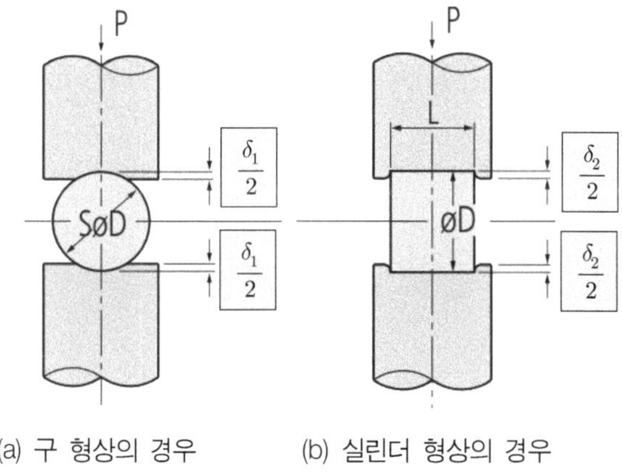


- 스틸의 탄성계수(E) : 205 GPa일 때
- 구 또는 실린더의 직경 : ∅D mm
- 실린더의 길이 : L mm
- 측정압 : P(N)
- 변형량 : $\delta$($\mu$m)

$$\delta_1 = 0.82 \sqrt[3]{P^2/D} \tag{3.2}$$

$$\delta_2 = 0.094 \cdot P/L \sqrt[3]{1/D} \tag{3.3}$$

**그림 3.11** 헤르츠 공식의 적용

### 9) 마이크로미터 측정 면의 평행도 테스트(testing parallelism of micrometer measuring faces)

마이크로미터의 측정 면 사이의 평행도를 평행 광선정반(optical parallel)과 단색 광원장치를 이용하여 측정할 수 있다.

먼저 마이크로미터의 앤빌 면과 스핀들 측정 면을 평행하게 정렬하고 약간의 측정력을 준 다음 스핀들을 고정하고 단색 광원장치의 광원(백색광, 황색광), 빛의 파장(wavelength) 0.64$\mu$m를 이용하여 간섭무늬 수를 읽고 계산하며 각각의 무늬는 반 파장 차이를 나타낸다. 그림 3.13에서 스핀들은 0.32$\mu$m×3줄=0.96$\mu$m에서 약 1$\mu$m의 평행도를 얻는다. 동일한 방법으로 앤빌 면의 평행도를 측정한다. 마이크로미터의 평행도는 스핀들과 앤빌의 측정값을 합산하여 최대값을 산정한다.

- Light source : 35 W sodium lamp, 89% monochromatic, colour yellow
- Wavelength 0.64$\mu$m

**그림 3.12** 단색광원장치(TESA)

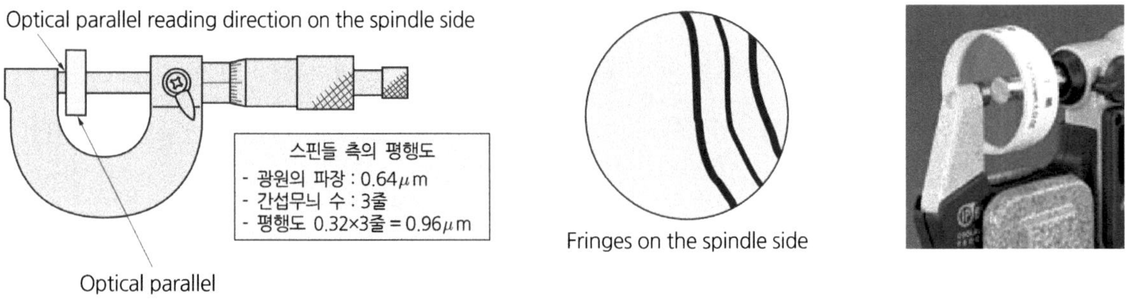


(a) 옵티컬 패러렐 계측위치　(b) 간섭 무늬의 확인　(c) 계측사진

**그림 3.13** 마이크로미터의 평행도 계측

10) 마이크로미터 측정 면의 평면도 테스트(testing flatness of micrometer measuring faces)

마이크로미터의 평면도는 계측 면에 부착된 옵티컬 플랫의 광학적 간섭을 이용하여 측정할 수 있다. 백색광으로 측정 면에 보이는 적색 간섭무늬의 수를 읽고, 각각의 간섭무늬 높이의 차이는 광원 장치 파장의 반으로 환산된다.

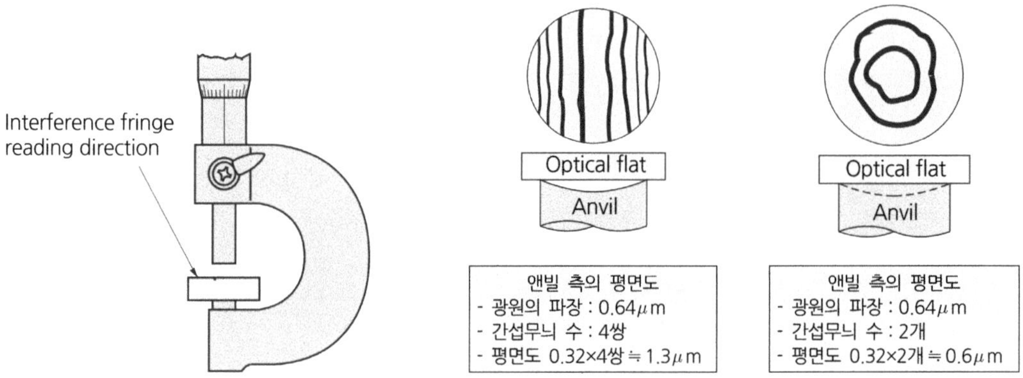


(a) 옵티컬 플랫 계측위치　(b) 4쌍의 간섭 무늬　(c) 연속 간섭 무늬

**그림 3.14** 마이크로미터의 평면도 계측

11) 마이크로미터 사용에 대한 일반적인 참고 사항(general notes on using the micrometer)

① 측정유형, 측정 범위, 정확도 및 기타 사양을 신중하게 확인하여 사용에 적합한 모델을 선택한다.

② 마이크로미터와 공작물을 측정하기 전에 온도가 같아질 수 있을 정도로 실온에 둔다.

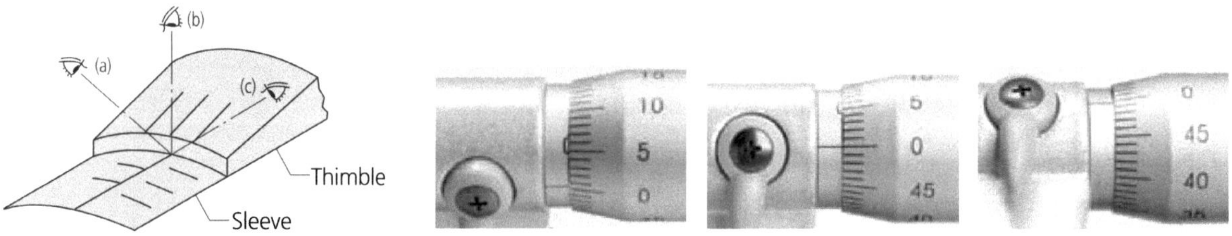


측정 시야의 위치　(a) 아래 방향의 시야　(b) 정확한 측정위치　(c) 위 방향의 시야

**그림 3.15** 시야에 따른 측정에러

③ 심블의 읽을 때 기준선을 슬리브의 기준선의 위치로 확인하고 조정한다. 눈금 선을 비스듬히 보면 시차 오류로 인해 선의 정확한 정렬 위치를 읽을 수 없다.

④ 보풀이 없는 종이로 앤빌과 스핀들의 측정 면을 닦아내고 측정하기 전에 시작점(영점)을 설정하여 사용한다.

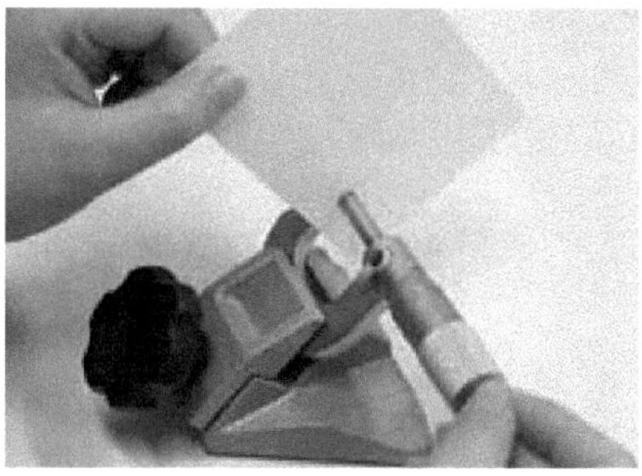

**그림 3.16** 측정면의 이물질 제거

⑤ 일일 유지 보수의 일환으로 스핀들의 둘레와 측정 면의 먼지, 칩 및 기타 이물질을 닦아내고 마른 천으로 각 부품의 얼룩과 지문을 충분히 닦아 낸다.

⑥ 정확한 측정력으로 측정할 수 있도록 일정한 속도로 계측기를 올바르게 사용한다.

⑦ 마이크로미터를 스탠드에 부착할 때는 스탠드가 마이크로미터 프레임의 중심을 고정하고 너무 단단히 조이지 말 것.

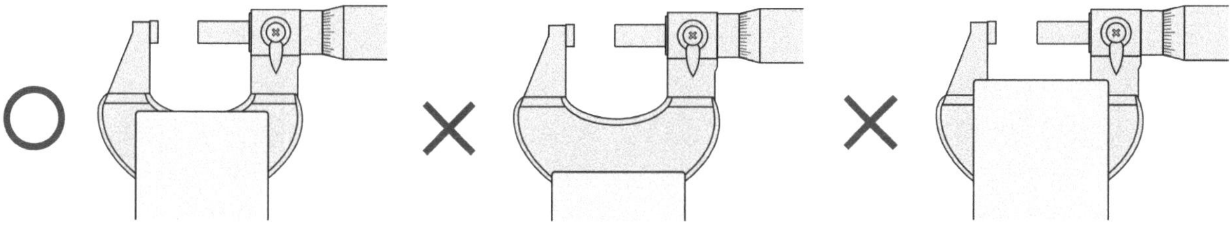

(a) 올바른 고정방법 (b) 불 안전한 고정방법 (c) 과도한 고정방법

**그림 3.17** 마이크로미터 스탠드 고정방법

## 4. 표면 접촉 에러에 의한 측정의 최대 허용오차 $E_{MPE}$ [JIS B 7507:2016, KS B 5202]

외측 마이크로미터에 적용되는 표시 에러이며 표 3.2는 측정 에러의 표시 값의 최대 허용오차 $E_{MPE}$를 알 수 있다.

**표 3.2** 마이크로미터의 최대 허용오차 $E_{MPE}$ (기차) [단위 : $\mu$m]

| Measuring range (mm) | Outside micrometer |
|---|---|
| 0 to 25 | ±2 |
| 25 to 50 | |

마이크로미터의 최소 측정 길이에서 정압 장치를 사용하여 기준점을 조정하고 JIS B 7506에 규정된 등급, 0 또는 1급 게이지 블록 또는 동등 이상의 게이지를 삽입하고 측정 범위에서 위치를 측정한 다음 기준기와의 치수 차이에 의해 결정된다.

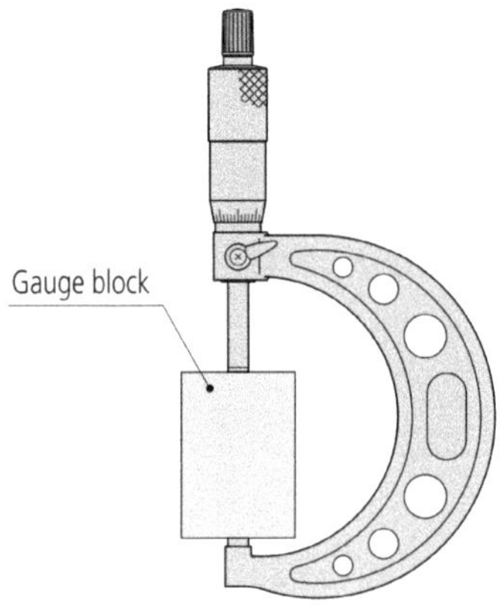


**그림 3.18** 마이크로미터의 기차 측정 방법

**실습에 사용되는 계측기** **다음의 실습과제를 마이크로미터와 버니어 캘리퍼스를 이용하여 측정하시오. 단, "*" 표시 부위는 버니어 캘리퍼스를 이용하여 측정하고 각각의 부위를 측정할 수 없는 경우 보고서에 "측정불가"로 표시한다.**

1) 사용계측기 : 버니어 캘리퍼스(0~150mm) [Mitutoyo 530-101 또는 동일 대체품]

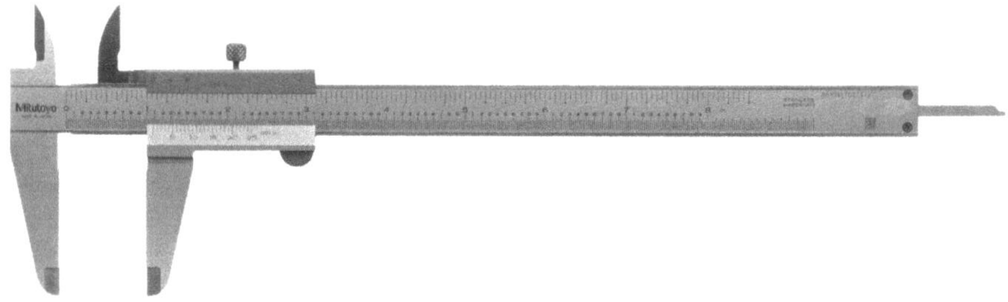

2) 사용계측기 : 외측 마이크로미터(0~25mm) [Mitutoyo 102-301 또는 동일 대체품]
   외측 마이크로미터(25~50mm) [Mitutoyo 102-302 또는 동일 대체품]
   외측 마이크로미터(50~75mm) [Mitutoyo 102-303 또는 동일 대체품]
   외측 마이크로미터(75~100mm) [Mitutoyo 102-304 또는 동일 대체품]

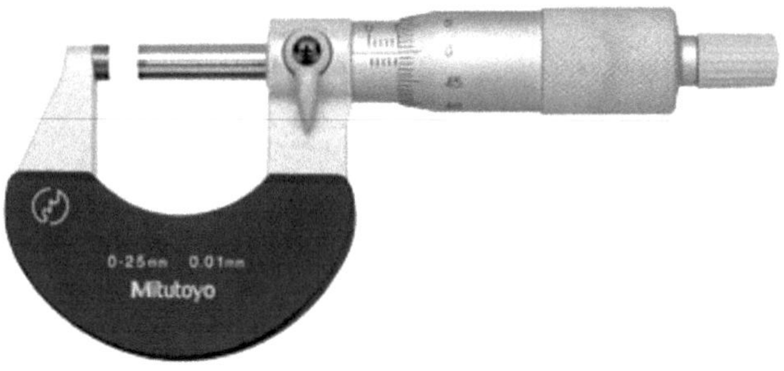

3) 사용계측기 : 내측 마이크로미터(5~30mm) [Mitutoyo 145-185 또는 동일 대체품]
내측 마이크로미터(25~50mm) [Mitutoyo 145-186 또는 동일 대체품]
내측 마이크로미터(50~75mm) [Mitutoyo 145-187 또는 동일 대체품]

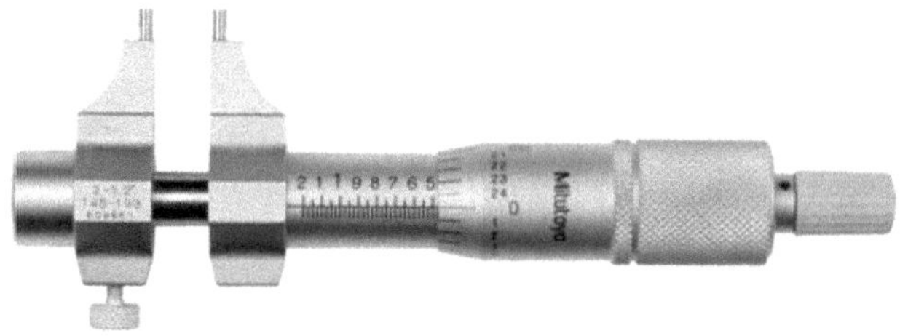

4) 사용계측기 : 깊이 마이크로 미터(0~25mm) [Mitutoyo 128-101 또는 동일 대체품]
깊이 마이크로 미터(0~50mm) [Mitutoyo 129-109 또는 동일 대체품]

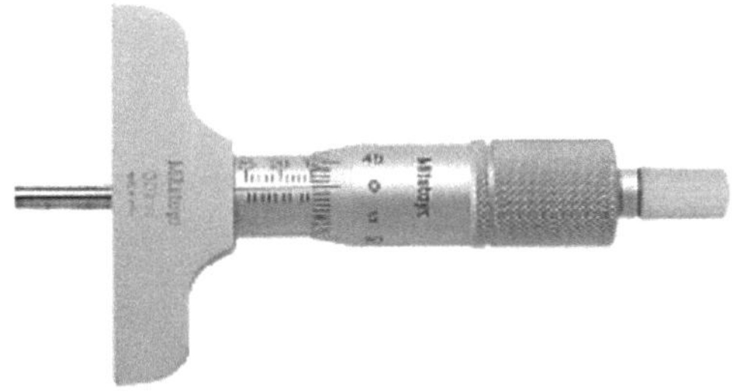

5) 측정 보조기기 : 마이크로미터 스탠드(100mm) [Mitutoyo 156-101-10 또는 동일 대체품]

## 3.2 마이크로미터 계측실습

| 작업과제명 | 길이측정기 사용하기 3.1 |
|---|---|

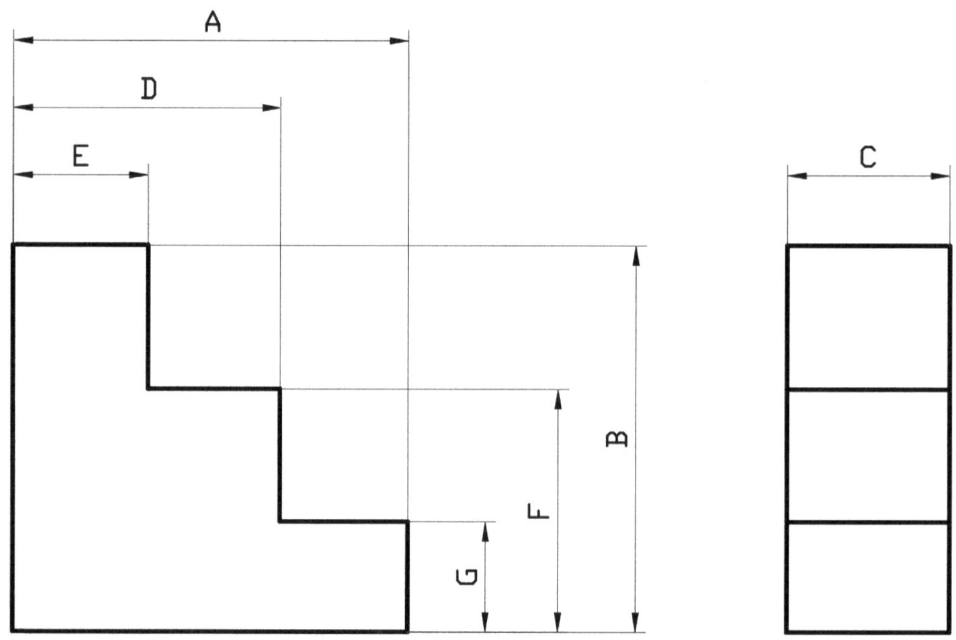


**측 정 세 부 사 항** [사용시편번호 : ]

| 측 정 항 목 | | | | | | 계 측 기 관 리 |
|---|---|---|---|---|---|---|
| 측정부위 | 1회 | 2회 | 3회 | 평균값 | 검증값 | 사용계측기 : |
| A | | | | | | |
| B | | | | | | 계측기의 측정정도 : |
| C | | | | | | |
| D | | | | | | 계측결과의 평가 : |
| E | | | | | | |
| F | | | | | | |
| G | | | | | | |
| | | | | | | |
| | | | | | | |
| | | | | | | |
| | | | | | | |

| 작업과제명 | 길이측정기 사용하기 3.2 |
|---|---|

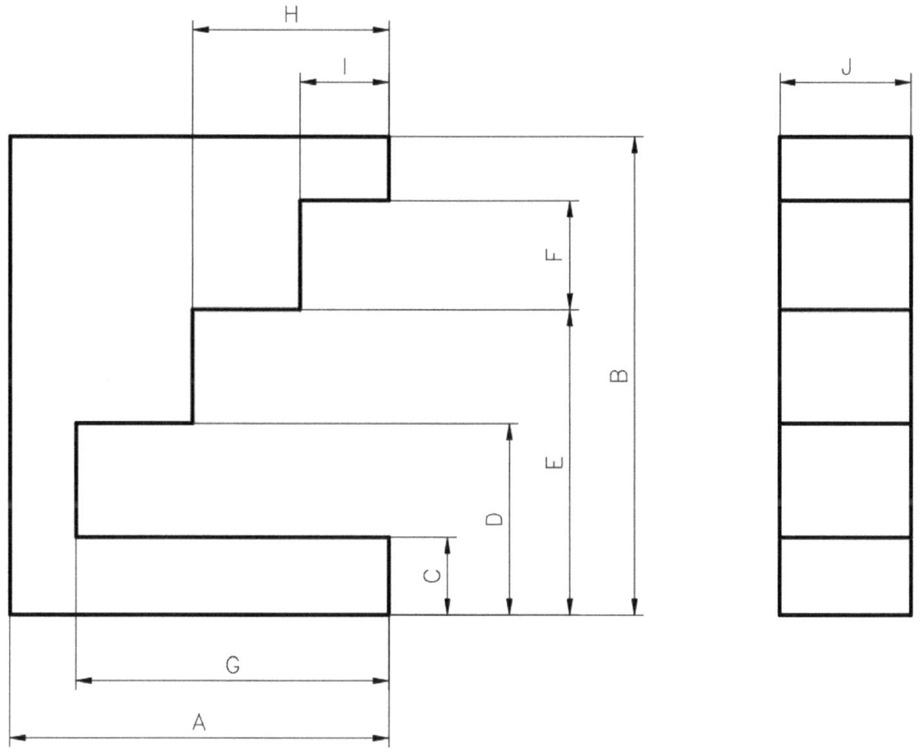


**측 정 세 부 사 항** [사용시편번호 : ]

| 측 정 항 목 | | | | | | 계 측 기 관 리 |
|---|---|---|---|---|---|---|
| 측정부위 | 1회 | 2회 | 3회 | 평균값 | 검증값 | 사용계측기 : |
| A | | | | | | |
| B* | | | | | | 계측기의 측정정도 : |
| C | | | | | | |
| D* | | | | | | 계측결과의 평가 : |
| E* | | | | | | |
| F | | | | | | |
| G | | | | | | |
| H | | | | | | |
| I | | | | | | |
| | | | | | | |
| | | | | | | |
| | | | | | | |
| | | | | | | |
| | | | | | | |

| 작업과제명 | 길이측정기 사용하기 3.3 |
|---|---|

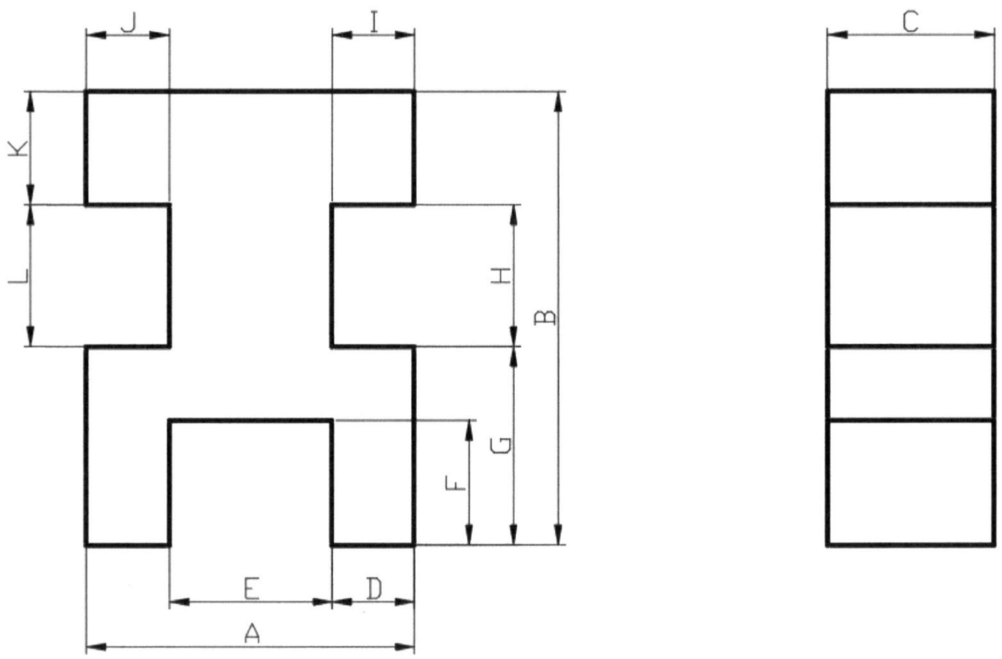


**측 정 세 부 사 항** [사용시편번호 : ]

| 측 정 항 목 | | | | | | 계 측 기 관 리 |
|---|---|---|---|---|---|---|
| 측정부위 | 1회 | 2회 | 3회 | 평균값 | 검증값 | 사용계측기 : |
| A | | | | | | |
| B | | | | | | 계측기의 측정정도 : |
| C | | | | | | |
| D | | | | | | 계측결과의 평가 : |
| E | | | | | | |
| F | | | | | | |
| G | | | | | | |
| H | | | | | | |
| I | | | | | | |
| J | | | | | | |
| K | | | | | | |
| L | | | | | | |
| | | | | | | |
| | | | | | | |

| 작업과제명 | 길이측정기 사용하기 3.4 |
|---|---|

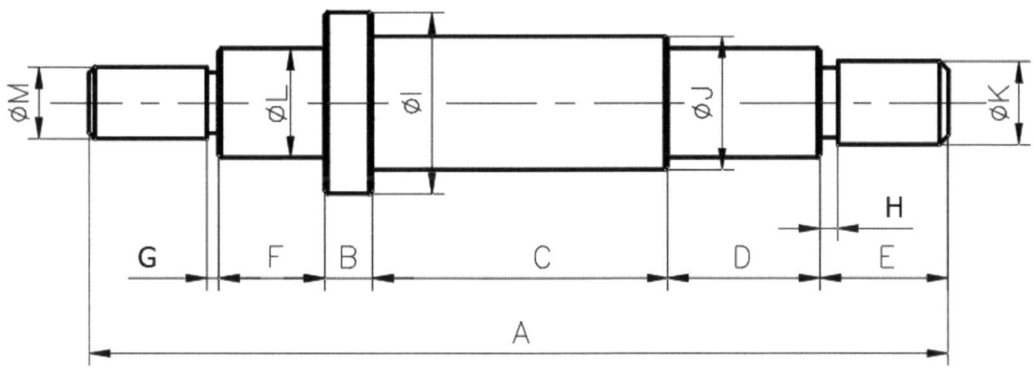


측 정 세 부 사 항 [사용시편번호 : ]

| 측정부위 | 1회 | 2회 | 3회 | 평균값 | 검증값 | 계측기관리 |
|---|---|---|---|---|---|---|
| A* | | | | | | 사용계측기 : |
| B* | | | | | | |
| C* | | | | | | 계측기의 측정정도 : |
| D* | | | | | | |
| E* | | | | | | 계측결과의 평가 : |
| F* | | | | | | |
| G* | | | | | | |
| H* | | | | | | |
| I | | | | | | |
| J | | | | | | |
| K | | | | | | |
| L | | | | | | |
| M | | | | | | |
| | | | | | | |

| 작업과제명 | 길이측정기 사용하기 3.5 |
|---|---|

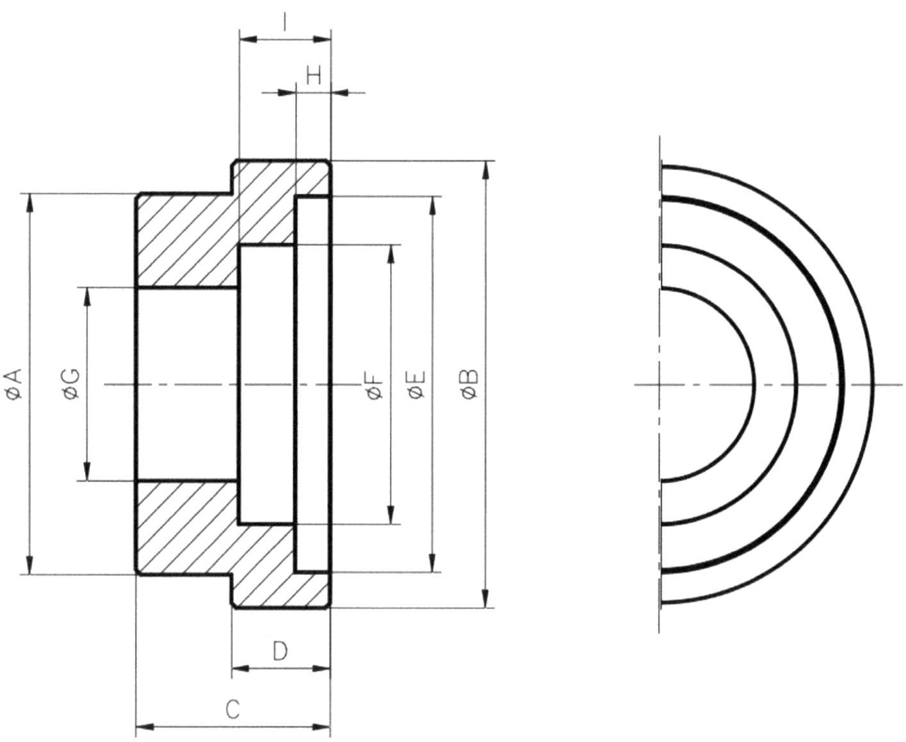


**측 정 세 부 사 항** [사용시편번호 : ]

| 측 정 항 목 | | | | | | 계 측 기 관 리 |
|---|---|---|---|---|---|---|
| 측정부위 | 1회 | 2회 | 3회 | 평균값 | 검증값 | 사용계측기 : |
| A | | | | | | |
| B | | | | | | 계측기의 측정정도 : |
| C | | | | | | |
| D | | | | | | 계측결과의 평가 : |
| E | | | | | | |
| F* | | | | | | |
| G | | | | | | |
| H | | | | | | |
| I* | | | | | | |
| | | | | | | |
| | | | | | | |
| | | | | | | |
| | | | | | | |
| | | | | | | |

| 작업과제명 | 길이측정기 사용하기 3.6 |
|---|---|

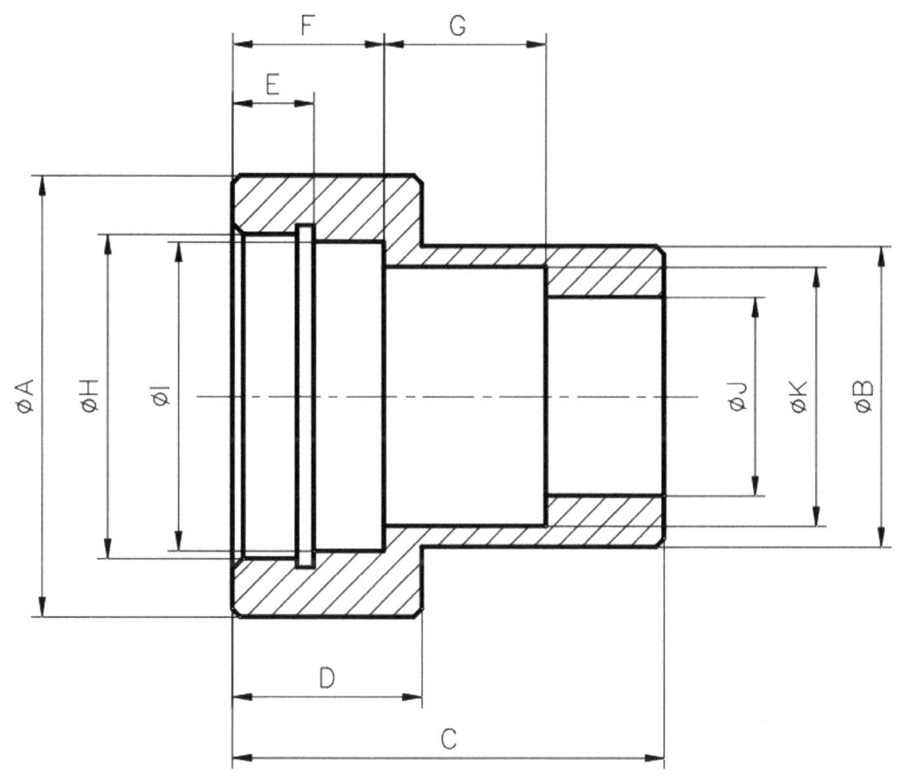


측 정 세 부 사 항 [사용시편번호 : ]

| 측정부위 | 1회 | 2회 | 3회 | 평균값 | 검증값 | 계측기관리 |
|---|---|---|---|---|---|---|
| A | | | | | | 사용계측기 : |
| B | | | | | | 계측기의 측정정도 : |
| C | | | | | | |
| D | | | | | | 계측결과의 평가 : |
| E | | | | | | |
| F | | | | | | |
| G* | | | | | | |
| H | | | | | | |
| I* | | | | | | |
| J | | | | | | |
| K* | | | | | | |
| | | | | | | |
| | | | | | | |
| | | | | | | |

| 작업과제명 | 길이측정기 사용하기 3.7 |
|---|---|

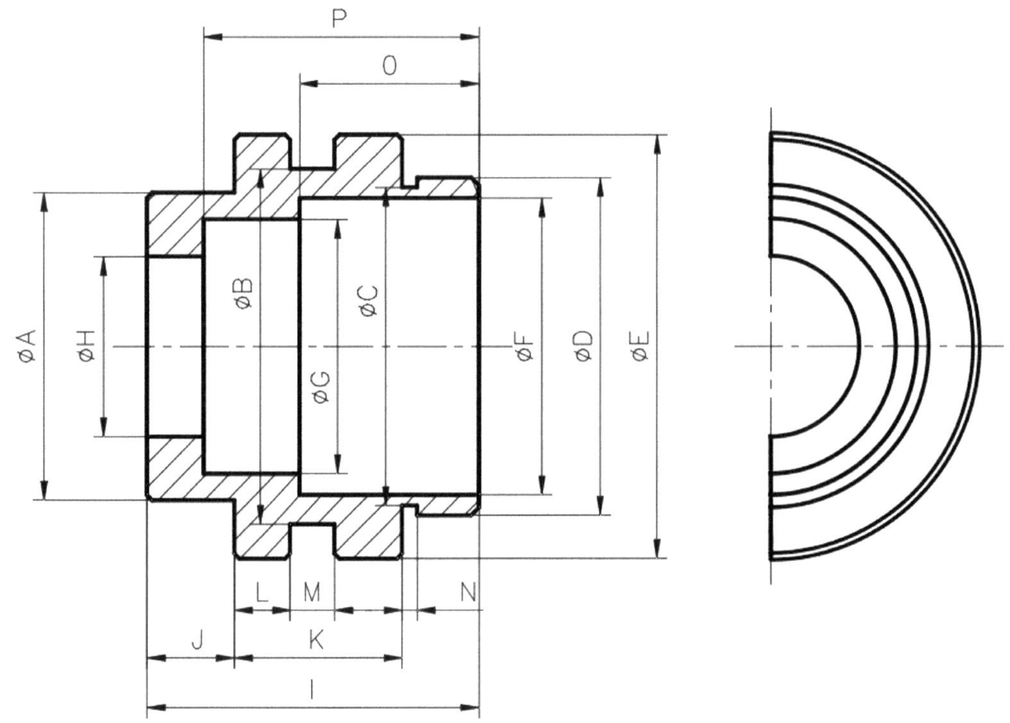


**측 정 세 부 사 항** [사용시편번호 : ]

| 측 정 항 목 | | | | | | 계 측 기 관 리 |
|---|---|---|---|---|---|---|
| 측정부위 | 1회 | 2회 | 3회 | 평균값 | 검증값 | 사용계측기 : |
| A | | | | | | |
| B | | | | | | 계측기의 측정정도 : |
| C | | | | | | |
| D | | | | | | 계측결과의 평가 : |
| E | | | | | | |
| F | | | | | | |
| G* | | | | | | |
| H | | | | | | |
| I | | | | | | |
| J* | | | | | | |
| K* | | | | | | |
| L* | | | | | | |
| M* | | | | | | |
| N* | | | | | | |
| O | | | | | | |
| P* | | | | | | |

| 작업과제명 | 길이측정기 사용하기 3.8 |
|---|---|

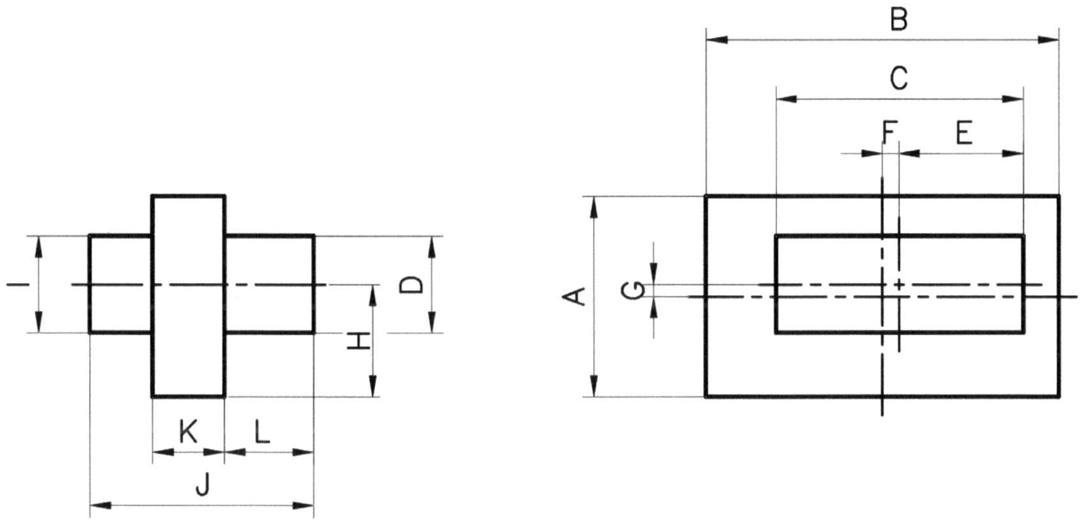


**측 정 세 부 사 항** [사용시편번호 : ]

| 측 정 항 목 | | | | | | 계 측 기 관 리 |
|---|---|---|---|---|---|---|
| 측정부위 | 1회 | 2회 | 3회 | 평균값 | 검증값 | 사용계측기 : |
| A | | | | | | |
| B | | | | | | 계측기의 측정정도 : |
| C | | | | | | |
| D | | | | | | 계측결과의 평가 : |
| E | | | | | | |
| F | | | | | | |
| G | | | | | | |
| H | | | | | | |
| I | | | | | | |
| J | | | | | | |
| K | | | | | | |
| L | | | | | | |
| | | | | | | |
| | | | | | | |

chapter

# 04

# 나사와 기어측정의 이해

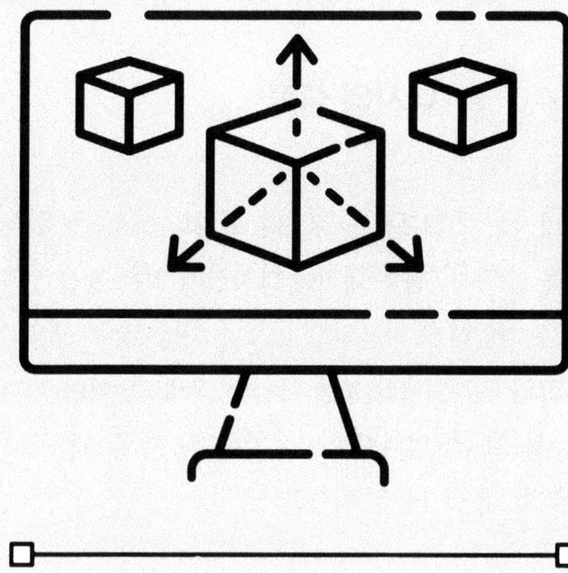

# 4.1 나사의 측정

나사는 기계부품을 죄거나 위치의 조정, 힘을 전달하는 용도로 쓰이며 둥근 봉의 바깥에 나사산이 있는 것을 수나사, 원통 내면에 나사산이 있는 것을 암나사라고 한다. 산업 현장에서 사용되는 나사의 종류와 규격은 다양하게 사용되고 있으나 가장 많이 사용되는 규격은 KS B 0201(미터 보통 나사)이다.

그림 4.1은 미터 보통 나사의 상세도면이며 여기에 사용된 나선의 각도는 60°이고 암나사와 수나사의 유효지름($d_2$)과 암나사의 유효지름($D_2$)이 동일한 위치에서 접촉한다. 나사의 제조 현장에서 나선의 형상 품질 관리에 유효지름을 이용한다.

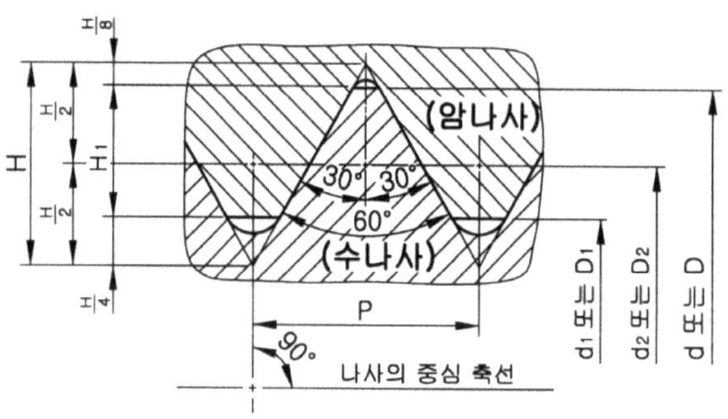


**그림 4.1** 미터 보통 나사의 형상

**표 4.1** 미터 보통 나사의 수나사 규격

| 나사의 호칭 | 피치 (P) | 접촉높이 ($H_1$) | 수 나 사 | | |
|---|---|---|---|---|---|
| | | | 바깥지름(d) | 유효지름($d_2$) | 골지름($d_1$) |
| M6 | 1.00 | 0.541 | 6.000 | 5.350 | 4.917 |
| M8 | 1.25 | 0.677 | 8.000 | 7.188 | 6.647 |
| M10 | 1.50 | 0.812 | 10.000 | 9.026 | 8.376 |
| M12 | 1.75 | 0.947 | 12.000 | 10.863 | 10.106 |
| M14 | 2.00 | 1.083 | 14.000 | 12.701 | 11.835 |
| M16 | 2.00 | 1.083 | 16.000 | 14.701 | 13.835 |
| M18 | 2.50 | 1.353 | 18.000 | 16.376 | 15.294 |
| M20 | 2.50 | 1.353 | 20.000 | 18.376 | 17.294 |

## 1) 나사의 유효경 측정용 마이크로미터

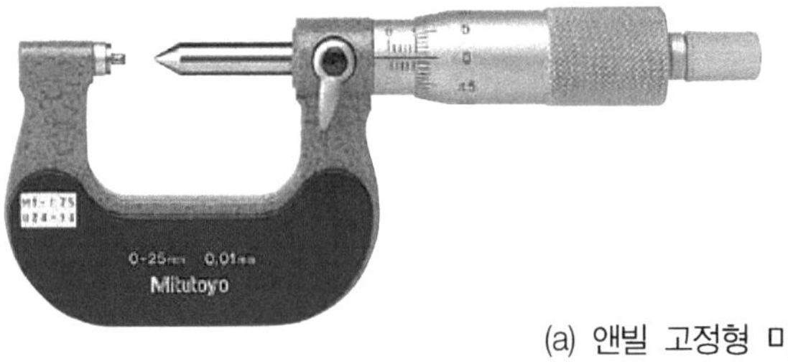


- 모델 : 125-108
- 최소눈금 : 0.01 mm
- 측정범위 : 0~25 mm
- 나사 피치 : Metric 1~1.75 mm
  Unified 24~14 TPI

(a) 앤빌 고정형 마이크로미터

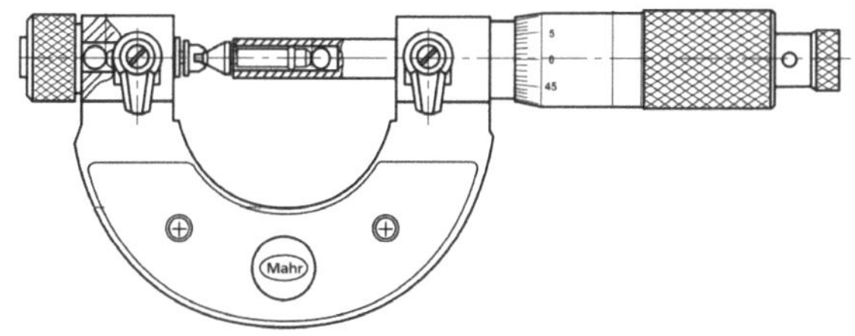


**Accessories**

| Thread pitch in mm | Taper Order no. | V-anvil Order no. |
|---|---|---|
| Pitch diameter, external thread | | |
| Metric 60° | | |
| 0,5 – 0,7 | 4173400 | 4173000 |
| 0,7 – 1 | 4173401 | 4173001 |
| 1,25 – 2 | 4173402 | 4173002 |
| 2 – 3,5 | 4173403 | 4173003 |

(b) 앤빌 교환형 마이크로미터

**그림 4.2** 나사측정 전용 마이크로미터

그림 4.2와 같이 앤빌을 교환할 수 없는 종류와 피치에 따른 앤빌 교환형 마이크로미터를 사용한다.

2) 나사 마이크로미터의 측정 오차

| 오차원인 | 일어날 수 있는 최대오차 | 오차 제거를 위한 예방 조치 | 예방 조치로 제거할 수 없는 에러 |
|---|---|---|---|
| 이송오차 | 3$\mu$m | 1. 사용하기 전에 마이크로미터를 보정한다. | $\pm$1$\mu$m |
| 앤빌 각도 오차 | 반각 오차가 15분이라고 가정할 때 $\pm$5$\mu$m | 1. 각도 오차를 측정하고 마이크로미터를 보정한다.<br>2. 측정물과 동일한 나사게이지를 이용하여 마이크로미터를 조정한다. | $\pm$3$\mu$m의 예상 반각 측정 오차 |
| 측정자 정렬 오차 | +10$\mu$m | | +3$\mu$m |
| 측정압에 의한 오차 | $\pm$10$\mu$m | 1. 가능한 경우 작은 측정압 마이크로미터를 사용한다.<br>2. 반드시 랫치 스톱을 사용한다.<br>3. 동일한 피치의 나사게이지를 사용하여 마이크로미터를 조정한다. | +3$\mu$m |
| 나사게이지 각도 오차 | $\pm$10$\mu$m | 1. 각도에 의한 보정 계산하여 적용<br>2. 길이 오차를 수정한다.<br>3. 측정물과 동일한 나사게이지를 사용하여 마이크로미터를 조정한다. | +3$\mu$m |
| 나사게이지 길이 오차 | $\pm\left(3+\dfrac{L}{25}\right)\mu$m | 1. 길이 보정을 위한 계산을 수행한다.<br>2. 측정물과 동일한 나사게이지를 사용하여 마이크로미터를 조정한다. | $\pm$1$\mu$m |
| 공작물 나사의 각도 오차 | JIS 2등급 반각오차 $\pm$229분 -91$\mu$m, +71$\mu$m | 1. 가능한 각도오차를 최소화한다.<br>2. 각도를 측정해 보정계산을 수행한다.<br>3. 큰 각도의 오차에는 3 와이어 유닛 방식을 적용한다. | 반각 오차가 $\pm$23분이라 가정할 때 $\pm$8$\mu$m |
| 종합측정오차 | ($\pm$117+40)$\mu$m | | +26 ~ -12$\mu$m |

**그림 4.3** 나사 마이크로미터의 측정 오차

### 3) 삼 침에 의한 방법(three-wire method)

나사의 유효지름을 그림과 같이 3개의 핀으로 측정 할 수 있다. 식 (4.1)과 (4.2)를 이용하여 유효지름(E)를 계산한다.

미터 나사 또는 유니파이 나사(60°)인 경우

$$E = M - 3d + 0.866025P \tag{4.1}$$

휘트워스 나사(55°)인 경우

$$E = M - 3.16568d + 0.960491P \tag{4.2}$$

- 나사의 유효지름 : Emm
- 와이어의 지름 : dmm
- 스크류의 피치 : Pmm
- 3개의 롤을 포함한 마이크로미터 판독량 : Mmm

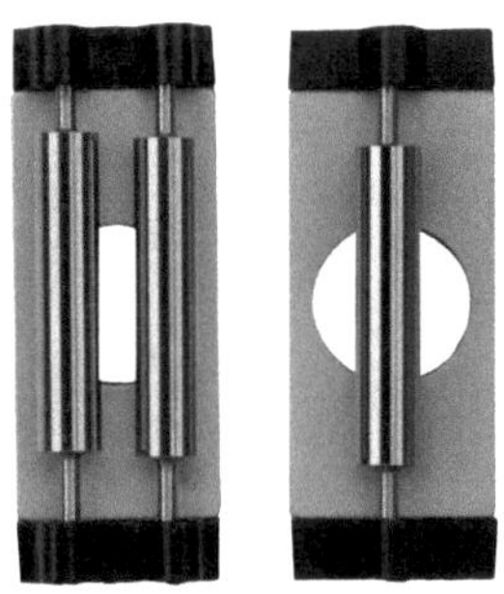

(a) 측정용 삼 침의 형상

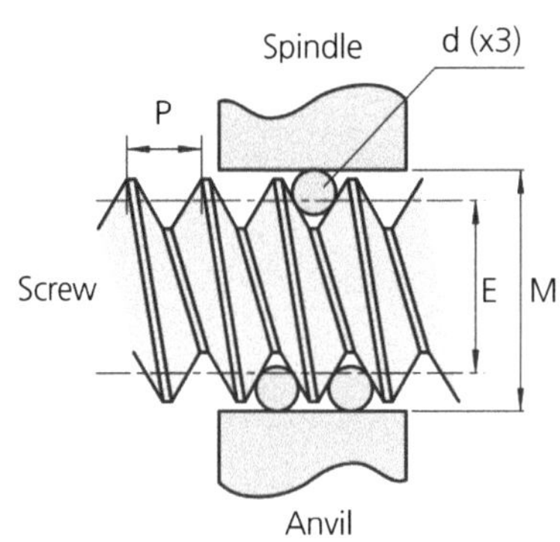


(b) 측정방법

| 나사의 종류 | 최적의 핀 지름 |
|---|---|
| 유니파이 나사(60°) | 0.577×P |
| 휘트워스 나사(55°) | 0.564×P |

(c) 삼 침 직경의 결정

**그림 4.4** 삼 침을 이용한 삼각나사의 유효경 측정

### 4) 삼 침에 의한 나사측정 오차(major measurement errors of the three-wire method)

| 오차원인 | 일어날 수 있는 최대오차 | 오차 제거를 위한 예방 조치 | 예방 조치로 제거할 수 없는 에러 |
|---|---|---|---|
| 피치 오차 (측정물) | 피치 오차가 0.02mm 일 때 ±18$\mu$m | 1. 피치오차($\delta$p=$\delta$E)로 보정한다.<br>2. 여러 포인트를 측정하여 평균값을 적용한다.<br>3. 단일 피치 오차를 줄인다. | ±3$\mu$m |
| 반각 오차 (측정물) | ±0.3$\mu$m | 1. 최적의 와이어 경을 사용한다.<br>2. 수정이 필요하지 않다. | ±0.3$\mu$m |
| 앤빌 차이 | ±8$\mu$m | 1. 최적의 와이어 경을 사용한다.<br>2. 하나사용 와이어와 평균에 가까운 와이어를 사용한다. | ±1$\mu$m |
| 와이어 직경 오차 | -3$\mu$m | 1. 피치어 맞는 측정압을 사용한다.<br>2. 측정 끝의 넓이를 규정대로 한다.<br>3. 안정된 측정압을 사용한다. | -1$\mu$m |
| 종합측정오차 | 최악의 경우 +20 ~ -35$\mu$m | | 주의하여 측정 시 +3 ~ -5$\mu$m |

**그림 4.5** 삼 침에 의한 측정 오차

5) 하나의 침에 의한 방법(one-wire method)

홀수 개 인선인 탭의 유효 지름을 측정하기 위해 V-앤빌 마이크로미터와 측정용 와이어를 이용하여 $M_1$을 측정하며 식 (4.3) 또는 (4.4)에 의해 탭의 지름을 환산하고 식 (4.1) 또는 (4.2)에 의해 탭의 유효 지름을 계산한다.

3개의 인선 구조의 탭 : $M = 3M_1 - 2D$ (4.3)

5개의 인선 구조의 탭 : $M = 2.2360M_1 - 1.23606D$ (4.4)

- 하나의 와이어에 의한 측정값 : $M_1$ mm
- M1에 의한 탭 인선 형상에 따른 보정 지름 : Mmm
- 홀수개 인선 탭의 지름 : Dmm
- 탭의 유효 지름 계산 값 : Emm (4.3, 4.4 식에 의해)

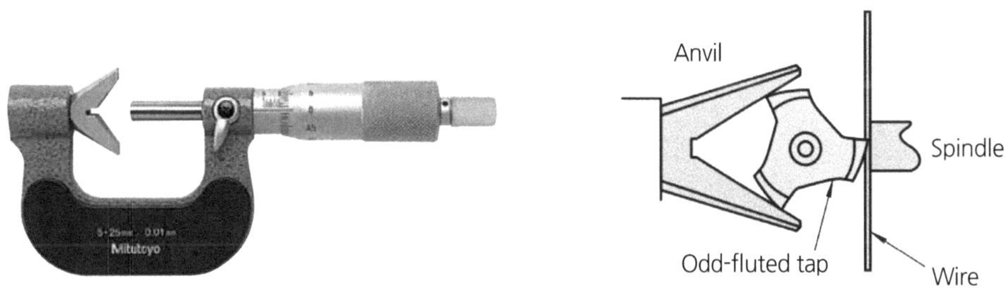


(a) V-엔빌 마이크로미터 (b) 측정방법

**그림 4.6** 하나의 와이어를 이용한 탭의 측정

6) 나선의 리드각(lead angle)

나선 곡선은 유효 지름($d_2$)의 원기둥으로 한 줄의 경우 일 회전당 피치(p)만큼의 이동되며 이를 리드(lead)라고 하고 식 (4.5)와 같이 나선의 줄 수(n)에 의해 리드가 변화된다. 여기에서 리드각($\alpha$)은 식 (4.6)과 같이 정의되며 투영기에 의한 나선의 계측에는 리드각이 고려되어야 한다.

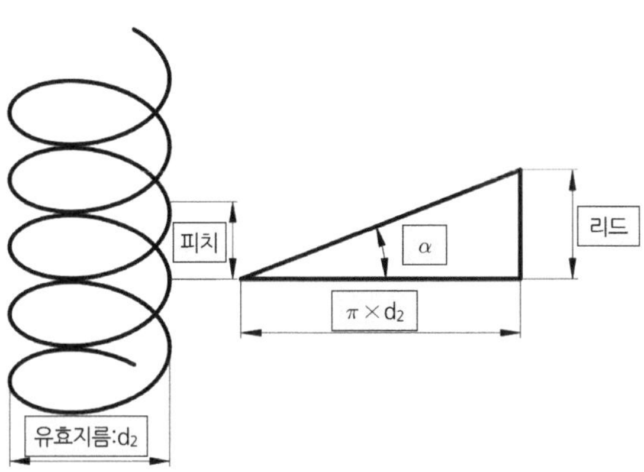


$$L = n \cdot p \quad (4.5)$$

$$\alpha = \tan^{-1}\frac{L}{\pi \cdot d_2} \quad (4.6)$$

**그림 4.7** 나선곡선

**실습에 사용되는 계측기**

**나사 측정기와 투영기를 이용하여 측정하시오. 단, "*" 표시 부위는 버니어 캘리퍼스를 이용하여 측정하고 각각의 부위를 측정할 수 없는 경우 보고서에 "측정불가"로 표시한다.**

1) 사용계측기 : 버니어 캘리퍼스(0~150mm) [Mitutoyo 530-101 또는 동일 대체품]

2) 사용계측기 : 외측 마이크로미터 (0~25mm) [Mitutoyo 102-301 또는 동일 대체품]

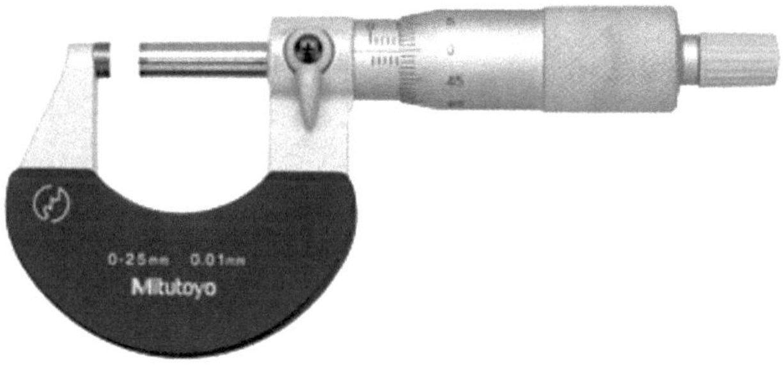


3) 사용계측기 : 외측 나사 마이크로미터 (0~25mm) [Mitutoyo 125-103 또는 동일 대체품]
외측 나사 마이크로미터 (0~25mm) [Mitutoyo 125-104 또는 동일 대체품]

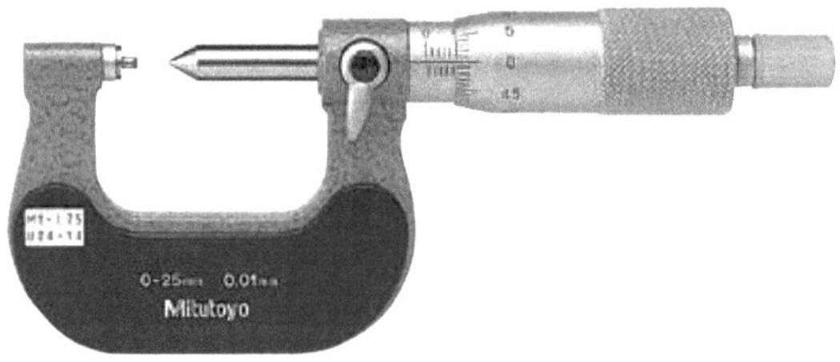


4) 나사 핀 게이지 : 삼 핀(1.75, 2.5mm) [Mahr 4820022, 4820024 또는 동일 대체품]

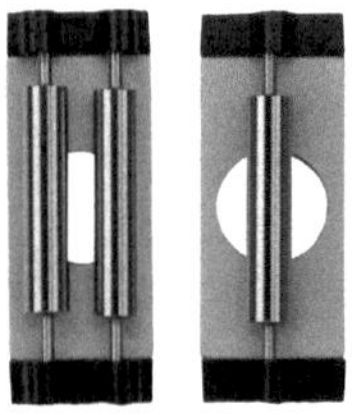

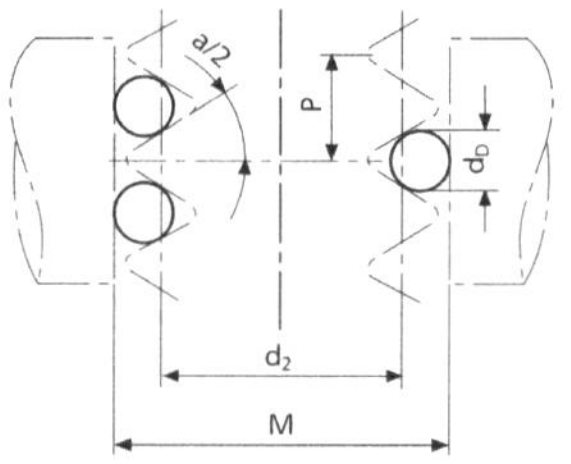

5) 나사 각도와 피치 측정 : 투영기 [Mitutoyo PH-3515F, 회전 바이스 또는 동일 대체품]

6) 측정 보조기기 : 마이크로미터스탠드(100mm) [Mitutoyo 156-101-10 또는 동일 대체품]

## 4.2 나사게이지의 계측실습

| 작업과제명 | 나사게이지 측정하기 |
|---|---|

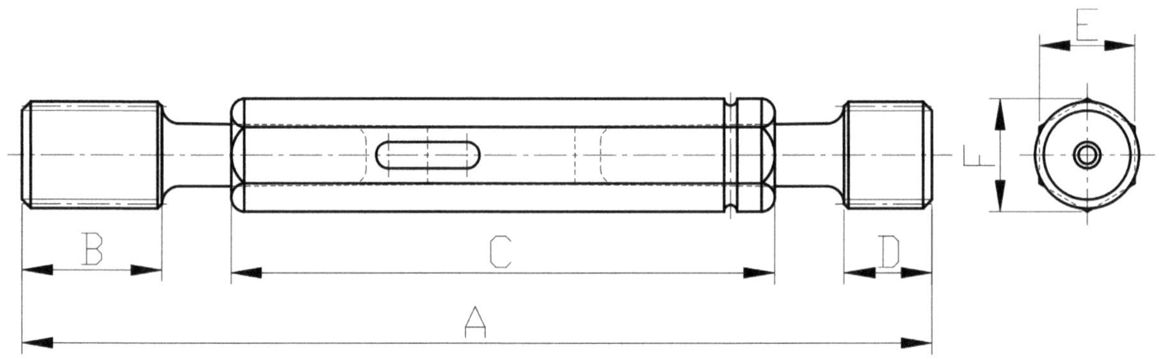


- 바깥지름(Major Diameter)
- 골지름(Minor Diameter)
- 나사산의 각도(Thread Angle)
- 유효지름(Pitch Diameter)
- 피치(Pitch)

**측 정 세 부 사 항** [사용시편번호 : ]

| 측 정 항 목 | | | | | | 계 측 기 관 리 |
|---|---|---|---|---|---|---|
| 측정부위 | 1회 | 2회 | 3회 | 평균값 | 검증값 | 사용계측기 : |
| A* | | | | | | |
| B* | | | | | | 계측기의 측정정도 : |
| C* | | | | | | |
| D* | | | | | | 계측결과의 평가 : |
| E* | | | | | | |
| F* | | | | | | |
| GO | - | - | - | - | - | |
| 바깥지름 | | | | | | |
| 유효지름 | | | | | | |
| 골지름 | | | | | | |
| 피치 | | | | | | |
| 나사산의각도 | | | | | | |
| Not GO | - | - | - | - | - | |
| 바깥지름 | | | | | | |
| 유효지름 | | | | | | |
| 골지름 | | | | | | |
| 피치 | | | | | | |
| 나사산의각도 | | | | | | |

## 4.3 평기어의 형상

기어는 회전력을 전달하는 장치이고, 회전 방향의 변경과 회전수를 증가/감소시키거나 회전 운전을 직선 운동 등으로 운동 방향을 변화시키는 기능이 있다.

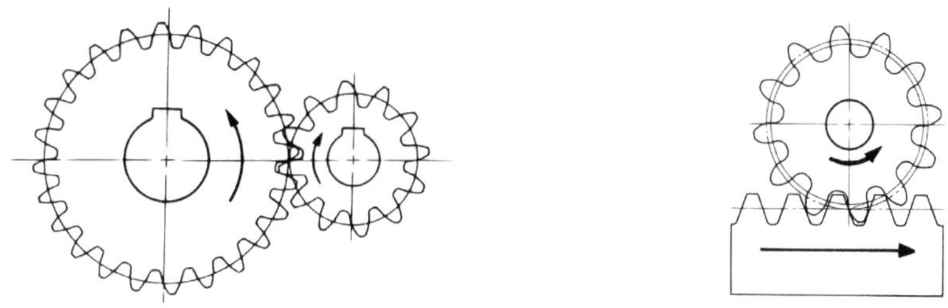

(a) 회전 방향과 속도의 변경 (b) 운동 방향의 변경

**그림 4.8** 기어의 적용 특성

### 1) 기어 치형의 크기

기어 치형의 크기(module)는 모듈로 표시되며 숫자 크기가 커지는 경우 치형이 커진다.

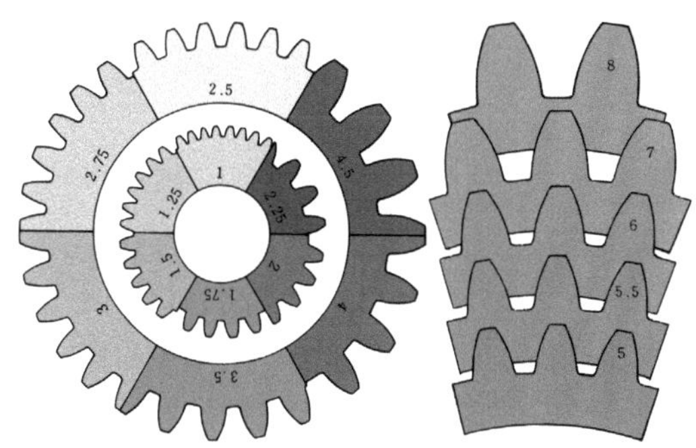


**그림 4.9** 모듈에 따른 기어 치형의 크기

### 2) 기어의 치형 곡선과 압력각

기어의 치형 곡선에는 인벌류트 곡선(involute curve)과 사이클로이드 곡선(cycloidal curve)을 사용하고 있으나 안정적인 힘의 전달과 부드러운 미끄러짐이 요구된다. 인벌류트 치형의 경우 제조원가가 저렴하고 일정한 속도로 운전이 유지되며 치형의 하부가 강해 대부분 기어는 인벌류트 곡선으로 제조된다.

(a) 치형 곡선이 없는 경우 (b) 치형 곡선과 압력각이 있는 경우

**그림 4.10** 기어의 곡선과 압력각

### 3) 평기어의 일반형상

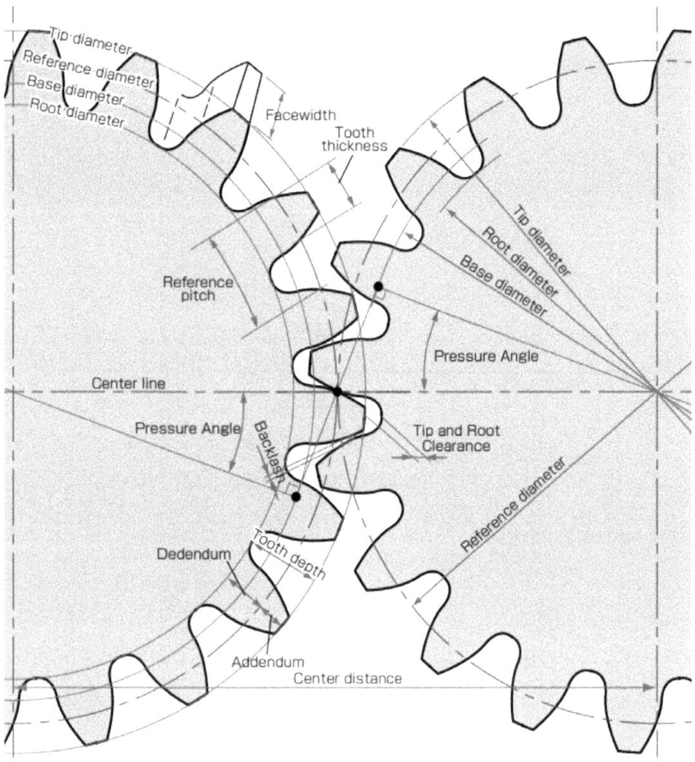


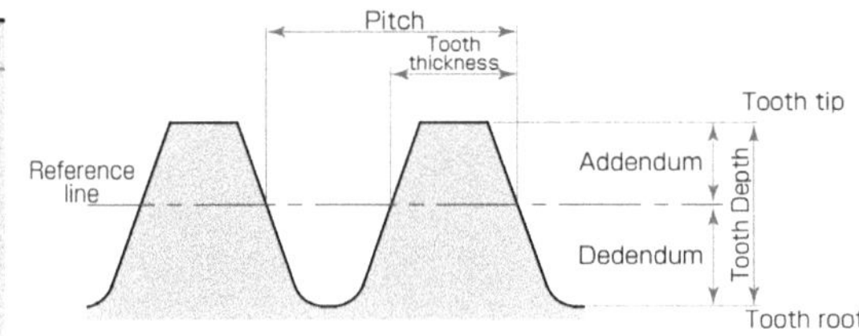


- Addendum(치말높이) : $h_a$

$$h_a = 1.00\,m \tag{4.7}$$

- Dedendum(치원높이) : $h_d$

$$h_d = 1.25\,m \tag{4.8}$$

- Tooth depth(전치높이) : h

$$h = 2.25\,m\,(h_a + h_d) \tag{4.9}$$

- Tooth thickness(톱니두께) : s

$$s = \frac{\pi m}{2} \tag{4.10}$$

**그림 4.11** 평기어의 형상 치수

Reference diameter(기어의 피치원) [d] : $d = z\,m$ (4.11)

Center distance(기어의 중심거리) [a] : $a = \dfrac{d_1 + d_2}{2}$ (4.12)

Tip and root Clearance(이뿌리 틈새) [c] : $c = 0.25\,m$ (4.13)

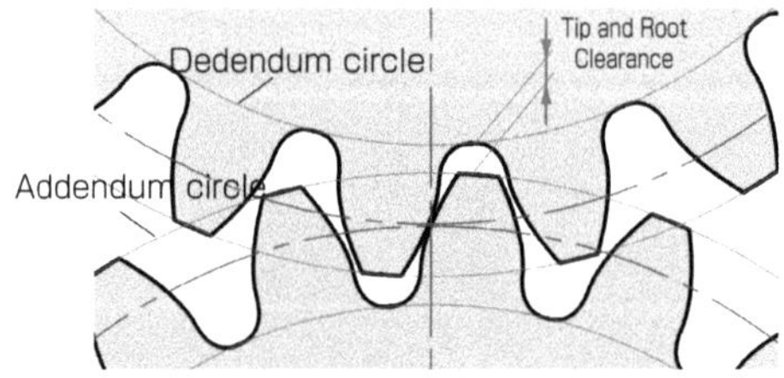


**그림 4.12** 이 끝 틈새의 적용

**예제 4.1** 표준 평기어에서 모듈(m)이 2이고 피니언의 잇수(z1)가 20개, 기어 잇수(z2)가 40개일 때 각각의 피치원 지름과 중심거리, 이 끝 틈새를 계산하시오.

1) 피치원 지름의 계산 $d_1 = z_1 m = 20 \times 2 = 40\,\text{mm}$

$$d_2 = z_2 m = 40 \times 2 = 80\,mm$$

2) 기어의 중심거리 $a = \dfrac{d_1 + d_2}{2} = \dfrac{40 + 80}{2} = 60\,mm$

3) 전치 높이 $h = 2.25\,m = 2.25 \times 2 = 4.5\,mm$

4) 이뿌리 틈새 $c = 0.25\,m = 0.25 \times 2 = 0.5\,mm$

## 4.4 평기어의 정밀도

본 교재에서 제시하는 기어 정밀도는 평기어와 헬리컬 기어의 정면 모듈 0.2~25이고 피치원 지름 1.5~3,200mm인 기어 및 랙에 적용되는 규격이며 모든 오차는 축, 구멍 또는 축 지름에 의해 정해지는 회전 중심선을 기준으로 한다.

1) 치형오차(profile deviation, $F_\alpha$)

실제의 치형과 피치원 교점을 지나는 정확한 인벌류트를 기준으로 수직 방향(tooth profile 방향)으로 측정하여 치형 검사 안의 범위에 양(+)쪽 오차와 음(−) 오차의 합을 치형 오차라 한다. 치형 오차는 축 직각 치형을 규정한다.

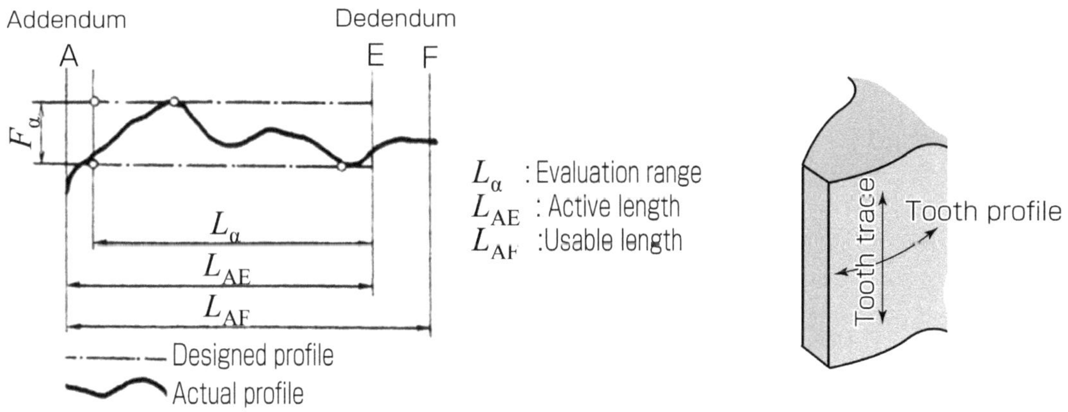


(a) 치형오차($F_\alpha$) (b) 치형의 검사 방향

**그림 4.13** 기어의 치형 오차

2) 잇줄 방향오차(helix deviation, $F_\beta$)

피치 원통상에서 검사 범위 내의 치폭에 대응하는 실제의 잇줄 곡선(tooth trace 방향)과 이론상의 곡선과의 차이를 잇줄 방향 오차라 하며 원주상에 치수로 나타낸다.

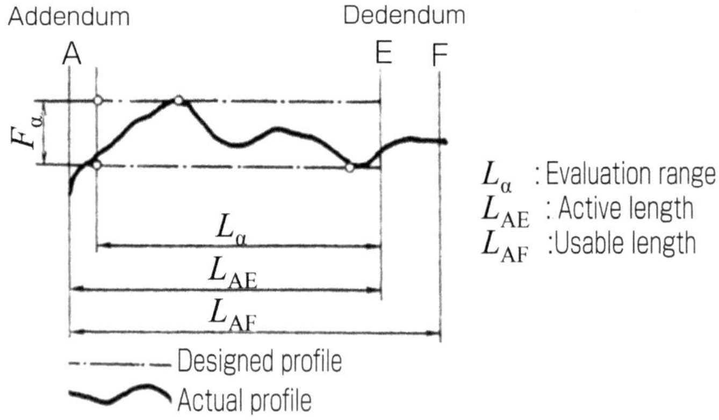


(a) 잇줄 방향 오차($F_\beta$)

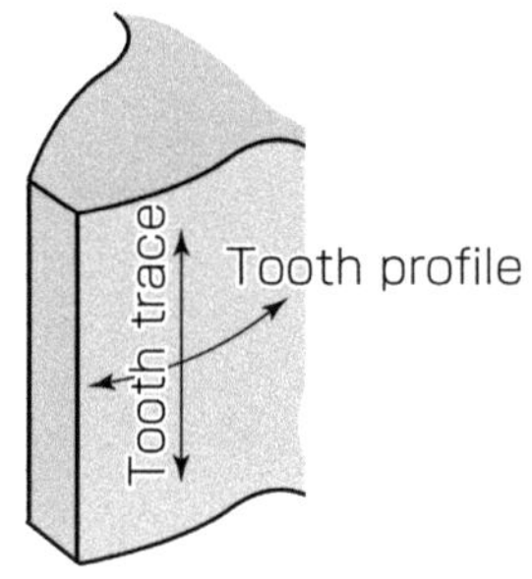


(b) 치형의 검사 방향

**그림 4.14** 기어의 잇줄 방향 오차

### 3) 피치 오차(pitch deviation)

피치원 상의 치형의 간격에 대한 오차를 피치 오차라 한다.

① 단일 피치 오차(single pitch deviation, $F_{pt}$)

인접한 치형의 피치원 상에서의 실제 피치와 그 정확한 피치의 차를 단일 피치 오차라 한다.

② 누적 피치 오차(total cumulative pitch deviation, $F_{pk}$)

임의의 두 개의 이 사이에 있어 피치원 상에서 실제의 피치 합과 그 정확한 값과의 차를 누적 피치 오차라 한다.

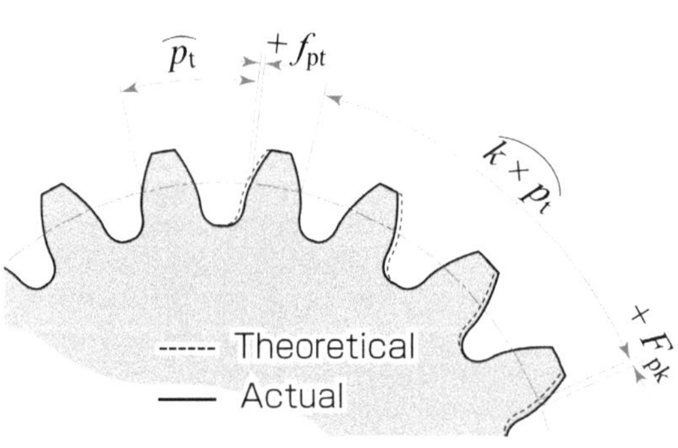


**그림 4.15** 기어의 피치 오차

### 4) 치홈 흔들림(runout error of gear teeth, $F_r$)

볼 또는 핀 등의 접촉 편을 치홈의 양쪽 치면에 피치원 부근에 접속했을 때의 반지름 방향 위치의 최대 차를 치홈 흔들림이라 한다. 그림 4.16은 잇수 16개의 치형을 검사한 결과이다.

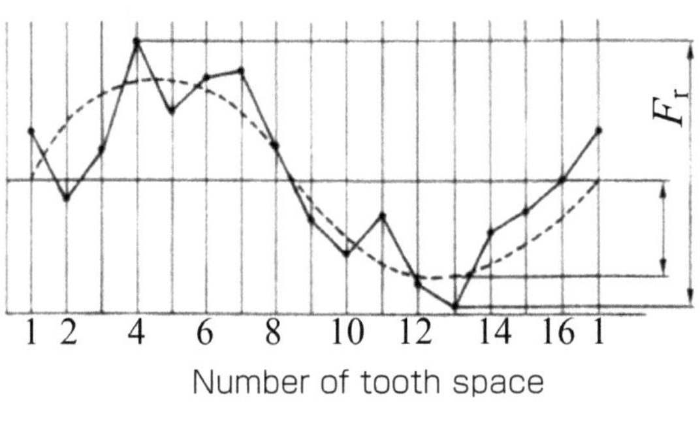


**그림 4.16** 기어 치홈의 흔들림

그림 4.17은 Mahr사의 기어 시험기이고 기어 시험기를 이용하여 각종 내, 외접 표준 평치차와 헬리컬 기어를 공업표준규격(KS, JIS, Ansi, DIN 등) 또는 사내 표준(VW, CAT)에 따른 기어의 정밀도를 평가할 수 있다.

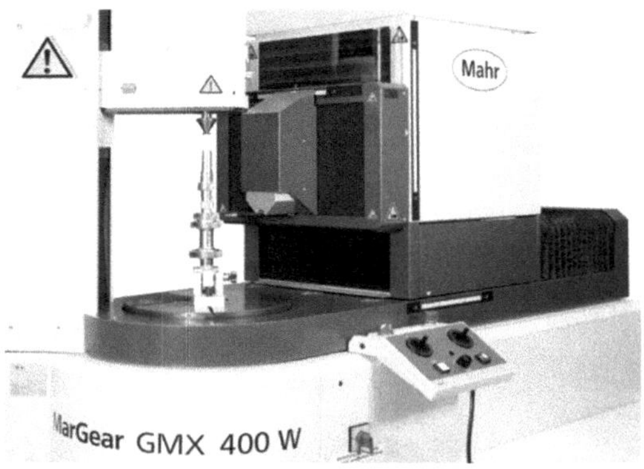

**그림 4.17** Mahr사 기어 시험기

5) 기어의 복합오차(tolal radial composite deviation, $F_i$)

기어 롤링 시험기를 이용하여 측정하며 정밀하게 제작된 마스터 기어와 한 쌍으로 구동하면서 치형 오차, 피치 오차와 기어의 형상 차이에 따는 종합된 오차를 평가한다. 그림 4.18은 잇수 30개인 기어를 롤링 테스트한 결과이고 치형과 치형 사이의 오차, 종합된 오차로 런아웃 에러를 확인할 수 있다.

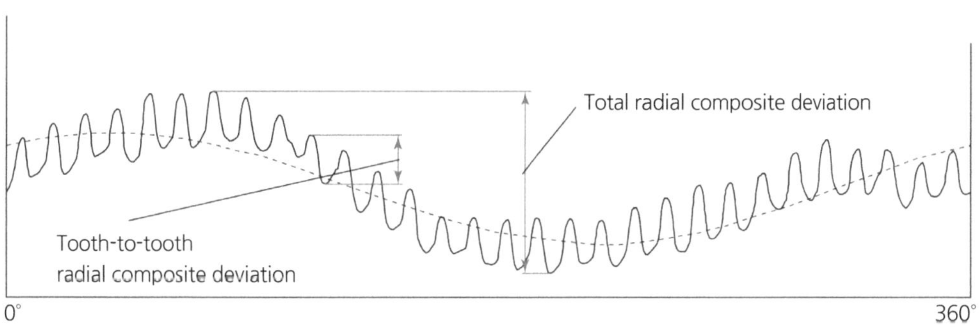


**그림 4.18** 기어 롤링 테스트의 결과

그림 4.19는 Gleason사의 기어 롤링 시험기의 사진이다.

**그림 4.19** Gleason사의 기어 롤링 시험기

기어의 제조공정에서는 앞에서 설명한 기어 정밀도 측정이 어려움이 있어 기어 품질을 보증하기 위해 걸치기 톱니 두께와 오버 핀 지름으로 제조공정 검사가 이루어진다.

### 6) 걸치기 톱니 두께(root tangent length)

걸치기 톱니 두께는 기어의 바깥지름 치수와 관계없이 디스크 마이크로미터로 측정할 수 있어 제조 현장에서 치형의 품질보증 항목으로 많이 사용되고 있다.

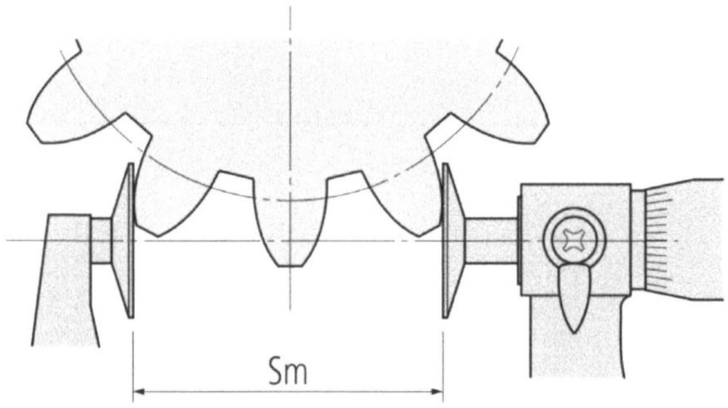


- 기어의 모듈 : m
- 기어의 압력각(14.5°, 20°) : $\alpha_0$
- 기어의 잇수 : z
- 기어의 전위량 : Xm

**그림 4.20** 걸치기 톱니 두께 측정

평치차에서 걸치기 두께(Sm) 일반계산식은 다음과 같다.

$$Sm = m\cos\alpha_0\,[\pi(zm-0.5) + z\,\mathrm{inv}\alpha_0] + 2Xm\sin\alpha_0 \tag{4.14}$$

표준기어에서 전위가 없는 경우 Xm = 0이므로

$$Sm = m\cos\alpha_0\,[\pi(zm-0.5) + z\,\mathrm{inv}\alpha_0] \tag{4.15}$$

전위 되지 않은 평기어는 식 (4.14)에 의해 걸치기 두께를 계산할 수 있다. 걸치기 두께 측정에 사용되는 걸치기 톱니 수(Zm)은 아래와 같이 정의되며 인벌류트 함수는 치차 편람의 표를 참조한다.

$$Zm = \frac{\alpha_0\,z}{180} + 0.5 \text{ [표준 평치차]} \tag{4.16}$$

inv 20° ≒ 0.014904
inv 14.5° ≒ 0.0055448

인벌류트 함수(involute function)

### 7) 오버 핀(over pin) 거리 측정

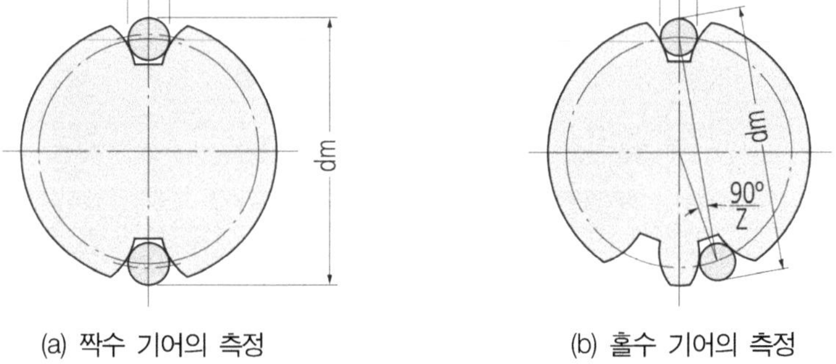


(a) 짝수 기어의 측정 (b) 홀수 기어의 측정

**그림 4.21** 기어 오버핀 거리의 측정

오버 핀 측정 방법은 기어의 품질을 보증하는 방법으로 기어 지름 방향의 치형 골짜기에 두 개의 핀 게이지를 설치하여 핀의 거리를 관리하여 기어 품질관리의 대표적인 방법이다. 기어 잇수의 홀 또는 짝수에 따라 계산식이 다르게 적용된다.

기어의 잇수가 짝수일 때 오버 핀의 거리(dm)

$$dm = dp + \frac{dg}{\cos\phi} = dp + \frac{zm\cos\alpha_0}{\cos\phi} \qquad (4.17)$$

기어의 잇수가 홀수일 때 오버 핀의 거리(dm)

$$dm = dp + \frac{dg}{\cos\phi}\cos\left(\frac{90°}{Z}\right) = dp + \frac{zm\cos\alpha_0}{\cos\phi}\cos\left(\frac{90°}{Z}\right) \qquad (4.18)$$

오버 핀 지름(dp)의 계산

- 기어의 기초원 지름 : dg
- 핀의 중심을 지나는 압력각 : $\phi$

$$\phi = \tan\alpha_0 + \frac{\pi}{2z} - inv \qquad (radian)$$

$$dp = zm\cos\alpha_0\left(inv\phi + \frac{\pi}{2z} - inv\alpha_0\right) \qquad (4.19)$$

**예제 4.2** 표준 평치차에서 잇수(z) 18개, 모듈(m) 6과 기어의 압력각 14.5°일 때 기어의 걸치기 두께(Sm), 걸치기 톱니 수(Zm), 오버 핀 지름(dp)와 오버 핀 지름(dm)을 계산하시오.

1) 걸치기 두께의 계산

① 걸치기 톱니 수(Zm)의 계산

$$Zm = \frac{\alpha_0 z}{180} + 0.5 = \frac{14.5 \times 18}{180} + 0.5 = 1.95 \fallingdotseq 2\text{개}$$

inv 14.5° : 0.0055448

인벌류트 함수(involute function)

② 기어의 걸치기 두께(Sm)의 계산

$$Sm = m\cos\alpha_0\left[\pi(zm - 0.5) + z\,inv\alpha_0\right] = 6 \times \cos 14.5°\left[\pi(2-0.5) + 18 \times 0.0055448\right] = 27.95mm$$

2) 오버 핀의 거리 계산

① 오버 핀 지름(dp)의 계산과 오버 핀의 거리

inv 19°30' : 0.013779

$$\phi = \tan\alpha_0 + \frac{\pi}{2z} - inv\alpha_0 = \tan 14.5° + \frac{\pi}{2\times18} - 0.0055448 = 0.34034(radian) = 19°30'00''$$

$$dp = zm\cos\alpha_0\left(inv\phi + \frac{\pi}{2z} - inv\alpha_0\right) = 18\times6\times\cos 14.5°\left(0.013779 + \frac{\pi}{2\times18} - 0.0055448\right)$$

$$= 9.99 \fallingdotseq 10.0mm$$

$$inv\phi = \frac{dp}{zm\cos\alpha_0} - \left(\frac{\pi}{2z} - inv\alpha_0\right) = \frac{10.0}{18\times6\times\cos 14.5°} - \left(\frac{\pi}{2\times18} - 0.0055448\right) = 0.013917$$

inv 19.34' : 0.013926

② 기어의 잇수가 짝수일 때 오버 핀의 거리(dm)

$$dm = dp + \frac{z\,m\cos\alpha_0}{\cos\phi} = 10 + \frac{18\times 6\times\cos 14.5°}{\cos 19°34'} = 120.968mm$$

**예제 4.3** 표준 평치차에서 잇수(z) 30개, 모듈(m) 2와 기어의 압력각 20°일 때 기어의 걸치기 두께(Sm), 걸치기 톱니수(Zm), 오버 핀 지름(dp)와 오버 핀 지름(dm)을 계산하시오.

(a) 스퍼기어의 외형

| 공 통 사 양 | |
|---|---|
| 정밀도 등급 | JIS N5급 (JIS B 1702-1: 1998)<br>구 JIS 1급 (JIS B 1702: 1976) |
| 치 형 | 표준치형 |
| 압 력 각 | 20° |
| 재 질 | SCM415 |
| 열 처 리 | 전면 침탄열처리 |
| 치 면 경 도 | 55 ~ 60HRC |

(b) 기계적 일반사양

**그림 4.22** 기어의 외형 및 기계적 사양

inv 20° ≒ 0.014904

인벌류트 관수(involute function)

inv 22°58' : 0.022944
inv 22°59' : 0.022997
inv 23°00' : 0.023049
inv 23°01' : 0.023102
inv 23°02' : 0.023154

inv 23°.27' : 0.024495
inv 23°.28' : 0.024550
inv 23°.29' : 0.024605
inv 23°.30' : 0.024660
inv 23°.31' : 0.024715

1) 걸치기 두께의 계산

① 걸치기 톱니 수(Zm)의 계산

$$Zm = \frac{\alpha_0\,z}{180} + 0.5 = \frac{20°\times 30}{180} + 0.5 = 3.83 ≒ 4개$$

inv 20° ≒ 0.014904

인벌류트 관수(involute function)

② 기어의 걸치기 두께(Sm)의 계산

$$Sm = m\cos\alpha_0\,[\pi\,(zm - 0.5) + z\,inv\alpha_0] = 2\times\cos 20°[\pi\,(4-0.5) + 30\times 0.014904] = 21.50mm$$

2) 오버 핀의 계산

① 오버 핀 지름(dp)의 계산

inv 23°00' : 0.023049

$$\phi = \tan\alpha_0 + \frac{\pi}{2z} - inv\alpha_0 = \tan 20° + \frac{\pi}{2\times 30} - 0.014904 = 0.401426(radian) = 23°00'00''$$

$$dp = z\,m\cos\alpha_0\,(inv\phi + \frac{\pi}{2z} - inv\alpha_0) = 30\times 2\times\cos 20°\,(0.023049 + \frac{\pi}{2\times 30} - 0.014904)$$

$$= 3.41 ≒ 3.5mm$$

inv 23.29' ≒ 0.024605

$$\mathrm{inv}\phi = \frac{dp}{z\,m\cos\alpha_0} - \left(\frac{\pi}{2z} - \mathrm{inv}\alpha_0\right) = \frac{3.5}{30\times2\times\cos20°} - \left(\frac{\pi}{2\times30} - 0.014904\right) = 0.024621$$

② 기어의 잇수가 짝수일 때 오버 핀의 거리(dm)

$$dm = dp + \frac{z\,m\cos\alpha_0}{\cos\phi} = 3.5 + \frac{30\times2\times\cos20°}{\cos23°29'} = 64.973mm$$

**예제 4.4** 표준 평치차에서 잇수(z)가 35개, 모듈(m)이 2, 기어의 압력각 20°일 때 기어의 걸치기 두께(Sm), 걸치기 톱니 수(Zm), 오버 핀 지름(dp)와 오버 핀의 거리(dm)을 계산하시오.

| inv 20° ≒ 0.014904 |
|---|

인벌류트 함수(involute function)

| inv 22°32' : 0.021614 |
|---|
| inv 22°33' : 0.021665 |
| inv 22°34' : 0.021715 |
| inv 22°35' : 0.021765 |
| inv 22°36' : 0.021815 |

| inv 23°.01' : 0.023102 |
|---|
| inv 23°.02' : 0.023154 |
| inv 23°.03' : 0.023207 |
| inv 23°.04' : 0.023259 |
| inv 23°.05' : 0.023312 |

1) 걸치기 두께의 계산

① 걸치기 톱니 수(Zm)의 계산

$$Zm = \frac{\alpha_0 z}{180} + 0.5 = \frac{20\times35}{180} + 0.5 = 4.39 ≒ 5개$$

| inv 20° ≒ 0.014904 |
|---|

인벌류트 함수(involute function)

② 기어의 걸치기 두께(Sm)의 계산

$$Sm = m\cos\alpha_0[\pi(z_m - 0.5) + z\,\mathrm{inv}\alpha_0] = 2\times\cos20°[\pi(5-0.5) + 35\times0.014904] = 27.55mm$$

| inv 22°34' : 0.021715 |
|---|

2) 오버 핀의 계산

① 오버 핀 지름(dp)의 계산

$$\phi = \tan\alpha_0 + \frac{\pi}{2z} - \mathrm{inv}\alpha_0 = \tan20 + \frac{\pi}{2\times35} - 0.014904 = 0.393946(radian) = 22°34'17''$$

$$dp = z\,m\cos\alpha_0(\mathrm{inv}\phi + \frac{\pi}{2z} - \mathrm{inv}\alpha_0) = 35\times2\times\cos20°(0.021715 + \frac{\pi}{2\times35} - 0.014904)$$

$$= 3.40 ≒ 3.5mm$$

| inv 23.03' : 0.023207 |
|---|

$$\mathrm{inv}\phi = \frac{dp}{z\,m\cos\alpha_0} - \left(\frac{\pi}{2z} - \mathrm{inv}\alpha_0\right) = \frac{3.5}{35\times2\times\cos20} - \left(\frac{\pi}{2\times35} - 0.014904\right) = 0.023232$$

② 기어의 잇수가 홀수일 때 오버 핀의 거리(dm)

$$dm = dp + \frac{z\,m\cos\alpha_0}{\cos\phi}\cos(\frac{90°}{Z}) = 3.5 + \frac{35\times2\times\cos20°}{\cos23°29'}\times\cos(\frac{90°}{35}) = 75.146mm$$

**실습에 사용되는 계측기** 다음의 실습과제를 마이크로미터와 버니어 캘리퍼스를 이용하여 측정하시오.

1) 사용계측기 버니어 캘리퍼스(0~150mm) [Mitutoyo 530-102 또는 동일 대체품]

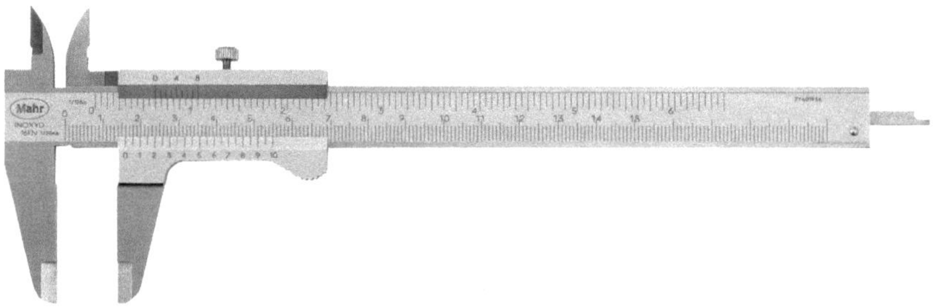

2) 사용계측기 : 외측 마이크로미터(0~25mm) [Mitutoyo 102-301 또는 동일 대체품]
외측 마이크로미터(25~50mm) [Mitutoyo 102-302 또는 동일 대체품]
외측 마이크로미터(50~75mm) [Mitutoyo 102-303 또는 동일 대체품]
외측 마이크로미터(75~100mm) [Mitutoyo 102-304 또는 동일 대체품]

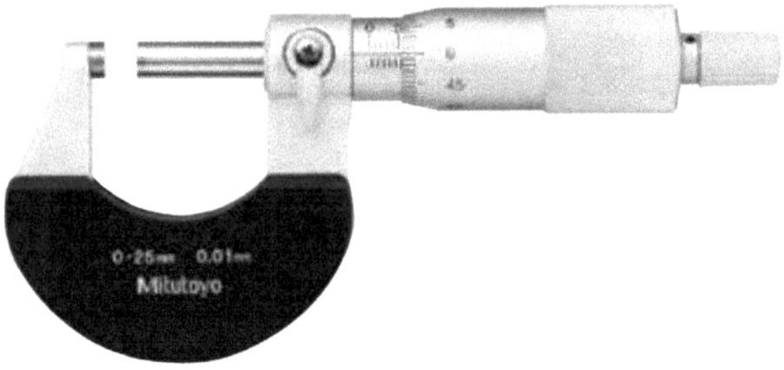

3) 사용계측기 : 디스크 마이크로미터(0~25mm) [Mitutoyo 123-101 또는 동일 대체품]
디스크 마이크로미터(25~50mm) [Mitutoyo 123-102 또는 동일 대체품]

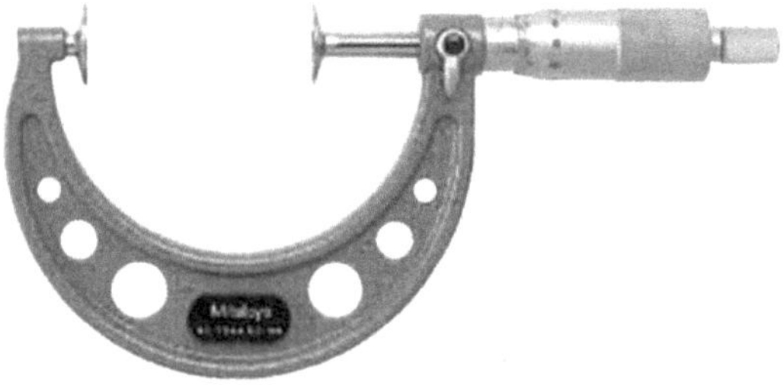

4) 핀 게이지 : 5~15mm Step 1mm, 각 2 Set

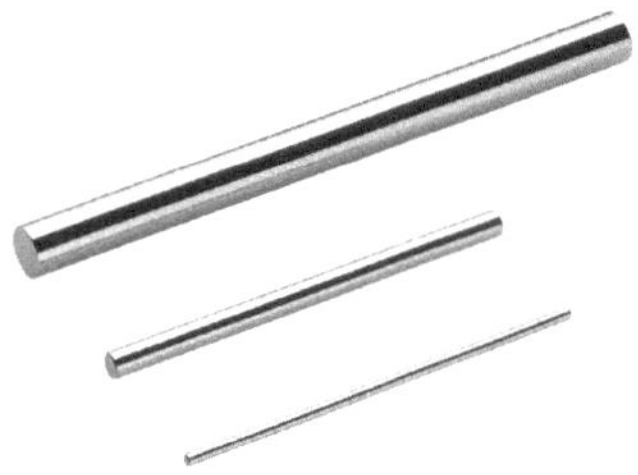

5) 측정 보조기기 : 마이크로미터 스탠드(100mm) [Mitutoyo 156-101-10 또는 동일 대체품]

## 4.5 표준 평치차의 계측실습

| 작업과제명 | 표준 평치차 측정하기 |
|---|---|

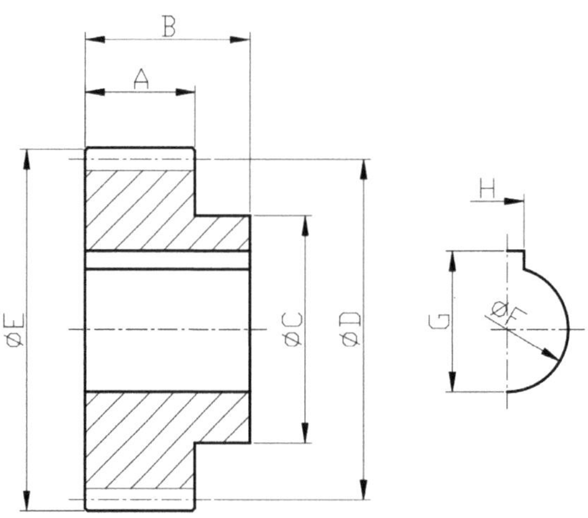


| 측 정 세 부 사 항 | [사용시편번호 : ] |
|---|---|

| 측 정 항 목 | | | | | | 계 측 기 관 리 |
|---|---|---|---|---|---|---|
| 측정부위 | 1회 | 2회 | 3회 | 평균값 | 검증값 | 사용계측기 : |
| A | | | | | | |
| B | | | | | | 계측기의 측정정도 : |
| C | | | | | | |
| D | | | | | | 계측결과의 평가 : |
| E | | | | | | |
| F | | | | | | |
| G | | | | | | |
| H | | | | | | |
| 잇수 | | | | | | |
| 이론 값과 측정 값 | | | | | | |
| PCD | | | | | | |
| 전치높이 | | | - | | | |
| 이뿌리틈새 | | | - | | | |
| 걸치기잇수 | | | - | | | |
| 걸치기톱니두께 | | | | | | |
| 오버핀지름 | | | | | | |
| 오버핀경 | | | | | | |

chapter

# 05

# 다이얼게이지(Dial Gage)의 활용

# 5.1 다이얼게이지(Dial gage)

다이얼게이지(Dial gage)는 접촉식 측정자의 미소한 변위량을 기어와 랙 등의 기계적 확대 기구를 거쳐서 지침의 회전각으로 확대 변환하여 그 양을 눈금판 상의 지침의 위치에서 읽을 수 있도록 한 계측기이다.

스핀들의 축 방향의 변위를 확대 표시하는 스핀들 식과 측정자의 직각 방향의 변위를 확대 표시하는 지레 식의 2종류가 있다.

스핀들 식에서는 눈금이 0.01 mm와 0.001 mm, 지레 식에서는 눈금이 0.01 mm와 0.002 mm의 것이 있다.

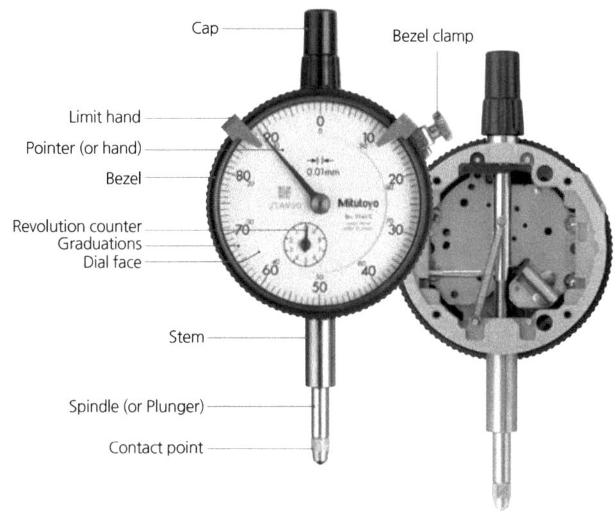


**그림 5.1** 다이얼게이지의 형상

## 1. 다이얼게이지의 설치 방법

<table>
<tr><td rowspan="2">스템(stem) 부착</td><td>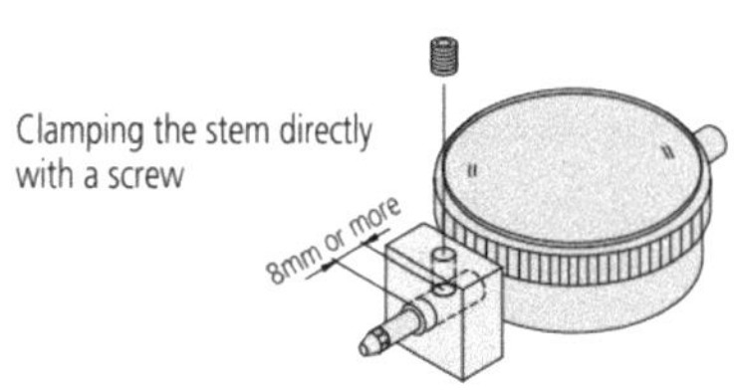<br></td><td>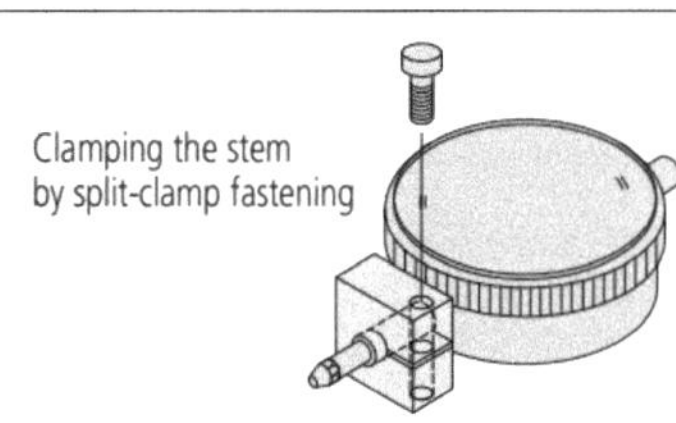<br></td></tr>
<tr><td>- 부착 구멍 공차 : ø8G7(+0.005∼0.02)<br>- 고정 나사 : M4∼M6<br>- 고정 위치 : 스템 아래쪽 가장자리에서 8mm 이상<br>- 최대 고정 토크 : 단일 M5 나사로 고정할 때 150N·cm<br>- 과도한 고정 토크는 스핀들 이동에 악영향을 줄 수 있다.</td><td>- 부착 구멍 공차 : ø8G7(+0.005∼0.02)</td></tr>
<tr><td rowspan="2">러그(lug) 부착</td><td colspan="2">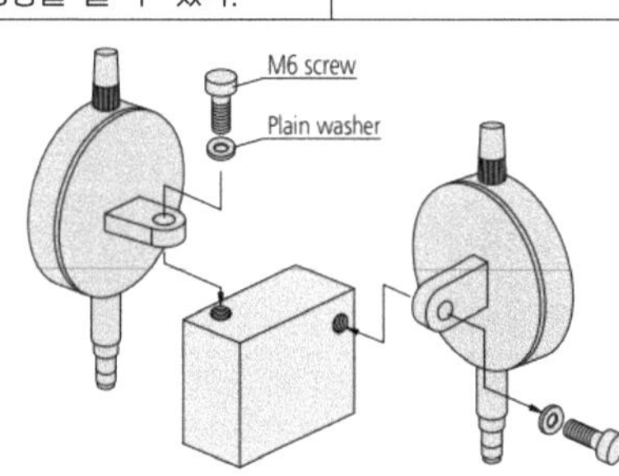<br></td></tr>
<tr><td colspan="2">- 러그는 용도에 따라 90도 방향으로 변경할 수 있다.<br>- 일부 모델의 러그 수평으로 변경할 수 없다.<br>- 설치 방향(cosine-effect)의 오류를 방지하려면 모든 유형의 게이지가 측정방향에 맞춰 스핀들에 장착되어 있는지 확인한다.</td></tr>
</table>

**그림 5.2** 다이얼게이지의 설치방법

## 2. 다이얼게이지의 접촉자 부착

① 나사산은 M2.5×0.45(길이 : 5mm)로 되어 있다.

② 접점을 제작할 때 나사 루트의 불완전한 나사의 길이가 0.7mm 미만으로 제작한다.

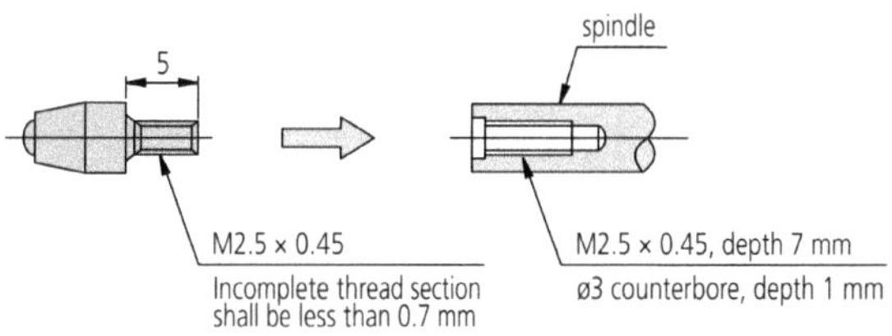


**그림 5.3** 다이얼게이지의 접촉자 부착

## 3. 다이얼게이지의 부착 방향

측면 위치가 거꾸로 된 위치에서 측정하면 측정압력이 낮아 수직 위치보다 적은 측정량이 표시되므로 높은 정도의 인디게이터(indicator) 또는 디지털 디스플레이 계측기를 이용하여 작동 및 반복성을 확인하여야 한다.

디지털 표시기 및 다이얼게이지의 위치에 따른 보장 된 작동 사양은 카탈로그의 제품설명을 참조한다.

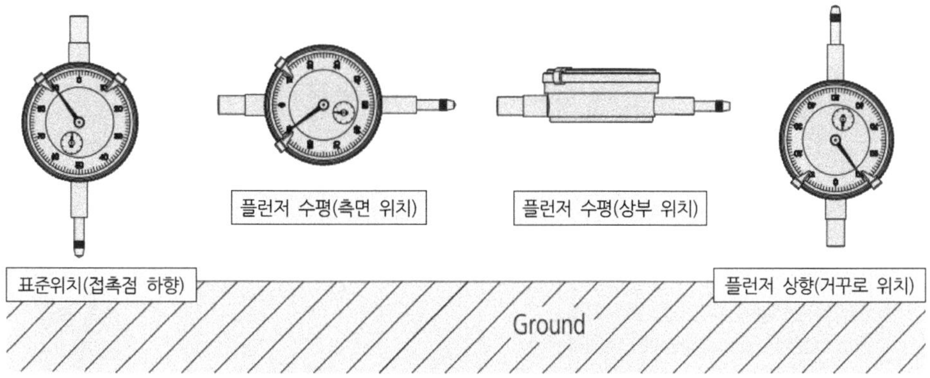


**그림 5.4** 다이얼게이지의 부착 방향

## 4. 디지털 표시기의 원점 설정

디지털 표시기의 경우 스트로크 끝에서 0.2mm 범위의 영역은 측정 품질이 보장되지 않는다.

영점을 설정하거나 특정 값을 사전 설정하는 경우 스트로크 끝에서 최소 0.2mm 이상 스핀들을 들어 올려 사용한다.

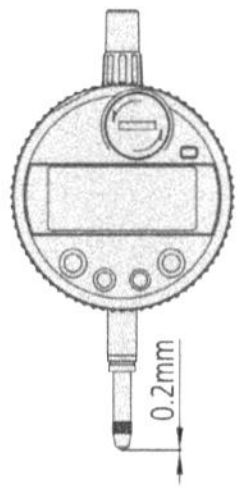


**그림 5.5** 디지털 게이지의 사용 위치

## 5. 플런저의 관리

플런저에 윤활유를 바르지 않아야 한다. 먼지가 쌓이면 오작동이 발생하고 플런저 움직임이 불량한 경우 알코올에 적신 천으로 상부 및 하부 플런저 표면을 닦는다. 측정 또는 교정을 실시하기 전에 스핀들이 상하로 부드럽게 움직이고 영점의 안정성을 확인한다.

## 6. 기계식 다이얼게이지의 계측 특성 [JIS B7503 : 2017, KS B 5206]

다이얼게이지는 플런저의 축 상 이동이 적절한 기계적 방법에 따라 변위량이 전달되고, 변위량이 증폭되어 아날로그 원형 눈금에 회전된 지침으로 나타내는 계측기이다.

<table>
<tr><th colspan="2">항 목</th><th>형 식</th><th>측 정 방 법</th><th>평 가 방 법</th><th>측 정 예</th></tr>
<tr><td rowspan="4">지시 오차</td><td>전체측정 범위</td><td rowspan="2">1회전 또는 다 회전 표시기</td><td rowspan="5">지지대에 다이얼 표시기를 설정하고 스핀들을 서서히 복귀시키면서 다음 지점의 표시 오류를 읽는다.[1)]<br>- 처음 2회전에 1/10회전씩 전진[2)]<br>- 2~5회전에 1/2회전<br>- 5~10회전에 1회전<br>- 10~50회전에서 5회전<br>- 50회전 후 10회전마다 3번 이상 돌려 스핀들을 되돌림 한다.<br>후퇴 방향과 같은 측정 지점에서 표시 오류를 읽는다.</td><td>전진 방향과 되돌림 방향 모두에서 모든 측정 지점의 표시 오류의 최대값과 최소값의 차이를 구한다.</td><td rowspan="5">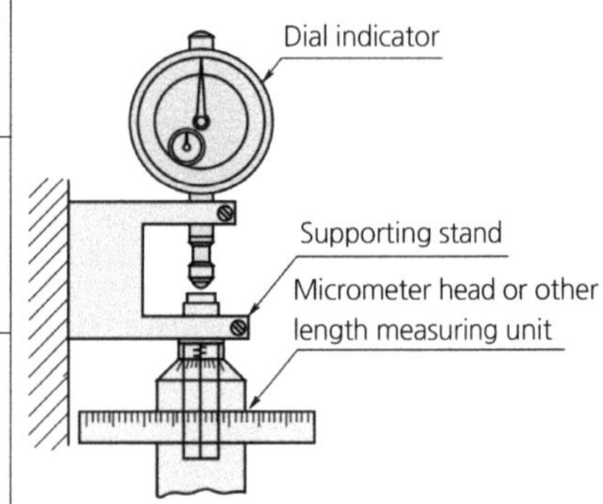</td></tr>
<tr><td>1/10회전</td><td>전진 방향과 되돌림 방향에서 처음 2회전 구간 중에 1/10회전 측정 지점의 표시 오차의 차이를 의미한다.[3)]</td></tr>
<tr><td>1/2회전</td><td rowspan="2">다 회전 표시기</td><td>전진 방향과 되돌림 방향에서 처음 5회전 구간 중에 1/2회전 측정 지점의 표시 오차의 차이를 의미한다.</td></tr>
<tr><td>1회전</td><td>전진 방향과 되돌림 방향에서 처음 10회전 구간 중에 1회전 측정 지점의 표시 오차의 차이를 의미한다.</td></tr>
<tr><td colspan="2">되돌림 오차</td><td>1회전 또는 다 회전 표시기</td><td>같은 측정 지점에서 표시 오차가 모든 측정 지점의 최대 차이를 전진 방향 및 되돌림 방향 차이를 의미한다.</td></tr>
<tr><td colspan="2">반복 정밀도</td><td rowspan="2">1회전 또는 다 회전 표시기</td><td>지지대에 다이얼 표시기를 설정하고 측정범위 내에서 원하는 위치에 스핀들을 설치하고 그런 다음 스핀들을 빠르고 천천히 세 번 확장하고 각 값을 읽는다.</td><td>5번의 표시 값 사이의 최대 차이를 구한다.</td><td>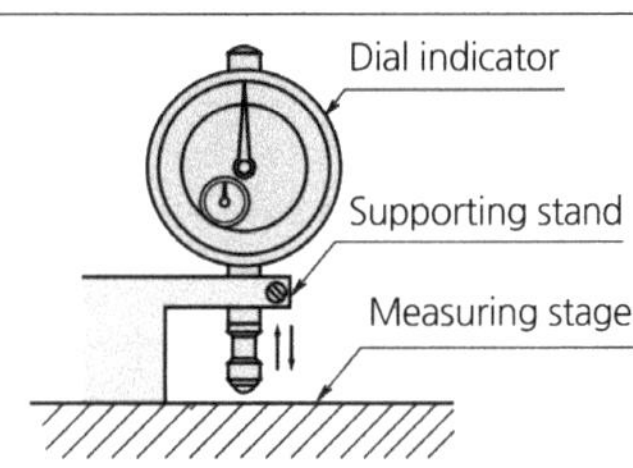</td></tr>
<tr><td colspan="2">측정압력</td><td>지지대에 다이얼 인디케이터를 설정하고 스핀들을 지속해서 점진적으로 후진 및 확장한 후 영점과 끝점의 측정력을 읽는다.</td><td>같은 전진 지점에서 되돌림 방향과 측정 방향의 최대 측정력을 구한다.</td><td>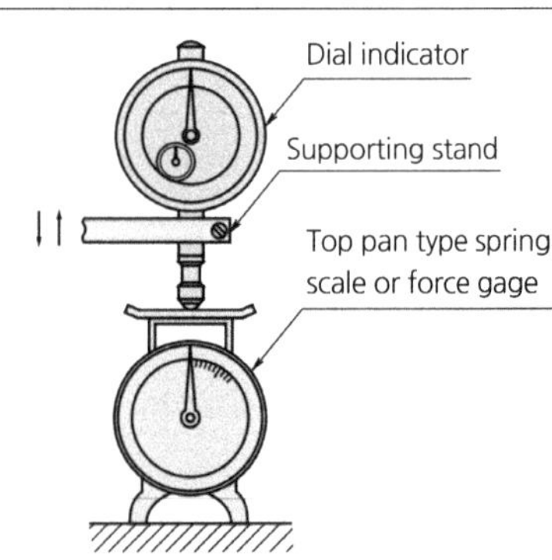</td></tr>
</table>

1) : 표시 오류를 읽는 방법은 눈금을 측정기의 입력량을 읽거나 측정기의 이동량에 따라 다이얼 표시기의 표시 값을 읽는다.
2) : 하나의 회전 다이얼 표시기를 사용하여 10개의 눈금 당 표시 오류를 읽는다.
3) : 1회전 다이얼 표시기를 사용하여 인접한 10개 눈금 간격에서 표시 오류의 최대 차이를 얻는다.

**그림 5.6** 기계식 다이얼게이지의 계측 특성

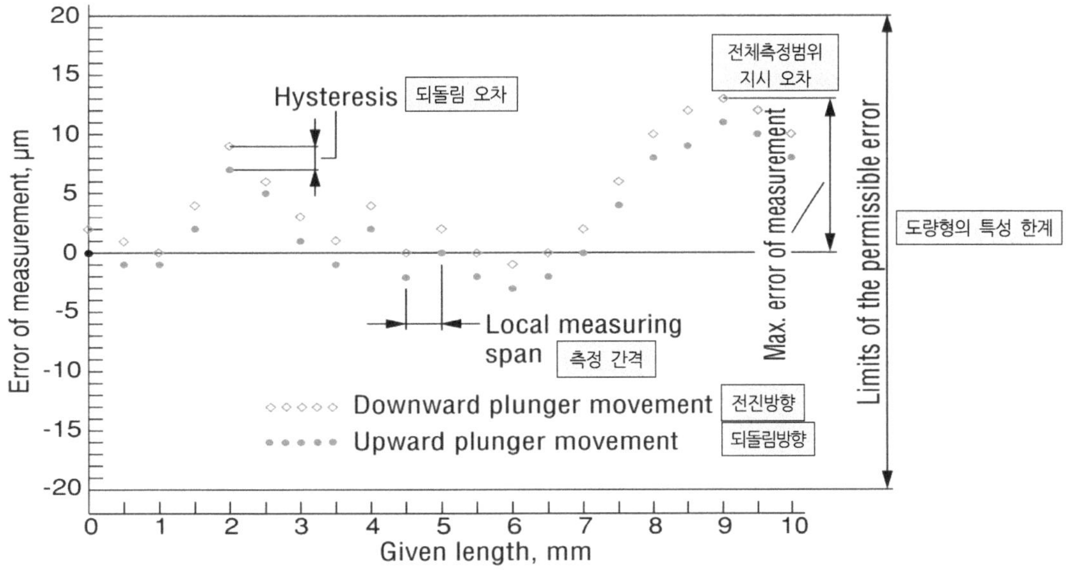


그림 5.7 다이얼게이지의 계측방향 및 특성

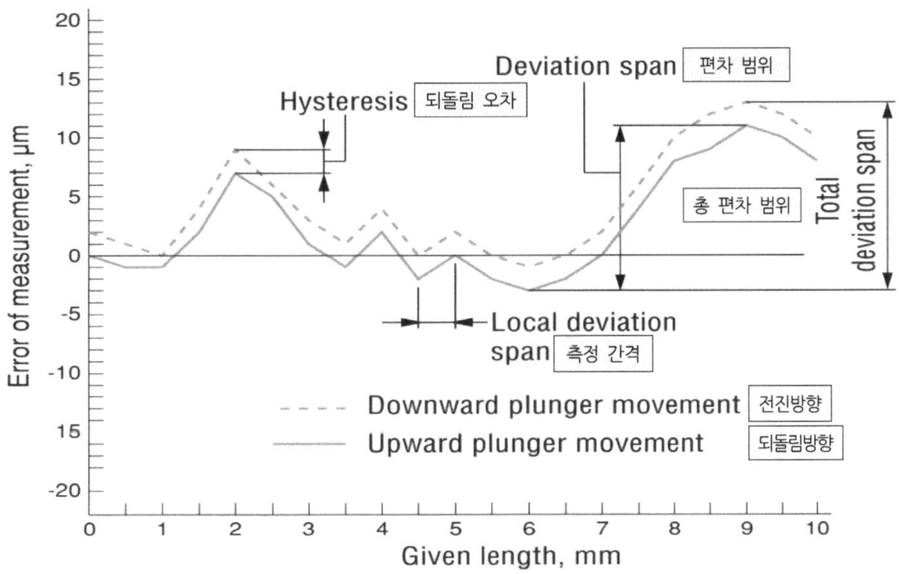


그림 5.8 다이얼게이지의 계측방향 및 편차

※ 상기 도표는 TESA Technology co.기술자료를 참고한 내용이다.

출하된 제품은 수직 자세로 검사하여 정확성을 보장하며 표준검사 인증서에는 검사 데이터가 포함하고 필요한 경우 수평 또는 반대 자세에 대한 유료 검사 인증서를 발행한다.

규격의 호환성을 평가하기 위해 JIS B 0641-1 또는 국제적으로 인정되는 규격 범위와 동일한 기준을 적용한다. 또한 불확실성은 ISO14253-2와 ISO/IEC Guide 98-3에 근거하여 평가되는 것이 바람직하다.

1) 다이얼게이지의 최대 허용오차

| 항 목 | | 도량형의 특성 한계(MPE), 측정 특성 다이얼 표시기. 50mm 이상 | | | | | | | | | | | | 도량형의 특성 한계(MPE), 측정 특성 다이얼 표시기. 50mm 이하 후면 플런저형 다이얼 표시기 | | | | | | |
|---|---|---|---|---|---|---|---|---|---|---|---|---|---|---|---|---|---|---|---|---|
| 표시눈금(mm) | | 0.01 | | | | | | | | 0.005 | 0.001 | | | 0.01 | | | | 0.005 | 0.002 | 0.001 |
| 측정범위 (mm) | | 1 이하 | 1 이상 3 이하 | 3 이상 5 이하 | 5 이상 10 이하 | 10 이상 20 이하 | 20 이상 30 이하 | 30 이상 50 이하 | 50 이상 100 이하 | 5 이하 | 1 이하 | 1 이상 2 이하 | 2 이상 5 이하 | 1 이하 | 1 이상 3 이하 | 3 이상 5 이하 | 5 이상 10 이하 | 5 이하 | 1 이하 | 1 이하 |
| 되돌림 오차 | | 3 | 3 | 3 | 3 | 5 | 7 | 8 | 9 | 3 | 2 | 2 | 3 | 4 | 4 | 4 | 5 | 3.5 | 2.5 | 2 |
| 반복 정밀도 | | 3 | 3 | 3 | 3 | 4 | 5 | 5 | 5 | 3 | 0.5 | 0.5 | 1 | 3 | 3 | 3 | 3 | 3 | 1 | 1 |
| 지시 오차 | 1/10 회전 | 5 | 5 | 5 | 5 | 8 | 10 | 10 | 12 | 5 | 2 | 2 | 3.5 | 8 | 8 | 8 | 9 | 6 | 2.5 | 2.5 |
| | 1/2 회전 | 8 | 8 | 9 | 9 | 10 | 12 | 12 | 17 | 9 | 3.5 | 4 | 5 | 11 | 11 | 12 | 12 | 9 | 4.5 | 4 |
| | 1 회전 | 8 | 9 | 10 | 10 | 15 | 15 | 15 | 20 | 10 | 4 | 5 | 6 | 12 | 12 | 14 | 14 | 10 | 5 | 4.5 |
| | 전체 측정범위 | 8 | 10 | 12 | 15 | 25 | 30 | 40 | 50 | 12 | 5 | 7 | 10 | 15 | 16 | 18 | 20 | 12 | 6 | 5 |

- 1회전 다이얼 표시기의 도량형의 특성 한계(MPE)는 임의 1/2과 1회전 표시 오류를 지정하지 않는다.
- MPE는 20℃의 값이며 JIS B 0680은 표준온도로 정의된다.
- 다이얼 표시기의 측정 특성을 제조업체가 지정하지 않은 경우 범위 내의 어느 위치에서든 도량형의 특성 한계(MPE)와 측정허용한계(MPL)를 모두 충족해야 한다.

**그림 5.9** 다이얼게이지의 계측방향 및 편차

# 5.2 측정 지점에 따른 값의 변화

## 1. 다른 위치의 세팅 위치에 따른 측정값의 변화

홀 테스터를 사용하는 경우에 측정된 값은 계측기에 구조로 인해 앤빌 전체의 측정과 앤빌의 끝에서만 측정이 다르게 측정되므로 측정하기 전에 같은 조건에서 측정점을 설정한다. 앤빌 팁을 사용하여 측정할 때는 앤빌 팁 사용을 위한 시작점을 조정해야 한다.

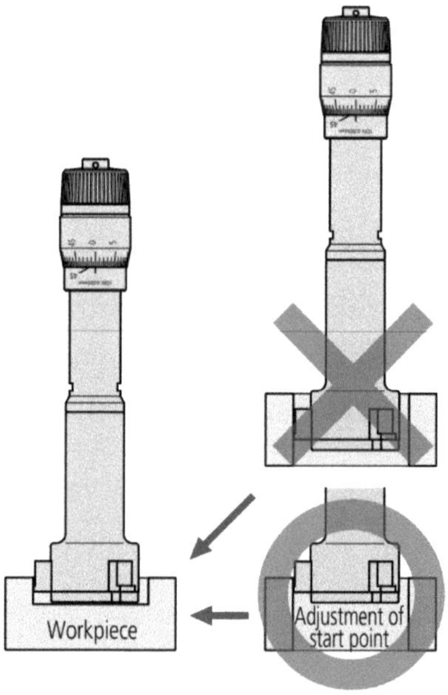


**그림 5.10** 홀 테스터의 원점 세팅 방법

## 2. 계측기의 정렬 오류

그림 5.11, 5.12와 같이 측정 시 튜브형 내측 마이크로미터가 오프셋 거리 X만큼 축 방향 또는 반경 방향으로 잘못 정렬되면 아래 그래프와 같이 측정에 오류가 발생한다. 주어진 공식과 같이 지름 부위의 오차는 축 정렬 불량은 양수이고 방사상 정렬 불량은 음수이다.

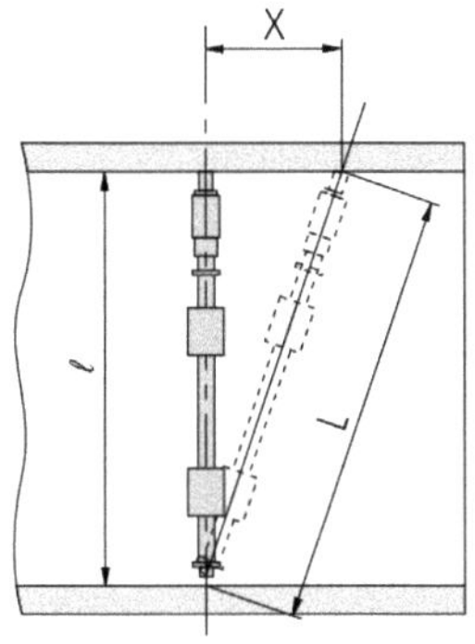


$\ell$ : 제품의 내측 치수
L : 제품의 계측 치수
X : 축 방향의 오프셋
$\Delta l$ : 측정 에러 $L-\ell=(\sqrt{\ell^2+X^2})-\ell$

그림 5.11 계측기의 축방향 정렬에 의한 오차

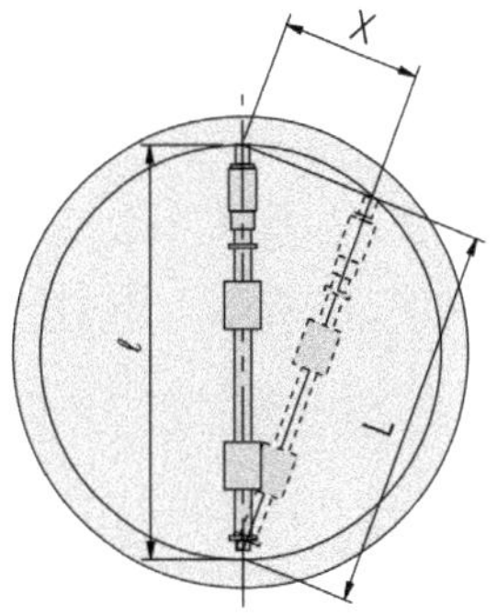


$\ell$ : 제품의 내측 치수
L : 제품의 계측 치수
X : 반경 방향의 오프셋
$\Delta l$ : 측정 에러 $L-\ell=(\sqrt{\ell^2-X^2})-\ell$

그림 5.12 계측기의 방사 방향 정렬에 의한 오차

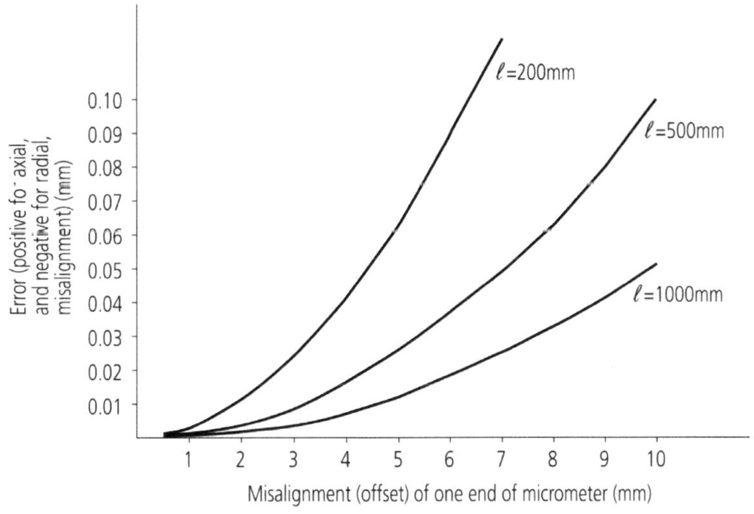


그림 5.13 측정 위치 오프셋에 의한 오차

그림 5.13의 그래프는 계측 길이에서 축 방향 또는 반경 방향의 오프셋 거리 X에 의한 오차 특성을 나타낸 그래프이다.

## 3. Airy와 Bessel 점의 이해

길이 표준 막대 또는 내부 마이크로미터가 수평으로 놓여 있고 두 지점에서 단순하게지지 되는 경우 자체 중량으로 해당 지점의 간격에 따라 다른 모양으로 구부러지며 그림 5.14는 변형에 유용한 방식으로 제어하는 지점 사이에는 두 개의 거리를 정의한다.

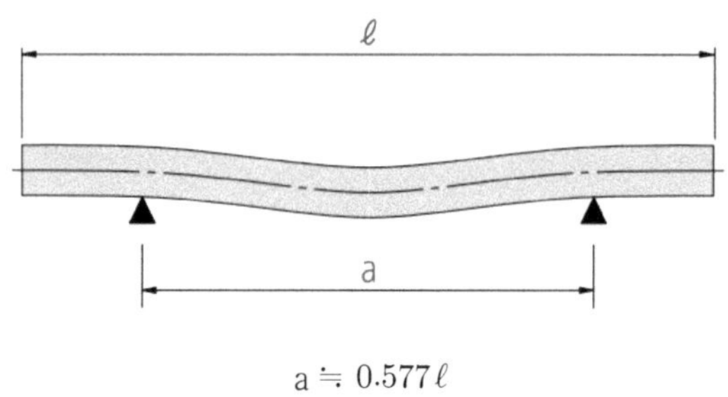


**그림 5.14** Airy 점

에리어(Airy) 점은 일반적으로 길이 막대의 끝이 서로 평행하도록 지점 위치를 정의하는 데 사용된다.

굽힘으로 인한 직선 바(마이크로미터)의 길이 변화는 다음과 같으며 표시된 것처럼 두 지지대를 대칭으로 간격을 두어 최소화하며 이 지점을 베셀(Bessel) 점이라 하며 대경의 내측 마이크로미터를 사용할 때 유용할 수 있다.

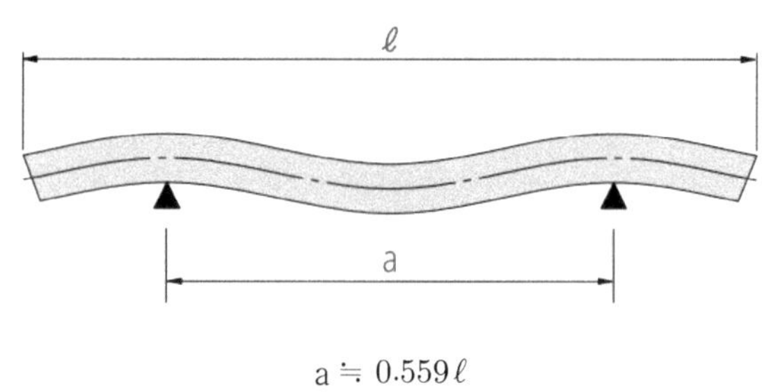


**그림 5.15** Bessel 점

## 4. 보어 게이지의 영점 설정

1) 링 게이지 또는 마스터 실린더 게이지를 이용한 영점 설정

보어 게이지(bore gage)를 링 게이지에 삽입하고, 보어 게이지를 수직 또는 수평으로 흔들어 표시기가 최소값을 읽는 지점으로 영점을 설정한다. 다이얼게이지의 다이얼을 회전하여 영점 설정을 수행한다.

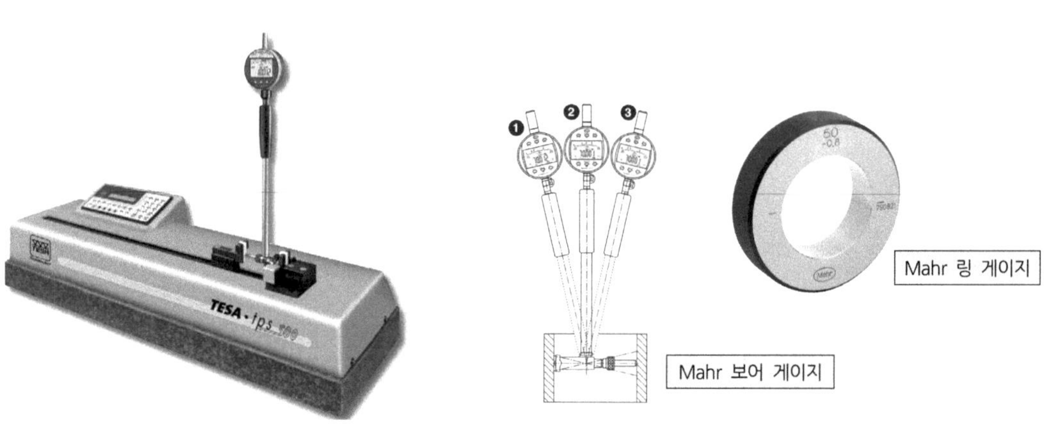


**그림 5.16** TESA 전동세팅 벤치

2) 외측 마이크로미터를 사용한 영점 설정

게이지 블록을 사용하여 보어 게이지의 영점을 설정하는 경우에는 마이크로미터의 측정면 사이에 게이지 블록(기준 치수)을 고정하고 마이크로미터의 스핀들을 고정한 다음 게이지 블록을 빼낸다. 마이크로미터의 측정 면 사이에 보어 게이지를 삽입하고 보어 게이지의 표시기가 최소값의 위치로 조작한 다음 베젤을 돌려 포인터를 "0"(필요한 사전 설정값)으로 설정한다.

게이지 블록이 없는 경우 헤드면(스핀들 면)을 아래로 향하게 하여 마이크로미터를 수직 자세로 고정한 다음 측정 면 사이의 거리를 기준 치수까지 조정한다. 이때 마이크로미터 스핀들을 고정하지 말고 마이크로미터의 측정면 사이에 보어 게이지를 삽입하여 보어 게이지를 표시기가 최소값의 위치로 조작한 다음 베젤을 돌려 포인터를 "0"(필요한 사전 설정값)으로 설정한다. 마이크로미터를 사용한 영점 설정은 설정 게이지를 사용할 때와 같이 자체 센터링 작업이 없어 손재주가 필요하다.

외측 마이크로미터 이외에 게이지 블록, 높이 마스터 또는 보어 게이지 검사기를 사용하여 동일한 절차를 수행하여 영점 설정이 가능하다.

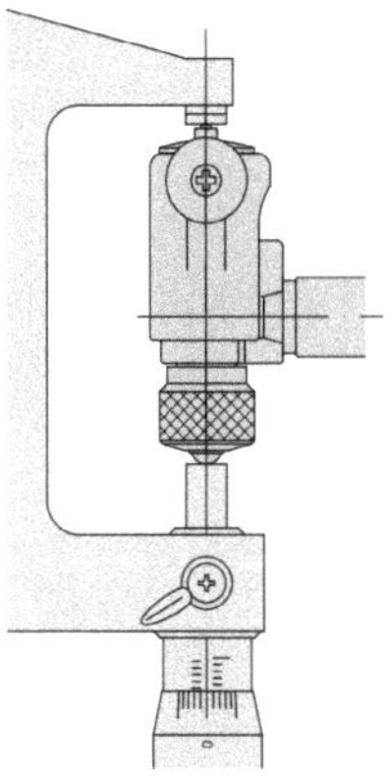

**그림 5.17** 외측 마이크로미터에 의한 치수 세팅

**실습에 사용되는 계측기** **다음의 실습과제를 마이크로미터, 보어 게이지 및 버니어 캘리퍼스를 이용하여 측정하시오. 단, "*" 표시 부위는 버니어 캘리퍼스를 이용하여 측정하고 각각의 부위를 측정할 수 없는 경우 보고서에 "측정불가"로 표시한다.**

1) 사용계측기 : 버니어 캘리퍼스(0~150mm) [Mitutoyo 530-101 또는 동일 대체품]

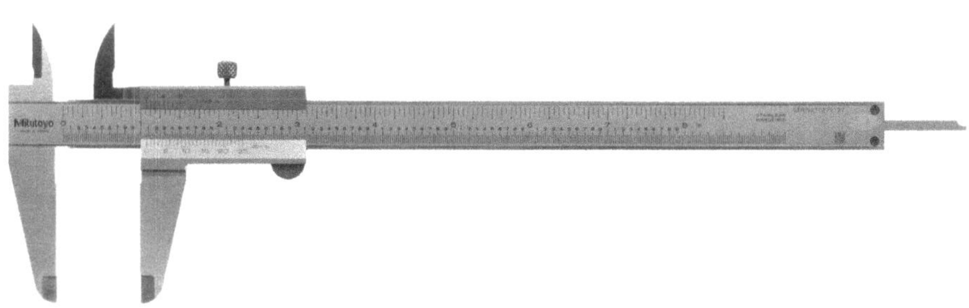

2) 사용계측기 : 외측 마이크로미터 (0~25mm) [Mitutoyo 102-301 또는 동일 대체품]
외측 마이크로미터(25~50mm) [Mitutoyo 102-302 또는 동일 대체품]
외측 마이크로미터(50~75mm) [Mitutoyo 102-303 또는 동일 대체품]
외측 마이크로미터(75~100mm) [Mitutoyo 102-304 또는 동일 대체품]

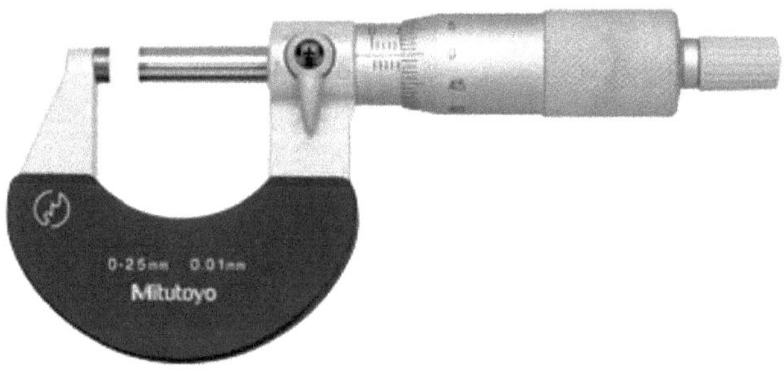


3) 사용계측기 : 깊이 마이크로미터(0~25mm) [Mitutoyo 128-101 또는 동일 대체품]
깊이 마이크로미터(0~50mm) [Mitutoyo 129-109 또는 동일 대체품]

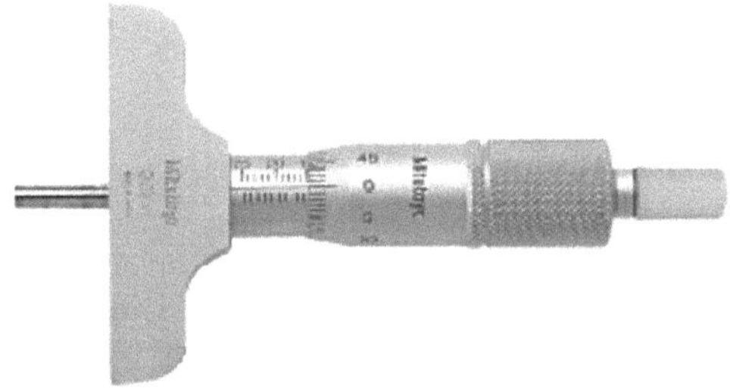

4) 사용계측기 : 보어 게이지(18~35mm) [Mitutoyo 511-711 또는 동일 대체품]
보어 게이지(35~60mm) [Mitutoyo 512-712 또는 동일 대체품]

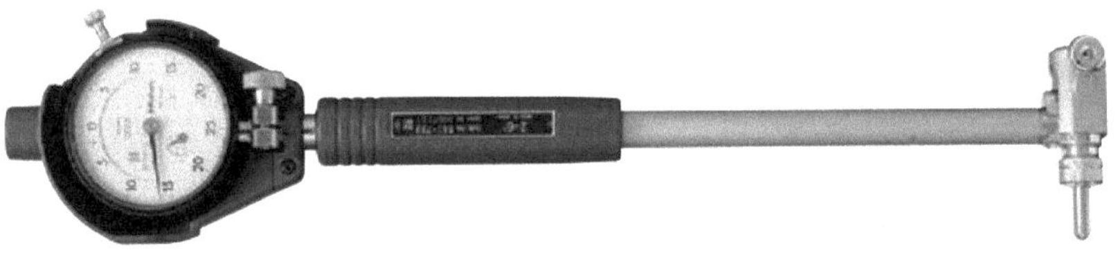

5) 측정 보조기기 : 마이크로미터스탠드(100mm) [Mitutoyo 156-101-10 또는 동일 대체품]

## 5.3 보어 게이지를 이용한 계측실습

| 작업과제명 | 보어 게이지 사용하기 5.1 |
|---|---|

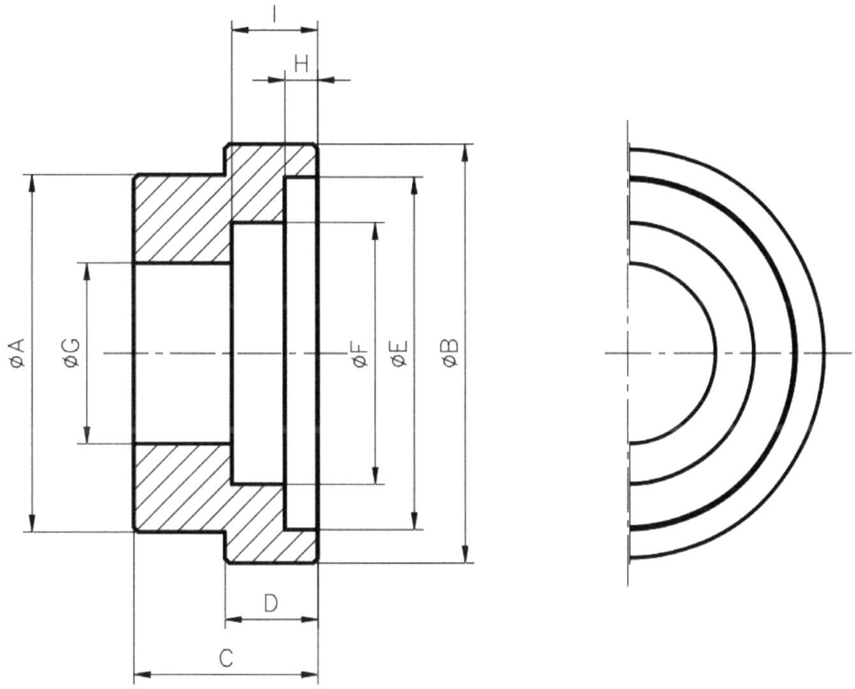


**측 정 세 부 사 항** [사용시편번호 : ]

| 측 정 항 목 | | | | | | 계 측 기 관 리 |
|---|---|---|---|---|---|---|
| 측정부위 | 1회 | 2회 | 3회 | 평균값 | 검증값 | 사용계측기 : |
| A | | | | | | |
| B | | | | | | 계측기의 측정정도 : |
| C | | | | | | |
| D | | | | | | 계측결과의 평가 : |
| E* | | | | | | |
| F | | | | | | |
| G | | | | | | |
| H | | | | | | |
| I | | | | | | |
| | | | | | | |
| | | | | | | |
| | | | | | | |
| | | | | | | |
| | | | | | | |

| 작업과제명 | 보어 게이지 사용하기 5.2 |
|---|---|

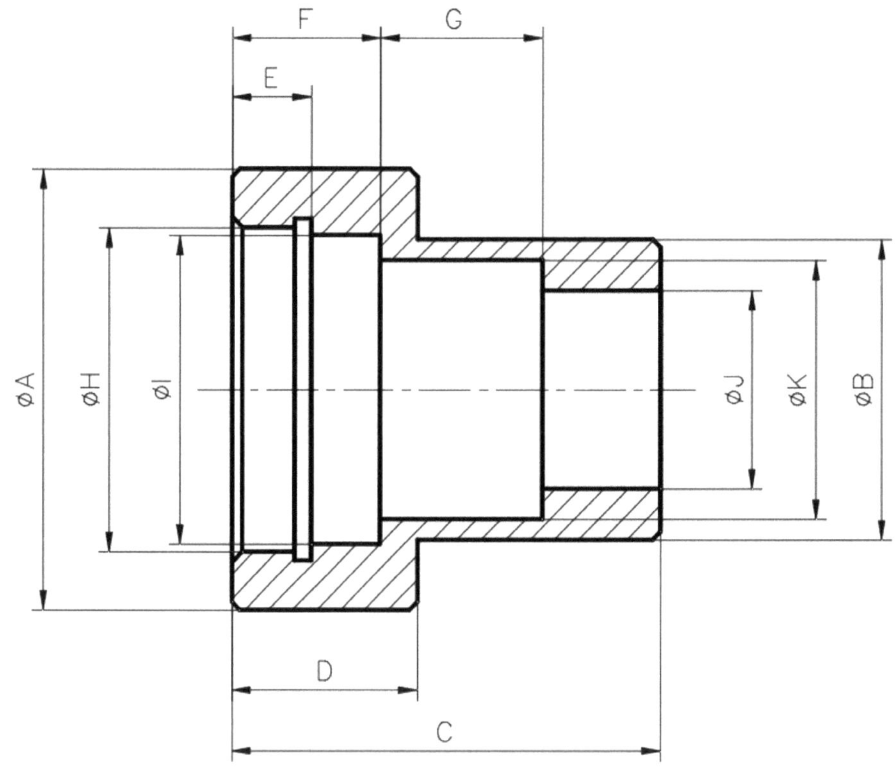


**측 정 세 부 사 항** [사용시편번호 : ]

| 측 정 항 목 | | | | | | 계 측 기 관 리 |
|---|---|---|---|---|---|---|
| 측정부위 | 1회 | 2회 | 3회 | 평균값 | 검증값 | 사용계측기 : |
| A | | | | | | |
| B | | | | | | 계측기의 측정정도 : |
| C | | | | | | |
| D | | | | | | 계측결과의 평가 : |
| E | | | | | | |
| F | | | | | | |
| G* | | | | | | |
| H | | | | | | |
| I | | | | | | |
| J | | | | | | |
| K | | | | | | |
| | | | | | | |
| | | | | | | |
| | | | | | | |

| 작업과제명 | 보어 게이지 사용하기 5.3 |
|---|---|

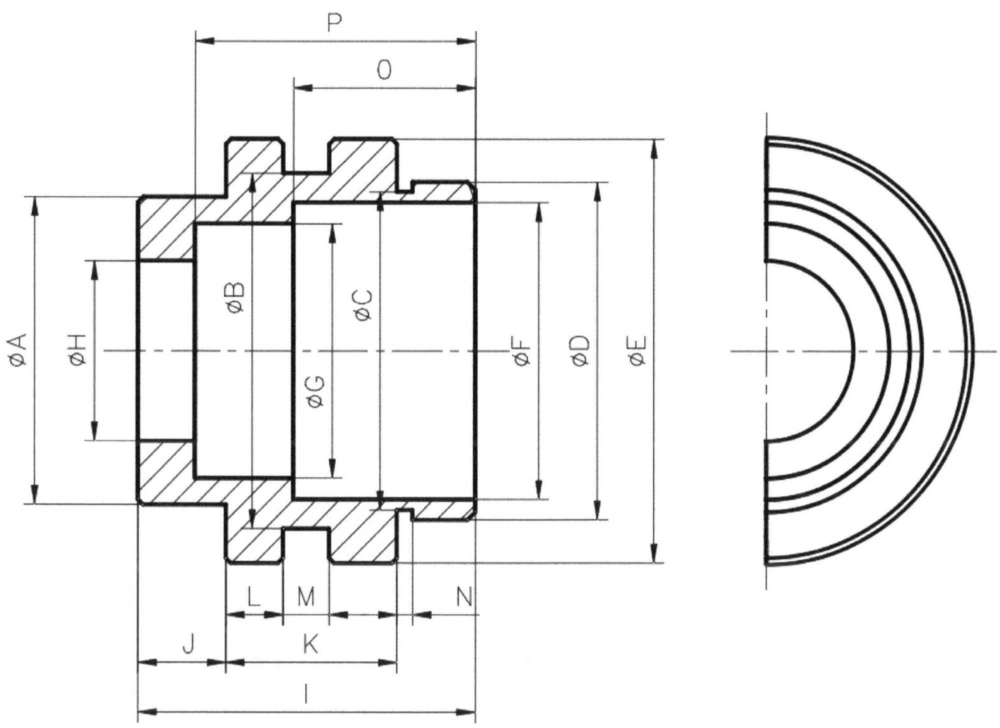


| 측 정 세 부 사 항 | | | | | | [사용시편번호 : ] |
|---|---|---|---|---|---|---|
| 측 정 항 목 | | | | | | 계 측 기 관 리 |
| 측정부위 | 1회 | 2회 | 3회 | 평균값 | 검증값 | 사용계측기 : |
| A | | | | | | |
| B | | | | | | 계측기의 측정정도 : |
| C | | | | | | |
| D | | | | | | 계측결과의 평가 : |
| E | | | | | | |
| F | | | | | | |
| G | | | | | | |
| H | | | | | | |
| I | | | | | | |
| J | | | | | | |
| K | | | | | | |
| L* | | | | | | |
| M* | | | | | | |
| N* | | | | | | |
| O | | | | | | |
| P* | | | | | | |

chapter 06

# 다이얼 테스트 인디게이터(Dial Test Indicator)의 활용

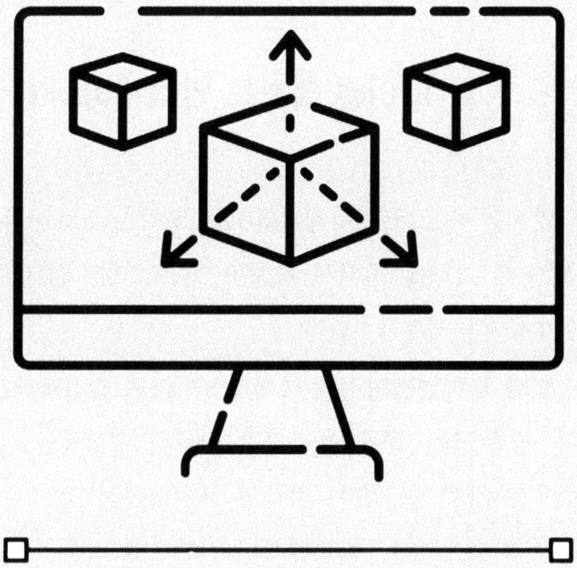

# 6.1 다이얼 테스트 인디게이터(Dial Test Indicator)

다이얼 테스트 인디게이터(Dial Test Indicator)는 접촉식 측정자의 미소한 변위량을 기어와 랙 등의 기계적 확대 기구를 거쳐서 지침의 회전각으로 확대 변환하여 그 양을 눈금판 상의 지침의 위치에서 읽을 수 있도록 한 계측기이다.

일반 다이얼게이지로 측정할 수 없는 좁거나 깊은 곳을 쉽고 정확하게 측정할 수 있으며 수직, 경사, 수평, 평면 또는 포켓 등 5가지 이상의 형상유형을 측정할 수 있다. 비자성 포인터에서 접점은 자성이 있는 환경에서도 안전하게 작동하고 접촉자 표면은 긁힘에 강하도록 코팅되어 있다.

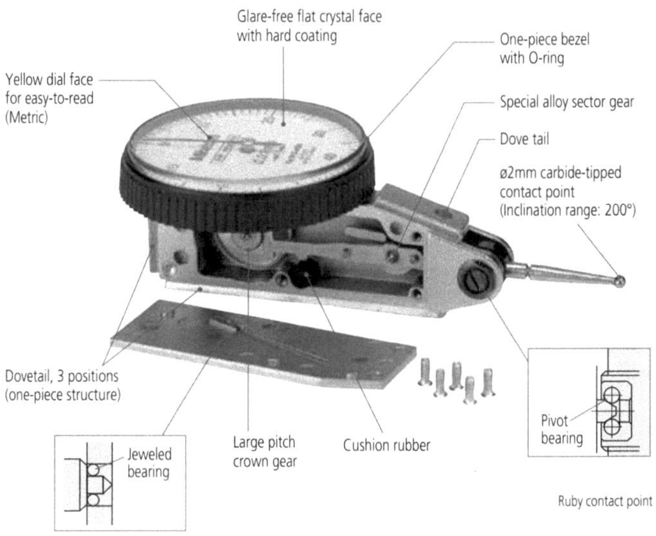


**그림 6.1** 다이얼 테스트 인디게이터의 구조

완제품 검사에서 정확도 보장을 위해 위의 다이얼 면은 수평으로, 수직형 다이얼 표시기를 사용할 경우 수직 위치에 있는 평행을 유지하여야 한다. 정확도에 대한 적합성 평가는 JIS B 0641-1 또는 ISO/TR 14253-6에 근거한 기준을 적용하며 불확실성은 ISO 14253-2 및 ISO/IEC Guide 98-3에 근거하여 평가되는 것이 바람직하다.

또한 범용 또는 포켓 형태의 경우 JIS B 7533-1990에 따라 완제품 검사를 수행한다.

## 1. 다이얼 테스트 인디게이터의 코사인 에러(cosine error)

사용 중에는 항상 운동 방향 사이의 각도를 최소화하여야 하고 측정 방향이 의도한 측정방향과 맞지 않으면 모든 표시기의 판독 값이 정확한 측정값을 나타내지 않는다.

그림 6.2와 같이 다이얼 테스트 인디게이터의 측정 방향은 측정 접점과 스타일러스 피벗을 통해 그려진 선에 직각이며 스타일러스의 각도설정($\theta$)을 최소화하면 코사인 효과를 최소화할 수 있다.

필요한 경우 측정 결과를 제공하기 위해 식 (6.1)을 이용하여 다이얼 판독 값과 실제 값으로 보정할 수 있다.

$$\text{측정 결과} = \text{지시 값(indicated value)} \times \text{보상 값(compensation value)} \tag{6.1}$$

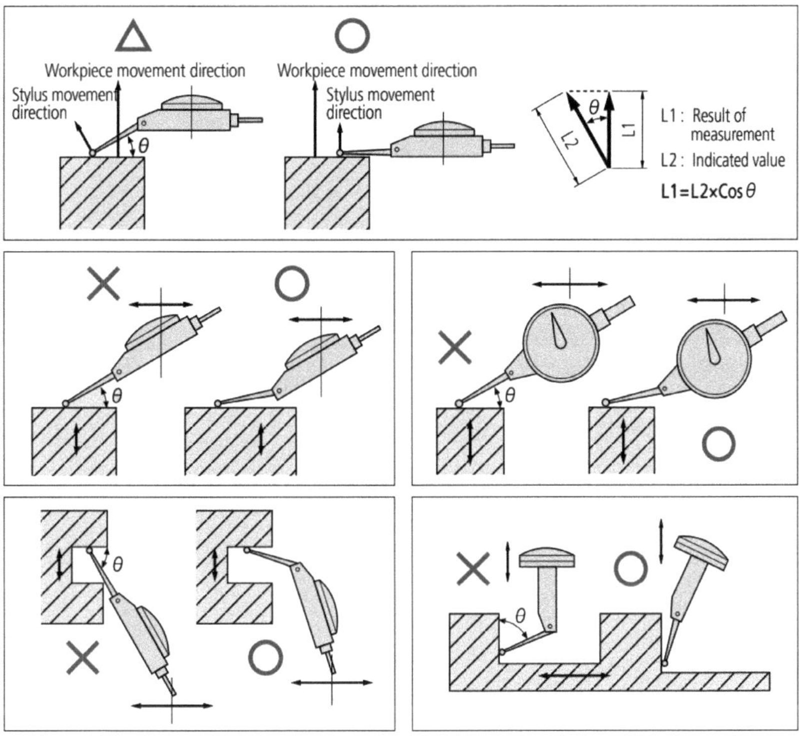


**그림 6.2** 다이얼 테스트 인디게이터 계측특성

**표 6.1** $\theta$에 의한 각도 보상

| 각도($\theta$) | 보상 값(compensation value) |
|---|---|
| 10° | 0.98 |
| 20° | 0.94 |
| 30° | 0.86 |
| 40° | 0.76 |
| 50° | 0.64 |
| 60° | 0.50 |

측정값이 0.200mm인 경우 각도(θ) 값에 의한 측정 결과
For θ=10°, 0.200mm×0.98=0.196mm
For θ=20°, 0.200mm×0.94=0.188mm
For θ=30°, 0.200mm×0.86=0.172mm

## 2. 다이얼 테스트 인디게이터의 계측 특성 [JIS B7503 : 2017, KS B 5206]

플런저의 축 상 이동이 적절한 기계적 방법에 따라 변위량이 전달되고, 증폭되는 아날로그 원형 눈금에 회전하여 지침을 나타내는 계측기이다.

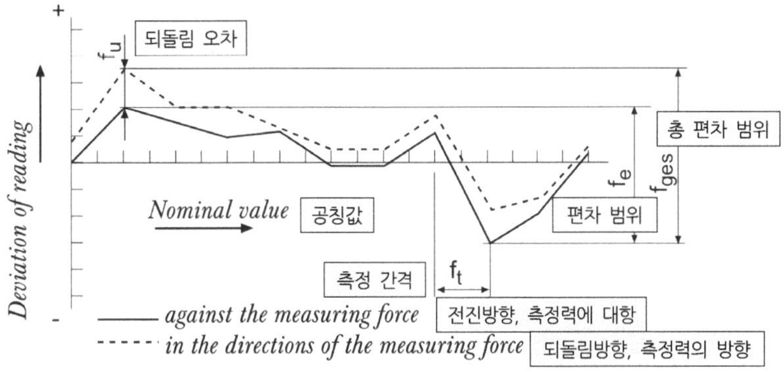


**그림 6.3** Mahr 계측기의 특성

| 항 목 | | 측 정 방 법 | 측 정 점 | 평 가 방 법 | 측 정 예 |
|---|---|---|---|---|---|
| 지시 오차 | 전체측정 범위 (전진 방향) | 레버 작동 다이얼 인디케이터를 잡고 표시 및 표시 오류가 "0"으로 설정되는 접점에 기준점을 정의하고 접점을 정방향으로 이동하며, 측정점의 표시 오류를 읽는다. 다음으로 측정범위의 끝에서 3회 이상 눈금으로 접점을 이동한 후 접점을 역방향으로 이동하고 같은 측정 포인트에서 정방향 점 표시 오류를 읽는다. (정방향은 레버로 작동되는 다이얼 표시기의 접점에 대한 측정력에 대한 방향이다. 이 방향은 측정 힘이 가해지는 방향이다.) | 설정 점에서 전진/후퇴 방향 끝점에 대한 10 눈금당 참조 점 | 전진 방향으로 모든 측정 지점의 표시 오류의 최대값과 최소값의 차이를 구한다. | 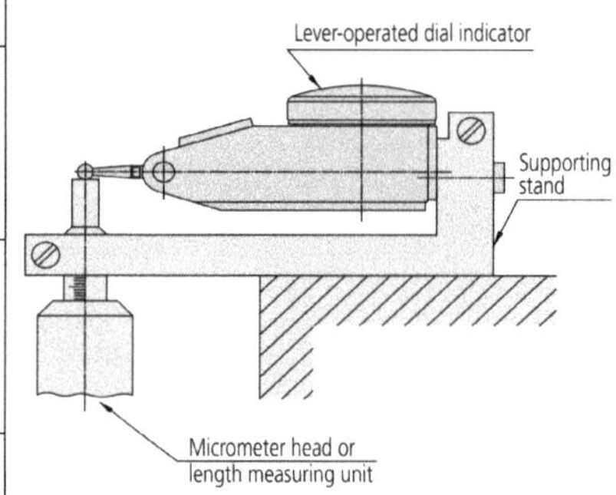 |
| | 10눈금 | | | 기준점에서 종점까지 전진 방향으로 10 눈금 당 인접한 측정 지점 간의 표시 오류의 최대 차이를 구한다. | |
| | 1회전 | | | 기준점에서 종점까지 전진 방향으로 1회전당 측정범위에서 설정된 영점으로 최대 및 최소 표시 오류 차이를 구한다. | |
| | 되돌림 오차 | | | 모든 측정 지점에서 전진/후진 방향으로 같은 측정 지점에 표시 오류와 관련하여 최대 차이를 얻는다. | |
| 반복 정밀도 | | 스타일러스가 있는 레버 작동식 다이얼 표시기를 측정단의 상단 면과 평행하게 잡고 측정범위 내에서 원하는 위치에서 접점을 빠르고 천천히 5회 이동시켜 지점의 표시를 읽는다. | 측정범위 내 임의 지점 | 5회 측정값의 최대 차이를 구한다. | 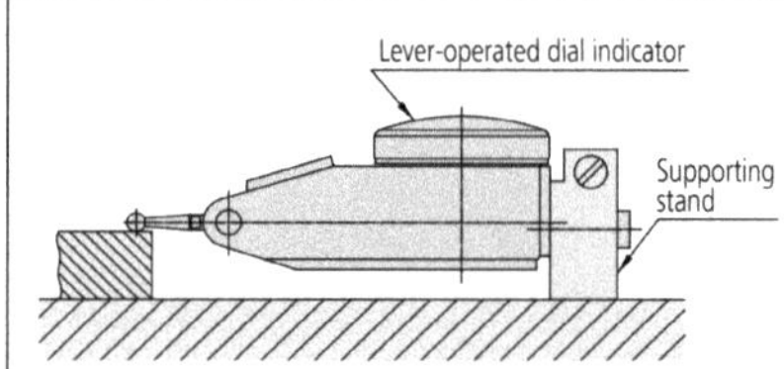 |
| 측정력 | | 지지대에 다이얼 인디케이터를 설정하고 스핀들을 지속해서 점진적으로 후진 및 확장한 후 영점과 끝점의 측정력을 읽는다. | 측정범위 내 설정 점 및 종 점 | 측정력과 관련하여 최대값과 최소값을 구한다. | 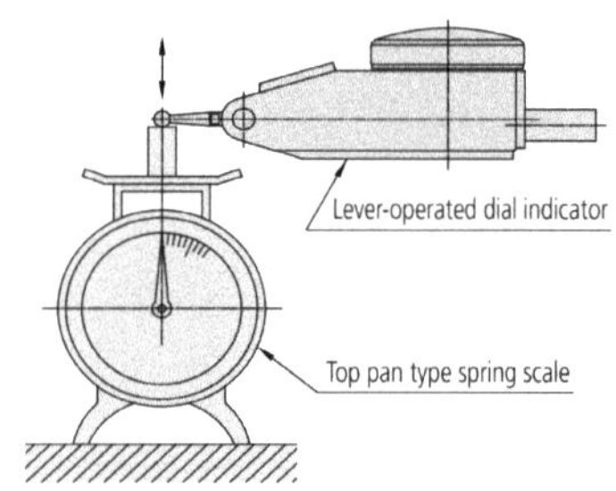 |

**그림 6.4** 다이얼 테스트 인디게이터의 계측 특성 [JIS B 7533:2015]

## 3. 다이얼 테스트 인디게이터 최대 허용오차

**표 6.2** 다이얼 테스트 인디게이터의 계측방향 및 편차

| 항 목 | | 도량형의 특성 한계 | | | | | | |
|---|---|---|---|---|---|---|---|---|
| 표시눈금(mm) | | 0.001/0.002 | | | 0.005 | | | |
| 회전범위 | | 1회전 | 다회전 | | 1회전 | | | 다회전 |
| 측정범위(mm) | | 0.3 이하 | 0.3 이상 0.5 이하 | 0.5 이상 0.6 이하 | 0.5 이하 | 0.5 이상 0.6 이하 L1≥35 | 35<L1 | 1.0 이상 1.6 이하 |
| 지시 오차 | 전체측정범위(전진 방향) | 4 | 6 | 7 | 6 | 9 | 10 | 16 |
| | 1회전 | - | 5 | 5 | - | - | - | 10 |
| | 10 눈금 | 2 | 2 | 2 | 5 | 5 | 5 | 5 |
| 되돌림 오차 | | 3 | 4 | 4 | 34 | 4 | 5 | 5 |
| 반복 정밀도 | | 1 | 1 | 1 | 33 | 3 | 3 | 3 |
| 측정력 | Max. | 0.5 | 0.5 | 0.5 | 0.5 | 0.5 | 0.5 | 0.5 |
| | Min. | 0.01 | 0.01 | 0.01 | 0.01 | 0.01 | 0.01 | 0.01 |

## 6.2 게이지 블록(Gauge Blocks)

미터의 정의, 1983년 제 17차 무게 측정 총회는 1초의 1/299,792,458의 시간 간격 동안 진공에서 빛이 이동하는 경로의 길이를 미터 단위로 새로이 정의하였다. 게이지 블록은 길이원기를 실제로 구현한 것으로 산업 전반에서 널리 사용된다.

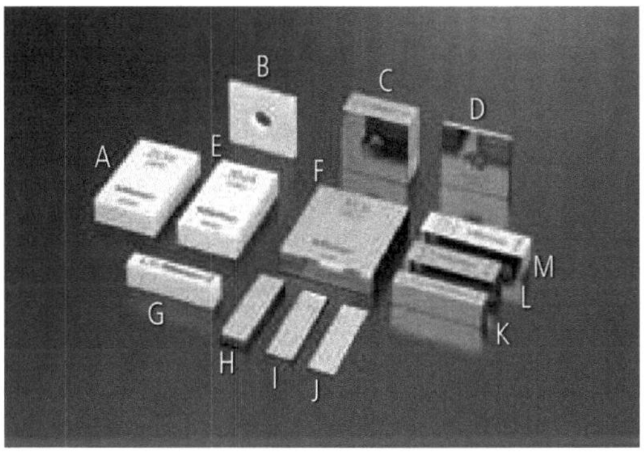


A : Ceramic rectangular gage block (21.94 mm)
B : Ceramic square gage block (2.1005 mm)
C : Steel square gage block (10.72 mm)
E : Ceramic rectangular gage block (20.64 mm)
F : Steel rectangular gage block (31.5 mm)
G : Ceramic rectangular gage block (6.34 mm)
H : Steel rectangular gage block (3.603 mm)

**그림 6.5** 게이지 블록의 종류

### 1. 게이지 블록의 등급에 의한 적용

사용 용도에 따라 게이지 블록 등급을 선택하려면 다음 표를 참조한다.

**표 6.3** 게이지 블록의 등급적용

| 적용범위 | 게이지 블록의 적용 | 등급 |
|---|---|---|
| 공작용<br>(Workshop use) | - 기계가공 공작물 측정용 | AS-1 또는 AS-2 |
| | - 제조용 게이지 점검<br>- 계측기 점검 | 0 또는 AS-1 |
| 검사용<br>(Inspection use) | - 기계 부품, 공구 등 검사 | 0 또는 AS-1 |
| | - 게이지의 정확성 검사<br>- 계측기 정도검사 | 00 또는 0 |
| 교정용<br>(Calibration use) | - 작업을 위한 게이지 블록의 정확성 확인<br>- 검사를 위한 게이지 블록의 정확성 교정<br>- 기기의 정확성 점검 및 교정 | K 또는 00 |
| 기준기<br>(Reference use) | - 정밀한 게이지 블록의 정확성 교정<br>- 학술 연구용 | K |

모든 게이지 블록에는 검사 인증서가 제공되고 포장 상자에 일련번호와 게이지 블록의 식별 번호에 따른 편차가 표시된 성적서가 제공된다. 이때 사용되는 블록은 상위 레벨 마스터를 기준으로 측정된다.

## 2. 게이지 블록의 선택과 조립

필요한 크기를 구성하기 위해 결합할 게이지 블록을 선택한다.

1) 게이지 블록을 선택할 때 다음 사항을 고려한다.

① 가능하면 최소 블록 수를 사용한다.

② 가능할 때마다 두꺼운 게이지 블록을 선택하고 필요한 최소 유효 자릿수를 가진 크기에서 길이를 선택한 다음 더 큰 유효 자릿수를 통해 다시 작업한다.

2) 게이지 블록을 적절한 세척제로 청소한다.

3) 옵티컬 플랫(optical flat)을 사용하여 측정면의 버(Burr) 점검이 필요하며 점검 방법은 다음과 같다.

① 각각 측정 면을 깨끗이 닦는다.

② 게이지 블록 측정 면에 옵티컬 플랫을 조심스럽게 밀착하고 간섭무늬가 나타날 때까지 광학 평면을 가볍게 민다.

③ 간섭무늬가 나타나지 않으면 측정 면에 큰 버나 오염 물질이 있는 것으로 가정하며 옵티컬 플랫을 가볍게 눌러 간섭무늬가 사라지는지 확인하고 간섭무늬가 사라지면 버가 존재하지 않는 것으로 판단한다.

④ 평평한 상태에서 일부 간섭무늬가 남아있는 경우, 측정 면에 버가 존재하고 간섭무늬가 옵티컬 플랫과 함께 이동하면 옵티컬 플랫에 버가 있다는 것을 의미한다.

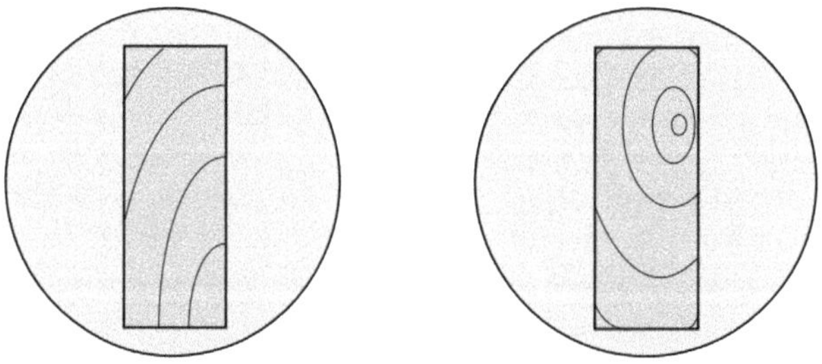

**그림 6.6** 옵티컬 플랫에 의한 버의 점검

4) 평평하고 미세한 연마재를 사용하여 측정 면에서 버를 제거하며 절차는 아래 그림을 참조한다.

① 솔벤트를 사용하여 게이지 블록과 숫돌(세라스톤 또는 아칸소 스톤)의 먼지와 유막을 제거한다.

② 버가 있는 측정 면이 연마 표면에 오도록 게이지 블록을 숫돌 위에 놓는다. 가벼운 압력을 가하는 동안 게이지 블록을 약 10번 앞뒤로 움직인다. 그림 6.7의 (b) 얇은 게이지 블록은 고무 블록을 이용하여 균일한 압력을 적용한다.

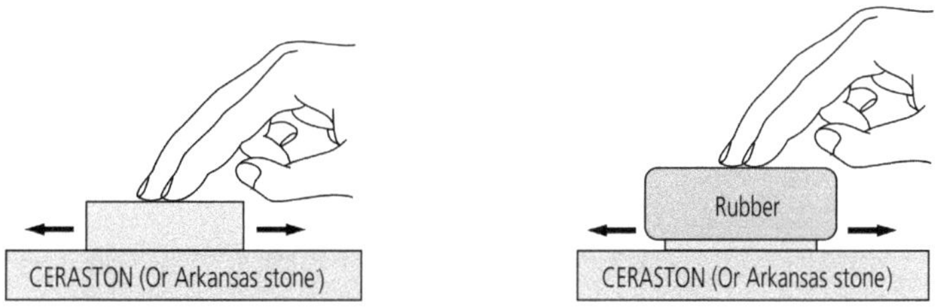


(a) 두꺼운 게이지 블록 (b) 얇은 게이지 블록

**그림 6.7** 게이지 블록의 버 제거

③ 옵티컬 플랫을 이용하여 점검하고 버가 제거되지 않으면 앞의 단계를 반복한다. 버가 너무 크면 숫돌로 제거되지 않는 경우 게이지 블록을 폐기한다.

④ 측정 면에 소량의 기름을 바르고 게이지 블록 전체에 골고루 분사하고 유막이 거의 제거될 때까지 게이지 블록을 닦는다. 사용되는 기름에는 그리스, 스핀들 기름, 바셀린 등이 일반적으로 사용된다.

### 5) 열 안정화 시간

그림 6.8은 맨손으로 100mm 스틸 게이지 블록을 취급할 때의 치수 변화 정도를 보여준다.

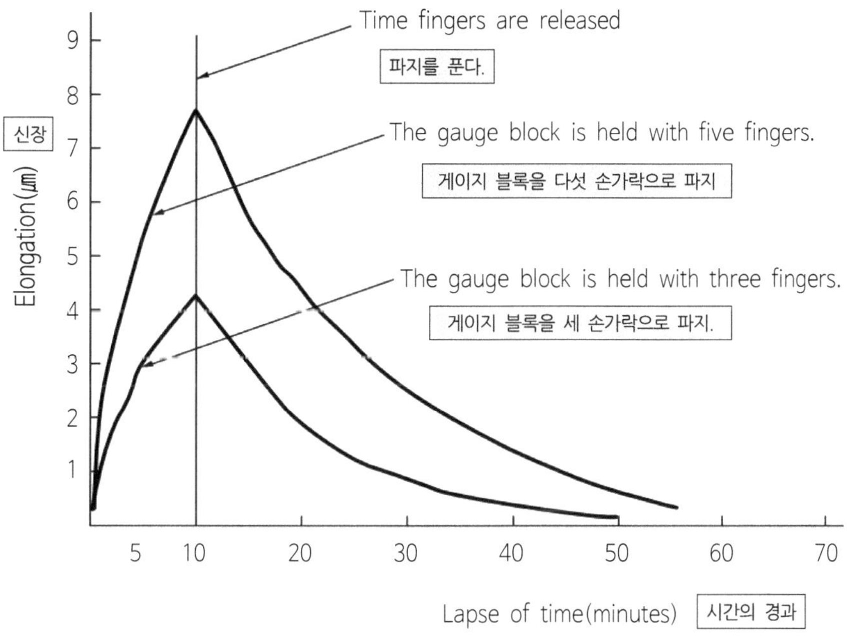


**그림 6.8** 스틸 게이지 블록의 열 특성

6) 게이지 블록의 면을 부드럽게 겹쳐서 함께 사용하며 블록의 크기에 따라 세 가지 방법으로 조합한다.

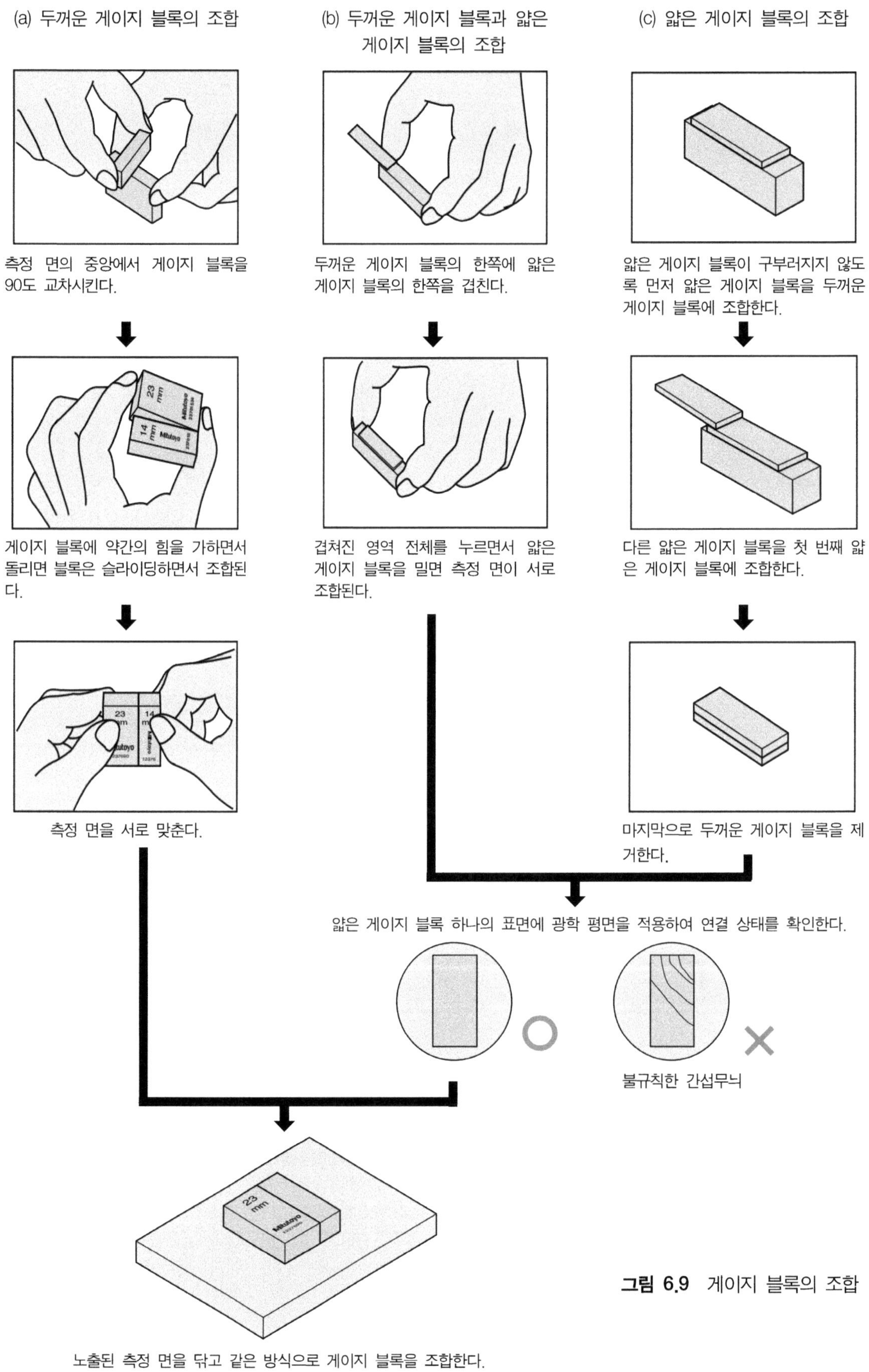


**그림 6.9** 게이지 블록의 조합

## 6.3 하이트 게이지(Height Gage)

하이트 게이지는 가공된 기계 부품을 정반 위에 올려놓고 정반 면을 기준으로 높이를 측정하거나 금긋기 철필(scribing stylus)을 이용하여 가공 위치를 결정하기 위한 금긋기 작업을 수행한다.

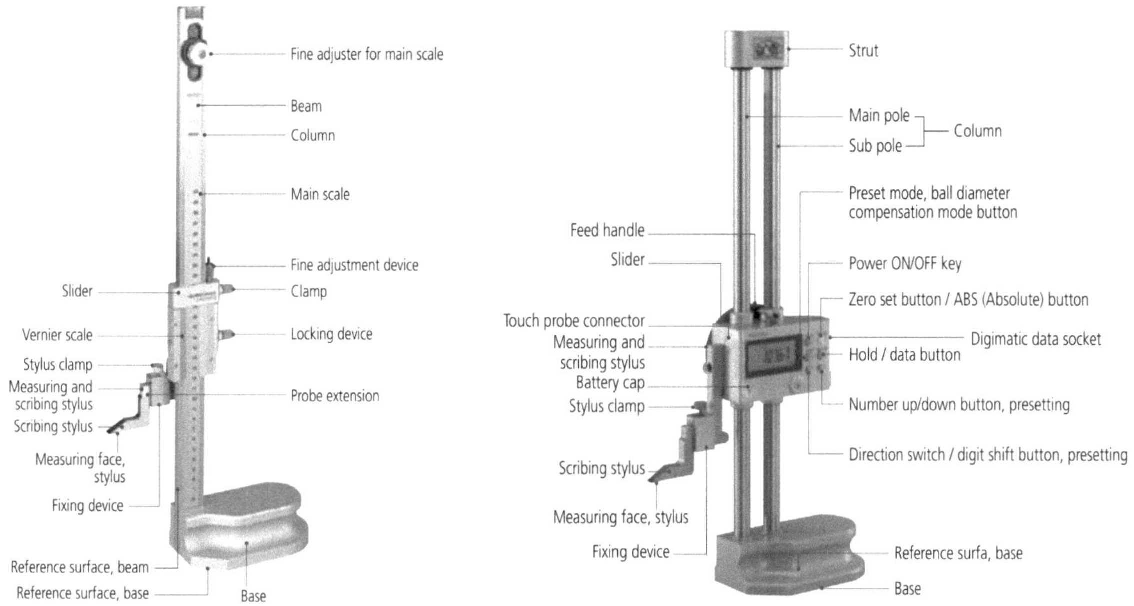


(a) Vernier Height Gage (b) Digimatic Height Gage

**그림 6.10** 하이트 게이지의 구성 명칭

테스트 인디게이터의 부착 터치 프로브의 부착 센터 프로브의 부착 깊이 게이지의 부착

**그림 6.11** 하이트 게이지의 부속 장치응용

### 1. 에러의 잠재적 원인

캘리퍼와 마찬가지로 에러 요소에는 시차 효과, 하이트 게이지에 Abbe의 원리를 준수하지 않은 과도한 측정력에 의한 오류와 하이트 게이지와 공작물의 온도 차이로 인한 열팽창 등이 포함된다.

하이트 게이지의 구조로 인한 다른 오류 요인으로 아래에 설명된 뒤틀린 기준 에지와 스크라이버의 설치에 관련된 오류 요인을 사용하기 전에 점검해야 한다.

## 2. 하이트 게이지 기둥의 변형과 에러의 잠재적 원인

캘리퍼와 마찬가지로 그림 6.12와 같이 슬라이더를 안내하는 기준 기둥이 뒤틀리면 하이트 게이지를 사용할 때 측정 오류가 발생하며 이 에러를 Abbe의 원리에 의한 부적합으로 다음과 같은 그림 6.12의 계산 공식으로 나타낼 수 있다.

스크라이버 또는 레버 타입 테스트 인디게이터를 설치하면 그림 6.13에서와 같이 치수 h가 늘어 기준 기둥이 왜곡되고 측정오차에 영향을 미치므로 신중하게 고려해야 한다. 즉, 옵션으로 긴 스크라이버 또는 레버 타입 테스트 인디게이터를 사용하면 측정 오류가 커진다.

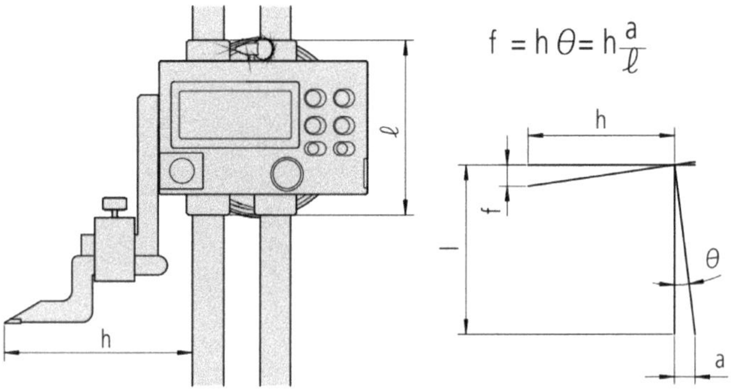


**그림 6.12** 기둥변형에 따른 스크라이버 에러

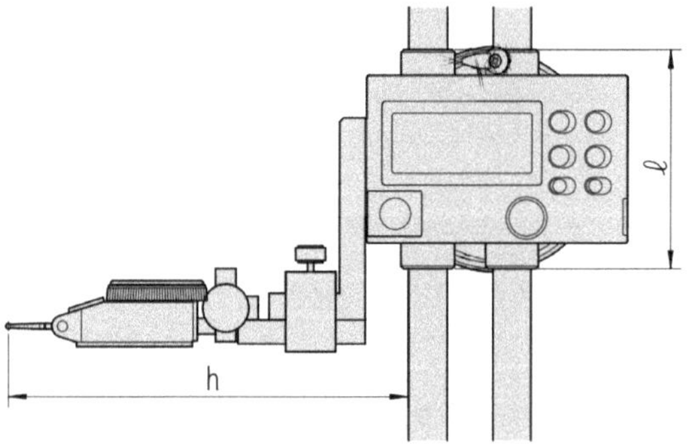


**예] 측정 지점에 의한 영향**
h가 150mm인 경우, 에러는 h가 100mm일 때 보다 1.5배 더 크다.

**그림 6.13** 인디게이터 길이에 의한 기둥변형

## 3. 기준면에서 하이트 게이지의 받침대가 들어 올려진 경우

게이지 블록의 높이 또는 공작물 형상으로 스크라이버를 설정할 때 슬라이더에 과도한 하향 힘을 가하면 하이트 게이지의 베이스 플레이트가 들어 올려져 측정 오류가 발생한다. 정확한 설정을 위해 스크라이버의 팁을 게이지 블록 표면(측정물) 위로 이동하면서 슬라이더를 천천히 아래로 이동한다.

올바른 설정은 스크라이버가 표면의 가장자리 위로 움직일 때 가볍게 닿는 느낌이며 사용하기 전에 정반과 하이트 게이지의 베이스 표면에 먼지나 찌꺼기가 없는지 확인한다.

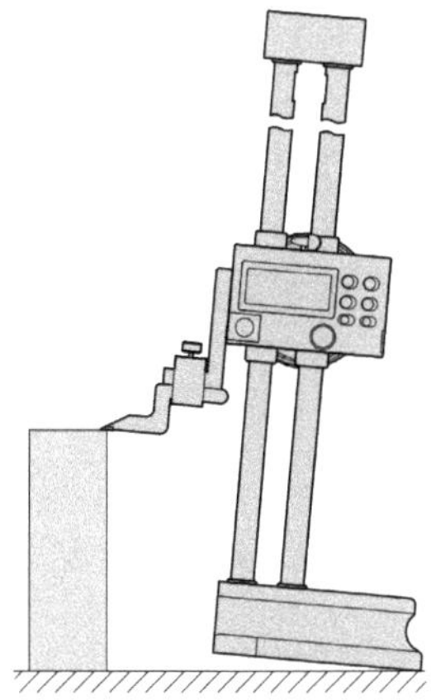

**그림 6.14** 하이트 게이지의 받침대가 들어 올린 경우

## 4. 메인스케일(기둥)경사로 인한 오차

메인스케일경사로 인한 오차(λ)는 JIS 표준에 의하면 베이스 기준 표면에 대한 직각도는 다음의 식 (6.2) 보다 우수해야 한다.

$$\lambda = \left(0.01 + \frac{L}{1,000}\right)\text{mm} \qquad (6.2) \qquad L : \text{측정길이(mm)}$$

예를 들면, L이 600mm 일 때 허용 가능한 수직 한계는 0.61mm이다. 휘어진 기둥으로 인한 오차(λ)는 슬라이더의 기울기에 비해 측정오차에 적은 영향을 준다.

## 5. 정확도와 온도의 관계

하이트 게이지는 여러 가지의 재료로 만들어지고 계측기가 열적 효과에 보정 계산이 적용되지 않는 경우 계측기는 공작물 재료의 특성과 측정온도 및 습윤 화에 의해 측정 정확도에 영향을 줄 수 있다.

## 6. 하이트 게이지 스크라이버의 끝은 매우 날카로우므로 부상을 피하려면 조심스럽게 다루어야 한다.

## 7. 하이트 게이지를 떨어뜨리거나 다른 물체에 부딪치지 않도록 조심스럽게 다룬다.

## 8. 하이트 게이지 사용에 대한 참고 사항

슬라이더를 안내하는 기둥을 깨끗하게 유지하고 먼지나 때가 쌓이면 미끄러지기 어려워 설정 및 측정에 오류가 발생한다.

① 금긋기할 때는 제공된 고정 장치를 사용하여 슬라이더를 제자리에 단단히 고정하며 고정 후에 설정을 확인할 것을 권하며 일부 높이 게이지를 고정하면 설정이 약간 변경될 수 있고 이 경우에 고정효과를 허용되도록 설정할 때 여유를 두어야 한다.

② 측정 전 장착 표면의 먼지나 버를 제거하고 스크라이버 측정 면과 베이스 기준면의 평행도는 0.01 mm 이내이어야 한다. 특히 스크라이버 또는 레버형 다이얼 표시기로 측정하는 동안 스크라이버 및 기타 부품을 제자리에 단단히 고정한다.

③ 높이 게이지의 메인 스케일을 움직일 수 있으면 영점을 조정하고 고정 장치를 단단히 조인다.

④ 시차 오류로 인한 오류는 무시할 수 없으며 값을 읽을 때는 항상 눈금과 동일선상에서 읽는다.

⑤ 사용 후에 물과 기름을 완전히 닦아내고 부식방지 기름을 얇게 바르며 보관하기 전에 건조시킨다.

## 9. 보관 시 참고 사항

보관장소는 직사광선, 고온, 저온 및 습도를 피하며 디지털 높이 게이지는 3개월 이상 사용하지 않으면 보관하기 전에 배터리를 제거한다. 보호 덮개가 제공되는 경우 보관 중에 덮개를 사용하여 먼지가 기둥에 달라붙지 않도록 주의한다.

## 10. 하이트 게이지의 읽는 방법

### 1) 버니어 스케일

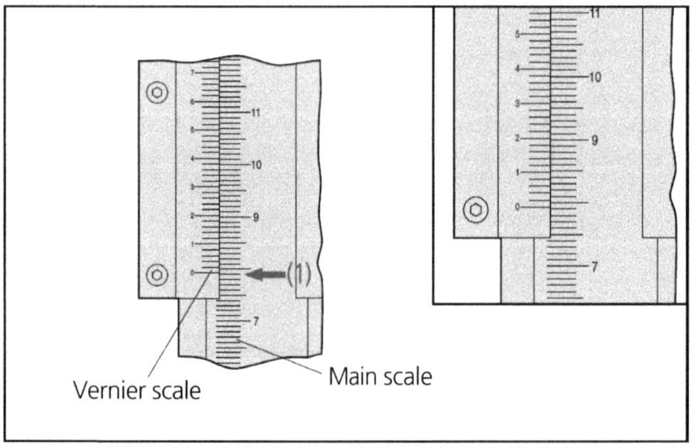


- 최소눈금(graduation) : 0.02 mm
(1) 어미자(main scale reading) : 79.00 mm
(2) 아들자(vernier scale reading) : 0.36 mm
버니어 읽기(caliper reading) : 79.36 mm

**그림 6.15** 버니어 스케일 읽기

어미자(main scale)의 왼쪽 눈금 선에서 아들자(vernier scale)와 겹치지 않는 구간의 치수(79.00 mm)를 읽고, 어미자와 일치하는 아들자의 위치를 읽어(0.36 mm), (1)과 (2)를 합산하면 측정된 값이 환산된다.

2) 기계식 숫자 높이 게이지

① 기준면에서 위로 측정

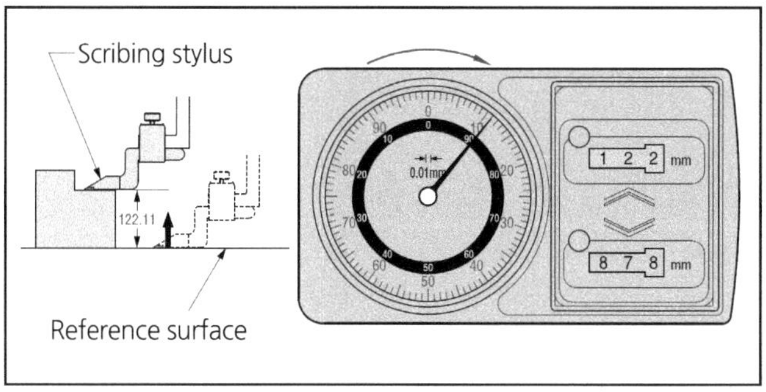


- 최소눈금(graduation) : 0.01 mm

(1) 카운터(counter reading) : 122.00 mm
(2) 다이얼(dial reading) : 0.11 mm
숫자 읽기(digit reading) : 122.11 mm

**그림 6.16** 기계식 숫자 높이 게이지 상향측정

상부의 카운터 스케일(counter scale)과 왼쪽 다이얼 눈금에서 다이얼 스케일(dial scale)을 읽어 (1)과 (2)를 합산하면 측정된 값이 환산된다.

② 기준면에서 아래로 측정

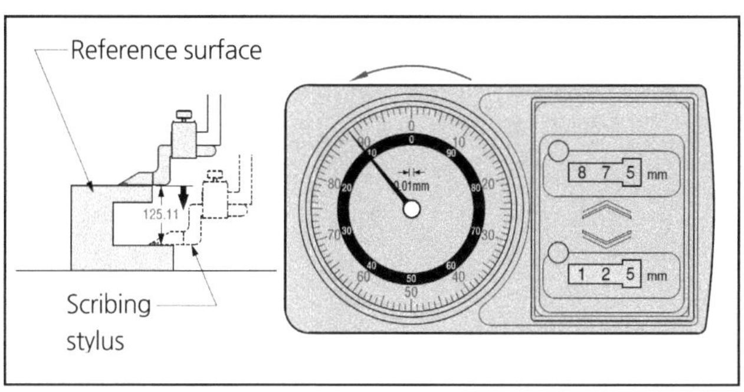


- 최소눈금(graduation) : 0.01 mm

(1) 카운터(counter reading) : 125.00 mm
(2) 다이얼(dial reading) : 0.11 mm
숫자 읽기(digit reading) : 125.11 mm

**그림 6.17** 기계식 숫자 높이 게이지 하향측정

하부의 카운터 스케일(counter scale)과 왼쪽 다이얼 눈금에서 다이얼 스케일(dial scale)을 읽어 (1)과 (2)를 합산하면 측정된 값이 환산된다.

**실습에 사용되는 계측기** **다음의 실습과제를 다이얼 테스트 인디게이터와 높이 게이지 조합하여 게이지 블록을 이용하여 형상을 측정하시오.**

1) 사용계측기 : 버니어 캘리퍼스(0~150mm) [Mitutoyo 530-101 또는 동일 대체품]

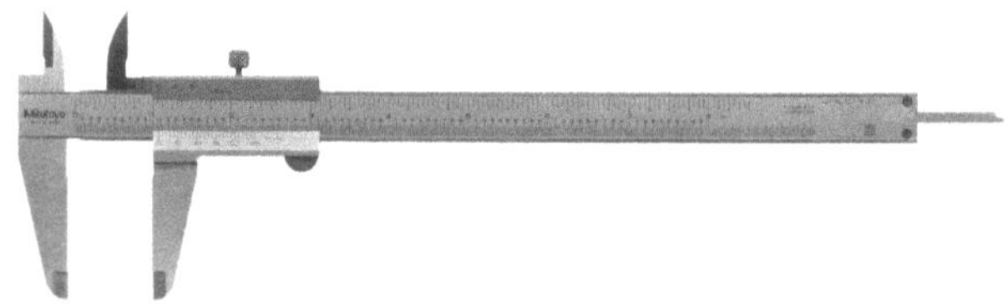

2) 사용계측기 : 하이트 게이지(0~300mm) [Mitutoyo 514-102 또는 동일 대체품]

3) 사용계측기 : 다이얼 테스트 인디게이터(0~0.2mm) [Mitutoyo 513-405E 또는 동일 대체품]

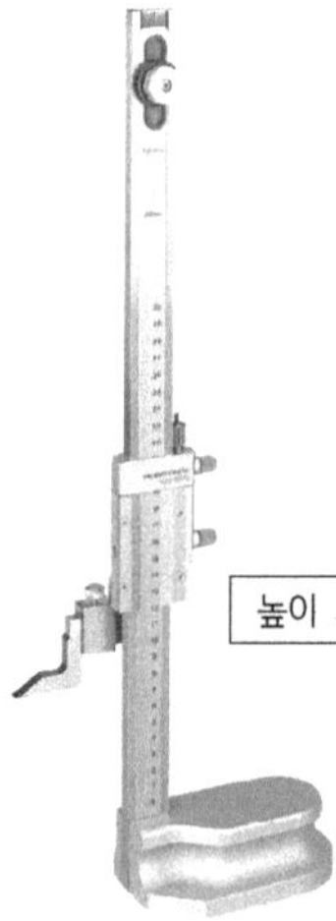

높이 게이지

다이얼 테스트 인디게이터

4) 사용계측기 : 게이지 블록(스틸47) [Mitutoyo 516-960-26 또는 동일 대체품]

5) 측정 보조기기 : 벤치센터(150mm) [Mitutoyo 967-203-10 또는 동일 대체품]

게이지 블록

벤치센터

## 6.4 다이얼 테스트 인디게이터를 이용한 계측실습

| 작업과제명 | 형상측정하기 6.1 |
|---|---|

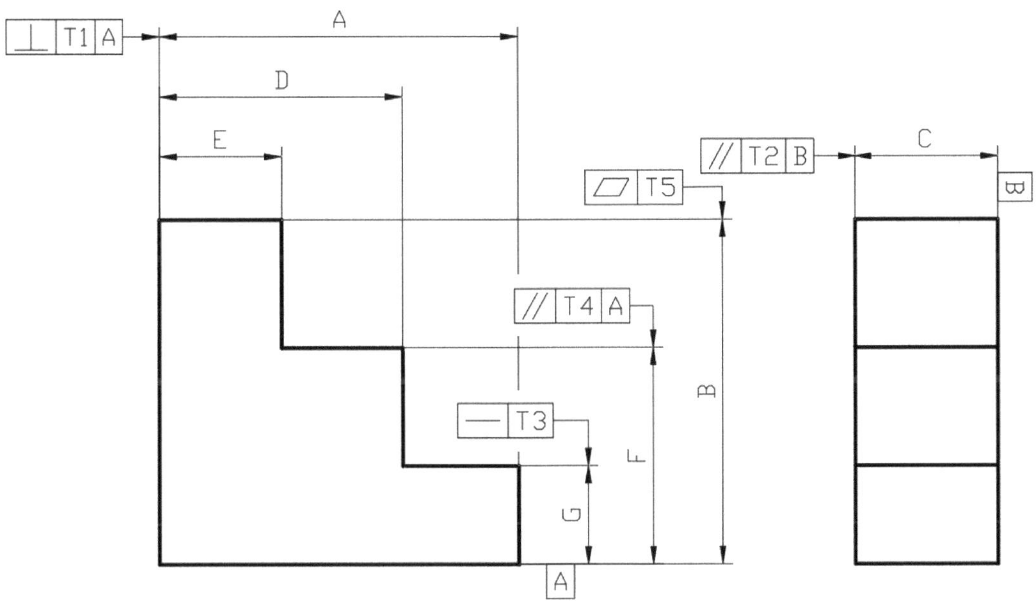


| 측 정 세 부 사 항 | [사용시편번호 : ] |
|---|---|

| 측 정 항 목 | | | | | | 계 측 기 관 리 |
|---|---|---|---|---|---|---|
| 측정부위 | 1회 | 2회 | 3회 | 평균값 | 검증값 | 사용계측기 : |
| A | | | | | | |
| B | | | | | | 계측기의 측정정도 : |
| C | | | | | | |
| D | | | | | | 계측결과의 평가 : |
| E | | | | | | |
| F | | | | | | |
| G | | | | | | |
| T1 | | | | | | |
| T2 | | | | | | |
| T3 | | | | | | |
| T4 | | | | | | |
| T5 | | | | | | |
| | | | | | | |
| | | | | | | |

| 작업과제명 | 형상측정하기 6.2 |
|---|---|

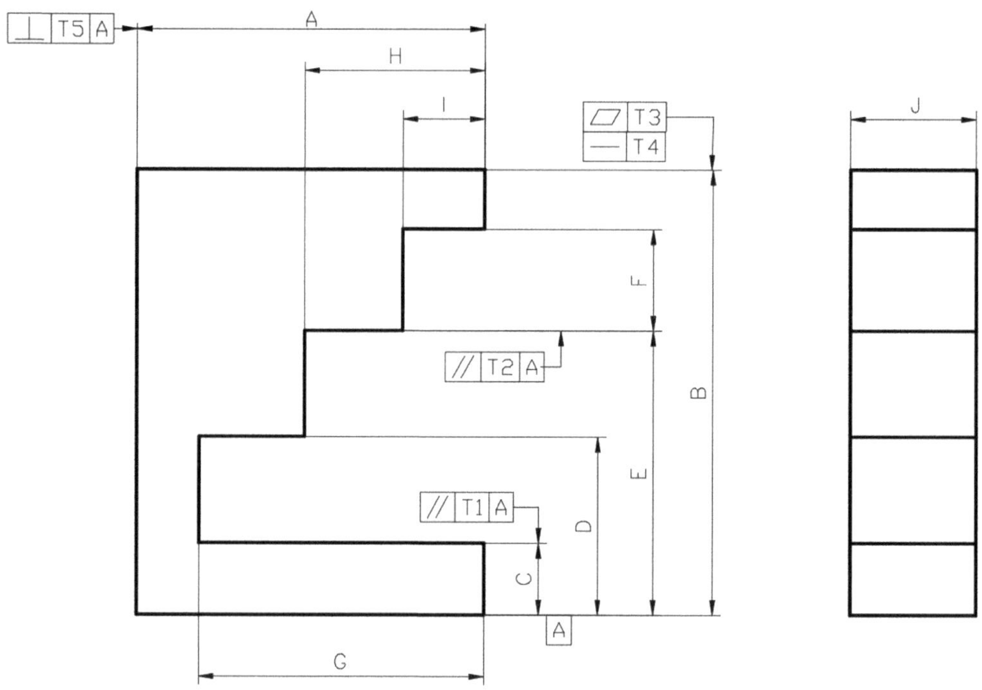


**측 정 세 부 사 항** [사용시편번호 : ]

| 측 정 항 목 | | | | | | 계 측 기 관 리 |
|---|---|---|---|---|---|---|
| 측정부위 | 1회 | 2회 | 3회 | 평균값 | 검증값 | 사용계측기 : |
| A | | | | | | |
| B | | | | | | 계측기의 측정정도 : |
| C | | | | | | |
| D | | | | | | 계측결과의 평가 : |
| E | | | | | | |
| F | | | | | | |
| G | | | | | | |
| H | | | | | | |
| I | | | | | | |
| J | | | | | | |
| T1 | | | | | | |
| T2 | | | | | | |
| T3 | | | | | | |
| T4 | | | | | | |
| T5 | | | | | | |
| | | | | | | |

| 작업과제명 | 형상측정하기 6.3 |
|---|---|

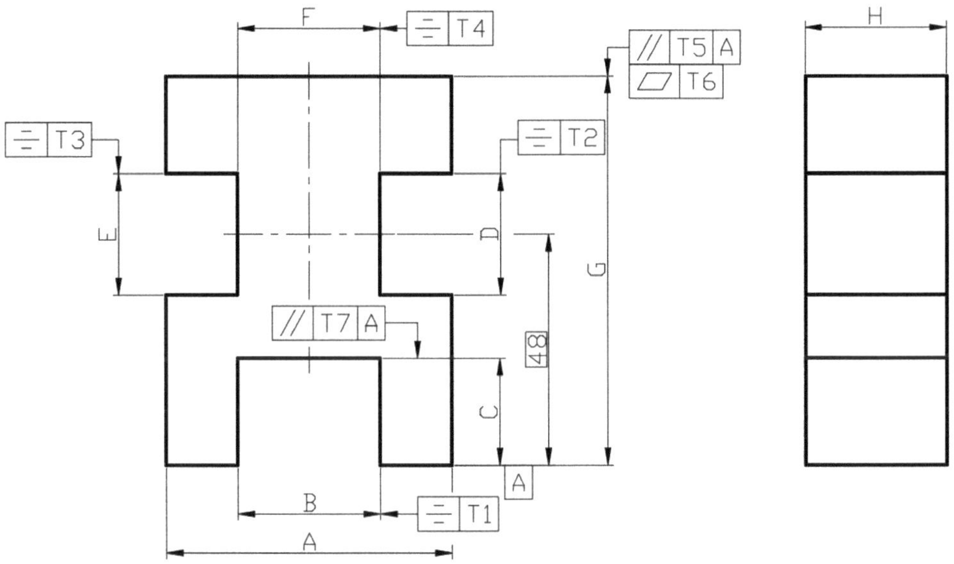


| 측 정 세 부 사 항 | | | | | | [사용시편번호 : ] |
|---|---|---|---|---|---|---|
| 측 정 항 목 | | | | | | 계 측 기 관 리 |
| 측정부위 | 1회 | 2회 | 3회 | 평균값 | 검증값 | 사용계측기 : |
| A | | | | | | |
| B | | | | | | 계측기의 측정정도 : |
| C | | | | | | |
| D | | | | | | 계측결과의 평가 : |
| E | | | | | | |
| F | | | | | | |
| G | | | | | | |
| H | | | | | | |
| T1 | | | | | | |
| T2 | | | | | | |
| T3 | | | | | | |
| T4 | | | | | | |
| T5 | | | | | | |
| T6 | | | | | | |
| T7 | | | | | | |
| | | | | | | |

| 작업과제명 | 형상측정하기 6.4 |
|---|---|

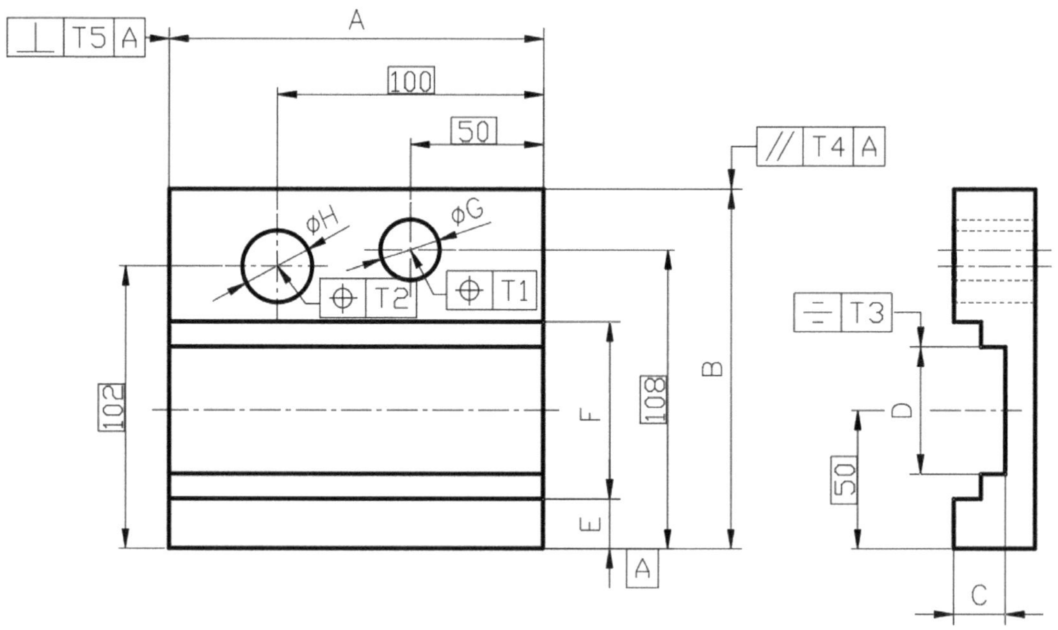


**측 정 세 부 사 항** [사용시편번호 : ]

| 측 정 항 목 | | | | | | 계 측 기 관 리 |
|---|---|---|---|---|---|---|
| 측정부위 | 1회 | 2회 | 3회 | 평균값 | 검증값 | 사용계측기 : |
| A | | | | | | |
| B | | | | | | 계측기의 측정정도 : |
| C | | | | | | |
| D | | | | | | 계측결과의 평가 : |
| E | | | | | | |
| F | | | | | | |
| G | | | | | | |
| H | | | | | | |
| T1 | | | | | | |
| T2 | | | | | | |
| T3 | | | | | | |
| T4 | | | | | | |
| T5 | | | | | | |
| | | | | | | |
| | | | | | | |
| | | | | | | |

| 작업과제명 | 형상측정하기 6.5 |
|---|---|

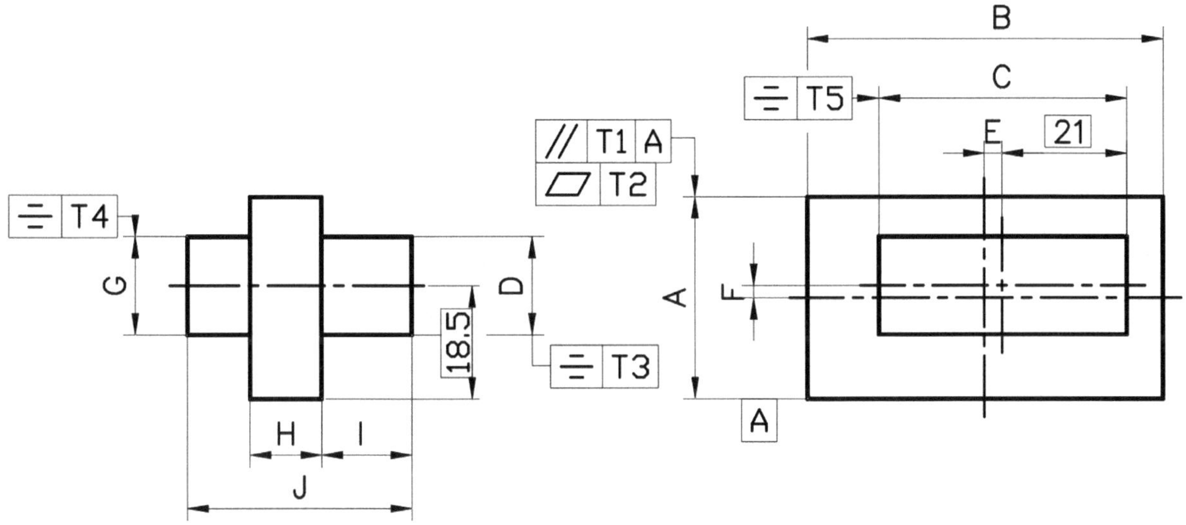


**측 정 세 부 사 항** [사용시편번호 : ]

| 측 정 항 목 | | | | | | 계 측 기 관 리 |
|---|---|---|---|---|---|---|
| 측정부위 | 1회 | 2회 | 3회 | 평균값 | 검증값 | 사용계측기 : |
| A | | | | | | |
| B | | | | | | 계측기이 측정정도 : |
| C | | | | | | |
| D | | | | | | 계측결과의 평가 : |
| E | | | | | | |
| F | | | | | | |
| G | | | | | | |
| H | | | | | | |
| I | | | | | | |
| J | | | | | | |
| T1 | | | | | | |
| T2 | | | | | | |
| T3 | | | | | | |
| T4 | | | | | | |
| T5 | | | | | | |
| | | | | | | |

| 작업과제명 | 형상측정하기 6.6 |
|---|---|

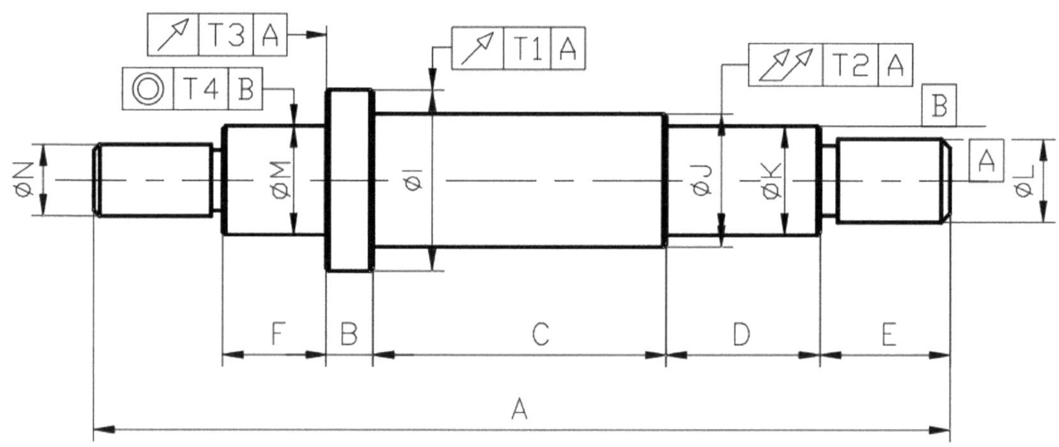


**측 정 세 부 사 항** [사용시편번호 : ]

| 측 정 항 목 | | | | | | 계 측 기 관 리 |
|---|---|---|---|---|---|---|
| 측정부위 | 1회 | 2회 | 3회 | 평균값 | 검증값 | 사용계측기 : |
| A | | | | | | |
| B | | | | | | 계측기의 측정정도 : |
| C | | | | | | |
| D | | | | | | 계측결과의 평가 : |
| E | | | | | | |
| F | | | | | | |
| G | | | | | | |
| H | | | | | | |
| I | | | | | | |
| J | | | | | | |
| K | | | | | | |
| L | | | | | | |
| M | | | | | | |
| N | | | | | | |
| T1 | | | | | | |
| T2 | | | | | | |
| T3 | | | | | | |
| T4 | | | | | | |
| | | | | | | |

| 작업과제명 | 편심 측정하기 |
|---|---|

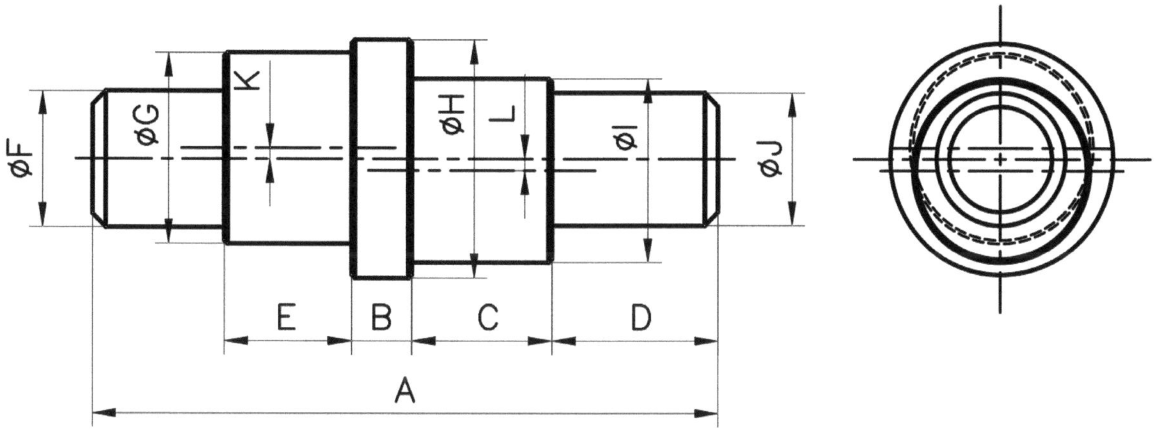


측 정 세 부 사 항 [사용시편번호 : ]

| 측 정 항 목 | | | | | | 계 측 기 관 리 |
|---|---|---|---|---|---|---|
| 측정부위 | 1회 | 2회 | 3회 | 평균값 | 검증값 | 사용계측기 : |
| A | | | | | | |
| B | | | | | | 계측기의 측정정도 : |
| C | | | | | | |
| D | | | | | | 계측결과의 평가 : |
| E | | | | | | |
| F | | | | | | |
| G | | | | | | |
| H | | | | | | |
| I | | | | | | |
| J | | | | | | |
| K | | | | | | |
| L | | | | | | |
| | | | | | | |
| | | | | | | |

chapter

07

# 진원도 측정기(Roundness Tester)의 활용

# 7.1 형상공차의 이해

## 1. 진원도(Roundness)

진원도는 원주상의 선이 공차 영역에 포함되어야 하고 두 개의 동일 평면의 원(two coplanar circles) 사이에 형성되는 반지름 차이 (t)로 정의된다.

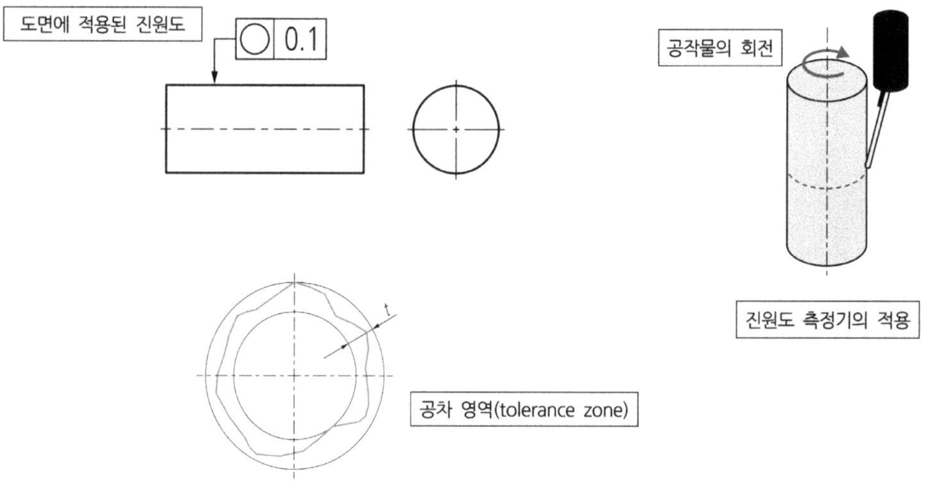


**그림 7.1** 진원도의 정의 및 측정 예

## 2. 원통도(Cylindricity)

원통도는 원주상의 선이 공차 영역이 포함되고 두 동축 실린더(two coaxial cylinders) 사이에 형성된 측정값 (t)이 공차 영역 내에 포함되어야 한다.

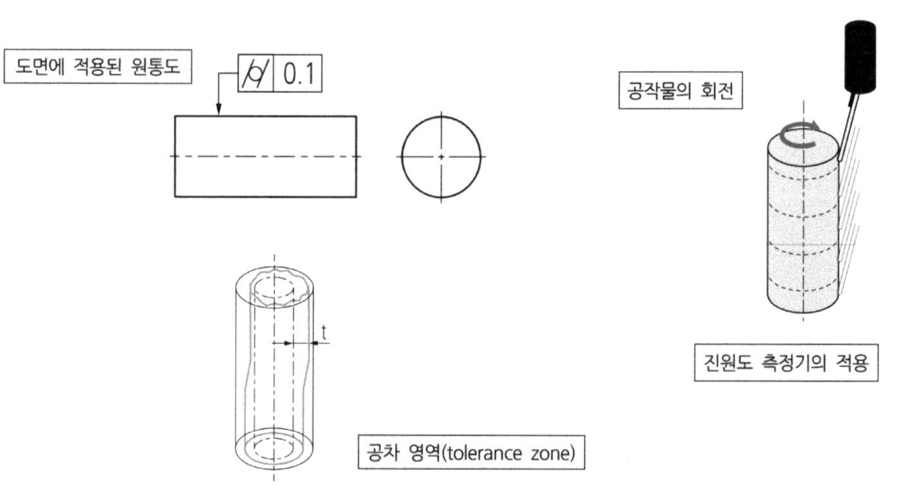


**그림 7.2** 원통도의 정의 및 측정 예

## 3. 원의 흔들림(Circular Runout)

데이텀에 의한 원과 반경 방향의 단면상 측정 면이 수직 거리 (t)로 정의되거나 데이텀에 의한 중심선에 평면상 요철이 정의된 공차영역 내에 포함되어야 한다.

### 1) 반경 방향(Radial Direction)

반경 방향의 치수가 데이텀 축의 진원과 교차하는 단면 방향의 형상으로 정의된다.

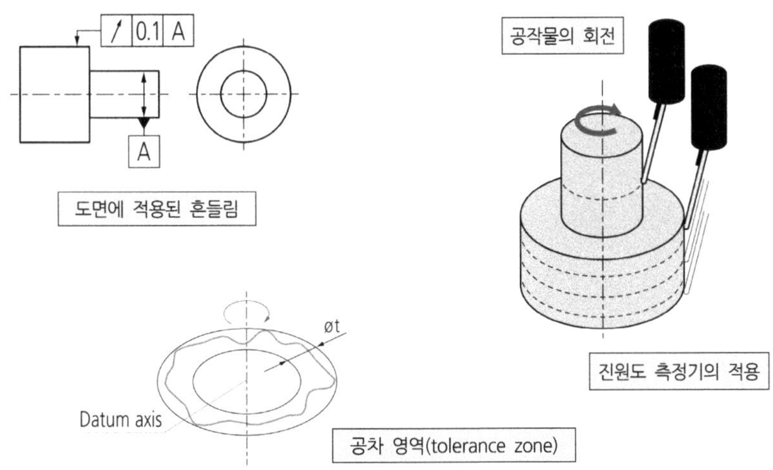


**그림 7.3** 반경 방향의 흔들림 정의 및 측정 예

### 2) 축 방향(Axial Direction)

반지름 방향의 데이텀 중심선과 교차 단면평면의 요철로 정의된다.

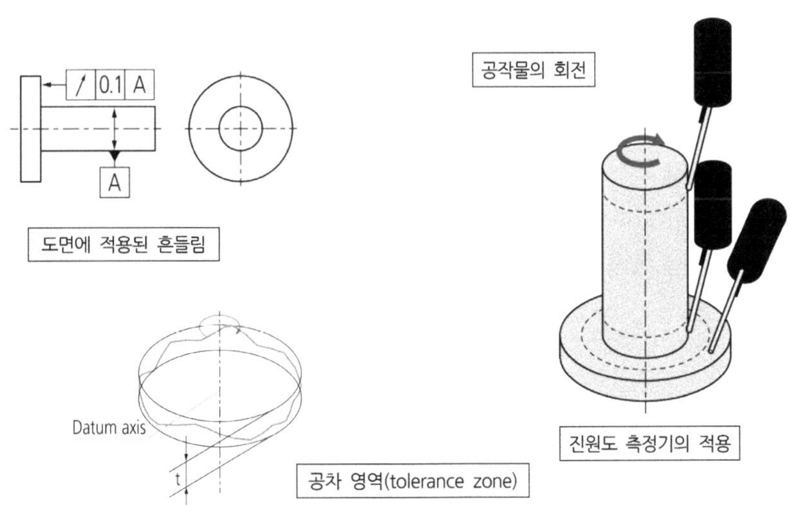


**그림 7.4** 축 방향의 흔들림 정의 및 측정 예

## 4. 전 흔들림(Total Runout)

데이텀에 의한 축심선과 반경 방향의 측정된 동축(coaxial)이 공차영역 (t)로 정의되거나 데이텀에 의한 중심선에 측정 평면상 요철이 정의된 공차영역 내에 포함되어야 한다.

### 1) 반경 방향(Radial Direction)

반경 방향의 치수가 데이텀 축의 중심선과 교차하는 측정면 전체영역의 단면 방향의 형상으로 정의된다.

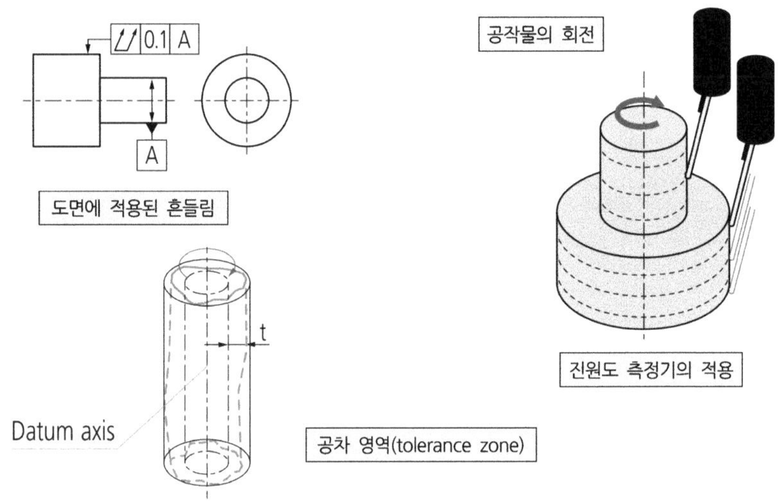


**그림 7.5** 반경 방향의 전 흔들림 정의 및 측정 예

### 2) 축 방향(Axial Direction)

반지름 방향의 데이텀 중심선과 교차 단면평면의 전체요철로 정의된다.

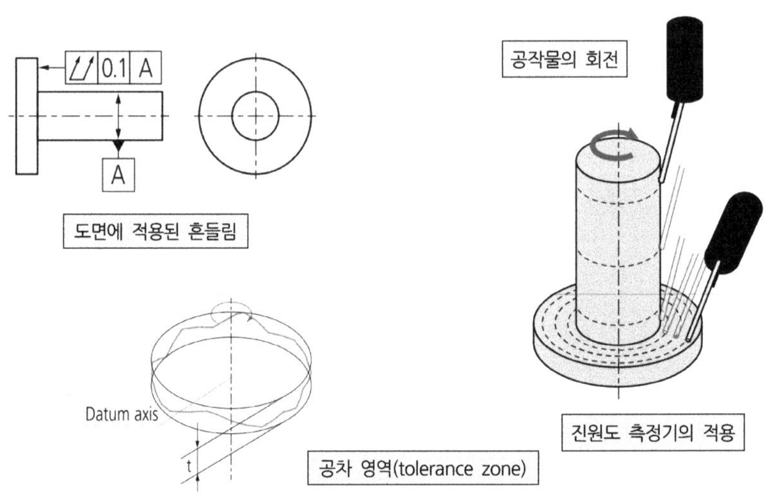


**그림 7.6** 축 방향의 전 흔들림 정의 및 측정 예

## 5. 진직도(Straightness)

진직도는 원통 표면에서 측정된 축 길이 방향의 직선과 동일 평면의 직선(two parallel straight lines) 사이의 간격 (t)가 공차 영역 내에 있어야 한다.

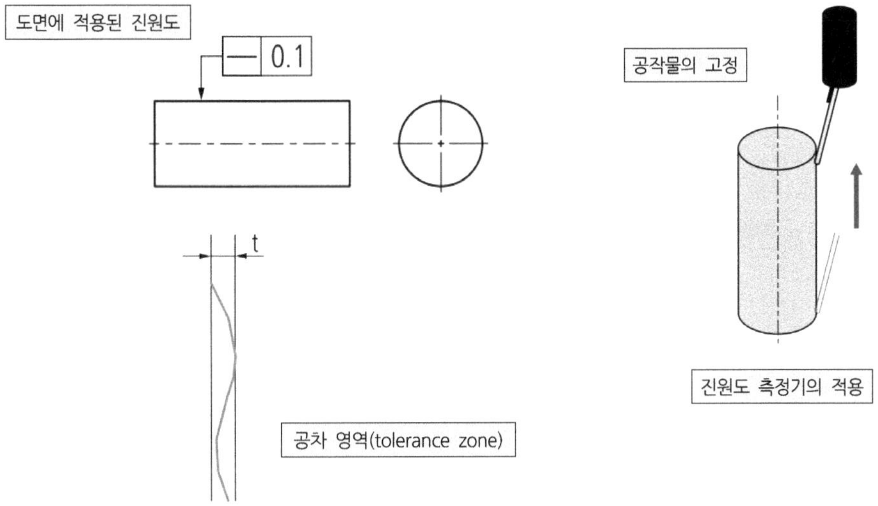


**그림 7.7** 진직도의 정의 및 측정 예

## 6. 평면도(Flatness)

평면도는 면의 표면에서 측정된 두 개의 동일 평면(two parallel planes)은 정의된 공차 영역 (t) 안에 있어야 한다.

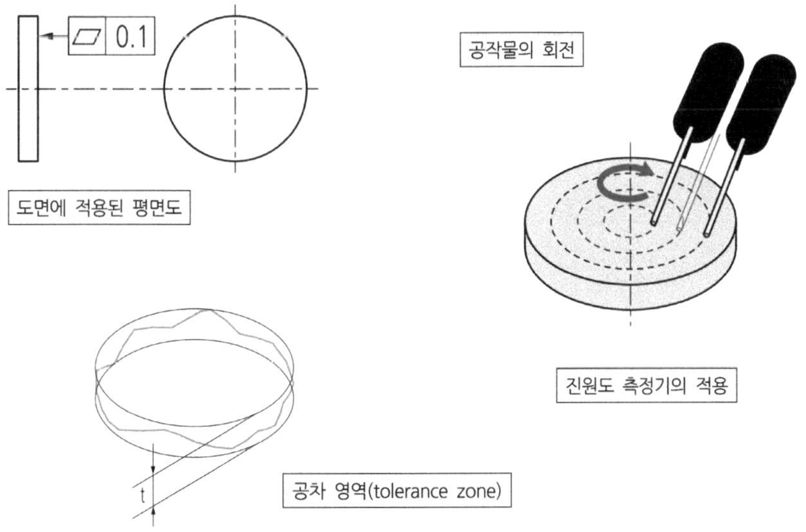


**그림 7.8** 평면도의 정의 및 측정 예

## 7. 동심도, 동축도(Concentricity, Coaxiality)

### 1) 동심도(Concentricity)

동심도는 데이텀의 중심과 동심인 직경의 중심이 (t)의 영역 안에 있어야 한다.

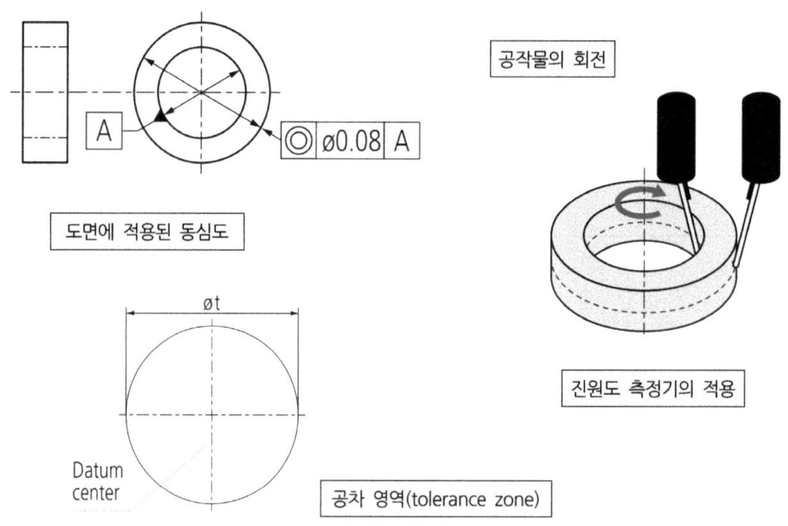


**그림 7.9** 동심도의 정의 및 측정 예

### 2) 동축도(Coaxiality)

동축도는 데이텀의 중심선과 동축인 측정 원통의 중심선이 (t)의 영역 안에 있어야 한다.

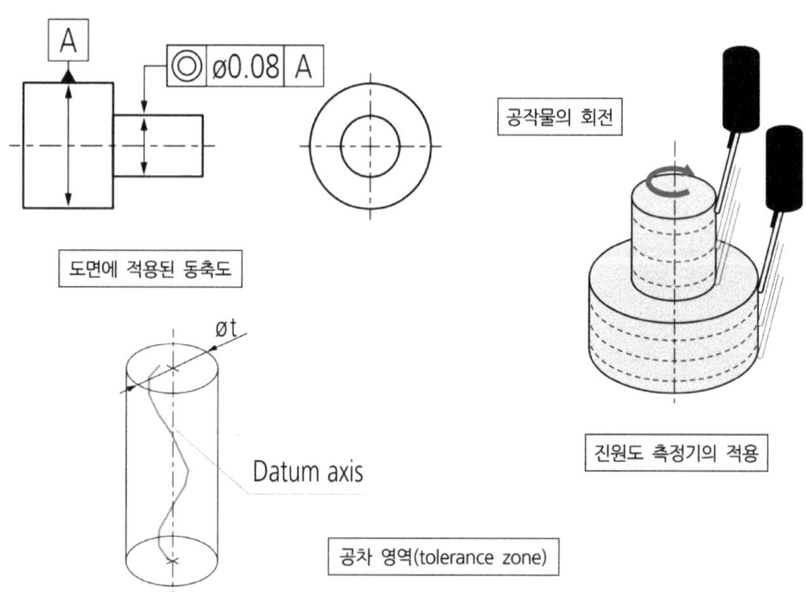


**그림 7.10** 동축도의 정의 및 측정 예

## 8. 직각도(Perpendicularity)

직각도는 중심선 또는 표면은 두 개의 평면 사이에 형성된 공차 (t)가 영역 내에 포함되어야 한다.

### 1) 면에 데이텀이 주어진 경우

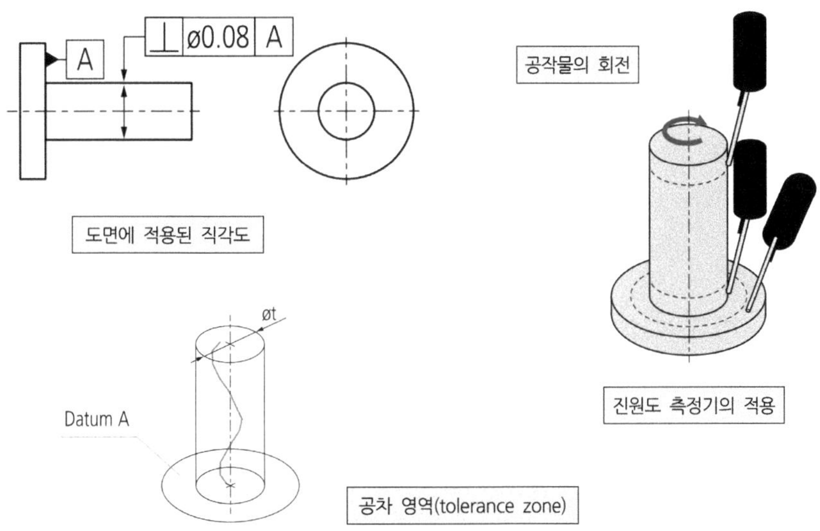


**그림 7.11** 면에 데이터임이 정의된 직각도의 측정 예

### 2) 원통에 데이텀이 주어진 경우

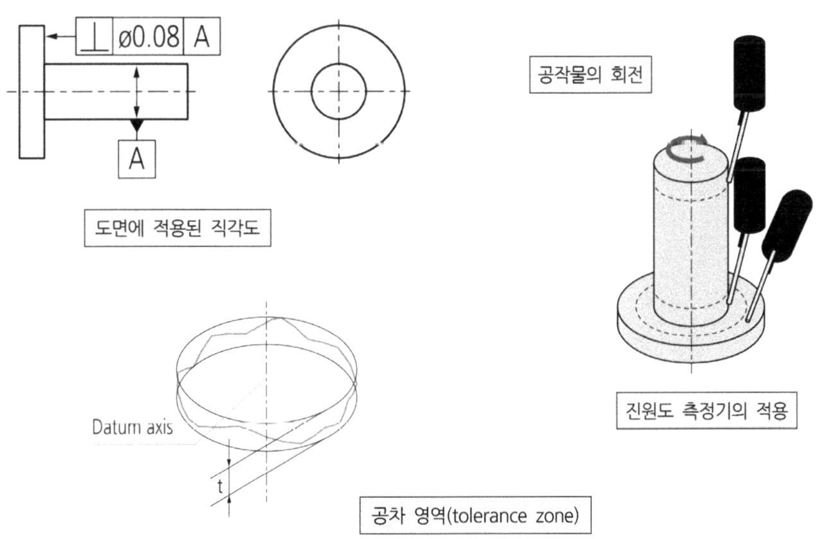


**그림 7.12** 원통에 데이텀이 정의된 직각도의 측정 예

## 7.2 진원도 측정기(Roundness tester)

기하학적 제품사양(Geometrical Product Specifications(GPS))을 측정하는 규정은 ISO1101(2012)에 의해 기하학적 공차 정의 및 측정에 적용한다. 특히 진원도의 측정은 ISO4291(1985) 진원도 평가 방법을 따른다.

**그림 7.13** 진원도 측정기 RA-120

### 1. 진원도 측정을 위한 예비조작

진원도 측정을 위해 센터링 및 레벨링 작업을 수행하고 진원도 측정을 수행한다.

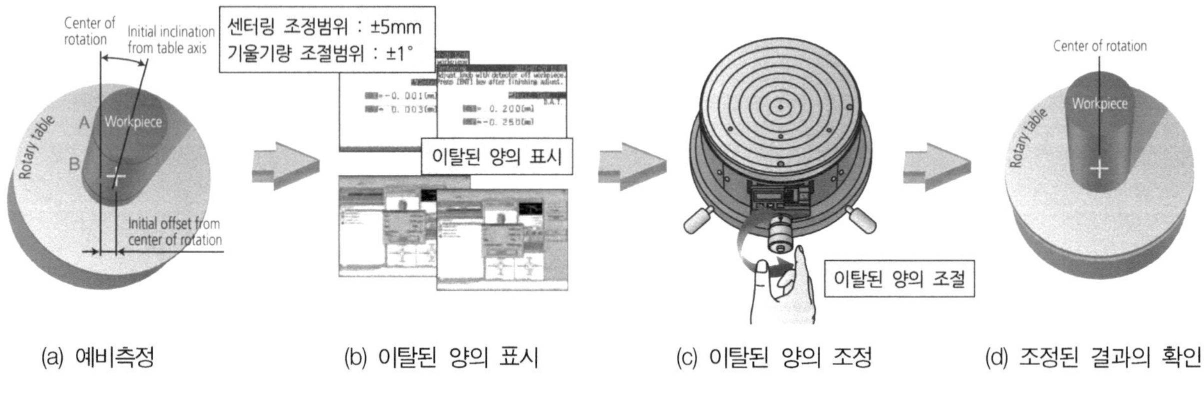


**그림 7.14** 진원도 측정을 위한 예비작업

1) 센터링(Centering)

진원도 측정기의 회전 테이블 축과 공작물의 축 방향변위 오프셋(편심)으로 인해 측정값이 왜곡되고 리마송 오차(limacon error)를 형성하고 결과적으로 계산된 진원도 값에서 오차를 유발한다.

편심이 클수록 진원도의 오차가 커지며 측정 전에 공작물을 중심에 두어야 하고 오류 보정 기능은 그림 7.15와 같은 그래프가 적용된다.

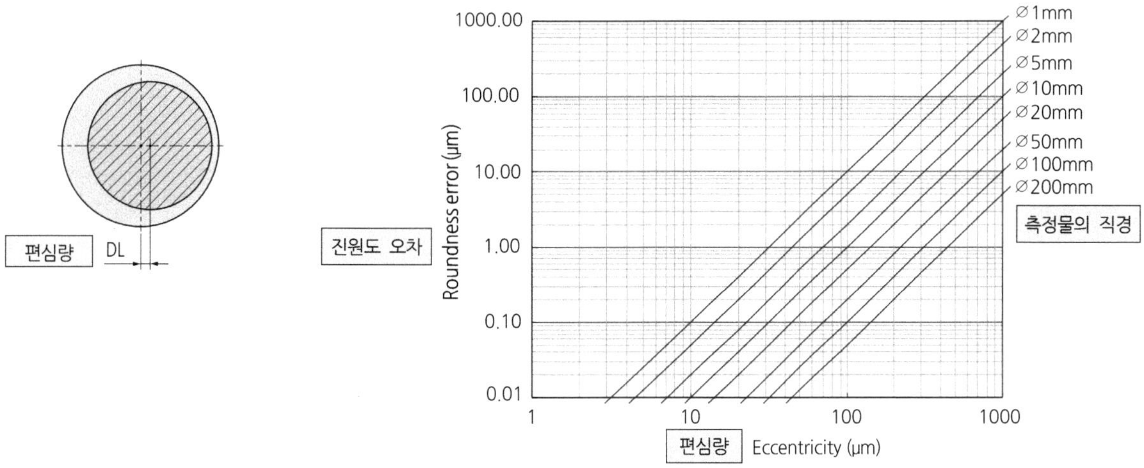


**그림 7.15** 편심에 의한 진원도의 오차

2) 레벨링(Leveling)

측정기기의 회전축에 대한 공작물 축의 기울기에 의해 타원 오류를 유발하며 축이 회전중심선과 평행하도록 축 정렬을 수행해야 한다.

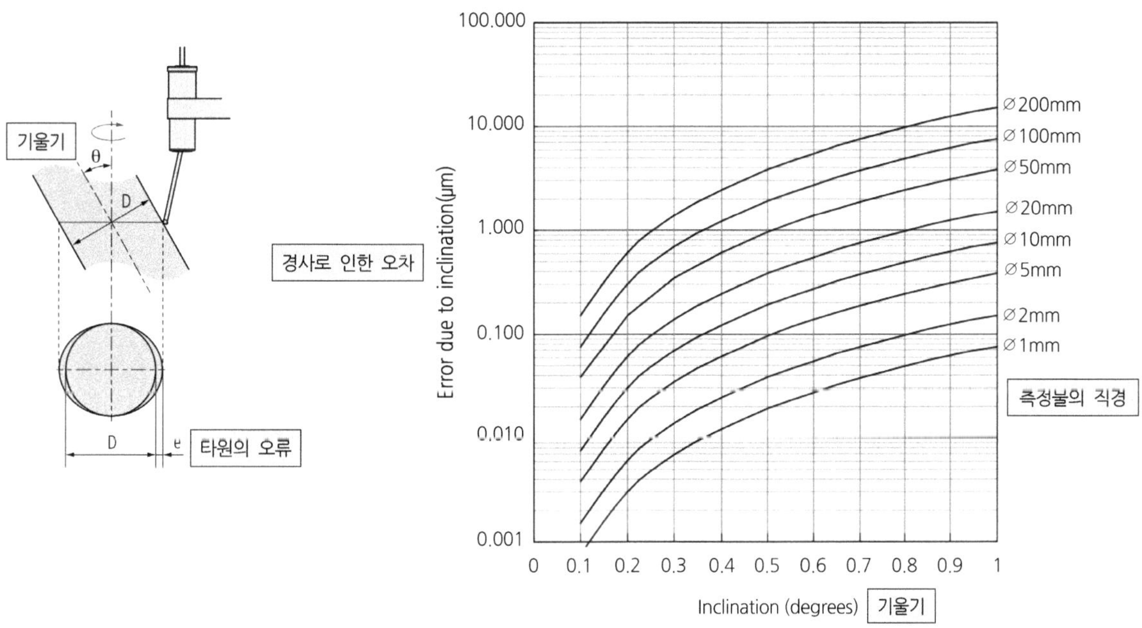


**그림 7.16** 기울기에 의한 진원도의 오차

## 2. 진원도 측정기의 측정항목

**표 7.1** 진원도 측정기의 측정항목

| 해석종류 | 측 정 방 법 | 평 가 방 법 | 해석종류 | 측 정 방 법 | 평 가 방 법 |
|---|---|---|---|---|---|
| 진원도 | 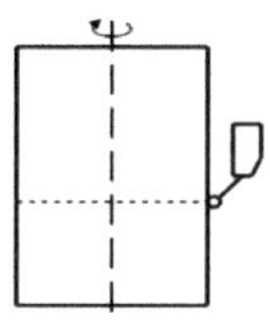 | 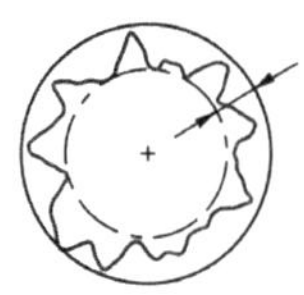 | 평행도 | 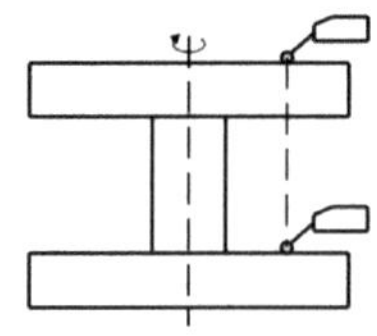 | 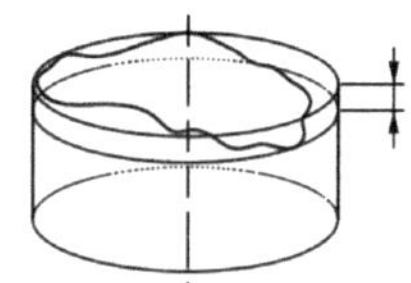 |
| 평면도 | 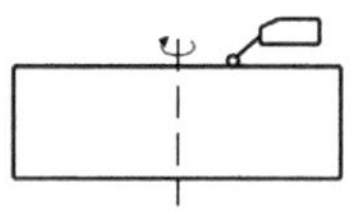 | 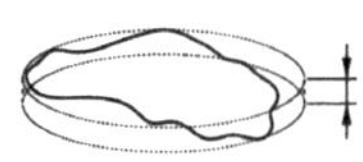 | 두께변화 반경방향 | 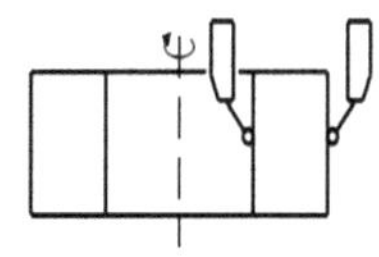 | 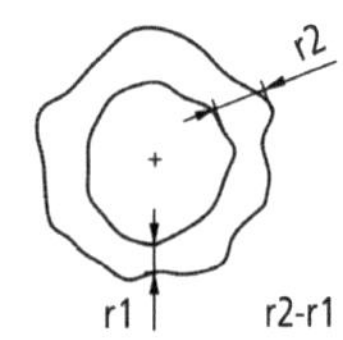 |
| 직각도 축기준 | 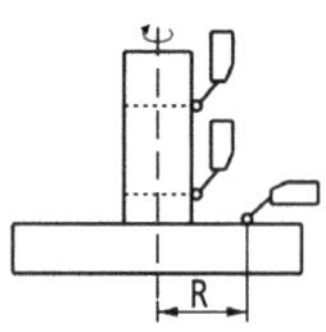 | 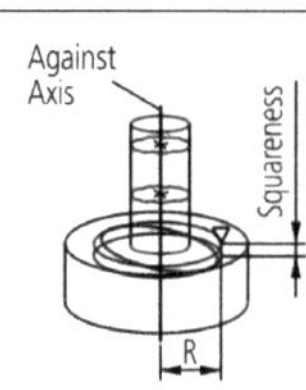 | 두께변화 축방향 | 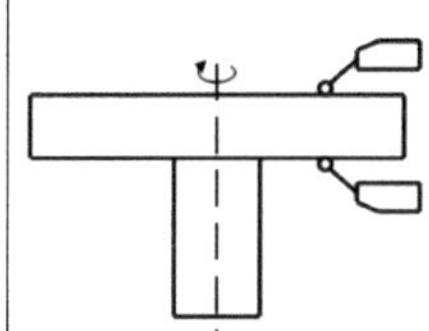 | 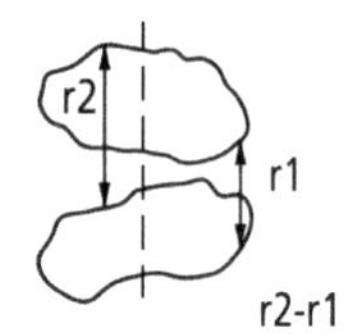 |
| 직각도 면기준 | 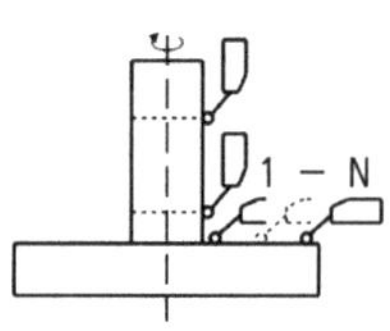 | 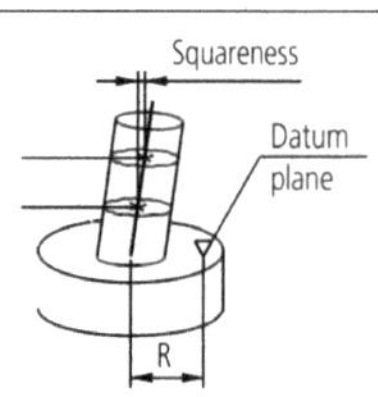 | 원주의 흔들림 반경방향 | 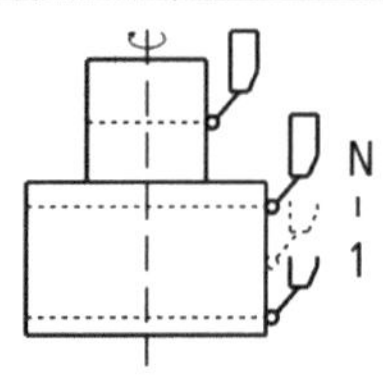 | 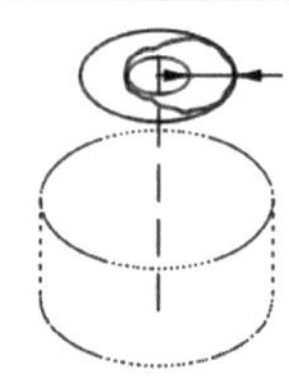 |
| 동심도 | 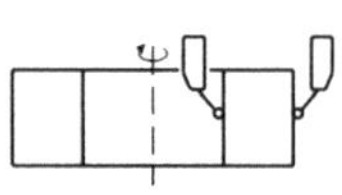 | 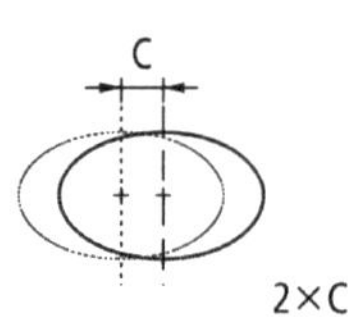 | 원주의 흔들림 축방향 | 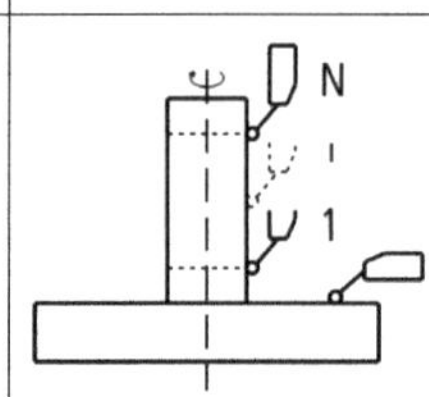 | 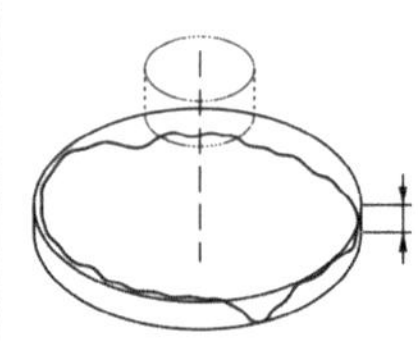 |
| 동축도 단면기준 | 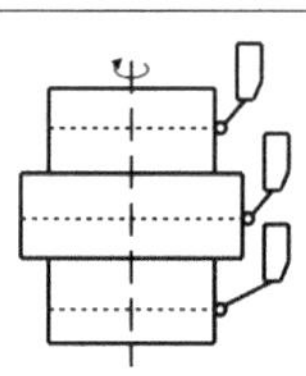 | 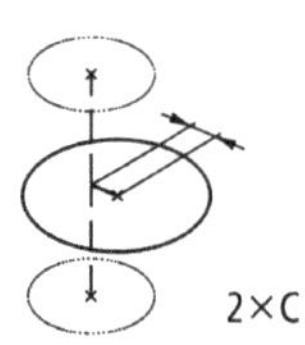 | 하모닉 해석 | 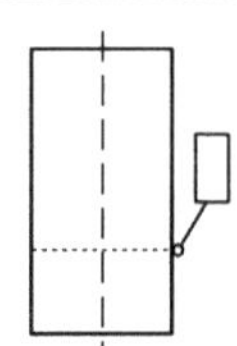 | 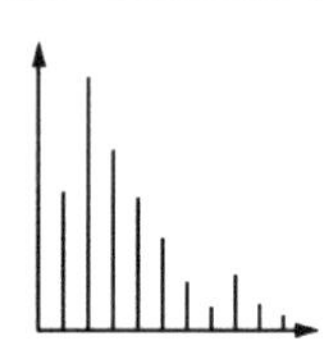 |
| 동축도 축기준 | 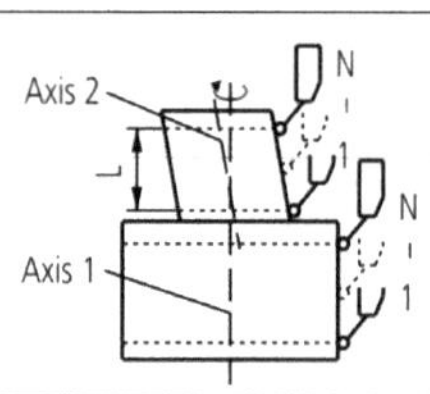 | 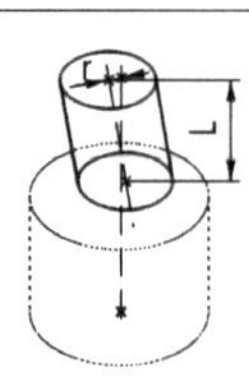 | 프로파일의 연산 | 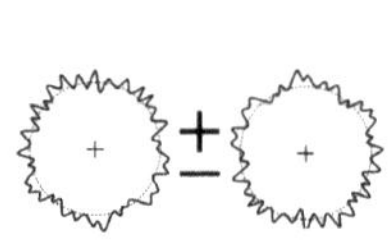 | 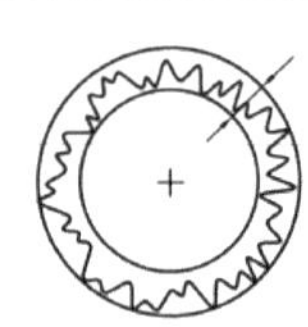 |

## 3. 측정된 프로파일의 진원도 평가

진원도 시험기는 측정 데이터를 사용하여 치수가 진원도 값을 정의하는 참조 원을 생성한다. 다음 그림과 같이 원을 생성하는 방법에는 네 가지가 있고 각 방법에는 계측 특성을 고려하여 측정물의 기능에 가장 적합한 방법을 선택한다. 각각의 방법은 기준 원의 중심 위치가 다르므로 측정된 원형 형상의 축 위치에 영향을 준다.

### 1) 최소제곱 기준 원(Least Square Circle, LSC)

최소제곱 기준 원에 의한 프로파일의 데이터는 이탈 제곱의 합이 최소가 되도록 측정된 프로파일에 원이 접하며 진원도 수치는 최소제곱 기준 원에 프로파일의 최대 편차(가장 높은 봉우리에서 가장 낮은 계곡)의 차이로 정의한다.

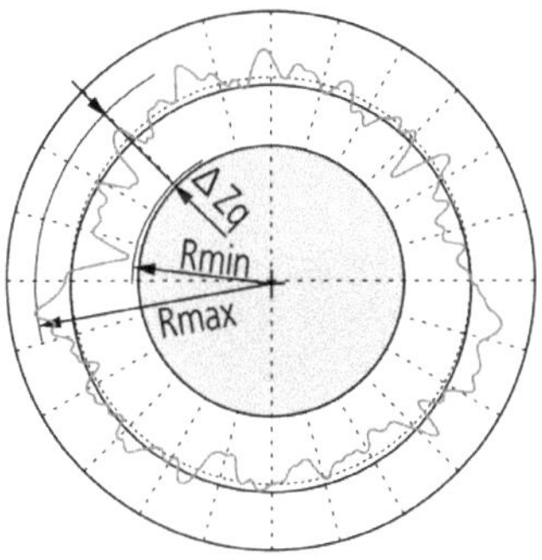


ΔZq = Rmax - Rmin
ΔZq = 최소제곱 기준 원에서 프로파일의 최대 편차

$$x = \frac{2\sum xi}{n},\ y = \frac{2\sum yi}{n},\ r = \frac{2\sum ri}{n}$$

### 2) 최소영역 기준 원(Minimum Zone Circle, MZC)

최소영역 기준 원에 의한 프로파일의 중심 원에서 최대 이탈된 프로파일의 데이터로 정의된 두 개의 동심원에 방사상 차이가 최소화되도록 측정된 프로파일에 둘러싸도록 정의한다.

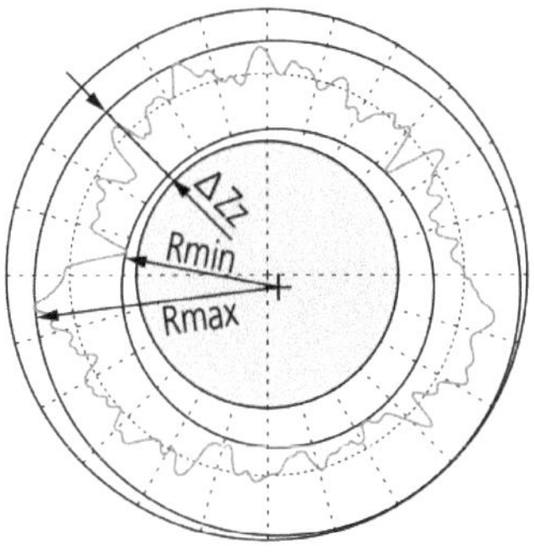


ΔZz = Rmax - Rmin
ΔZz = 최소영역 기준 원과 프로파일의 최대 편차

### 3) 최소 외접 기준 원(Minimum Circumscribed Circle, MCC)

최소 외접 기준 원은 측정된 프로파일을 둘러쌀 수 있는 가장 작은 원이며 진원도 수치는 최소 외접 기준 원에서 프로파일의 최대 편차로 정의되며 최소 외접 기준 원을 '링 게이지 원'이라 한다.

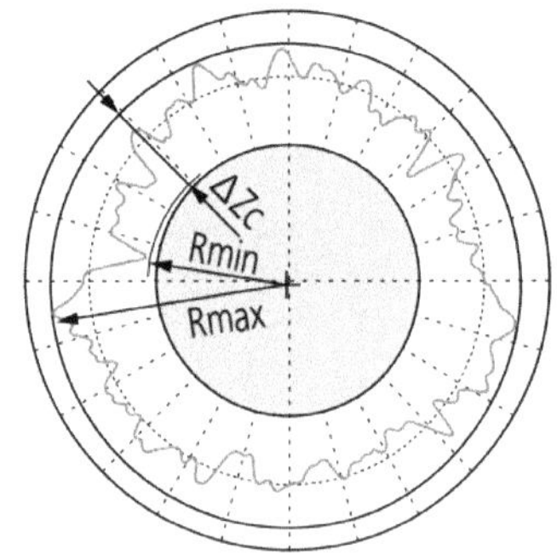


ΔZc = Rmax - Rmin
ΔZc = 최소 외접 기준 원과 프로파일의 최대 편차

4) 최대 내접 기준 원(Maximum inscribed Circle, MIC)

최대 내접 기준 원은 측정된 프로파일을 내접 할 수 있는 가장 큰 원이며 진원도 수치는 최대 내접 기준 원에서 프로파일의 최대 편차로 정의되며 최대 내접 기준 원을 '플러그 게이지 원'이라 한다.

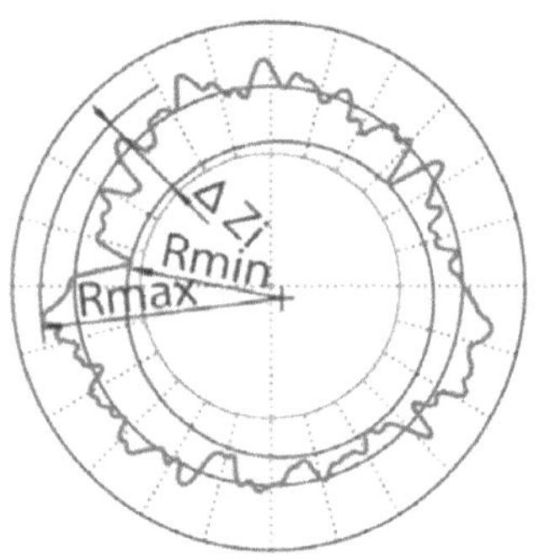


ΔZi = Rmax - Rmin
ΔZi = 최대 내접 기준 원과 프로파일의 최대 편차

## 4. 측정된 프로파일의 필터 설정에 따른 영향

회전당 파동(Undulations Per Revolution, UPR)당 컷오프 값을 설정하여 원치 않는 파형 부를 줄이거나 제거하기 위해 다양한 방식의 프로파일을 필터링할 수 있다.

다른 필터 설정의 효과는 아래 그림과 같이 표시되며 필터링 설정에 따라 점차 선을 매끄럽게 할 때 측정된 진원도 값이 어떻게 감소하는지 보여준다.

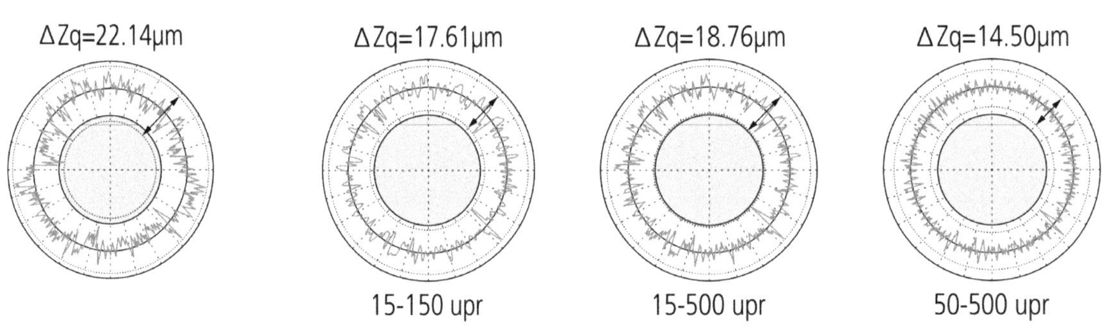


(a) 필터링 전의 진원도 (b) 밴드 패스(band-pass) 필터링 결과

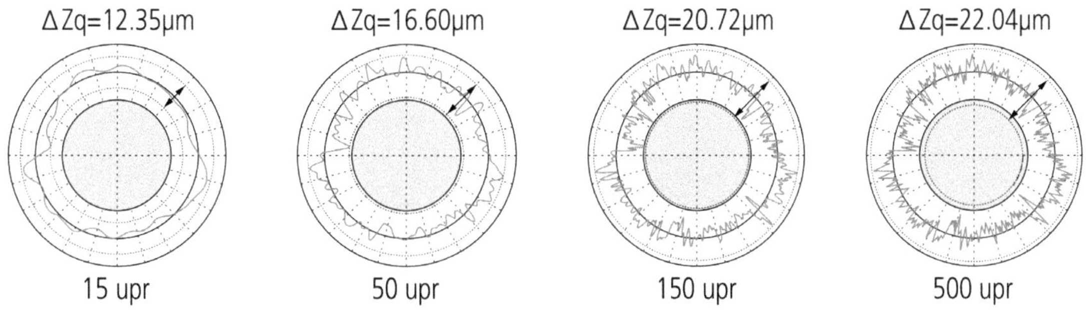


(c) 로 패스(low-pass) 필터링 결과

**그림 7.18** 진원도 측정결과의 필터링 특성

## 5. 측정된 프로파일의 이해

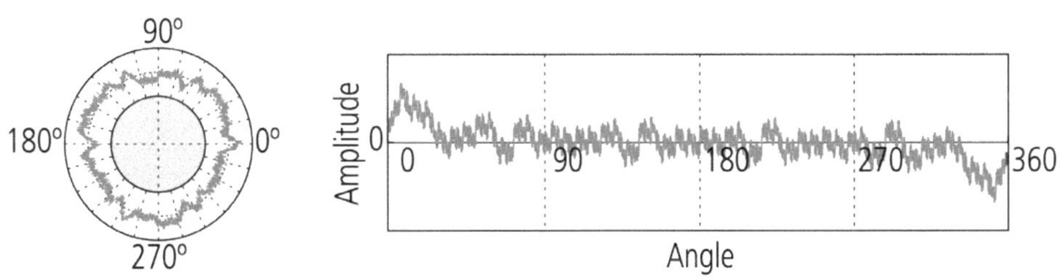


**그림 7.19** 진원도 측정 결과의 그래프

### 1) 진폭이 한 방향의 UPR일 때

측정조건이 기기의 회전축에 대해 공작물의 편심이 나타나고 파동 성분의 진폭은 레벨링에 의해 조정이 된다.

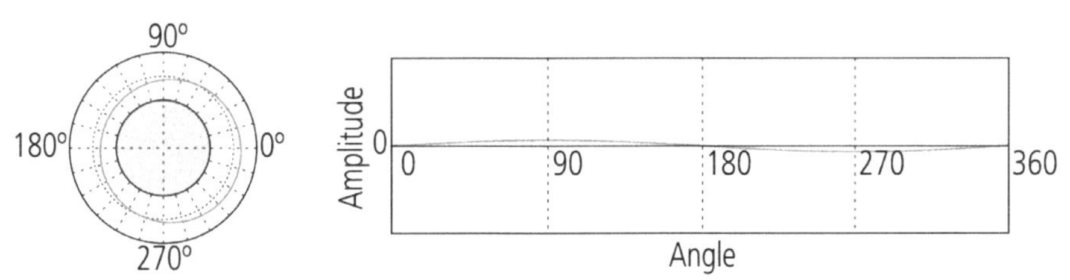


**그림 7.20** 진폭이 하나의 UPR인 경우

### 2) 진폭이 두 방향의 UPR일 때

그림 7.21의 UPR 조건은 ① 측정기의 레벨링 조정이 충분하지 않았을 때 ② 형상을 제조한 공작 기계에 공작물을 잘못 장착되어 발생한 런아웃 ③ 공작물의 형태가 예를 들어 IC 엔진 피스톤과 같이 설계상 타원일 때 발생한다.

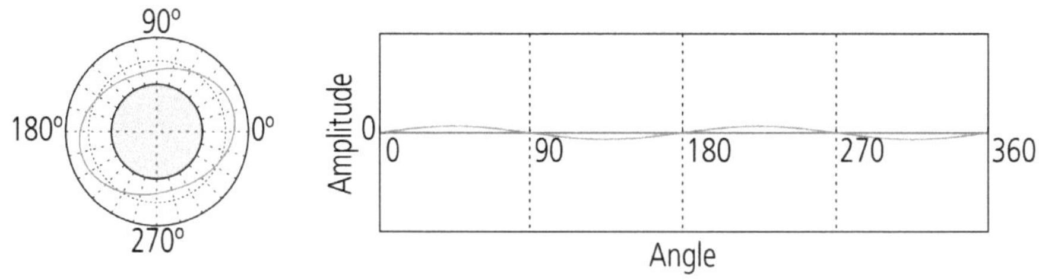


**그림 7.21** 진폭이 두 방향의 UPR인 경우

### 3) 진폭이 3~5방향의 UPR일 때

그림 7.22의 UPR 조건은 ① 측정 장치에서 고정 척의 과도한 조임으로 인한 변형의 경우 ② 가공한 공작 기계의 고정 척에서 언 로드 후 잔류 응력에 의한 변형이 발생한다.

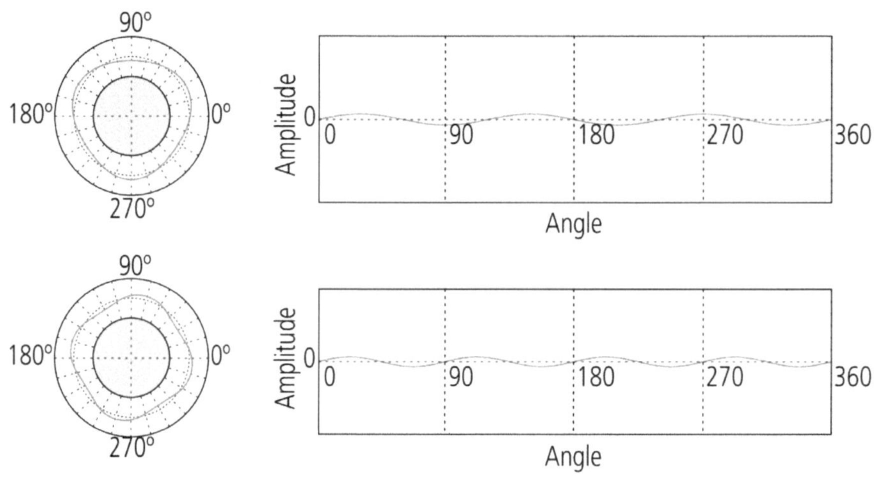


**그림 7.22** 진폭이 3, 4방향의 UPR인 경우

### 4) 진폭이 5~15방향의 UPR일 때

5~15 UPR 조건은 종종 가공 방법 또는 가공물 생산에 사용되는 가공공정의 불균형 요인이 나타난다.

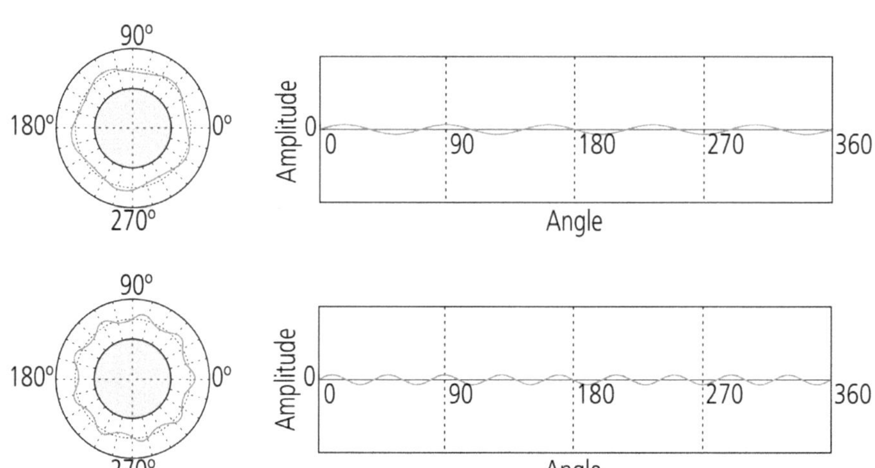


**그림 7.23** 진폭이 5~15방향의 UPR인 경우

5) 진폭이 15 이상 방향의 UPR일 때

15 이상 UPR 조건은 일반적으로 공구의 채터링, 기계의 진동, 냉각수 열전달 효과, 재료 비균질성 등에 의해 발생하고 제품 맞춤보다 기능에 더 중요하다.

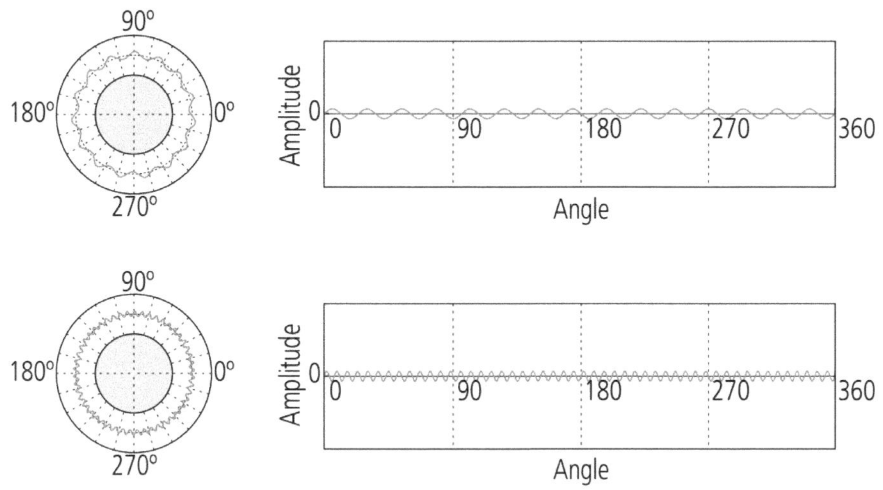


**그림 7.24** 진폭이 15 이상 방향의 UPR인 경우

**실습에 사용되는 계측기** **다음의 실습과제를 마이크로미터, 보어 게이지, 버니어 캘리퍼스 및 진원도 측정기를 이용하여 측정하시오. 단, "*" 표시 부위는 버니어 캘리퍼스를 이용하여 측정하고 각각의 부위를 측정할 수 없는 경우 보고서에 "측정불가"로 표시한다.**

1) 사용계측기 : 버니어 캘리퍼스(0~150mm) [Mitutoyo 530-101 또는 동일 대체품]

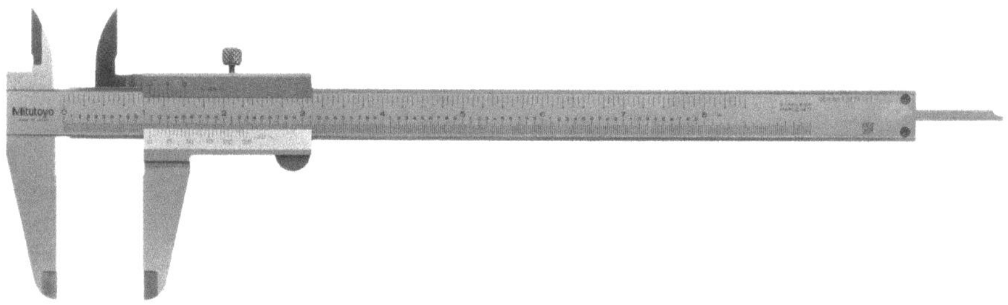

2) 사용계측기 : 외측 마이크로미터(0~25mm) [Mitutoyo 102-301 또는 동일 대체품]
외측 마이크로미터(25~50mm) [Mitutoyo 102-302 또는 동일 대체품]
외측 마이크로미터(50~75mm) [Mitutoyo 102-303 또는 동일 대체품]
외측 마이크로미터(75~100mm) [Mitutoyo 102-304 또는 동일 대체품]

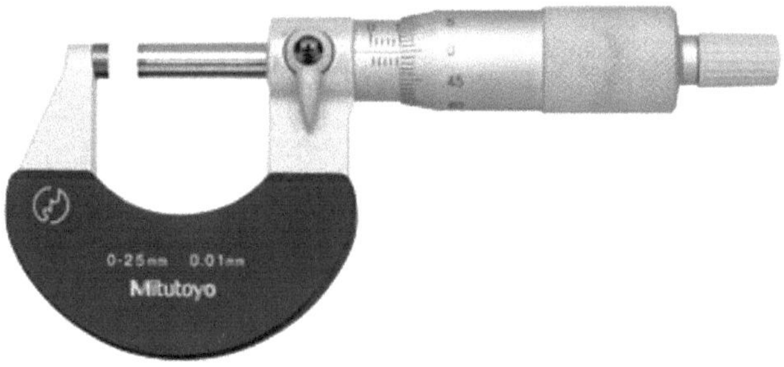


3) 사용계측기 : 깊이 마이크로미터(0~25mm) [Mitutoyo 128-101 또는 동일 대체품]
깊이 마이크로미터(0~50mm) [Mitutoyo 129-109 또는 동일 대체품]

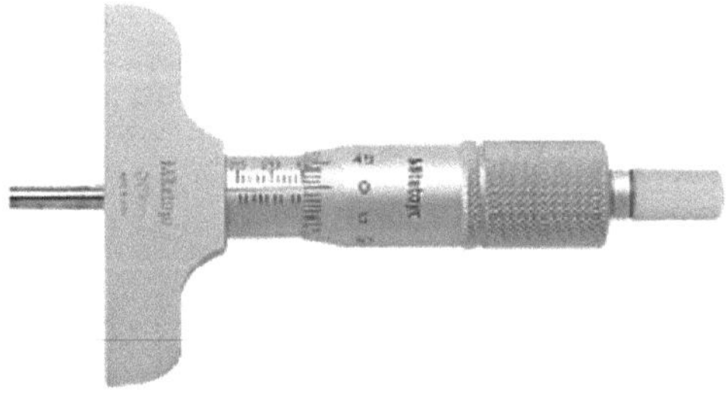

4) 사용계측기 : 보어 게이지(18~35mm) [Mitutoyo 511-711 또는 동일 대체품]
보어 게이지(35~60mm) [Mitutoyo 512-712 또는 동일 대체품]

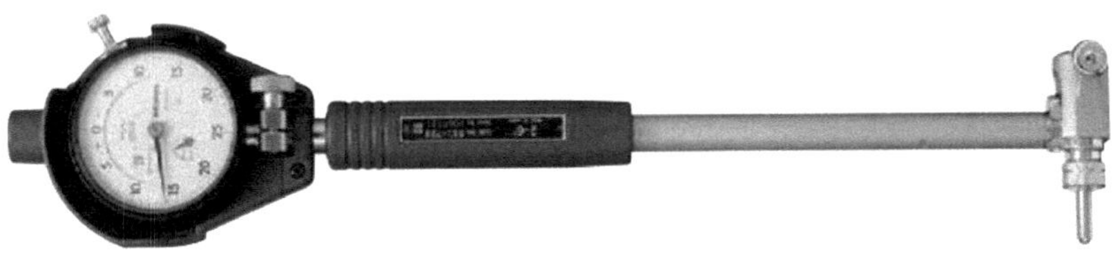

5) 사용계측기 : 진원도측정기(Effective table diameter : 150mm) [Mitutoyo RA-120P 또는 동일 대체품]

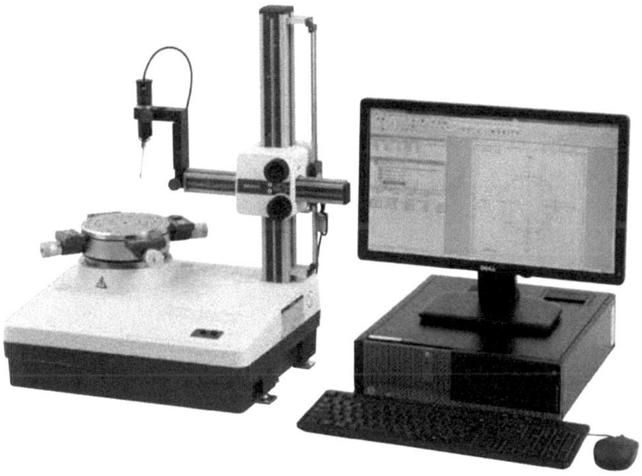

## 7.3 진원도 시험기를 이용한 계측실습

| 작업과제명 | 형상측정하기 7.1 |
|---|---|

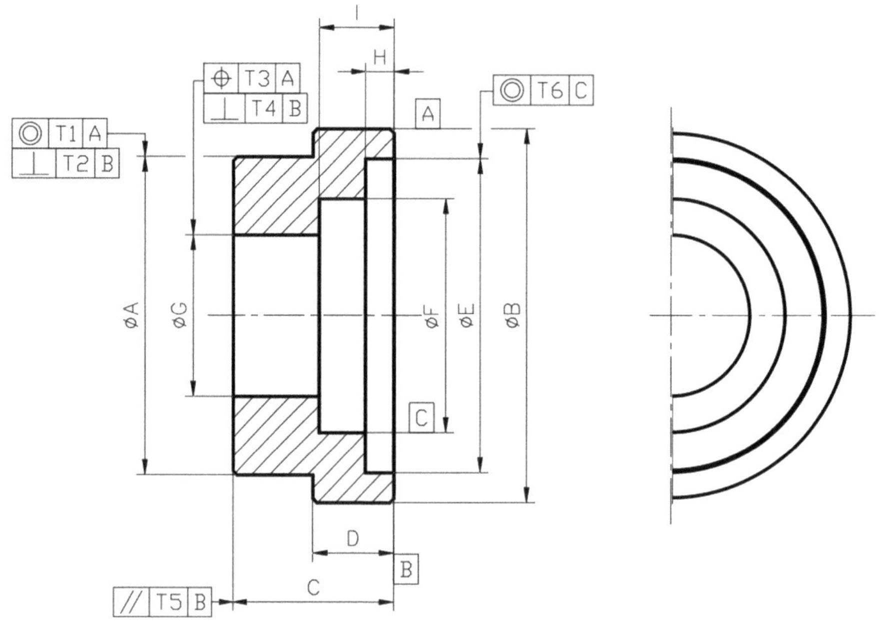


**측 정 세 부 사 항** [사용시편번호 : ]

| 측 정 항 목 | | | | | | 계 측 기 관 리 |
|---|---|---|---|---|---|---|
| 측정부위 | 1회 | 2회 | 3회 | 평균값 | 검증값 | 사용계측기 : |
| A | | | | | | |
| B | | | | | | 계측기의 측정정도 : |
| C | | | | | | |
| D | | | | | | 계측결과의 평가 : |
| E* | | | | | | |
| F* | | | | | | |
| G | | | | | | |
| H | | | | | | |
| I | | | | | | |
| T1 | | | | | | |
| T2 | | | | | | |
| T3 | | | | | | |
| T4 | | | | | | |
| T5 | | | | | | |
| T6 | | | | | | |
| | | | | | | |

| 작업과제명 | 형상측정하기 7.2 |
|---|---|

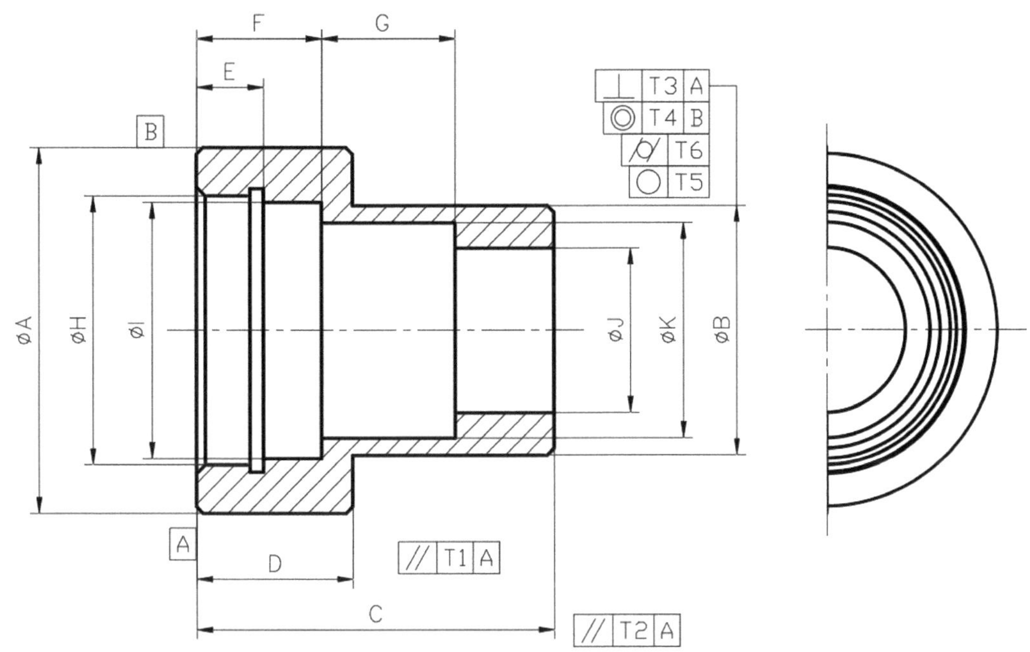


**측 정 세 부 사 항** **[사용시편번호 : ]**

| 측 정 항 목 | | | | | | 계 측 기 관 리 |
|---|---|---|---|---|---|---|
| 측정부위 | 1회 | 2회 | 3회 | 평균값 | 검증값 | 사용계측기 : |
| A | | | | | | |
| B | | | | | | 계측기의 측정정도 : |
| C | | | | | | |
| D | | | | | | 계측결과의 평가 : |
| E | | | | | | |
| F | | | | | | |
| G | | | | | | |
| H | | | | | | |
| I | | | | | | |
| J | | | | | | |
| K | | | | | | |
| T1 | | | | | | |
| T2 | | | | | | |
| T3 | | | | | | |
| T4 | | | | | | |
| T6 | | | | | | |
| | | | | | | |
| | | | | | | |
| | | | | | | |

| 작업과제명 | 형상측정하기 7.3 |
|---|---|

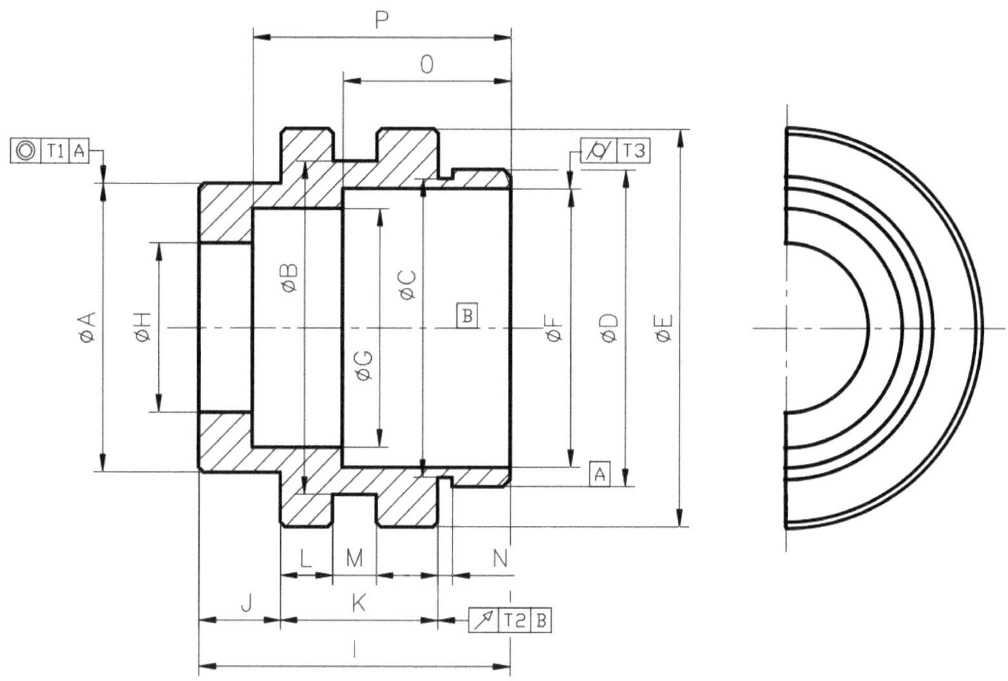


**측 정 세 부 사 항** **[사용시편번호 : ]**

| 측 정 항 목 | | | | | | 계 측 기 관 리 |
|---|---|---|---|---|---|---|
| 측정부위 | 1회 | 2회 | 3회 | 평균값 | 검증값 | 사용계측기 : |
| A | | | | | | |
| B | | | | | | 계측기의 측정정도 : |
| C | | | | | | |
| D | | | | | | 계측결과의 평가 : |
| E | | | | | | |
| F | | | | | | |
| G | | | | | | |
| H | | | | | | |
| I | | | | | | |
| J | | | | | | |
| K | | | | | | |
| L* | | | | | | |
| M* | | | | | | |
| N* | | | | | | |
| O | | | | | | |
| P | | | | | | |
| T1 | | | | | | |
| T2 | | | | | | |
| T3 | | | | | | |

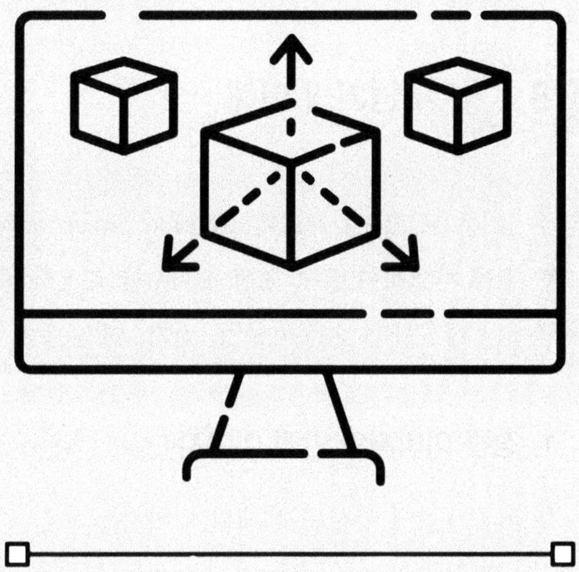

chapter

08

# 프로파일 프로젝트(Profile Projectors)를 이용한 형상측정

# 8.1 투영기의 이해

투영기는 프로파일 프로젝터(profile projectors)라 하며 측정물을 광학적으로 확대하고 확대된 윤곽을 스크린 위에 투영하여 윤곽 형상의 치수를 측정하는 계측기이다. 투영기는 정밀부품의 측정을 위해 사용되며 최근에는 항공산업, 자동차산업, 전기, 전자 등에 널리 사용되고 있다.

## 1. 정립 이미지와 반전 이미지(Erect image and Inverted image)

투영 스크린에 투사된 객체의 이미지는 측정 스테이지의 객체와 같은 방향 또는 역방향으로 투영된다. 반전 이미지의 경우 위쪽은 아래로 또는 왼쪽은 오른쪽으로 측정물의 반대 움직임에 의해 계측되고 반전된 이미지를 역방향 이미지라고 한다.

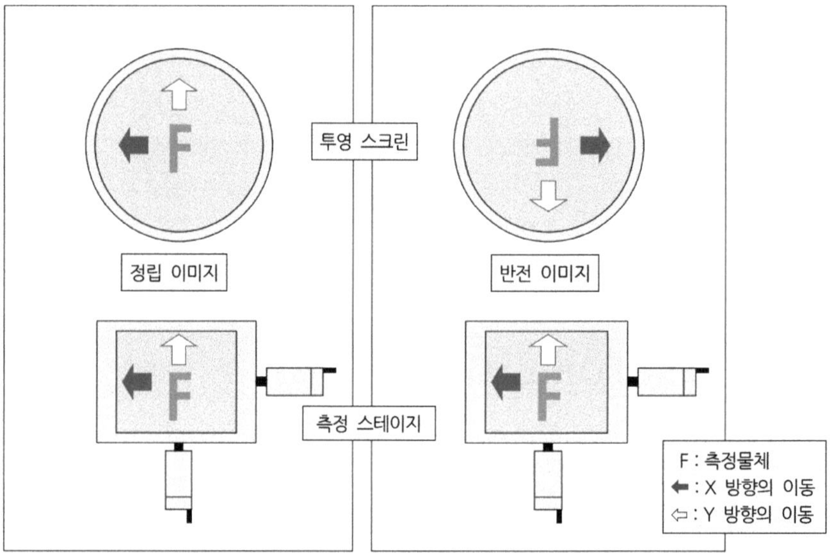


**그림 8.1** 직립 이미지와 반전 이미지

## 2. 작업 거리(Working distance)

작업 거리는 투영렌즈의 표면에서 초점이 맞춰진 공작물 표면까지의 거리를 나타내고 그림 8.2의 L로 표시된다.

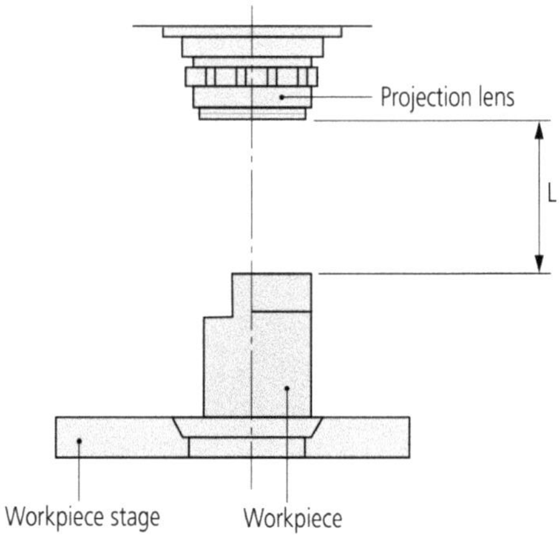


**그림 8.2** 투영기의 작업 거리

## 3. 배율 정확도(Magnification accuracy)

렌즈를 사용할 때 프로젝터의 배율 선택은 측정물체의 이미지가 투사되고 화면에서 측정한 물체의 이미지 크기를 예상하여 선택하며 렌즈의 배율은 아래의 식 (8.1)과 같이 확대 비율로 정의된다.

참조 객체(투영 차트)는 경계 눈금이 있는 형태이며 마이크로미터 또는 투사된 이미지는 유리 스케일에 의해 측정되고 배율 정확도는 측정 정확도와 다른 의미이다. 식 (8.1)을 이용하여 렌즈의 배율 정확도를 확인할 수 있다.

$$\Delta M(\%) = (1 - \frac{L - \ell M}{\ell M}) \times 100 \qquad (8.1)$$

- ΔM(%) : 공칭 렌즈 배율의 백분율로 표시되는 배율 정확도
- L : 화면에서 측정된 기준 물체의 투사된 이미지 길이
- ℓ : 참조 객체의 길이
- M : 투영렌즈의 배율

## 4. 조명의 종류(Type of illumination)

① 윤곽 조명(contour illumination) : 투영된 빛으로 공작물을 측정하는 조명 방법으로 주로 공작물이 확대된 윤곽 이미지를 측정하는 데 이용된다.

② 동축 표면 조명(coaxial surface illumination) : 측정 물의 표면 관찰과 형상측정을 위해 공작물을 렌즈에 동축으로 투과된 빛으로 조명하는 방법으로 반사거울 또는 프로젝션 렌즈가 필요하다.

③ 경사 표면 조명(oblique surface illumination) : 공작물 표면을 비스듬히 조명하는 방법으로 향상된 대비의 이미지를 제공하여 입체적으로 선명하게 관찰할 수 있다. 그러나 치수를 측정할 때 오류가 발생하기 쉽다는 점에 유의하고 경사 거울이 필요하다.

## 5. 시차 오류(Parallax error)

시차 오류는 관찰자의 위치 변화에 따라 두영면과 분리된 경계선에 의한 형상의 오류이다.

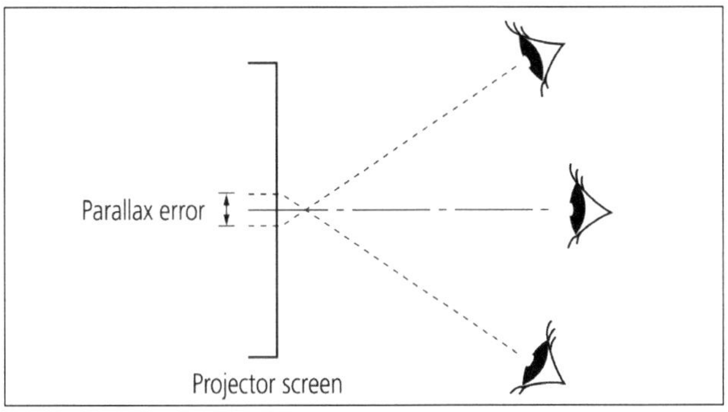


그림 8.3 시차 오류

## 6. 투영 면의 지름(Field of view diameter)

선택된 렌즈를 이용하여 투영할 수 있는 공작물의 최대 측정지름은 다음 수식을 이용하여 계산한다.

$$\text{투영가능한 측정물의 지름(mm)} = \frac{\text{투영기의 스크린 지름(mm)}}{\text{투영렌즈의 배율(X)}} \tag{8.2}$$

**예제 8.1** 투영 스크린이 ∅500mm인 투영기에 배율 5X인 확대 렌즈를 사용하는 경우 측정할 수 있는 측정물의 지름을 계산하시오.

측정 물의 지름 : $\frac{500(\text{mm})}{5(\text{X})} = 100(\text{mm})$

## 7. 텔레센트릭 광학계(Telecentric optical system)

광선이 광학축에 평행하게 정렬되도록 이미지 측의 초점에 렌즈를 배치함으로써 투영 광선이 렌즈 광축과 평행한 광학계 원리를 이용한 계측시스템이다. 광학계 특징은 물체가 광축을 따라 이동함에 따라 이미지가 흐려지더라도 이미지의 크기는 변하지 않는다.

투영기 및 현미경 측정에서 물체가 평행한 광선으로 조명되도록 렌즈 대신 콘덴서 렌즈(condenser lens)의 초점에 램프 필라멘트를 배치하여 같은 효과를 얻을 수 있다.

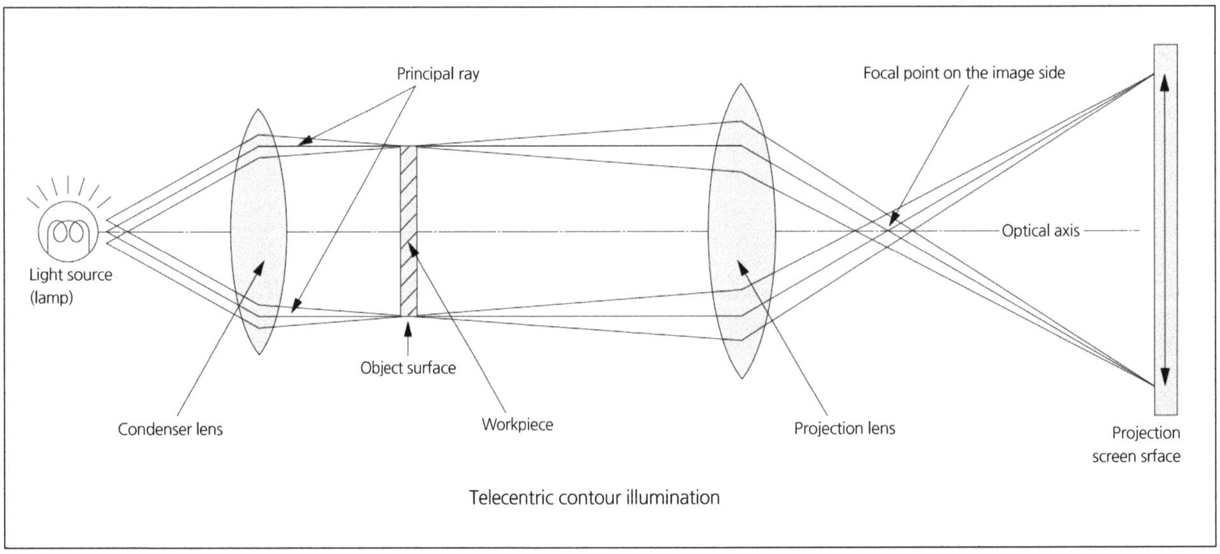


**그림 8.4** 텔레센트릭 윤곽 조명

**실습에 사용되는 계측기** 다음의 실습과제를 버니어 캘리퍼스와 투영기를 이용하여 측정하시오.

1) 사용계측기 : 버니어 캘리퍼스(0~150mm) [Mitutoyo 530-101 또는 동일 대체품]

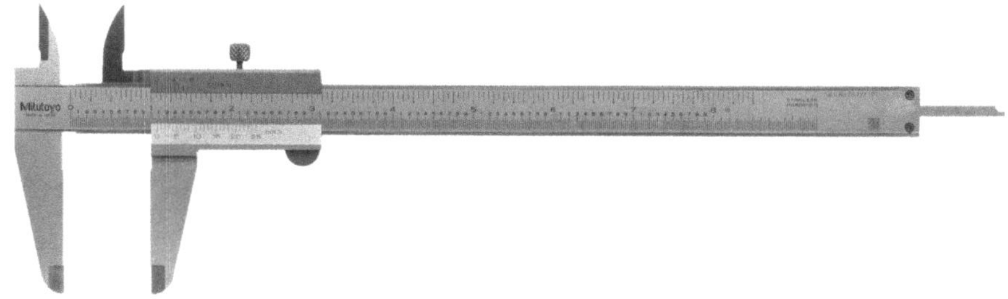

2) 사용계측기 : 투영기(회전스크린 : ∅315mm) [Mitutoyo PJ-A3010F-200 또는 동일 대체품]

3) 사용계측기 : 투영기(회전스크린 : ∅353mm) [Mitutoyo PH-3515F, 회전 바이스 또는 동일 대체품]

PJ-A3010F-200

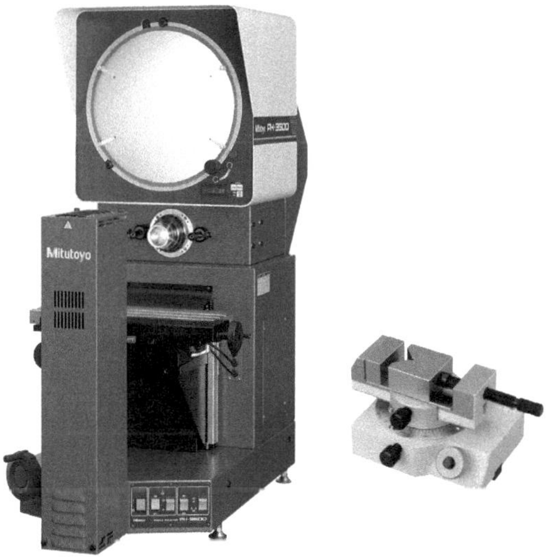

PH-3515F

## 8.2 투영기를 이용한 계측실습

| 작업과제명 | 투영시편 측정하기 8.1 |
|---|---|

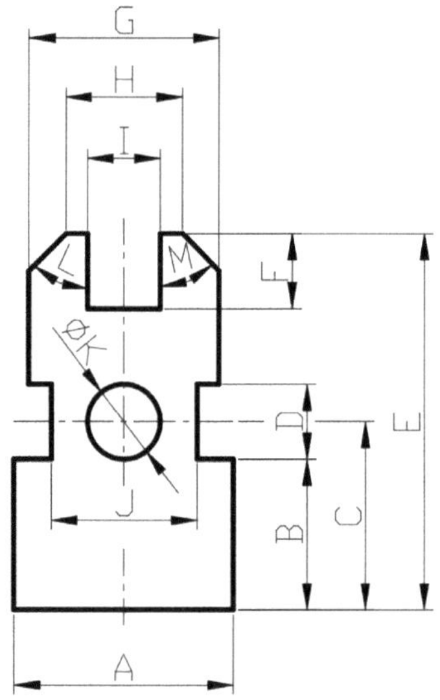


**측 정 세 부 사 항** **[사용시편번호 : ]**

측 정 항 목

| 측정부위 | 1회 | 2회 | 3회 | 평균값 | 검증값 |
|---|---|---|---|---|---|
| A | | | | | |
| B | | | | | |
| C | | | | | |
| D | | | | | |
| E | | | | | |
| F | | | | | |
| G | | | | | |
| H | | | | | |
| I | | | | | |
| J | | | | | |
| K | | | | | |
| L | | | | | |
| M | | | | | |
| | | | | | |
| | | | | | |
| | | | | | |
| | | | | | |
| | | | | | |

계 측 기 관 리

| 계 측 기 관 리 |
|---|
| 사용계측기 : |
| 계측기의 측정정도 : |
| 계측결과의 평가 : |

| 작업과제명 | 투영시편 측정하기 8.2 |
|---|---|

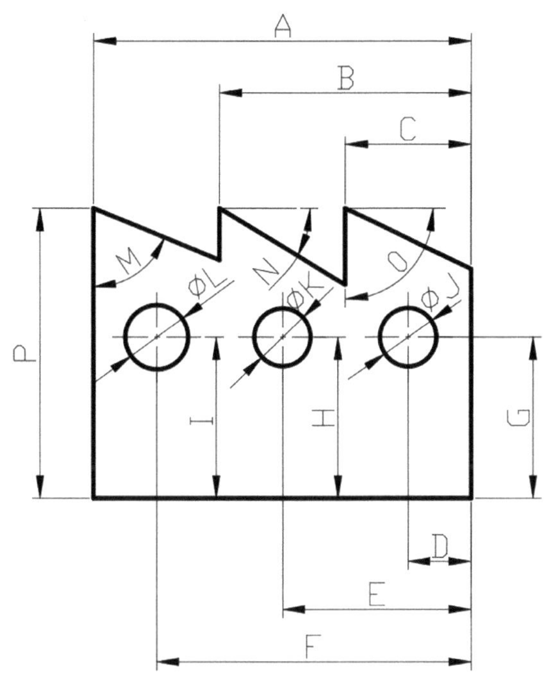


| 측 정 세 부 사 항 | [사용시편번호 : ] |
|---|---|

| 측 정 항 목 | | | | | | 계 측 기 관 리 |
|---|---|---|---|---|---|---|
| 측정부위 | 1회 | 2회 | 3회 | 평균값 | 검증값 | 사용계측기 : |
| A | | | | | | |
| B | | | | | | 계측기의 측정정도 : |
| C | | | | | | |
| D | | | | | | 계측결과의 평가 : |
| E | | | | | | |
| F | | | | | | |
| G | | | | | | |
| H | | | | | | |
| I | | | | | | |
| J | | | | | | |
| K | | | | | | |
| L | | | | | | |
| M | | | | | | |
| O | | | | | | |
| P | | | | | | |
| | | | | | | |
| | | | | | | |

| 작업과제명 | 투영시편 측정하기 8.3 |
|---|---|

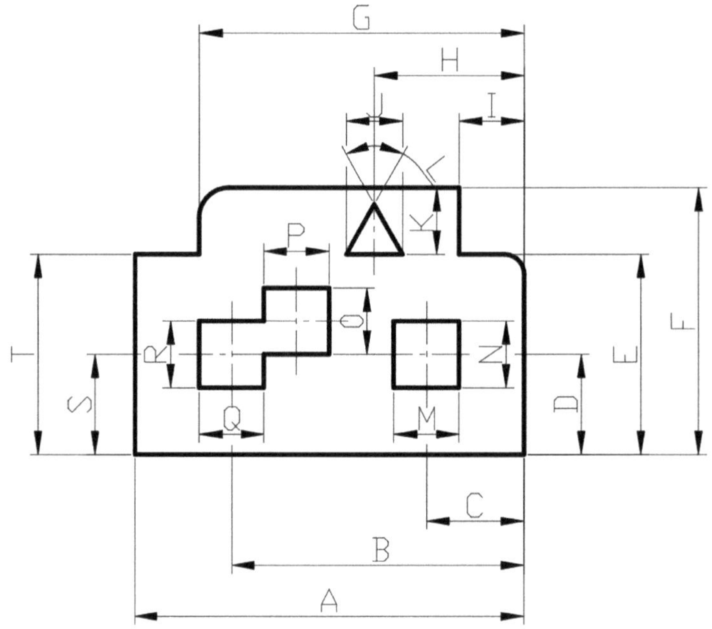


**측 정 세 부 사 항** [사용시편번호 : ]

| 측 정 항 목 | | | | | | 계 측 기 관 리 |
|---|---|---|---|---|---|---|
| 측정부위 | 1회 | 2회 | 3회 | 평균값 | 검증값 | 사용계측기 : |
| A | | | | | | |
| B | | | | | | 계측기의 측정정도 : |
| C | | | | | | |
| D | | | | | | 계측결과의 평가 : |
| E | | | | | | |
| F | | | | | | |
| G | | | | | | |
| H | | | | | | |
| I | | | | | | |
| J | | | | | | |
| K | | | | | | |
| L | | | | | | |
| M | | | | | | |
| O | | | | | | |
| P | | | | | | |
| Q | | | | | | |
| R | | | | | | |
| S | | | | | | |
| T | | | | | | |

| 작업과제명 | 투영시편 측정하기 8.4 |
|---|---|

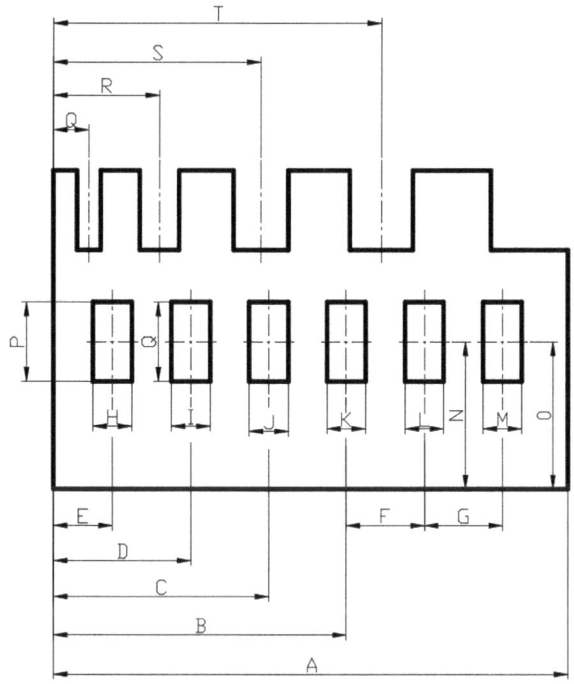


**측 정 세 부 사 항** [사용시편번호 : ]

| 측 정 항 목 | | | | | | 계 측 기 관 리 |
|---|---|---|---|---|---|---|
| 측정부위 | 1회 | 2회 | 3회 | 평균값 | 검증값 | 사용계측기 : |
| A | | | | | | |
| B | | | | | | 계측기의 측정정도 : |
| C | | | | | | |
| D | | | | | | 계측결과의 평가 : |
| E | | | | | | |
| F | | | | | | |
| G | | | | | | |
| H | | | | | | |
| I | | | | | | |
| J | | | | | | |
| K | | | | | | |
| L | | | | | | |
| M | | | | | | |
| O | | | | | | |
| P | | | | | | |
| Q | | | | | | |
| R | | | | | | |
| S | | | | | | |
| T | | | | | | |

| 작업과제명 | 투영시편 측정하기 8.5 |
|---|---|

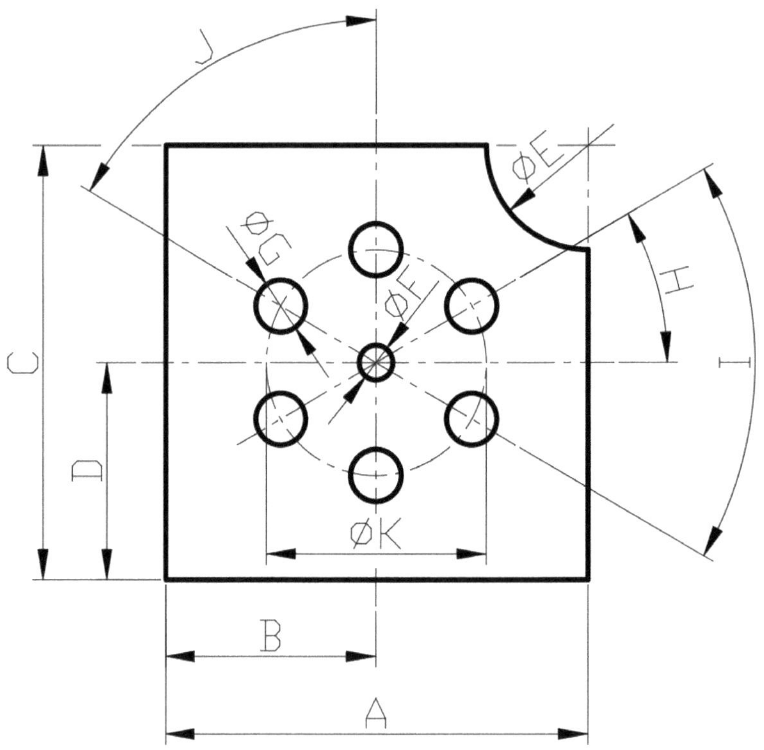


**측 정 세 부 사 항** [사용시편번호 : ]

| 측 정 항 목 | | | | | |
|---|---|---|---|---|---|
| 측정부위 | 1회 | 2회 | 3회 | 평균값 | 검증값 |
| A | | | | | |
| B | | | | | |
| C | | | | | |
| D | | | | | |
| E | | | | | |
| F | | | | | |
| G | | | | | |
| H | | | | | |
| I | | | | | |
| J | | | | | |
| K | | | | | |
| | | | | | |
| | | | | | |
| | | | | | |

| 계 측 기 관 리 |
|---|
| 사용계측기 : |
| 계측기의 측정정도 : |
| 계측결과의 평가 : |

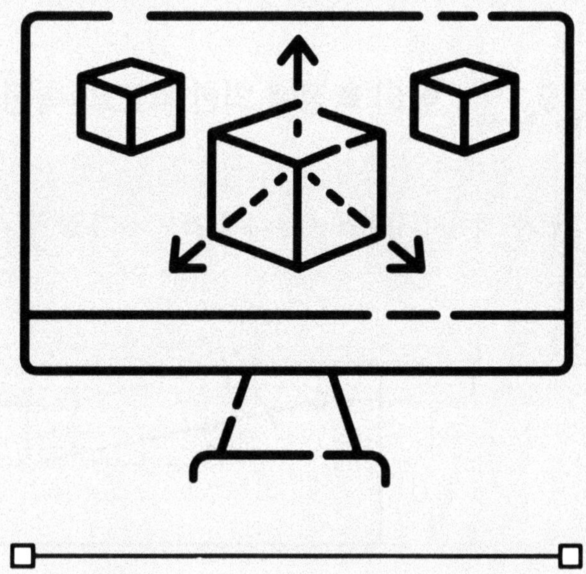

chapter

# 09

# 구배(Taper)의 측정

## 9.1 높이 측정에 의한 각도의 측정

핀과 게이지 블록을 이용하여 각도 측정을 할 수 있으며 다음과 같은 식 (9.1)로 정의할 수 있다.

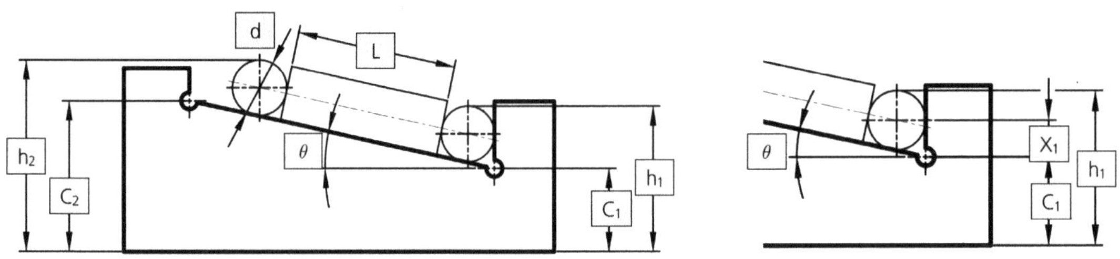


**그림 9.1** 핀과 게이지 블록을 이용한 각도 측정

$$\sin\theta = \frac{h_2 - h_1}{L + d} \tag{9.1}$$

- $\theta$ : 테이퍼의 기울기 각도
- $h_1$ : 하부 핀의 높이
- $h_2$ : 상부 핀의 높이
- L : 게이지 블록의 길이
- d : 핀 게이지의 직경

$C_1 = h_1 - \frac{d}{2} - x_1$이고, $x_1 = \dfrac{\frac{d}{2}}{\tan\left(\frac{90° - \theta}{2}\right)}$이므로 이를 대입하면

$$C_1 = h_1 - \frac{d}{2}\left[1 + \frac{1}{\tan\left(\frac{90° - \theta}{2}\right)}\right] \tag{9.2}$$

- $C_1$ : 하부 테이퍼의 높이
- $X_1$ : 하부 테이퍼의 높이 $C_1$과 핀 중심의 높이

$$C_2 = h_2 - \frac{d}{2}\left[1 + \frac{1}{\tan\left(\frac{90° - \theta}{2}\right)}\right] \tag{9.3}$$

- $C_2$ : 상부 테이퍼의 높이
- $X_2$ : 상부 테이퍼의 높이 $C_2$와 핀 중심의 높이

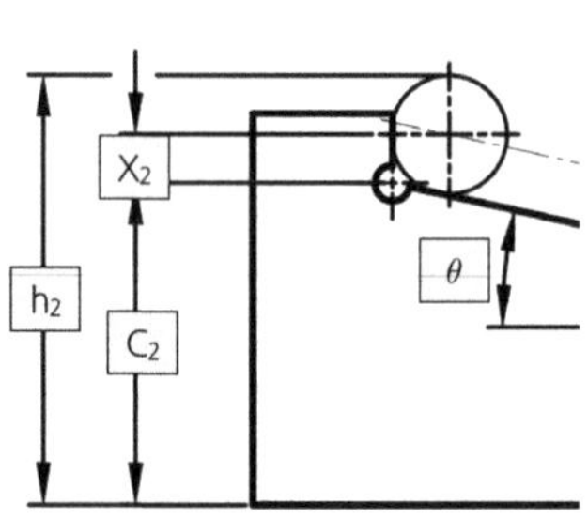


**그림 9.2** 상부 테이퍼의 높이 측정

## 9.2 사인 바(Sine Bar)를 이용한 각도 측정

사인 바를 이용하여 각도 측정할 수 있으며 다음과 같은 식 (9.4)로 정의할 수 있다.

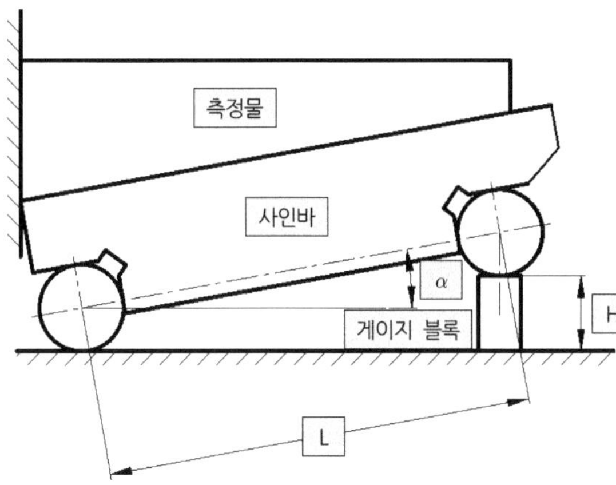


$$\sin\alpha = \frac{H}{L} \qquad (9.4)$$

- $\alpha$ : 사인 바의 각도
- L : 사인 바의 기준길이
- H : 게이지 블록의 측정 높이

**그림 9.3** 사인 바를 이용한 각도 측정

측정 위치에 따른 게이지 블록의 치수는 식 (9.5)와 같이 계산하고 식 (9.4)를 이용하여 측정된 각도를 보정한다.

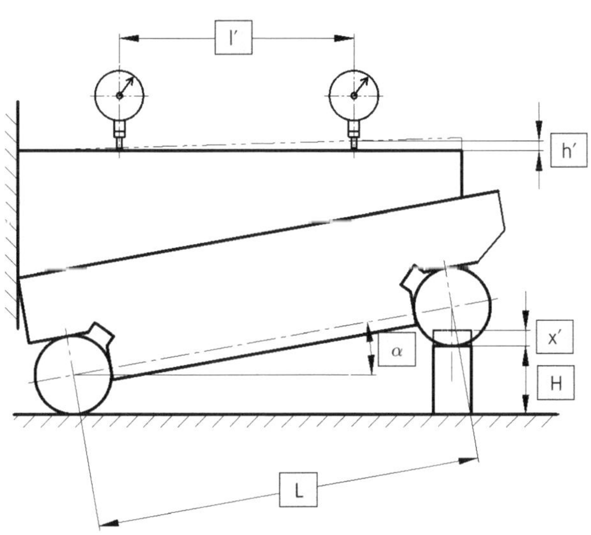


$$l' : h' = L : x'$$

$$x' = \frac{h' \times L}{l'} \qquad (9.5)$$

- l′ : 측정기의 측정 거리
- h′ : 측정기에 의한 높이 변화량
- x′ : 게이지 블록의 수정 높이

**그림 9.4** 사인 바를 이용한 높이 보정

## 9.3 롤러를 이용한 테이퍼 측정

롤러를 이용하여 각도를 측정할 수 있으며 다음 식과 같이 정의할 수 있다.

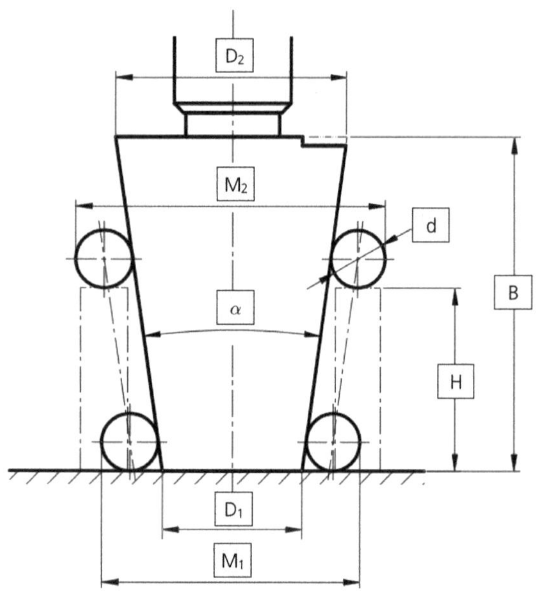


$$\alpha = 2\tan^{-1}\frac{M_2 - M_1}{2H}$$

$$\frac{1}{x} = \frac{M_2 - M_1}{H}$$

- $\alpha$ : 테이퍼 각도
- 1/x : 테이퍼(구배) 양

**그림 9.5** 롤러를 이용한 테이퍼 측정

테이퍼 부위의 소경($D_1$)과 대경($D_2$)의 측정은 다음과 같이 정의할 수 있으며 각도 ABC는 다음과 같이 정의된다.

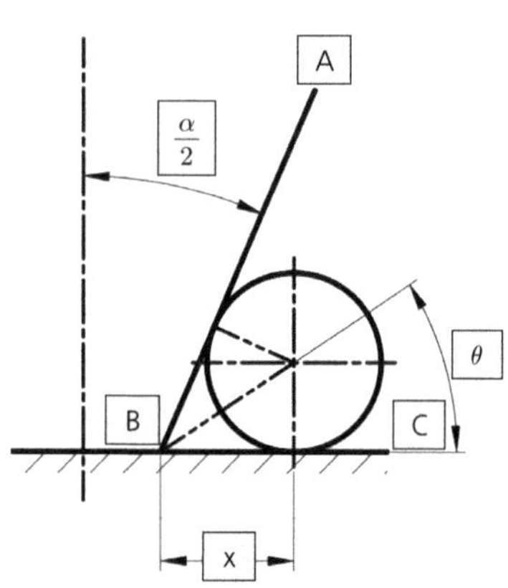


**그림 9.6** 소단부 롤러의 접촉상태

$\angle ABC = 2\theta$, $\angle ABC = 90° - \dfrac{\alpha}{2}$ 이므로

$\therefore \theta = \dfrac{90° - \dfrac{\alpha}{2}}{2}$ 으로 정의되고

$$x = \frac{d}{2} \cdot \cot\left[\frac{90° - \frac{\alpha}{2}}{2}\right] \qquad (9.6)$$

- x : 테이퍼 소단부와 롤러 중심의 거리

$$D_1 = M_1 - d\left[1 + \cot\left(\frac{90° - \frac{\alpha}{2}}{2}\right)\right] \qquad (9.7)$$

- $D_1$ : 테이퍼 소단부의 직경

$$D_2 = D_1 + 2B\tan\frac{\alpha}{2} \tag{9.8}$$

- $D_2$ : 테이퍼 대단부의 직경
- B : 테이퍼의 길이

테이퍼의 소단부와 대단부 지름은 식 (9.7), (9.8)로 정의된다.

## 9.4 롤러를 이용한 더브테일(Dovetail) 측정

### 1. 외측 더브테일의 계산

슬라이드 면의 끼워 맞춤으로 양자 중 비둘기 꼬리형 돌기부(凸)를 더브테일, 홈이 팬 부분(凹)을 더브테일 홈이라 하며 기계 부품의 운동 전달 또는 체결용으로 사용된다.

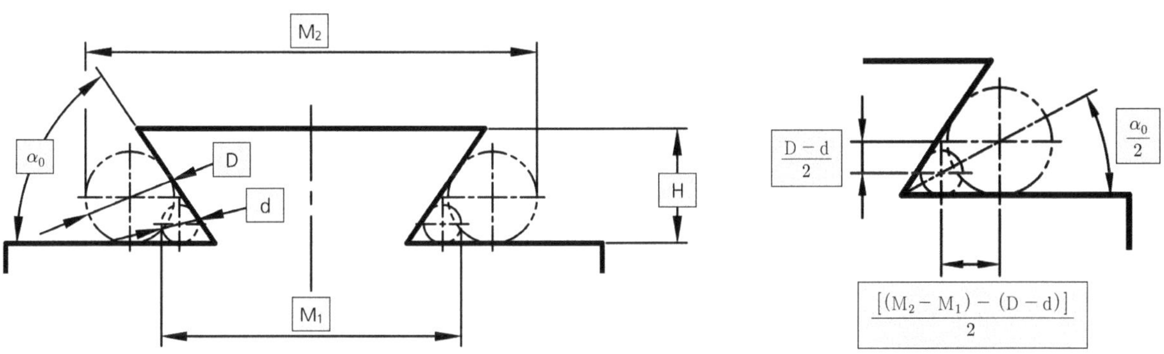


**그림 9.7** 롤러를 이용한 더브테일 측정위치

$$\tan\frac{\alpha_0}{2} = \frac{\dfrac{D-d}{2}}{\dfrac{[(M_2-M_1)-(D-d)]}{2}} = \frac{D-d}{[(M_2-M_1)-(D-d)]}$$

$$\therefore \alpha_0 = \left[2\tan^{-1}\frac{D-d}{[(M_2-M_1)-(D-d)]}\right] \tag{9.9}$$

- D : 대경 롤러의 지름
- d : 소경 롤러의 지름
- $\alpha_0$ : 더브테일의 각도

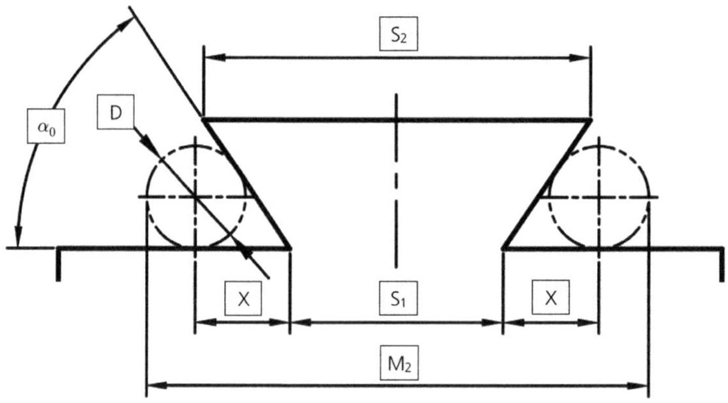


**그림 9.8** 롤러를 이용한 더브테일의 측정

그림 9.8의 소단거리($S_1$)는 식 (9.10)을 이용해 계산할 수 있다.

$S_1 = M_2 - D - 2x$, $x = \dfrac{D}{2\tan\dfrac{\alpha_0}{2}}$ 이므로 소단거리 $S_1$은 식 (9.9)와 같다.

$$S_1 = M_2 - D\left(1 + \cot\frac{\alpha_0}{2}\right) \qquad (9.9)$$

$$S_2 = S_1 + 2\left(\frac{H}{\tan\alpha_0}\right) \qquad (9.10)$$

## 2. 내측 더브테일의 계산

$$\tan\frac{\alpha_1}{2} = \frac{\dfrac{D_1 - d_1}{2}}{(O_2 - O_1) - (\dfrac{D_1 - d_1}{2})} = \frac{D_1 - d_1}{2(O_2 - O_1) - (D_1 - d_1)}$$ 이므로

$$L_1 = O_2 - \frac{D_1}{2}\left(1 + \cot\frac{\alpha_1}{2}\right) \qquad (9.11)$$

$$L_2 = L_1 + \left(\frac{H_1}{\tan\alpha_1}\right) \qquad (9.12)$$

로 정의된다.

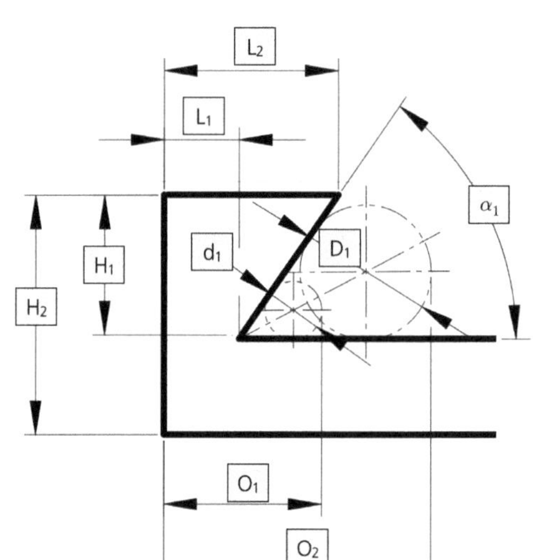


**그림 9.9** 롤러를 이용한 내측 더브테일의 측정

**실습에 사용되는 계측기** 다음의 실습과제를 마이크로미터와 버니어 캘리퍼스 등을 이용하여 측정하시오. 단, "*" 표시 부위는 버니어 캘리퍼스를 이용하여 측정하고 각각의 부위를 측정할 수 없는 경우 보고서에 "측정불가"로 표시한다.

1) 사용계측기 : 버니어 캘리퍼스(0~150mm) [Mitutoyo 530-101 또는 동일 대체품]

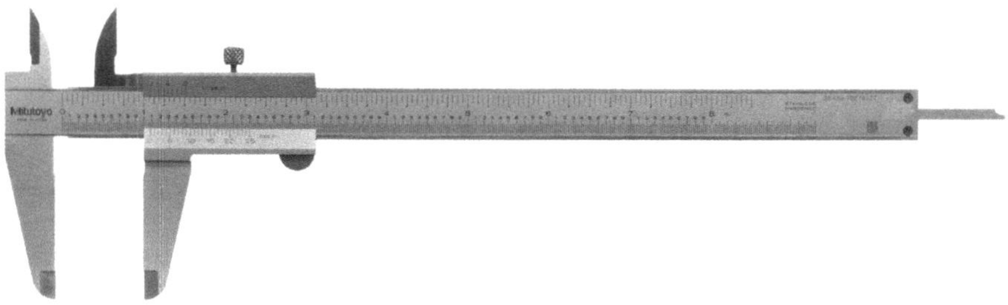

2) 사용계측기 : 외측 마이크로미터(0~25mm) [Mitutoyo 102-301 또는 동일 대체품]
외측 마이크로미터(25~50mm) [Mitutoyo 102-302 또는 동일 대체품]
외측 마이크로미터(50~75mm) [Mitutoyo 102-303 또는 동일 대체품]

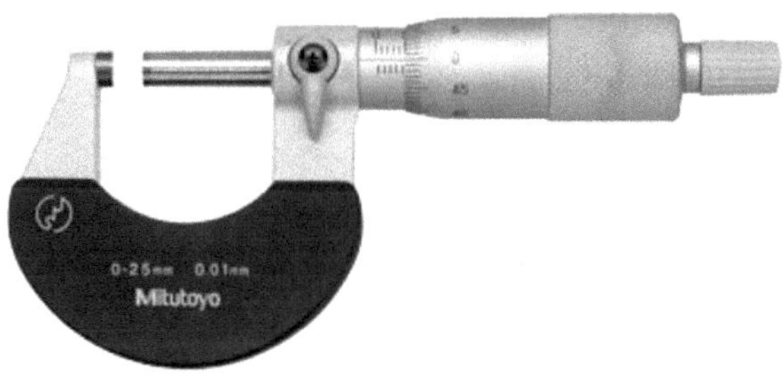


3) 사용계측기 : 하이트 게이지(0~300mm) [Mitutoyo 514-102 또는 동일 대체품]

4) 사용계측기 : 다이얼 테스트 인디게이터(0~0.2mm) [Mitutoyo 513-405E 또는 동일 대체품]

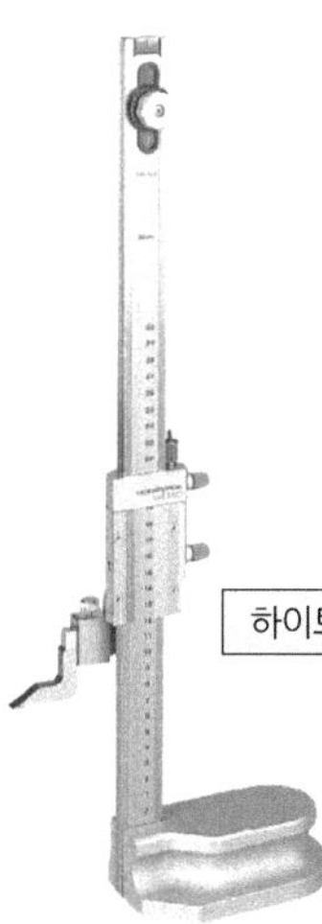
하이트 게이지

다이얼 테스트 인디게이터

5) 사용원기 : 핀 게이지 5~15mm Step 1mm, 각 2 Set

6) 사용계측기 : 게이지 블록(스틸47) [Mitutoyo 516-960-26 또는 동일 대체품]

핀 게이지

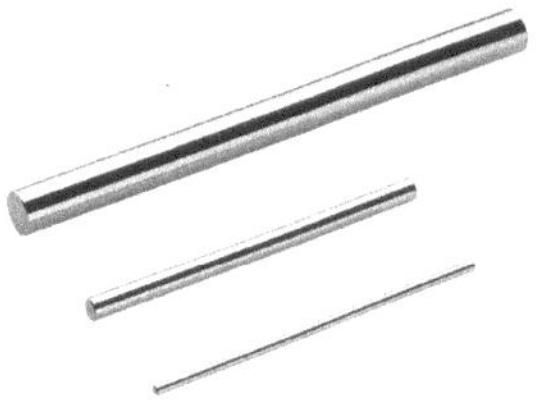

게이지 블록

7) 사용계측기 : 하이트마스터 5~310mm [Mitutoyo 515-322 또는 동일 대체품]

8) 측정 보조기기 : 사인바(100mm) [Vertex Co VS-100 또는 동일 대체품]

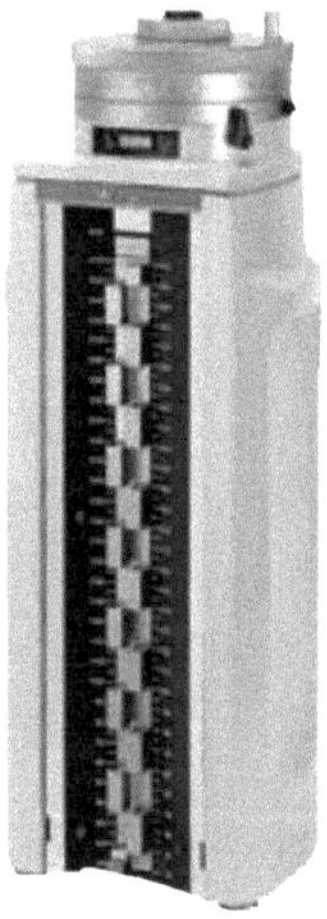

하이트 마스터

사인바

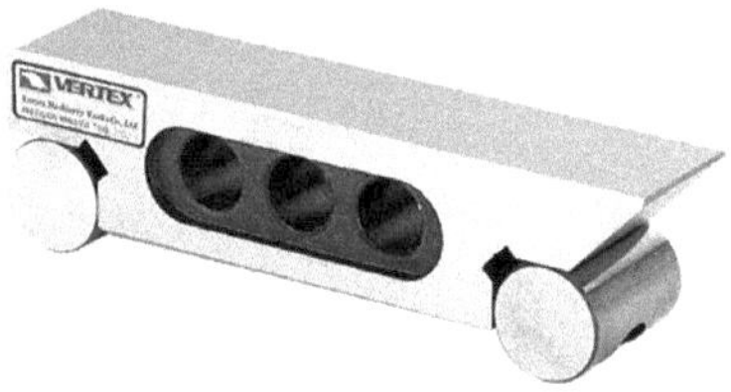

## 9.5 각도 계측실습

| 작업과제명 | 각도 측정하기 9.1 |
|---|---|

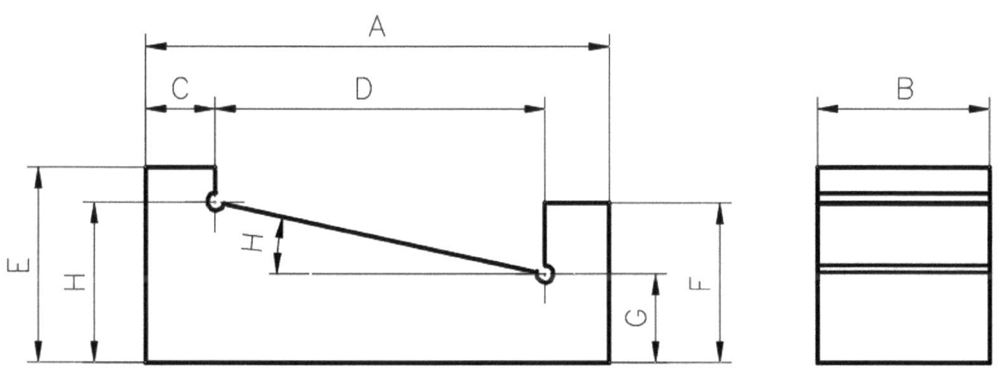


**측 정 세 부 사 항** [사용시편번호 : ]

| 측 정 항 목 | | | | | | 계 측 기 관 리 |
|---|---|---|---|---|---|---|
| 측정부위 | 1회 | 2회 | 3회 | 평균값 | 검증값 | 사용계측기 : |
| A* | | | | | | |
| B* | | | | | | 계측기의 측정정도 : |
| C | | | | | | |
| D | | | | | | 계측결과의 평가 : |
| E* | | | | | | |
| F* | | | | | | |
| G | | | | | | |
| H | | | | | | |
| | | | | | | |
| | | | | | | |
| | | | | | | |
| | | | | | | |
| | | | | | | |
| | | | | | | |

| 작업과제명 | 각도 측정하기 9.2 |
|---|---|

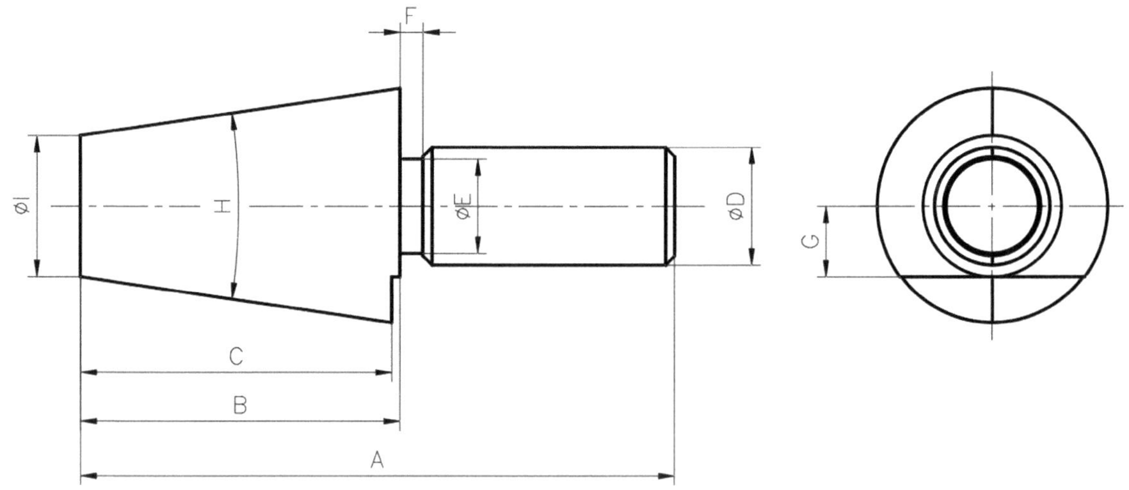


**측 정 세 부 사 항** [사용시편번호 : ]

| 측 정 항 목 | | | | | | 계 측 기 관 리 |
|---|---|---|---|---|---|---|
| 측정부위 | 1회 | 2회 | 3회 | 평균값 | 검증값 | 사용계측기 : |
| A* | | | | | | |
| B | | | | | | 계측기의 측정정도 : |
| C | | | | | | |
| D* | | | | | | 계측결과의 평가 : |
| E* | | | | | | |
| F* | | | | | | |
| G* | | | | | | |
| H | | | | | | |
| I | | | | | | |
| | | | | | | |
| | | | | | | |
| | | | | | | |
| | | | | | | |
| | | | | | | |

| 작업과제명 | 각도 측정하기 9.3 |
|---|---|

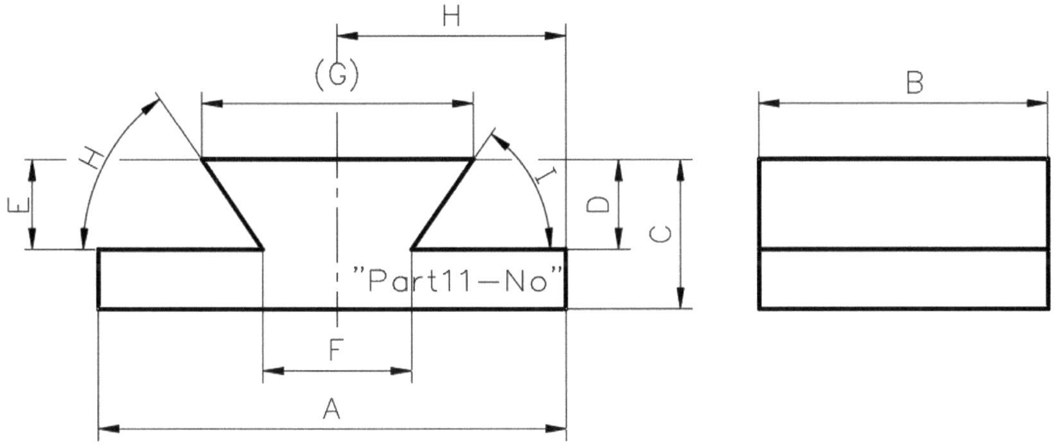


| 측 정 세 부 사 항 | | | | | | [사용시편번호 : ] |
|---|---|---|---|---|---|---|
| 측 정 항 목 | | | | | | 계 측 기 관 리 |
| 측정부위 | 1회 | 2회 | 3회 | 평균값 | 검증값 | 사용계측기 : |
| A* | | | | | | |
| B* | | | | | | 계측기의 측정정도 : |
| C | | | | | | |
| D | | | | | | 계측결과의 평가 : |
| E | | | | | | |
| F 계산 값 | | | | | | |
| (G)계산 값 | | | | | | |
| (G)* | | | | | | |
| H* | | | | | | |
| I | | | | | | |
| | | | | | | |
| | | | | | | |
| | | | | | | |
| | | | | | | |

| 작업과제명 | 각도 측정하기 9.4 |
|---|---|

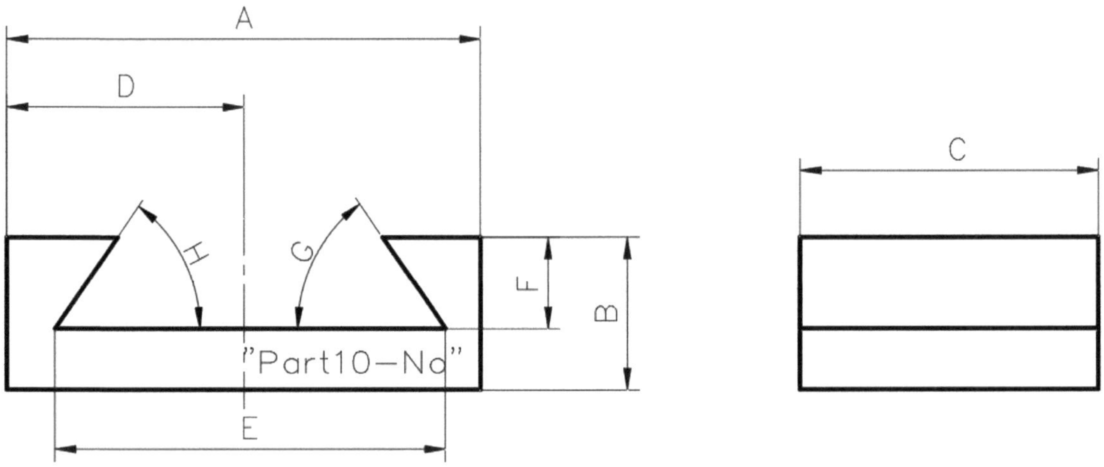


**측 정 세 부 사 항** [사용시편번호 : ]

| 측 정 항 목 | | | | | | 계 측 기 관 리 |
|---|---|---|---|---|---|---|
| 측정부위 | 1회 | 2회 | 3회 | 평균값 | 검증값 | 사용계측기 : |
| A | | | | | | |
| B | | | | | | 계측기의 측정정도 : |
| C* | | | | | | |
| D* | | | | | | 계측결과의 평가 : |
| E 계산 값 | | | | | | |
| F | | | | | | |
| G | | | | | | |
| H | | | | | | |
| | | | | | | |
| | | | | | | |
| | | | | | | |
| | | | | | | |
| | | | | | | |
| | | | | | | |

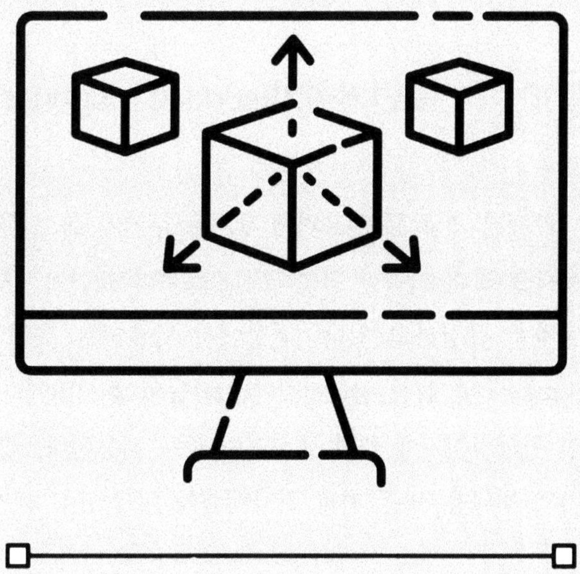

chapter
10

# 표면거칠기(Surface Roughness)의 측정이론

# 10.1 표면거칠기(surface roughness)

가공된 제품 등의 표면에 생기는 주기가 짧고, 진폭이 비교적 작은 불규칙한 요철(凹凸)의 크기를 단면의 윤곽을 확대 기록한 단면 곡선으로부터 표면거칠기를 환산한다. KS(KS B ISO 4287) 규격으로 평가규칙 및 절차를 규정하고 있다. 현장에서 사용되는 표면거칠기 표시방법에는 중심선 평균거칠기(Ra), 최대높이(Rmax), 및 십점 평균거칠기(Rz) 등의 표시법이 규정되어 있고, 이 중 국제적으로 사용 빈도가 많은 중심선 평균거칠기에 의한 표시법이 주로 사용된다. 접촉이나 비교로 표면거칠기를 비교측정 할 때는 표면거칠기의 비교용 표준 편과 검사제품을 비교하여 표면거칠기를 환산할 수 있다.

## 1. 거칠기 관련 형상의 종류

1) 표면거칠기(surface roughness) : 가공된 표면에 작은 간격으로 나타나는 미세한 굴곡이며, 주로 공작 과정에서 가공방법이나 다듬질 방식에 따라 모양과 크기가 다르게 나타난다.
2) 파상도(waviness) : 거칠기 간격보다 큰 간격으로 나타나는 표면의 굴곡을 말하며, 주원인은 연삭 숫돌의 불평형, 이송나사의 불균일, 기계의 고정부위 이완, 진동, 재료의 열처리 불균일 등 기계의 특성에 의해 형성된다.
3) 형상(form) : 거칠기와 파상도를 무시한 일반적인 겉보기 형상을 의미한다. 형상 정의에는 진직도, 평면도 및 흔들림 등을 이용하여 형상을 정의할 수 있다.
4) 결(lay) : 가공방식에 따라 다르게 나타나는 표면의 전체적인 무늬이며, 이 무늬의 방향은 촉침식 표면거칠기 측정기로 거칠기를 측정할 때 Stylus의 진행 방향을 결정하는 요소가 된다. 특별한 지시가 없는 한 거칠기의 측정은 결에 대해 직각 방향으로 측정한다.
5) 흠(flaw) : 비교적 불규칙하게 공작물에 나타나는 결함으로, 긁힘(scratch), 갈라진 틈(crack), 기공(blow hole) 등이 이에 속한다.

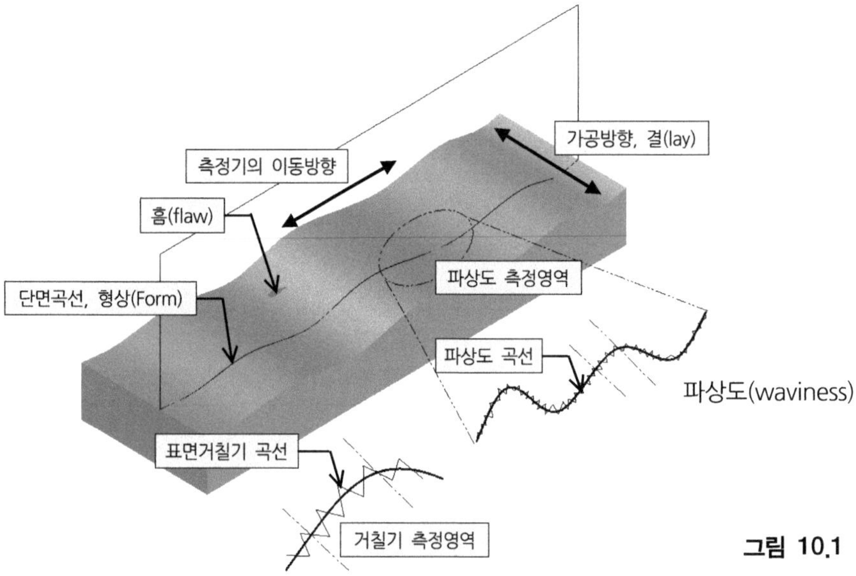


그림 10.1 측정물의 표면형태

## 2. 촉침식 표면거칠기 측정기

표면거칠기 측정기는 크게 접촉식 측정기와 비접촉식인 광학적 측정기로 분류할 수 있다. 촉침식 측정기는 제일 먼저 개발되어 표면거칠기 측정기로 현재까지 계속 발전되어 왔으며 가장 많이 사용되고 있다. 한편 광학적 측정기는 최근 들어 급격히 발전되어 수요가 증가하고 있다. 그림 10.2는 촉침식 측정기의 기본요소들을 도시하였으며 기본구조로 촉침을 이송시켜 주는 이송 장치, 촉침의 움직임을 전기적 신호로 바꾸어 주는 장치와 신호를 증폭시켜 주는 증폭기, 증폭된 신호를 처리하여 거칠기와 파상도로 분리하는 필터, 거칠기 값을 표시하는 지시기 및 기록 장치로 구성되어 있다.

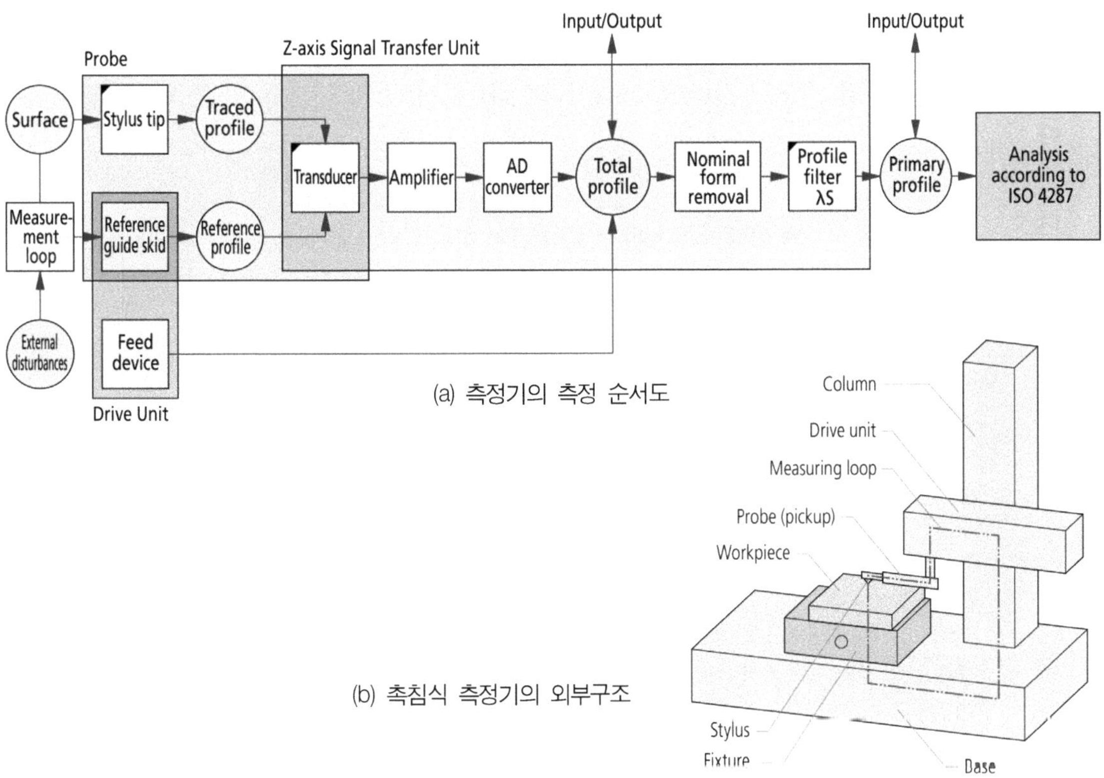

(a) 측정기의 측정 순서도

(b) 촉침식 측정기의 외부구조

**그림 10.2** 촉침식 표면거칠기 측정기의 구조

### 1) 촉침 형상(stylus shape)

촉침 끝의 일반적인 모양은 구형 팁(tip)의 원추형이며 팁의 반경은 2$\mu$m, 5$\mu$m 또는 10$\mu$m이고 원뿔 각도는 60°, 90°가 일반적이다. 표면 거칠기 측정에서 촉침의 테이퍼 각도는 달리 지정하지 않는 경우 끝 부는 60°이다.

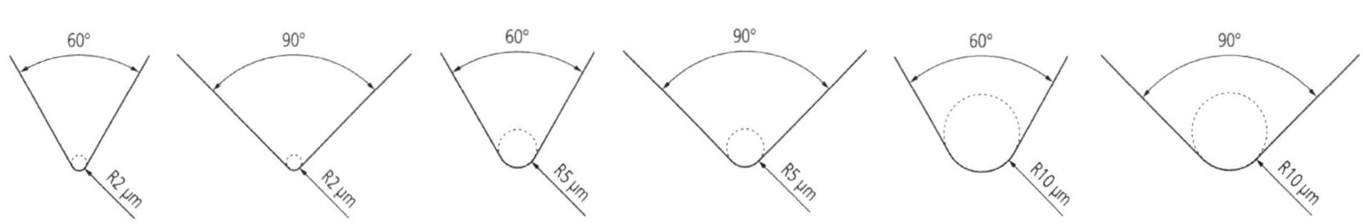


**그림 10.3** 표면거칠기 측정기의 촉침 형상

### 2) 정적 측정력(Static Measuring Force, JIS B 0651) : 촉침의 측정력을 설정한다.

**표 10.1** 촉침의 정적 측정력

<table>
<tr><th>촉침의 반경(μm)</th><th>스타일러스의 평균 위치에서 정적 측정력(mN)</th><th>정적 측정력 변화에 대한 허용오차(mN/μm)</th></tr>
<tr><td>2</td><td>0.75</td><td>0.035</td></tr>
<tr><td>5</td><td rowspan="2">0.75(4.0)[Note 1]</td><td rowspan="2">0.2</td></tr>
<tr><td>10</td></tr>
</table>

Note 1. 촉침의 평균 위치에서 정적 측정력의 최대값은 교체 가능한 스타일러스를 포함한 특수구조 프로브의 경우 4.0mN이다.

### 3) 컷오프 값과 스타일러스 팁 반경 간의 관계

표 10.2는 거칠기 프로파일 컷오프 값(λc), 스타일러스 팁 반경(r) 및 컷오프 비율 λc/λs 간의 관계를 정의한다.

**표 10.2** 스타일러스 팁 반경과 컷오프 값의 관계

| λc (mm) | λs (mm) | λc/λs | 최대 촉침의 반경(μm) | 최대 샘플링 길이(μm) |
|---|---|---|---|---|
| 0.08 | 2.5 | 30 | 2 | 0.5 |
| 0.25 | 2.5 | 100 | 2 | 0.5 |
| 0.80 | 2.5 | 300[Note1] | 2 | 0.5 |
| 2.50 | 8.0 | 300[Note2] | 5 | 1.5 |
| 8.00 | 25.0 | 300[Note2] | 10 | 5.0 |

Note 1. Ra>0.5μm 또는 Rz>3μm인 표면의 경우 촉침반경 5μm일 때 측정 시 일반적으로 심각한 오류가 발생하지 않는다.

Note 2. 컷오프 값 λs가 2.5μm 또는 8μm일 때 권장 촉침반경에 있는 스타일러스의 기계적 필터링 효과로 인해 신호 감쇠가 거칠기 프로파일 통과 대역 외부에 나타난다. 따라서 스타일러스 촉침반경 또는 모양의 작은 오류는 측정에는 영향을 주지 않는다. 특정 컷오프 비율이 필요한 경우 비율을 고려해야 한다.

### 4) 위상 보정 필터의 계측 특성(ISO 11562 : 1996, JIS B 0632 : 2001)

프로파일 필터는 위상 지연이 없는 위상 교정 필터이며 파형에 따라 프로파일 왜곡이 발생한다. 또한, 보정 필터(가우시안)의 가중치 기능은 컷오프 파장에서 진폭 투과율이 50%인 정규 분포를 나타낸다.

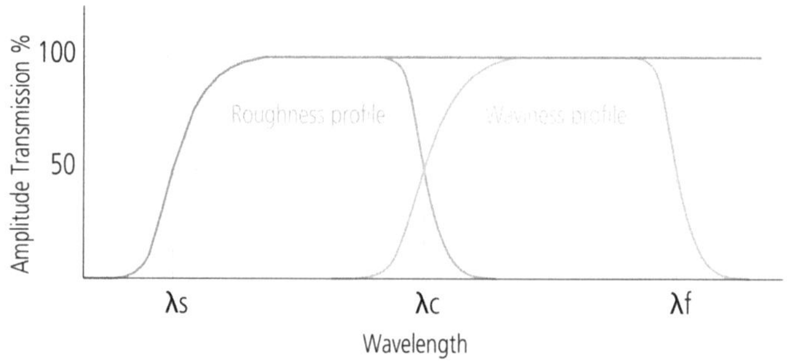


**그림 10.4** 측정면의 프로파일(ISO 4287:1997)

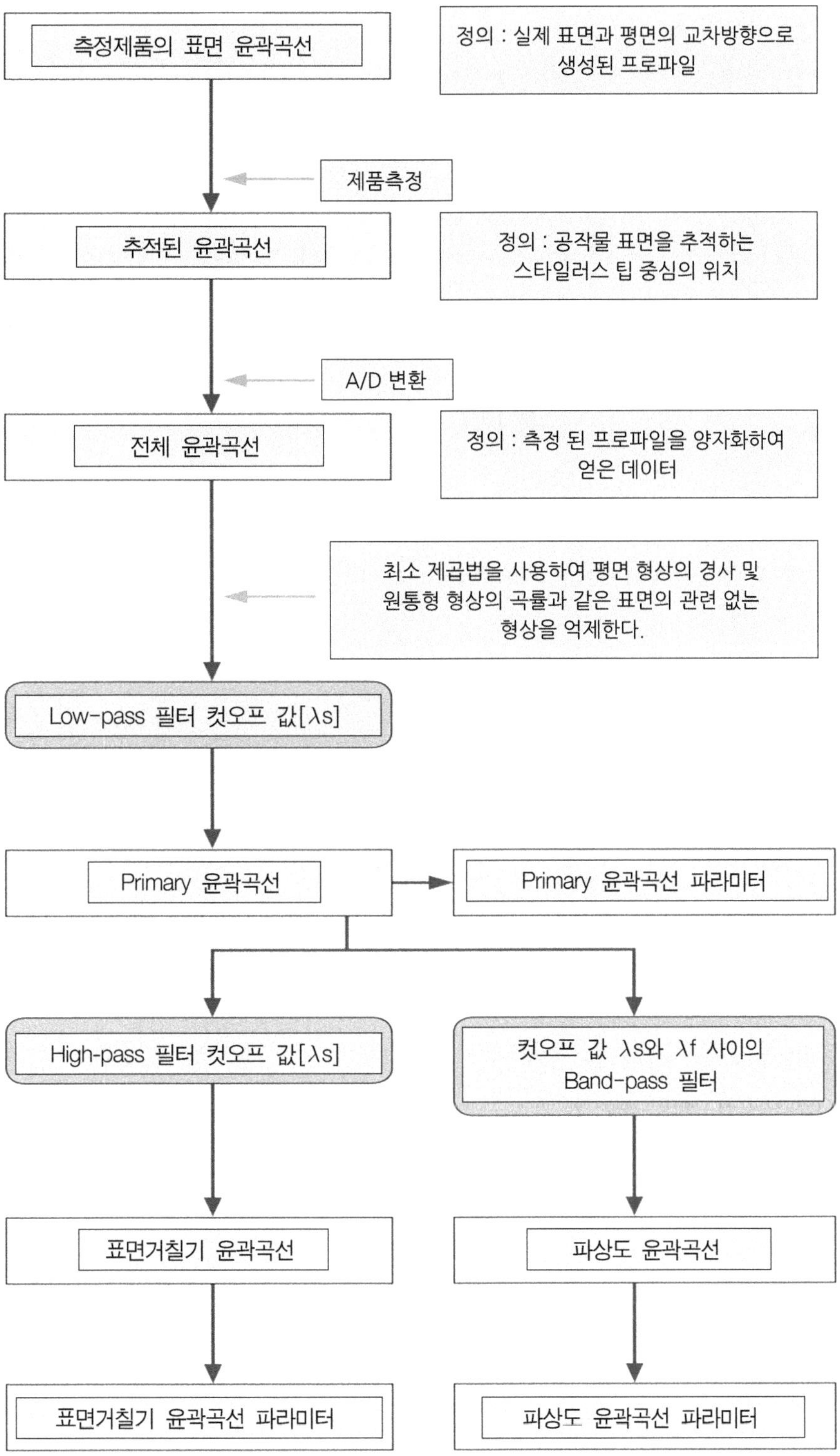


**그림 10.5** 촉침식 표면거칠기 측정기의 데이터 처리흐름

① Primary 윤곽곡선(primary profile) : 컷오프 값 λs에서 Low-pass 필터를 적용하여 측정된 프로파일에서 얻은 윤곽 곡선이다.

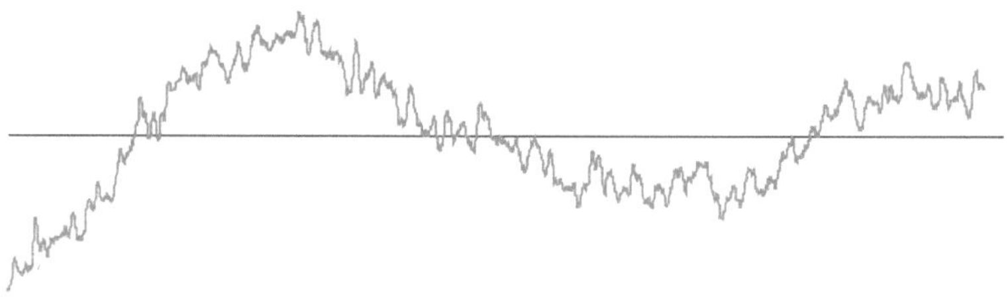

**그림 10.6** Primary 윤곽곡선

② 표면거칠기 윤곽곡선(roughness profile) : 제거된 λc의 High-pass 필터를 사용하여 장파장 성분이 억제된 Primary 윤곽곡선에서 얻은 프로파일을 표시한다.

**그림 10.7** 표면거칠기 윤곽곡선

③ 파상도 윤곽곡선(waviness profile) : 제거된 λc의 High-pass 필터를 사용하여 장파장 성분이 억제된 Primary 윤곽곡선에서 얻은 프로파일을 표시한다.

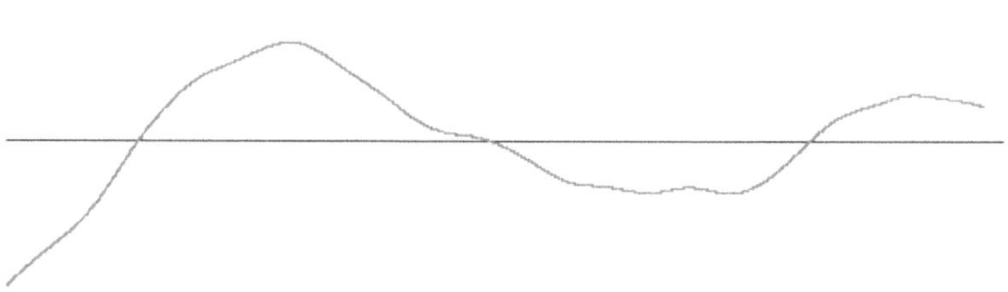

**그림 10.8** 파상도 윤곽곡선

5) 매개변수의 정의(definition of parameters, ISO 4287 : 1997, Amd. 1 : 2009)

진폭 매개변수(amplitude parameters, 봉오리와 골짜기)

- Primary 윤곽곡선의 최대 피크높이 : Pp
- 표면거칠기 윤곽곡선의 최대 피크높이 : Rp

- 파상도 윤곽곡선의 최대 피크높이 : Wp

※ 샘플링 길이 내에서 가장 큰 프로파일 피크높이 Zp

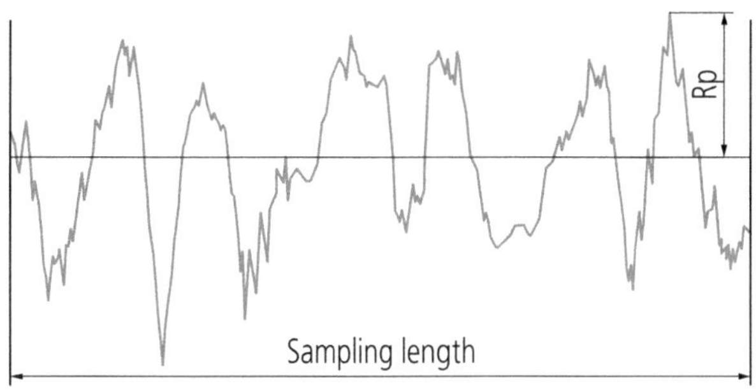


- Primary 윤곽곡선의 최대 골짜기 깊이 : Pv
- 표면거칠기 윤곽곡선의 최대 골짜기 깊이 : Rv
- 파상도 윤곽곡선의 최대 골짜기 깊이 : Wv

※ 샘플링 길이 내에서 가장 큰 프로파일 골짜기 깊이 Zv

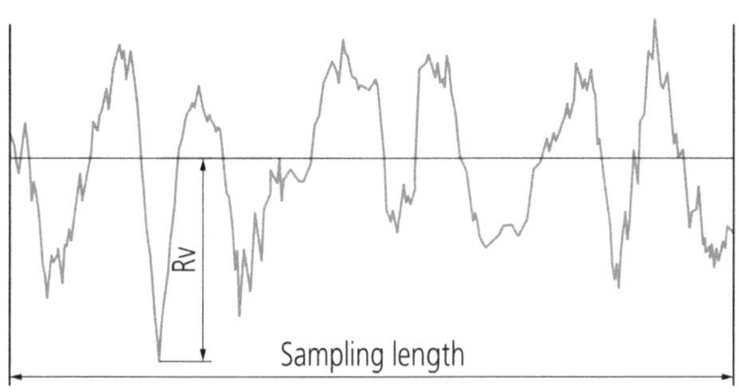


- Primary 윤곽곡선의 최대높이 : Pz
- 표면거칠기 윤곽곡선의 최대높이 : Rz
- 파상도 윤곽곡선의 최대높이 : Wz

※ 샘플링 길이 내에서 가장 큰 프로파일 피크높이 Zp와 가장 큰 프로파일 골짜기 깊이 Zv의 합계

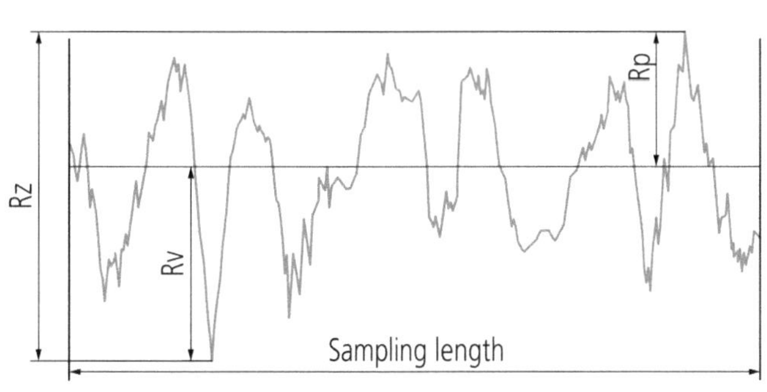

**주의** 구 규격 JIS, ISO 4287-1:1984에서 Rz는 "불규칙의 10점 높이"를 나타내는 데 사용되었으나 기준 표준과 구 표준규격에 의해 얻는 결과의 차이가 항상 무시할 정도로 작은 것이 아니므로 주의해야 하고 도면 지침이 기존 또는 구 표준을 준수하는지 확인한다.

- Primary 윤곽곡선 요소의 평균높이 : Pc
- 표면거칠기 윤곽곡선 요소의 평균높이 : Rc
- 파상도 윤곽곡선 요소의 평균높이 : Wc

※ 샘플링 길이 내 프로파일 요소 높이의 평균값 Zt

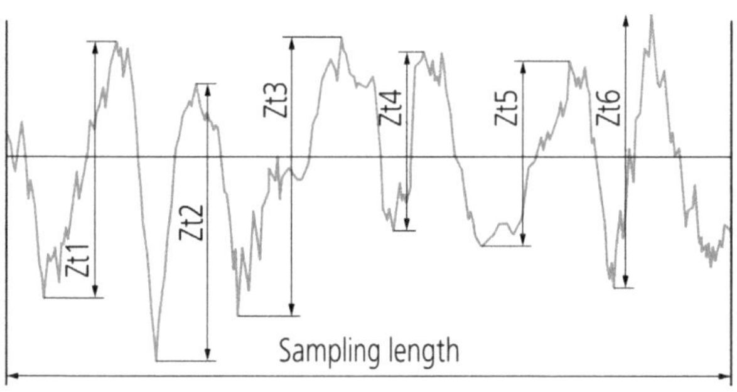


$$Pc,\ Rc,\ Wc = \frac{1}{m}\sum_{i=1}^{m} Zt_i$$

- Primary 윤곽곡선 요소의 총 높이 : Pt
- 표면거칠기 윤곽곡선 요소의 총 높이 : Rt
- 파상도 윤곽곡선 요소의 총 높이 : Wt

※ 평가 길이 내에서 가장 큰 프로파일 총 높이 Zp와 가장 깊은 골 깊이 Zv의 합계

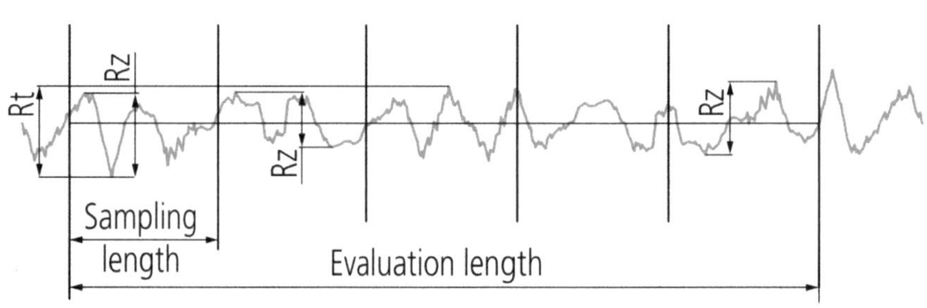


### 6) 진폭 매개변수(좌표의 평균)

- Primary 윤곽곡선의 산술 평균 편차 : Pa
- 표면거칠기 윤곽곡선의 산술 평균 편차 : Ra
- 파상도 윤곽곡선의 산술 평균 편차 : Wa

※ 샘플링 길이 내의 절대 좌표 값 Z(x)의 산술 평균

$$Pa,\ Ra,\ Wa = \frac{1}{l}\int_0^l |Z(x)|\,dx$$

※ 때에 따라 l은 lp, lr 또는 lw를 사용

- Primary 윤곽곡선의 평균 제곱근 편차 : Pq
- 표면거칠기 윤곽곡선의 평균 제곱근 편차 : Rq
- 파상도 윤곽곡선의 평균 제곱근 편차 : Wq

※ 샘플링 길이 내의 세로 좌표 값 Z(x)의 제곱 평균

$$Pq,\ Rq,\ Wq=\sqrt{\frac{1}{l}\int_0^l Z(x)^2dx}$$

※ 때에 따라 l은 lp, lr 또는 lw를 사용

- Primary 윤곽곡선의 비틀림(skewness) : Psk
- 표면거칠기 윤곽곡선의 비틀림 : Rsk
- 파상도 윤곽곡선의 비틀림 : Wsk

※ 세로 좌표 Z(x)의 평균 세제곱 값의 몫과 표본 길이 내에서 각각 Pq, Rq 또는 Wq의 세제곱

$$Rsk=\frac{1}{Rq^3}\left[\frac{1}{lr}\int_0^{lr} Z(x)^3dx\right]$$

위의 식에 의해 Rsk, Psk와 Wsk는 비슷한 방식으로 정의되며 Psk, Rsk 및 Wsk는 세로 좌표 값의 확률 밀도 함수의 비대칭 척도이다.

- Primary 윤곽곡선의 첨도(kurtosis) : Pku
- 표면거칠기 윤곽곡선의 첨도 : Rku
- 파상도 윤곽곡선의 첨도 : Wku

※ 세로 좌표 Z(x)의 평균 4제곱 값의 몫과 표본 길이 내에서 각각 Pq, Rq 또는 Wq의 4제곱근

$$Rku=\frac{1}{Rq^4}\left[\frac{1}{lr}\int_0^{lr} Z(x)^4dx\right]$$

위의 방정식은 Rku를 정의하고 Pku와 Wku는 비슷한 방식으로 정의되며 Pku, Rku 및 Wku는 세로 좌표 값의 확률 밀도함수의 선명도를 의미한다.

7) 간격 매개변수(spacing parameters)

- Primary 윤곽곡선의 요소별 평균 너비 : PSm
- 표면거칠기 윤곽곡선의 요소별 평균 너비 : RSm
- 파상도 윤곽곡선의 산술요소별 평균 너비 : WSm

※ 샘플링 길이 내의 윤곽곡선의 요소별 너비 X의 평균값

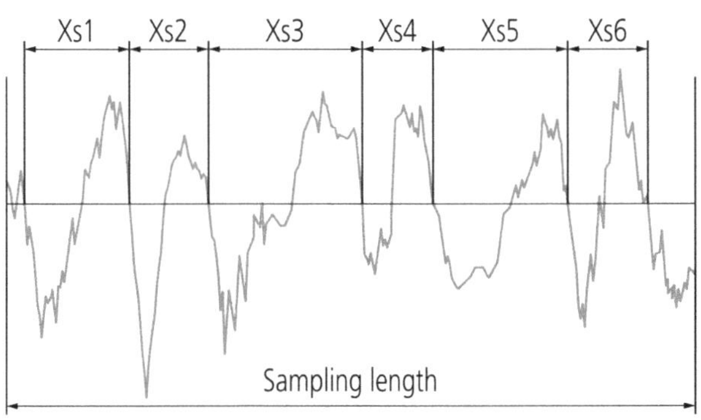


$$PSm,\ RSm,\ WSm=\frac{1}{m}\sum_{i=1}^{m}Xsi$$

8) 하이브리드 매개변수(hybrid Parameters)

- Primary 윤곽곡선의 평균 제곱근 : $P\Delta q$
- 표면거칠기 윤곽곡선의 평균 제곱근 : $R\Delta q$
- 파상도 윤곽곡선의 평균 제곱근 : $W\Delta q$

※ 샘플링 길이 내의 윤곽곡선의 세로 좌표 기울기 z/x의 제곱 평균값

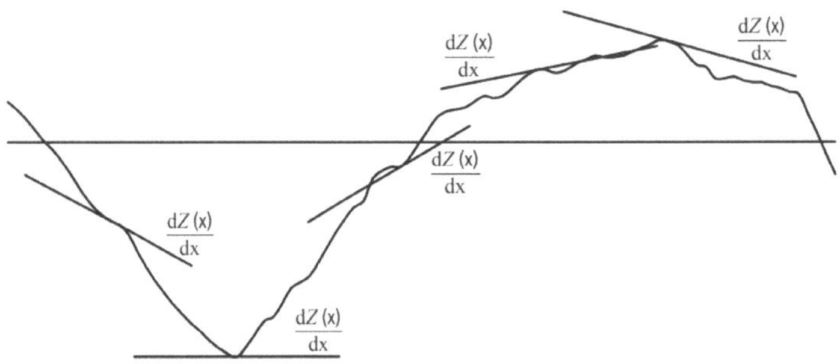


9) JIS 규격 매개변수(JIS specific parameters)

10점 평균거칠기, Rz JIS(Ten-point height of irregularities) : 거칠기 곡선에서 샘플링한 기준 길이 내에서 가장 높은 산봉우리로부터 5번째까지 높은 순으로 측정된 거칠기 곡선의 산꼭대기 높이 합의 평균값과 가장 낮은 골바닥으로부터 5번째까지 골바닥 깊이의 합의 평균값이다.

측정 곡선은 Primary 윤곽곡선에서 대역필터(band-pass filter)에서 컷오프 값(cutoff value)은 lc와 ls를 사용한다.

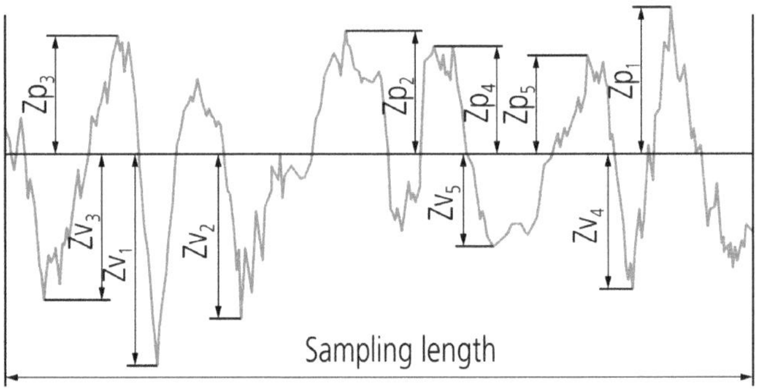


$$Rz_{JIS} = \frac{|Zp_1 + Zp_2 + Zp_3 + Zp_4 + Zp_5| + |Zv_1 + Zv_2 + Zv_3 + Zv_4 + Zv_5|}{5}$$

| 규 격 | 사 용 곡 선 |
|---|---|
| Rz JIS82 | 측정된 표면곡선 |
| Rz JIS94 | 고역(High-pass) 필터를 이용하여 Primary 곡선에서 생성된 표면거칠기 곡선 |

10) 곡선의 산술 평균편차 : $Ra_{75}$

거칠기 곡선의 샘플링 길이(75%) 내에서 평균선으로부터의 프로파일 편차 절대값의 산술 평균으로 이 곡선은 감쇠 계수가 12db/octave이고, Cut-off 값이 λc인 아날로그 고역필터를 사용하여 측정 곡선을 얻는다.

$$Ra_{75} = \frac{1}{\ln}\int_{0}^{\ln} |Z(x)|\, dx$$

11) 측정 곡선의 거칠기 샘플링 길이 ISO 4288 : 1996(JIS B 0633 : 2001)

**표 10.3** 곡선의 거칠기 매개변수(Ra, Rq, Rsk, Rku, RΔq)에 대한 샘플링 길이

| Ra (μm) | 샘플링 길이 lr (mm) | 평가 길이 ln (mm) |
|---|---|---|
| (0.006) < Ra ≤ 0.02 | 0.08 | 0.4 |
| 0.02 < Ra ≤ 0.1 | 0.25 | 1.25 |
| 0.1 < Ra ≤ 2 | 0.8 | 4 |
| 2 < Ra ≤ 10 | 2.5 | 12.5 |
| 10 < Ra ≤ 80 | 8 | 4.0 |

**표 10.4** 곡선의 거칠기 매개변수(Rz, Rv, Rp, Rc, Rt)에 대한 샘플링 길이

| Ra (μm) | 샘플링 길이 lr (mm) | 평가 길이 ln (mm) |
|---|---|---|
| (0.025) < Rz, Rz1max ≤ 0.1 | 0.08 | 0.4 |
| 0.04 < Rz, Rz1max ≤ 0.5 | 0.25 | 1.25 |
| 0.13 < Rz, Rz1max ≤ 10 | 0.8 | 4 |
| 0.4 < Rz, Rz1max ≤ 50 | 2.5 | 12.5 |
| 1.3 < Rz, Rz1max ≤ 200 | 8 | 4.0 |

Note 1. Rz는 Rz, Rv, Rp, Rc, Rt의 측정에 사용된다.
Note 2. Rz1max. Rz1max., Rv1max., Rp1max.와 Rc1max.의 측정에만 사용된다.

**표 10.5** 곡선의 거칠기 매개변수(Rsm)에 대한 샘플링 길이

| Rsm (mm) | 샘플링 길이 lr (mm) | 평가 길이 ln (mm) |
|---|---|---|
| 0.013 < Rsm ≤ 0.02 | 0.08 | 0.4 |
| 0.04 < Rsm ≤ 0.13 | 0.25 | 1.25 |
| 0.13 < Rsm ≤ 0.4 | 0.8 | 4 |
| 0.4 < Rsm ≤ 1.3 | 2.5 | 12.5 |
| 1.3 < Rsm ≤ 4 | 8 | 4.0 |

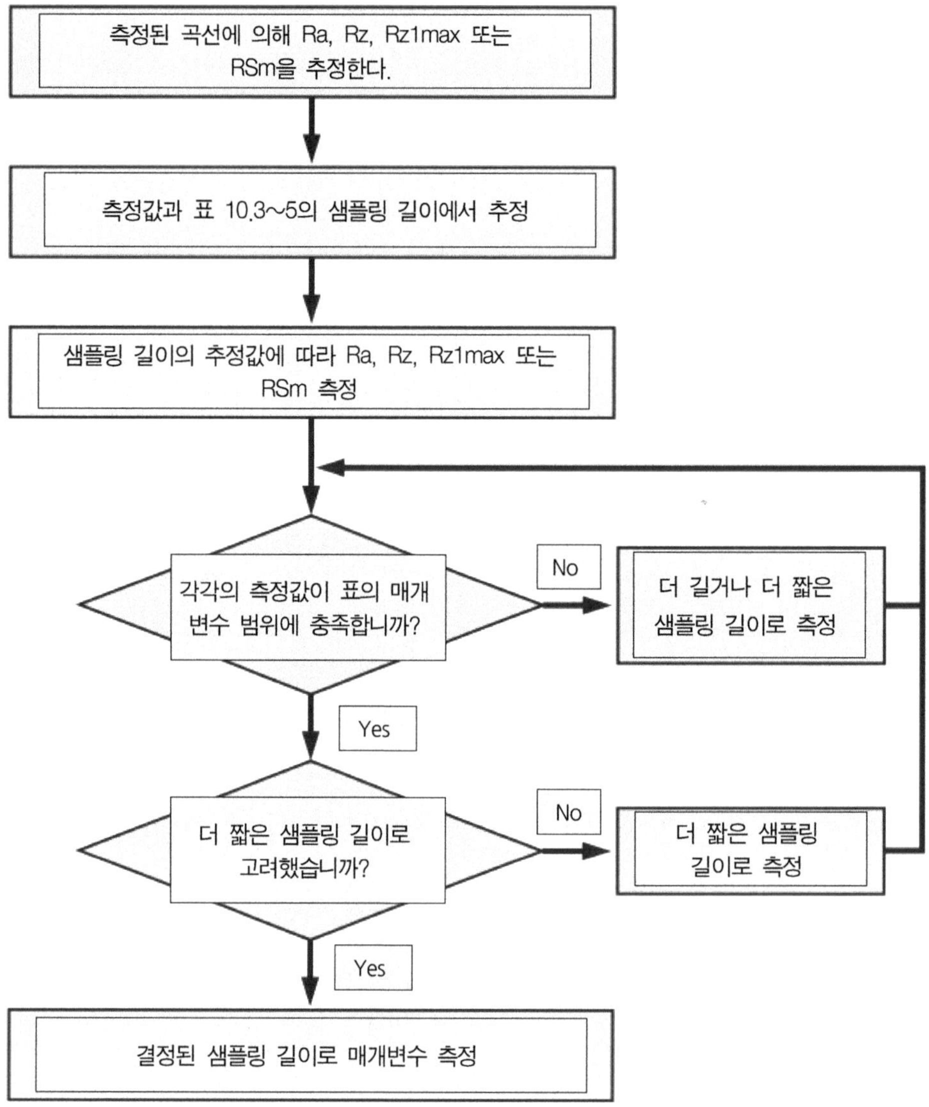


**그림 10.8** 설정되지 않는 곡선의 샘플링 길이의 결정절차

**실습에 사용되는 계측기** 다음의 실습과제를 표면거칠기 측정기를 이용하여 측정하시오.

1) 사용계측기 : 표면 조도 측정기 [Mitutoyo SJ-210, SJ-500 또는 동일 대체품]

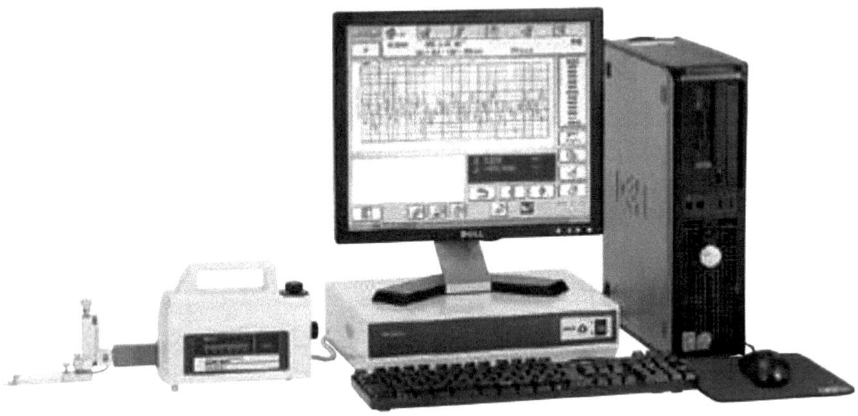

SJ-500P

2) 표면거칠기 표준시편 : 일본 금속 전주 비교용 표준거칠기 표준시편(日本金属電鋳 比較用平面アラサ標準片)

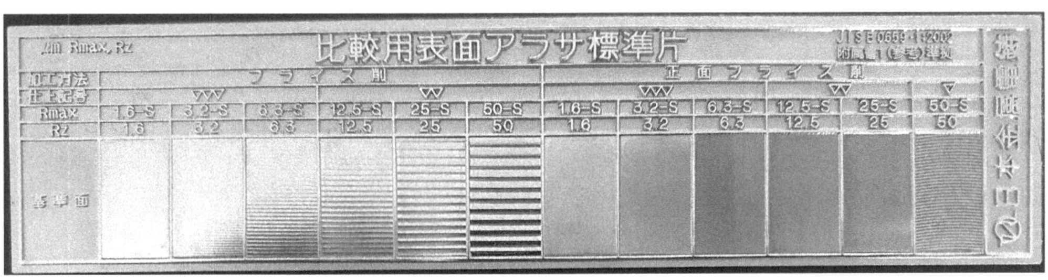


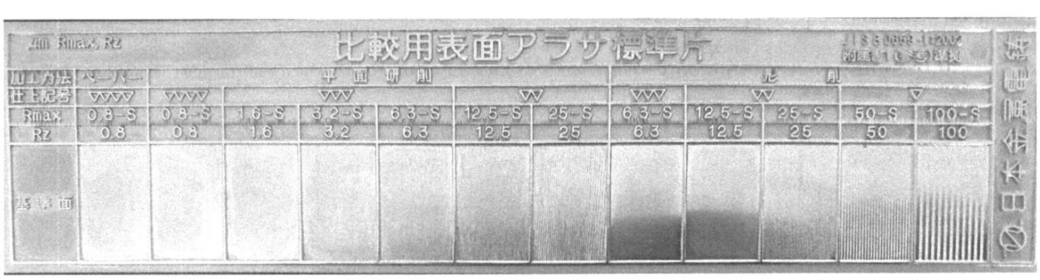


일본 금속 비교용 표면거칠기 표준시편

## 10.2 표면 거칠기 계측실습

| 작업과제명 | 표면거칠기 비교하기 |
|---|---|

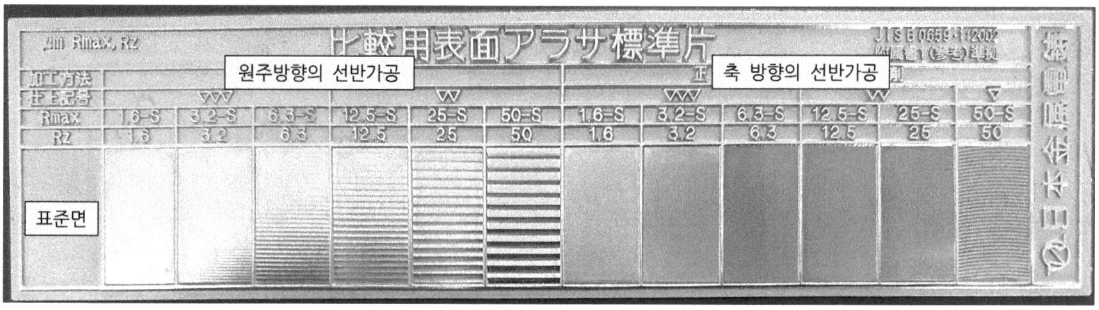


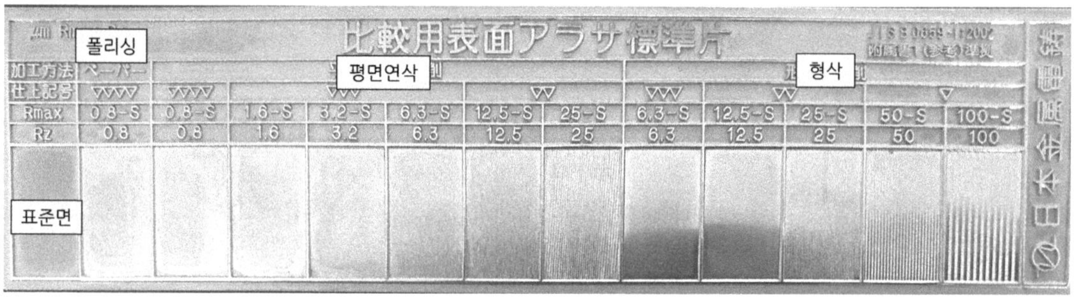


일본 금속 비교용 표면거칠기 표준시편

**측 정 세 부 사 항** [사용시편번호 : ]

| 측 정 항 목 | | | | | 계 측 기 관 리 |
|---|---|---|---|---|---|
| 측정부위 | 1회 | 2회 | 평균값 | 검증값 | 사용계측기 : |
| 원주방향의 선반가공 12.5Z | | | | | |
| 원주방향의 선반가공 1.6Z | | | | | 계측기의 측정정도 : |
| 원주방향의 선반가공 0.8 | | | | | |
| 축 방향의 선반가공 50Z | | | | | 계측결과의 평가 : |
| 축 방향의 선반가공 25Z | | | | | |
| 축 방향의 선반가공 6.3Z | | | | | |
| 평면연삭 12.5Z | | | | | |
| 평면연삭 3.2Z | | | | | |
| 평면연삭 0.8Z | | | | | |
| 형삭 50Z | | | | | |
| 형삭 12.5Z | | | | | |
| 형삭 6.3Z | | | | | |

| 작업과제명 | 표면거칠기 측정하기 |
|---|---|

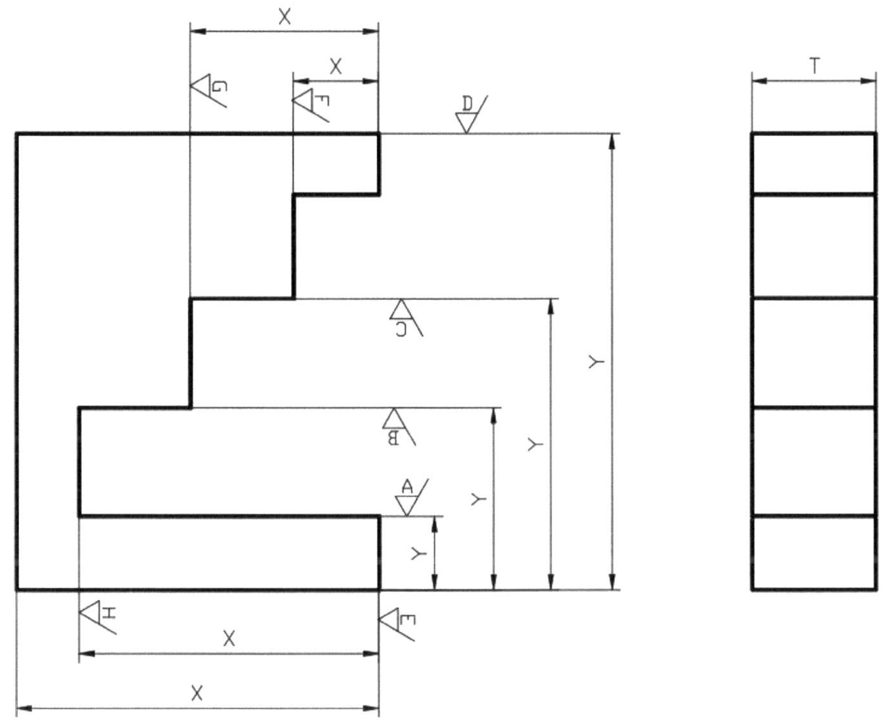


**측 정 세 부 사 항** [사용시편번호 : ]

| 측 정 항 목 | | | | | |
|---|---|---|---|---|---|
| 측정부위 | Rmax | Rz | Ra | RSm | |
| A | | | | | |
| B | | | | | |
| C | | | | | |
| D | | | | | |
| E | | | | | |
| F | | | | | |
| G | | | | | |
| H | | | | | |
| | | | | | |
| | | | | | |
| | | | | | |
| | | | | | |
| | | | | | |
| | | | | | |
| | | | | | |
| | | | | | |

| 계 측 기 관 리 |
|---|
| 사용계측기 : |
| 계측기의 측정정도 : |
| 계측결과의 평가 : |

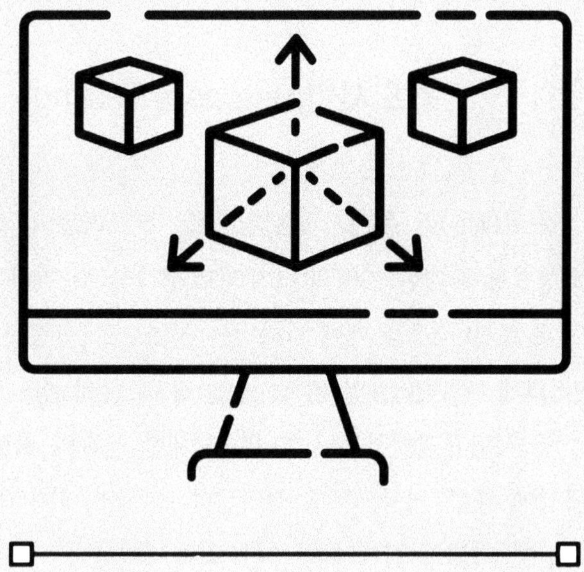

chapter

11

# 경도시험(Hardness Testing)의 측정원리

## 11.1 경도시험(Hardness Testing)

경도(硬度)란 물체의 단단함 또는 부드러움의 정도를 가리키는 양으로 물리적 정의는 어렵지만, 재료의 소성변형에 대한 저항의 크기라고 생각할 수 있다. 일반적으로 재료에 그 물질보다 단단한 다른 물체로 밀어 누르거나 긁을 때에 나타나는 저항으로 측정한다. 단단함을 측정하기 위해서는 여러 가지 방법이 있지만 크게 나누면 압입 경도, 반발 경도, 긁기 경도로 나눌 수 있다.

KS 시험규격에서는 소성변형에 대한 금속의 저항을 경도라 정의하며 이 용어는 단단함, 마모 또는 절단, 긁힘에 대한 저항으로도 정의된다. 부하가 적용되었을 때, 영구변형이 금속의 특성이고 광물에서는 다른 물질에 의해 긁힘에 대한 저항으로 나타낸다.

금속에 사용되는 경도 시험방법에는 브리넬 시험, 로크웰 시험 그리고 비커스 시험 등이 있으며 야금 최대 강도와 경도가 유사한 특성으로 높은 경도의 금속이 단단한 금속이라고 여겨질 수 있다. 금속의 경도를 측정하는 경도시험의 세 가지 방식으로 높은 경도의 볼(ball) 또는 원뿔(cone)을 압입하여 금속의 저항을 측정한다.

### 1. 브리넬 경도시험(Brinell Hardness Test)

금속 구(steel ball)를 이용하여 금속재료의 표면에 특정 하중(3,000 kgf)으로 누르면 구 형태의 압입 흔적이 생긴다. 이 압흔의 지름을 측정한 후, 하중을 그 영구 오목부의 표면적으로 나누면 값으로 브리넬 경도(brinell hardness number, BHN)가 얻으며 재료가 단단하면 단단할수록 압흔의 크기는 작아지고 브리넬 경도값은 높아진다.

금속에서는 연성이 풍부한 재질의 경도를 측정하고 유리, 치과용 세라믹 같이 깨지기 쉬운 물질이거나 고무같이 연성이 있는 물질의 정확한 경도 측정은 어렵다. 또한 압입 흔적의 크기 다른 경도 시험법에 비해 커 얇은 부품, 특히 표면만의 경도를 알고자 할 때는 적합하지 않으며 주물 제품 등의 소재 경도 측정에 주로 사용된다.

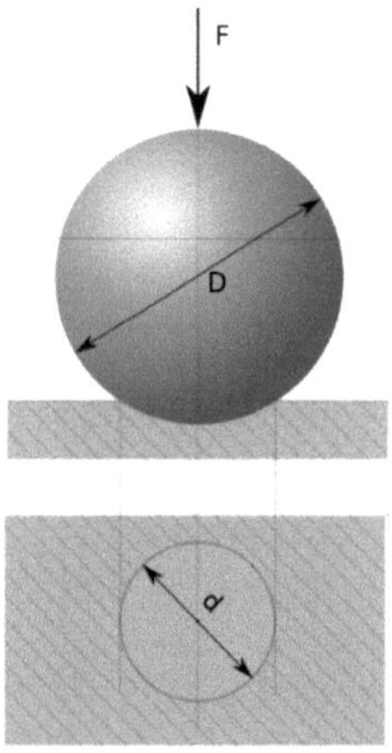


$$HB = \frac{2P}{\pi D(D - \sqrt{D^2 - d^2})}$$

**그림 11.1** 브리넬 경도시험의 환산

## 2. 로크웰 경도시험(Rockwell, Rockwell Superficial Hardness Test)

Rockwell 또는 Rockwell Superficial 경도를 측정하려면 먼저 시편에 다이아몬드 압입자(원뿔각도 : 120°, 원뿔의 반경 : 0.2mm, [A, C, D−Scale]) 또는 구형 압입자(스틸 볼 또는 고속도강 볼, [B−Scale])을 이용하여 기준 초기하중(primary load)과 시험하중(major load)에 의한 압입깊이 h($\mu$m)의 차이로 경도를 환산하며, 시편의 표면은 Brinell보다 더 평평해야 하고 연질 및 경질 재료에 폭넓게 사용되며 작동이 간편하고 고 정도를 유지하는 시험방법으로 신속한 시험을 할 수 있다.

Rockwell은 98.07N 및 Rockwell Superficial 29.42N의 예압을 사용하며 압입자 형태, 측정력 및 경도 공식이 함께 제공되는 특정 기호를 눈금이라고 하고 일본 산업표준(JIS)에서 관련 경도의 다양한 척도를 제시한다.

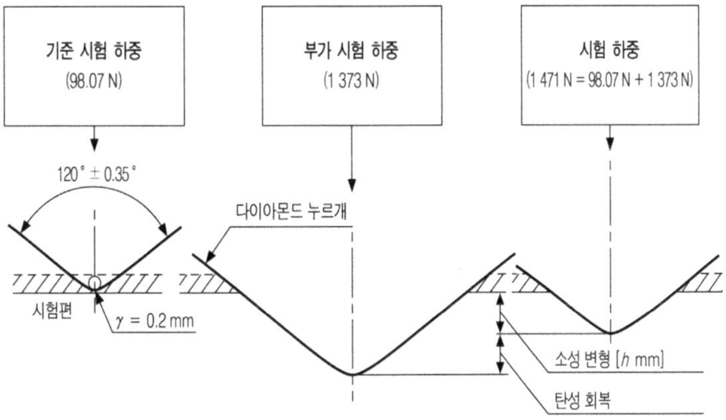


**그림 11.2** 로크웰 경도시험의 압입특성

## 3. 비커스 경도시험(Vickers Hardness Test)

비커스 경도는 적용 범위가 가장 넓은 시험방법으로 임의의 시험하중으로 경도 검사가 가능합니다. 이 테스트는 특히 9.807N(1kgf) 미만의 테스트 힘으로 수행된 경도 테스트에 대해 매우 많은 응용 분야를 가지고 있다.

비커스 경도는 시험하중 F(N)를 시편과 압입자 사이의 접촉면적 S($mm^2$)로 나눈 값으로, 대각선 길이 d (mm, 두 방향 길이의 평균으로 계산)이다. 시험하중 F(N)를 사용하여 시편에서 압입자(사각형 피라미드 다이아몬드, 대항면의 각도 $\theta$ : 136°)에 의해 형성된 압입 흔적으로 k는 상수(1/g=1/9.80665)이다.

$$HV = k\frac{F}{S} = 0.102\frac{F}{S} = 0.102\frac{2F\sin\frac{\theta}{2}}{d^2} = 0.1891\frac{F}{d^2} \qquad F:N,\ d:mm$$

계산된 비커스 경도의 오차는 다음 공식과 같다. 여기서 $\Delta d_1$, $\Delta d_2$와 "a"는 현미경으로 인한 측정오차, 압입흔적 판독오차, 압입자의 대향면에 의해 생성된 가장자리 선의 길이의 각도 $\Delta\theta$(각도단위)로 정의된다.

$$\frac{\Delta HV}{HV} \fallingdotseq \frac{\Delta F}{F} - 2\frac{\Delta d_1}{d} - 2\frac{\Delta d_2}{d} - \frac{a^2}{d^2} 3.5 \times 10^{-3} \Delta\theta$$

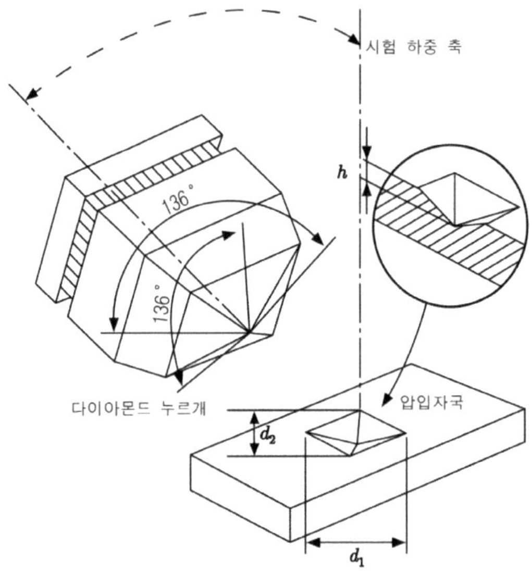


**그림 11.3** 비커스 경도시험의 압입자 특성

## 11.2 경도시험의 적용

### 1. 경도시험 방법에 따른 시험기 선택조건

경도시험기의 선택은 재질의 종류 시험편의 형상과 열처리 상태 등을 고려하여 그림 11.4에서 경도시험기를 선택하여 경도시험을 수행한다.

| Material \ Test Method | Microhardness (Micro-Vickers) | Micro surface material characteristics | Vickers | Rockwell | Rockwell Superficial | Brinell | Shore | For sponge, rubber, and plastic | Rebound type portable |
|---|---|---|---|---|---|---|---|---|---|
| IC wafer | ● | ● | | | | | | | |
| Carbide, ceramics (cutting tool) | | ▲ | ● | ● | | | | | |
| Steel (heat-treated material, raw material) | ● | ▲ | ● | ● | ● | | ● | | ● |
| Non-ferrous metal | ● | ▲ | ● | ● | ● | | | | ● |
| Plastic | | ▲ | | ● | | | | ● | |
| Grinding stone | | | | ● | | | | | |
| Casting | | | | | | ● | | | |
| Sponge, rubber | | | | | | | | ● | |
| **Form** | | | | | | | | | |
| Thin metal sheet (safety razor, metal foil) | ● | ● | ● | | ● | | | | |
| Thin film, plating, painting, surface layer (nitrided layer) | ● | ● | | | | | | | |
| small parts, acicular parts (clock hand, sewing-machine needle) | ● | ▲ | | | | | | | |
| Large specimen (structure) | | | | | | ● | ● | | ● |
| Metallic material configuration (hardness for each phase of multilayer alloy) | ● | ● | | | | | | | |
| Plastic plate | ▲ | ▲ | | ● | | | | ● | |
| Sponge, rubber plate | | | | | | | | ● | |
| **Application** | | | | | | | | | |
| Strength or physical property of materials | ● | ● | ● | ● | ● | ● | ● | ● | ▲ |
| Heat treatment process | ● | | ● | ● | ● | | ▲ | | ▲ |
| Carburized case depth | ● | | ● | | | | | | |
| Decarburized layer depth | ● | | ● | | ● | | | | |
| Flame or high-frequency hardening layer depth | ● | | ● | ● | | | | | |
| Hardenability test | | | ● | ● | | | | | |
| Maximum hardness of a welded spot | | | ● | | | | | | |
| Weld hardness | | | ● | ● | | | | | |
| High-temperature hardness (high-temperature characteristics, hot-workability) | | | ● | | | | | | |
| Fracture toughness (ceramics) | ● | | ● | | | | | | |

Key: ●●● Well-suited
▲▲▲ Reasonably suited

**그림 11.4** 경도시험기의 선택특성

### 2. 비커스 경도와 시료의 최소 허용두께의 관계

비커스 경도시험은 다른 하중을 사용하여 측정한 값을 서로 비교할 수 있다는 장점이 있다. 또한 작은 하중을 이용하여 작게 움푹 팬 곳을 만들어 경도를 측정하는 것이 가능하므로 미소(micro) 경도시험기로 사용되고 있다.

그림 11.5는 박판 시료에 대한 비커스 경도시험 방법에서 최소시료의 두께와 압입 하중 등의 관계를 나타내는 그림이다.

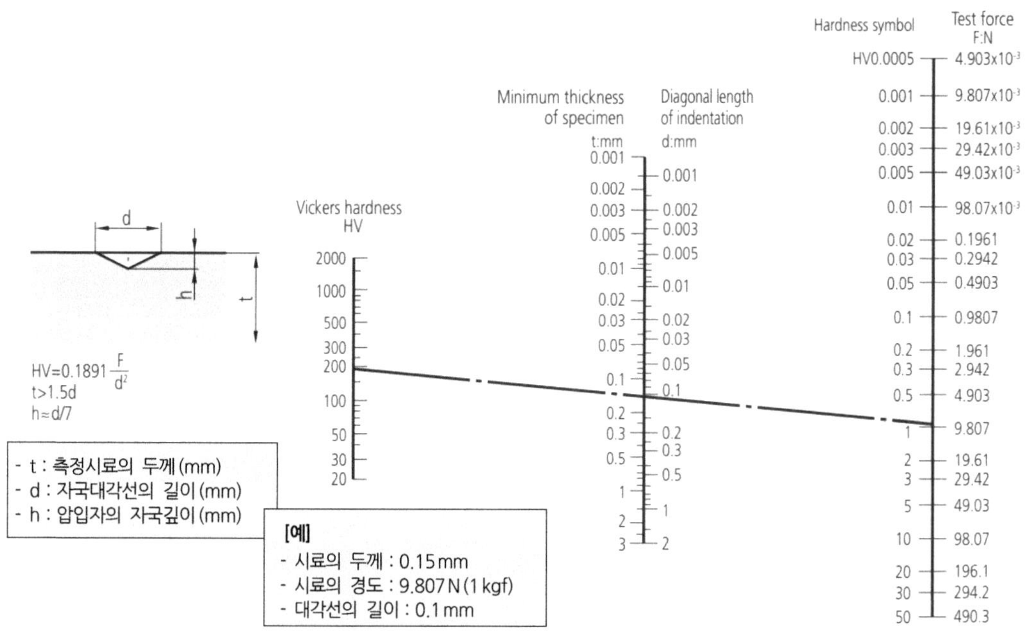


**그림 11.5** 비커스 경도시험의 특성

## 3. 로크웰과 로크웰 표면 경도(Superficial Hardness)의 경도 스케일

시험편이 단단하면 시험 후 압입자국의 깊이가 얕고 연하면 깊게 된다. 로크웰 경도시험의 종류를 보면 기준 시험 하중은 98.07 N이고, 시험하중은 588.4 N, 980.7 N, 1,471 N의 3종류가 있다. 압입자는 원추 각이 (120±0.35)°이고, 선단 반경이 0.2 mm±0.015 mm인 다이아몬드 압입자와 1.5875 mm, 3.175 mm, 6.350 mm, 12.70 mm 지름의 4종류의 강구를 포함하여 5개 종류가 사용되며 3종류의 시험하중과 5종류의 압입자를 조합하여 15종류의 시험이 가능하다.

| Scale | Indenter | Test force (N) | Application |
|---|---|---|---|
| A | Diamond | 588.4 | Cemented carbide, thin steel sheet |
| D | | 980.7 | Hardened steel |
| C | | 1,471 | Steel(100 HRB more∼70 HRC below) |
| F | Ball with a diameter of 1.5875 mm | 588.4 | Bearing metal, annealed copper brass |
| B | | 980.7 | Hard aluminum alloy, beryllium copper, |
| G | | 1471 | phosphor bronze |
| H | Ball with a diameter of 3.175 mm | 588.4 | Bearing metal, the grinding wheel |
| E | | 980.7 | Bearing metal |
| K | | 1,471 | Bearing metal |
| L | Ball with a diameter of 6.35 mm | 588.4 | Plastic, lead |
| M | | 980.7 | |
| P | | 1,471 | |
| 15Y | Ball with a diameter of 12.7 mm | 588.4 | Plastic |
| 30Y | | 980.7 | |
| 45Y | | 1,471 | |

**그림 11.6** 로크웰 경도시험의 스케일 특성

| Scale | Indenter | Test force (N) | Application |
|---|---|---|---|
| 15N | | 147.1 | Carburizing, nitriding, etc. |
| 30N | Diamond | 294.2 | Thin surface hardened layer |
| 45N | | 441.3 | of steel |
| 15T | Ball with a | 147.1 | Mild steel, brass, thin sheet |
| 30T | diameter of | 294.2 | of bronze, etc. |
| 45T | 1.5875mm | 441.3 | |
| 15W | Ball with a | 147.1 | |
| 30W | diameter of | 294.2 | Plastic, zinc, bearing alloy |
| 45W | 3.175mm | 441.3 | |
| 15X | Ball with a | 147.1 | |
| 30X | diameter of | 294.2 | Plastic, zinc, bearing alloy |
| 45X | 6.35mm | 441.3 | |
| 15Y | Ball with a | 147.1 | |
| 30Y | diameter of | 294.2 | Plastic, zinc, bearing alloy |
| 45Y | 12.7mm | 441.3 | |

**그림 11.7** 로크웰 표면 경도시험의 스케일 특성

## 4. 로크웰 경도와 로크웰 표면 경도 시편의 최소두께 관계

로크웰 경도시험에서 시험편의 두께는 압입 깊이의 10배 이상이 요구되고 탄성변형이 일어나지 않게 시험하여야 한다.

그림 11.8은 로크웰 경도시험 방법에서 최소시료의 두께와 측정된 경도의 관계를 나타내는 그림이다.

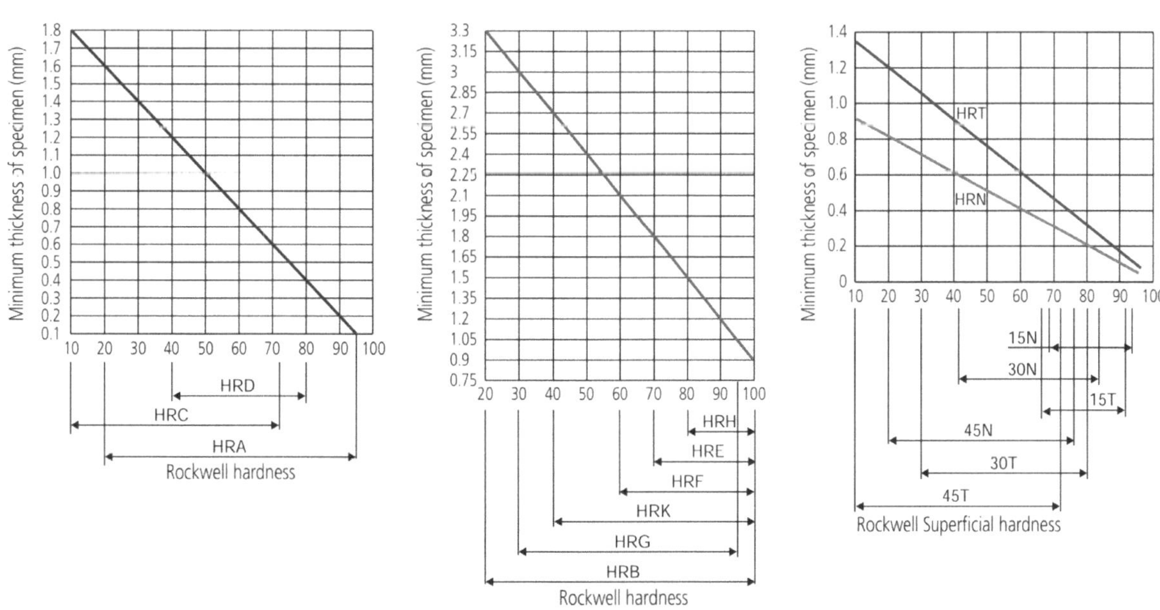


**그림 11.8** 로크웰 경도의 특성비교

## 5. 표면 경도시험 결과의 비교표

**표 11.1** 경도시험과 인장하중 비교자료

| VICKERS HARD. (HV) | BRINELL HARDNESS (HB) | | ROCKWELL HARDNESS (HR) | | | | ROCKWELL SUPERFICIAL HARDNESS (HR) | | | SHORE HARD. (HS) | TENSILE STRENGTH (APPR.) |
|---|---|---|---|---|---|---|---|---|---|---|---|
| SCALE | | | A | B | C | D | 15N | 30N | 45N | | |
| BALL | 10mm STEEL | 10mm CARBIDE | 120° DIAMOND CONE | 1/16" STEEL SPHERE | 120° DIAMOND CONE | 120° DIAMOND CONE | 120° DIAMOND CONE | 120° DIAMOND CONE | 120° DIAMOND CONE | | |
| Load | 3,000kgf | 3,000kgf | 60kgf | 100kgf | 150kgf | 100kgf | 15kgf | 30kgf | 45kgf | | $kg/mm^2$ |
| 1865 | | | 92.1 | | 80 | 86.5 | 96.5 | 92 | 87 | | |
| 1787 | | | 91.6 | | 79 | 85.7 | 96.3 | 91.5 | 86.2 | | |
| 1710 | | | 91.1 | | 78 | 84.9 | 96.1 | 90.9 | 85.4 | | |
| 1633 | | | 90.6 | | 77 | 84.2 | 95.8 | 90.3 | 84.5 | | |
| 1556 | | | 90.1 | | 76 | 83.4 | 95.5 | 89.7 | 83.6 | | |
| 1478 | | | 89.6 | | 75 | 82.6 | 95.2 | 89.1 | 82.5 | | |
| 1400 | | | 89 | | 74 | 81.8 | 94.9 | 88.5 | 81.6 | | |
| 1323 | | | 88.5 | | 73 | 81 | 94.6 | 87.9 | 80.7 | | |
| 1245 | | | 88 | | 72 | 80.1 | 94.3 | 87.2 | 79.7 | | |
| 1160 | | | 87.1 | | 71 | 79.4 | 94 | 86.5 | 78.7 | | |
| 1076 | | | 86.8 | | 70 | 78.6 | 93.7 | 85.8 | 77.6 | | |
| 1004 | | | 86.2 | | 69 | 77.8 | 93.4 | 85.1 | 76.4 | | |
| 940 | | | 85.6 | | 68 | 76.9 | 93.2 | 84.3 | 75.4 | | |
| 900 | | | 85 | | 67 | 76.1 | 92.9 | 83.6 | 74.2 | 95.2 | |
| 865 | | | 84.5 | | 66 | 75.4 | 92.5 | 82.8 | 73.3 | 93.1 | |
| 832 | | 739 | 83.9 | | 65 | 74.5 | 92.2 | 81.9 | 72 | 91 | |
| 800 | | 722 | 83.4 | | 64 | 73.8 | 91.8 | 81.1 | 71 | 88.9 | |
| 772 | | 705 | 82.8 | | 63 | 73 | 91.4 | 80.1 | 69.9 | 87 | |
| 746 | | 688 | 82.3 | | 62 | 72.2 | 91.1 | 79.3 | 66.6 | 85.2 | |
| 720 | | 670 | 81.8 | | 61 | 71.5 | 90.7 | 78.4 | 67.7 | 83.3 | |
| 697 | | 654 | 81.2 | | 60 | 70.7 | 90.2 | 77.5 | 66.6 | 81.6 | |
| 674 | | 634 | 80.7 | | 59 | 69.9 | 89.8 | 76.6 | 65.5 | 79.9 | |
| 653 | | 615 | 80.1 | | 58 | 69.2 | 89.3 | 75.7 | 64.3 | 78.2 | |
| 633 | | 595 | 79.6 | | 57 | 68.5 | 88.9 | 74.8 | 63.2 | 75.6 | |
| 613 | | 577 | 79 | | 56 | 67.7 | 88.3 | 73.9 | 62 | 75 | |
| 595 | | 560 | 78.5 | | 55 | 66.9 | 87.9 | 73 | 60.9 | 73.5 | 212 |
| 577 | | 543 | 78 | | 54 | 66.1 | 87.4 | 72 | 59.8 | 71.9 | 205 |
| 560 | | 525 | 77.4 | | 53 | 65.4 | 86.9 | 71.2 | 58.6 | 70.4 | 199 |
| 544 | 500 | 512 | 76.8 | | 52 | 64.6 | 86.4 | 70.2 | 57.4 | 69 | 192 |
| 528 | 487 | 496 | 76.3 | | 51 | 63.8 | 85.9 | 69.4 | 56.1 | 67.6 | 186 |
| 513 | 475 | 481 | 75.9 | | 50 | 63.1 | 85.5 | 68.5 | 55 | 66.2 | 179 |
| 498 | 464 | 469 | 75.2 | | 49 | 62.1 | 85 | 67.6 | 53.8 | 64.7 | 172 |

| 484 | 451 | 455 | 74.7 | | 48 | 61.4 | 84.5 | 66.7 | 52.5 | 63.4 | 167 |
|---|---|---|---|---|---|---|---|---|---|---|---|
| 471 | 442 | 443 | 74.1 | | 47 | 60.8 | 83.9 | 65.8 | 51.4 | 62.1 | 161 |
| 458 | 432 | 432 | 73.6 | | 46 | 60 | 83.5 | 64.8 | 50.3 | 60.8 | 156 |
| 446 | 421 | 421 | 73.1 | | 45 | 59.2 | 83 | 64 | 49 | 59.6 | 151 |
| 434 | 409 | 409 | 72.5 | | 44 | 58.5 | 82.5 | 63.1 | 47.8 | 58.4 | 146 |
| 423 | 400 | 400 | 70 | | 43 | 57.7 | 82 | 62.2 | 46.7 | 57.2 | 141 |
| 412 | 390 | 390 | 71.5 | | 42 | 56.9 | 81.5 | 61.3 | 45.5 | 56.1 | 136 |
| 402 | 381 | 381 | 70.9 | | 41 | 56.2 | 80.9 | 60.4 | 44.3 | 55 | 132 |
| 392 | 371 | 371 | 70.4 | | 40 | 55.4 | 80.4 | 59.5 | 43.1 | 53.9 | 127 |
| 382 | 362 | 362 | 69.9 | | 39 | 54.6 | 79.9 | 58.6 | 41.9 | 52.9 | 124 |
| 372 | 353 | 353 | 69.4 | | 38 | 53.8 | 79.4 | 57.7 | 40.8 | 51.8 | 120 |
| 363 | 344 | 344 | 68.9 | | 37 | 53.1 | 78.8 | 56.8 | 39.6 | 50.7 | 118 |
| 354 | 336 | 336 | 68.4 | 109 | 36 | 52.3 | 78.3 | 55.9 | 38.4 | 49.7 | 114 |
| 345 | 327 | 327 | 67.9 | 108.5 | 35 | 51.5 | 77.7 | 55 | 37.2 | 48.7 | 110 |
| 336 | 319 | 319 | 67.4 | 108 | 34 | 50.8 | 77.2 | 54.2 | 36.1 | 47.7 | 108 |
| 327 | 311 | 311 | 66.8 | 107.5 | 33 | 50 | 76.6 | 53.3 | 34.9 | 46.6 | 105 |
| 318 | 301 | 301 | 66.3 | 107 | 32 | 49.2 | 76.1 | 52.1 | 33.7 | 45.6 | 102 |
| 310 | 294 | 294 | 65.8 | 106 | 31 | 48.4 | 75.6 | 51.3 | 32.5 | 44.6 | 100 |
| 302 | 286 | 286 | 65.3 | 105.5 | 30 | 47.7 | 75 | 50.4 | 31.3 | 43.6 | 97 |
| 294 | 279 | 279 | 64.7 | 104.5 | 29 | 47 | 74.5 | 49.5 | 30.1 | 42.7 | 95 |
| 286 | 271 | 271 | 64.3 | 104 | 28 | 46.1 | 73.9 | 48.6 | 28.9 | 41.7 | 93 |
| 279 | 264 | 264 | 63.8 | 103 | 27 | 45.2 | 73.3 | 47.7 | 27.8 | 40.8 | 90 |
| 272 | 258 | 258 | 63.3 | 102.5 | 26 | 44.6 | 72.8 | 46.8 | 26.7 | 39.9 | 88 |
| 266 | 253 | 253 | 62.8 | 101.5 | 25 | 43.8 | 72.2 | 45.9 | 25.5 | 39.2 | 86 |
| 260 | 247 | 247 | 62.4 | 101 | 24 | 43.1 | 71.6 | 45 | 24.3 | 38.4 | 84 |
| 254 | 243 | 243 | 62 | 100 | 23 | 42.1 | 71 | 44 | 23.1 | 37.7 | 82 |
| 248 | 237 | 237 | 61.5 | 99 | 22 | 41.6 | 70.5 | 43.2 | 22 | 36.9 | 80 |
| 243 | 231 | 231 | 61 | 98.5 | 21 | 40.9 | 69.9 | 42.3 | 20.7 | 36.3 | 79 |
| 238 | 226 | 226 | 60.5 | 97.8 | 20 | 40.1 | 69.4 | 41.5 | 19.6 | 35.6 | 77 |
| 230 | 219 | 219 | | 96.7 | 18 | | | | | 34.6 | 75 |
| 222 | 212 | 212 | | 95.5 | 16 | | | | | 33.5 | 72 |
| 213 | 203 | 203 | | 93.9 | 14 | | | | | 32.3 | 69 |
| 204 | 194 | 194 | | 92.3 | 12 | | | | | 31.1 | 66 |
| 196 | 187 | 187 | | 90.7 | 10 | | | | | 30 | 63 |
| 188 | 179 | 179 | | 89.5 | 8 | | | | | | 61 |
| 180 | 171 | 171 | | 87.1 | 6 | | | | | | 59 |
| 173 | 165 | 165 | | 85.5 | 4 | | | | | | 56 |
| 166 | 158 | 158 | | 83.5 | 2 | | | | | | 54 |
| | | | | 81.7 | 0 | | | | | | 53 |

**실습에 사용되는 계측기** **다음의 실습과제를 비커스 경도 시험 결과와 로크웰 시험 결과를 비교하고 표 11.1에 의해 환산하여 기재하시오.**

1) 표준시험편 : 표준 경도 시험편 [표준시편 3개 (HRC60/65), (HRC40/45), (HRC20/26)]

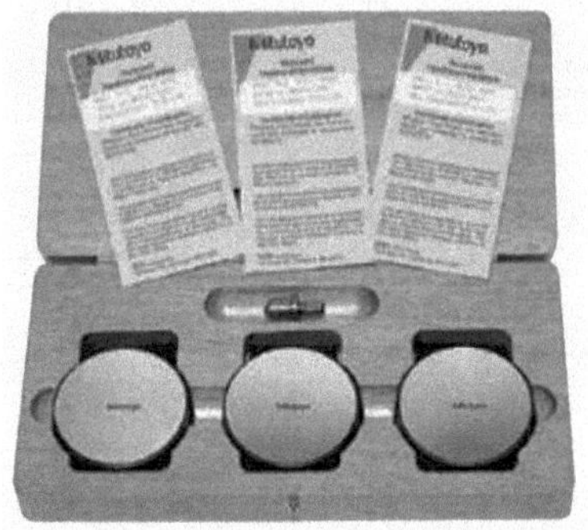

2) 사용경도계 : 비커스 경도계 [Mitutoyo 810-440A 또는 동일 대체품]
3) 사용경도계 : 로크웰 경도계 [Mitutoyo 963-231-10A 또는 동일 대체품]

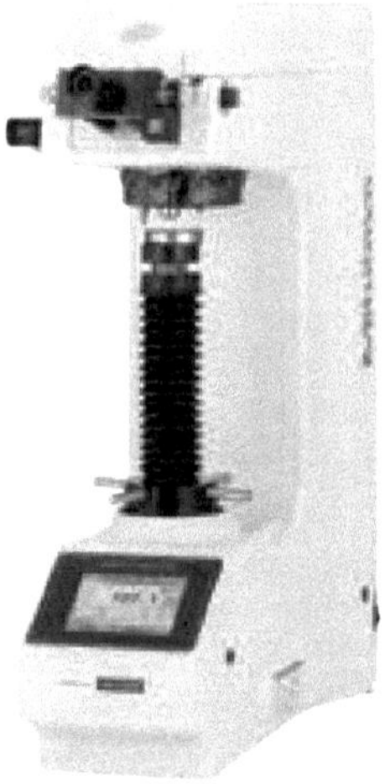

810-440A

963-231-10A

## 11.3 표준 평치차의 경도시험

| 작업과제명 | 표준 평치차의 경도 측정하기 |
|---|---|

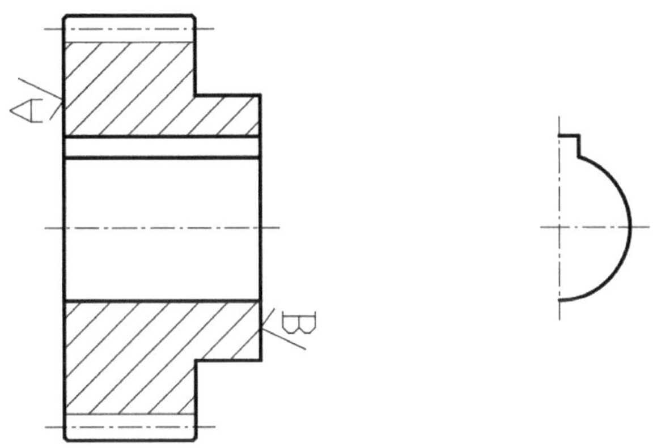


**측 정 세 부 사 항** [사용시편번호 : ]

| 측 정 항 목 | | | | | | 계 측 기 관 리 |
|---|---|---|---|---|---|---|
| 측정부위 | 1회 | 2회 | 3회 | 평균값 | 검증값 | 사용계측기 : |
| A | HV | | | | | |
| | $H_RC$ | | | | | 계측기의 측정정도 : |
| B | HV | | | | | |
| | $H_RC$ | | | | | 계측결과의 평가 : |
| | | | | | | |
| 경도 값의 환산 | | | | | | |
| | | HV/$H_RC$ | HB | HS | 인장강도 | |
| A | HV | | | | | |
| | $H_RC$ | | – | | | |
| B | HV | | | | | |
| | $H_RC$ | | – | | | |
| | | HV/$H_RC$ | $H_RA$ | $H_RB$ | $H_RD$ | |
| A | HV | | – | | | |
| | $H_RC$ | | | | | |
| B | HV | | – | | | |
| | $H_RC$ | | | | | |
| | | | | | | |
| | | | | | | |
| | | | | | | |

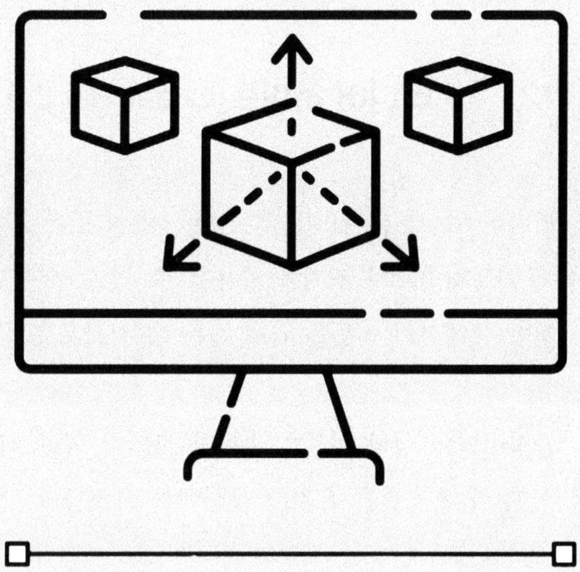

chapter

12

# 리니어 하이트(Linear Height)의 활용

## 12.1 리니어 하이트(Linear Height)의 활용

리니어 하이트는 신뢰할 수 있는 1차원 또는 2차원 측정이 가능한 측정기이다. 0.1$\mu$m의 정밀한 높이 측정이 가능하고 2차 전지를 사용할 수 있어, 무선 측정이 가능하다.

정반 상에서의 이동을 쉽게 하는 에어 서포트 상태에서 정밀측정이 가능하게 하는 적은 측정압력이 제공된다.

슬라이더의 상하 이동은 수동과 모터에 의한 이동이 병행되어 높이 측정, 그 밖의 자동 정압 기구에 의한 일정한 측정력을 유지한 상태에서 측정물의 곡면을 스캐닝하거나 임의의 범위의 최대, 최소 폭의 측정이 가능하고 축 또는 구멍의 원 측정도 가능하다.

데이터 처리 장치에는 대화형 LCD 그래픽이 적용되어 측정에 필요한 각종 정보가 알기 쉽게 표시된다. 또한 빈번하게 사용하는 기능키는 일회 조작으로 실행할 수 있다. 작업자는 쉬운 측정이 가능한 파트프로그램 작성/실행/편집, 2차원 측정, 공차 조합 및 통계 연산 처리 기능이 있다. 또한 파트프로그램/측정 데이터 등은 PC에 보관하여 관리되고 필요에 따라 호출해서 사용할 수 있다.

## 12.2 리니어 하이트의 응용

그림 12.1은 TESA사의 리니어 하이트(HITE Magna 400)로 1차원 측정과 윤곽 측정을 위해 넓은 범위의 높이 게이지가 제공된다.

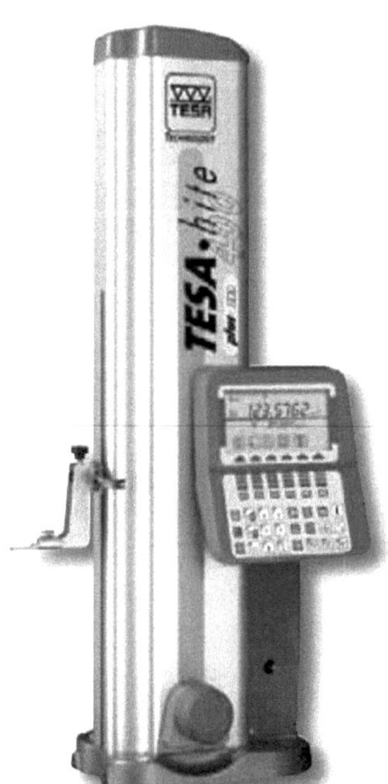

리니어 하이트를 이용한 높이측정

**그림 12.1** Tesa사의 HITE-Magna 리니어 하이트

## 1. 1차원 리니어 하이트의 측정 응용

1차원 리니어 하이트는 그림 12.2에서와 같이 길이 방향 측정과 길이에 의한 윤곽 측정이 가능하다.

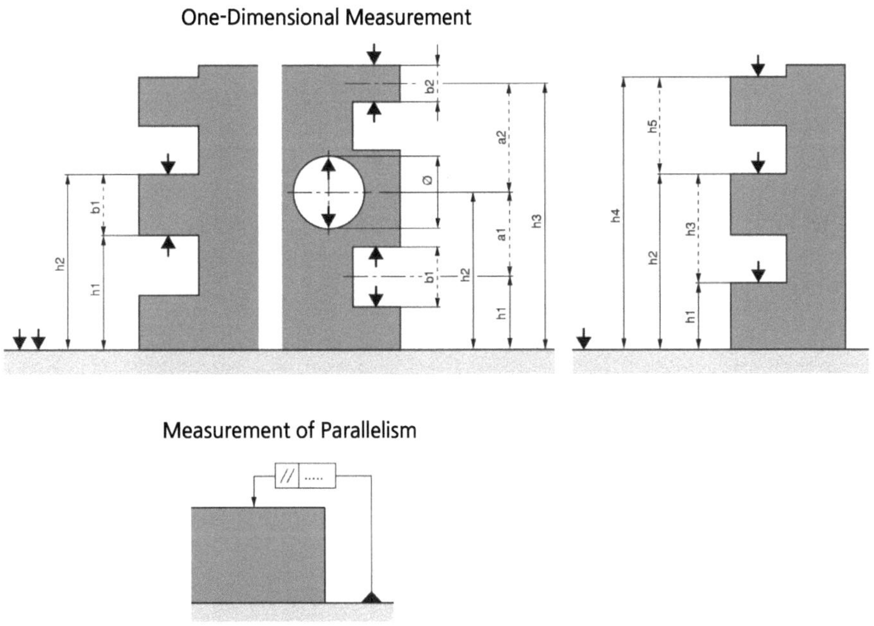


**그림 12.2** 1차원 리니어 하이트의 측정 예

그림 12.3에서와 같은 1차원 리니어 하이트에 직각도 측정 옵션이 있는 경우 직각도를 측정할 수 있다.

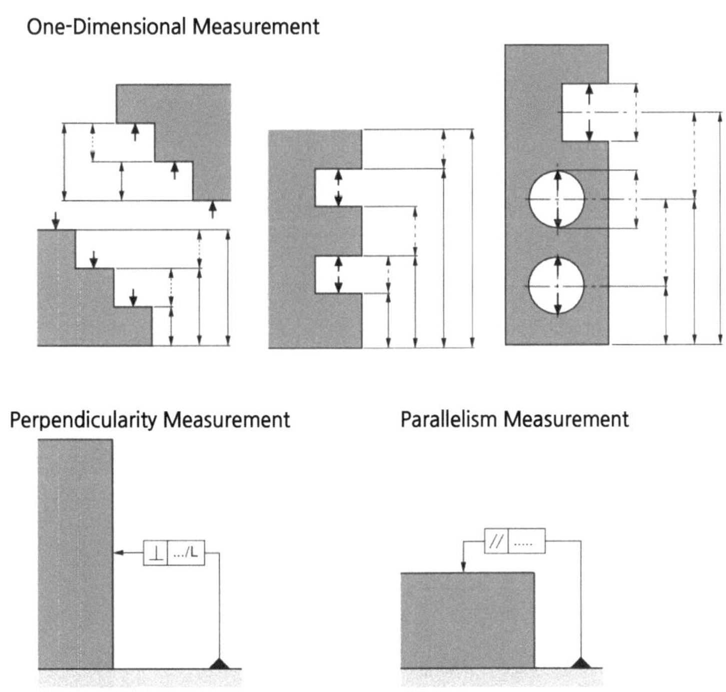


**그림 12.3** 1차원 리니어 하이트의 측정에서 직각도 옵션

## 2. 2차원 리니어 하이트의 측정응용

2차원 리니어 하이트는 그림 12.4에서와 같이 길이 방향 측정과 길이에 의한 윤곽 측정 및 2차원 위치 측정이 가능하다.

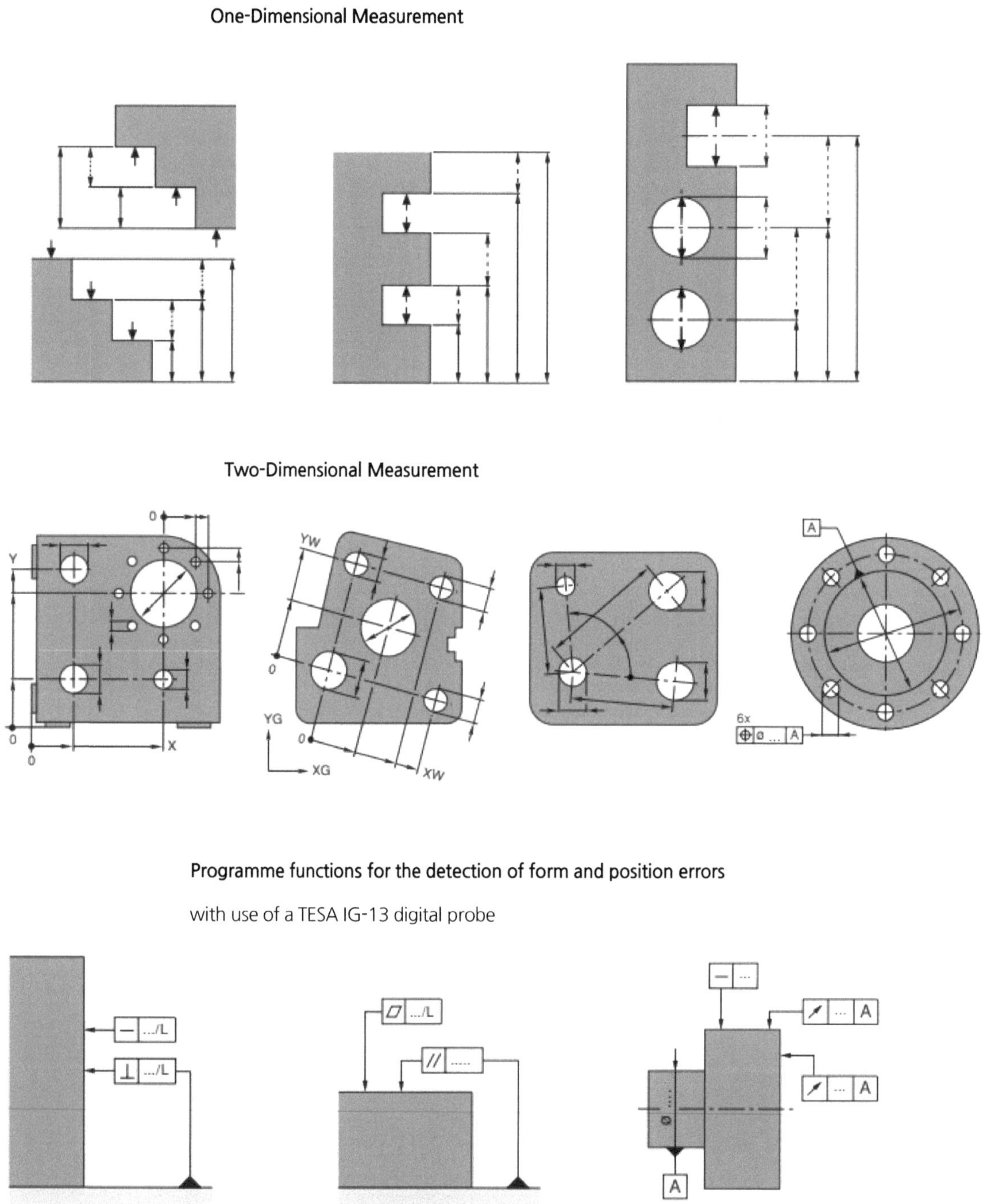


**그림 12.4** 2차원 리니어 하이트의 측정 예

## 3. 리니어 하이트를 이용한 직각도와 진직도의 이해

리니어 하이트를 이용하여 측정된 결과를 그림 12.5에서와 같이 직각도와 진직도로 환산할 수 있다.

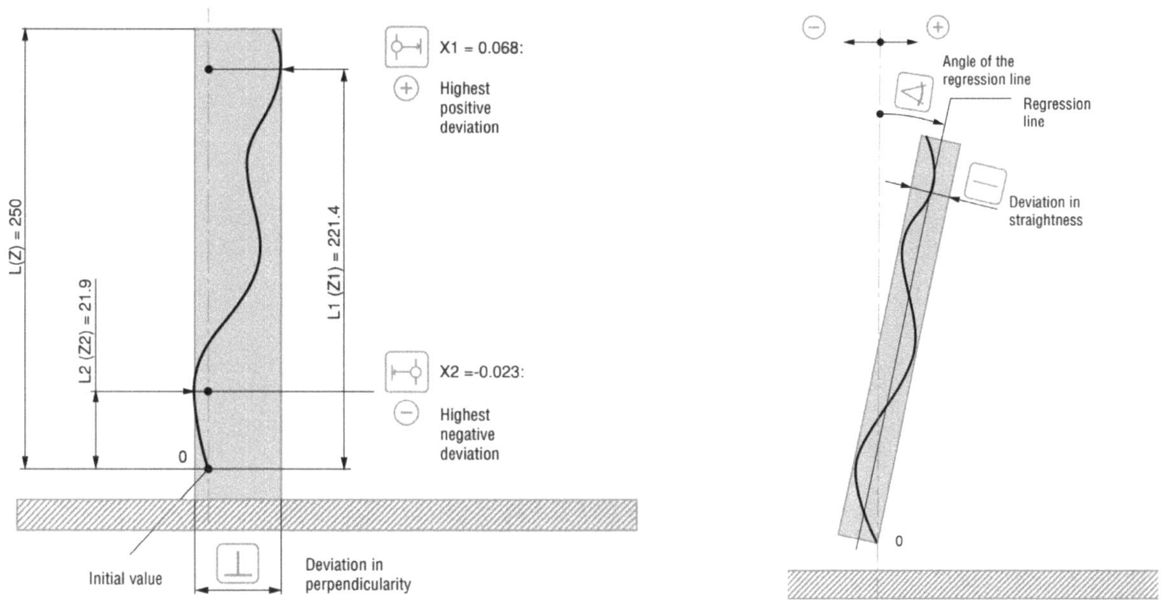


**그림 12.5** 리니어 하이트 측정 결과의 이해

**실습에 사용되는 계측기** 다음의 실습과제를 리니어 하이트를 이용하여 측정하시오. 단, 리니어 하이트를 이용하여 측정하고 각각의 부위를 측정할 수 없는 경우 보고서에 "측정불가"로 표시한다.

1) 사용계측기 : 리니어 하이트(0~400mm) [TESA HITE-Magna 400 또는 동일 대체품]

Tesa사의 HITE-Magna 리니어 하이트

## 12.3 리니어 하이트를 이용한 계측실습

| 작업과제명 | 리니어 하이트를 이용한 높이측정 |
|---|---|

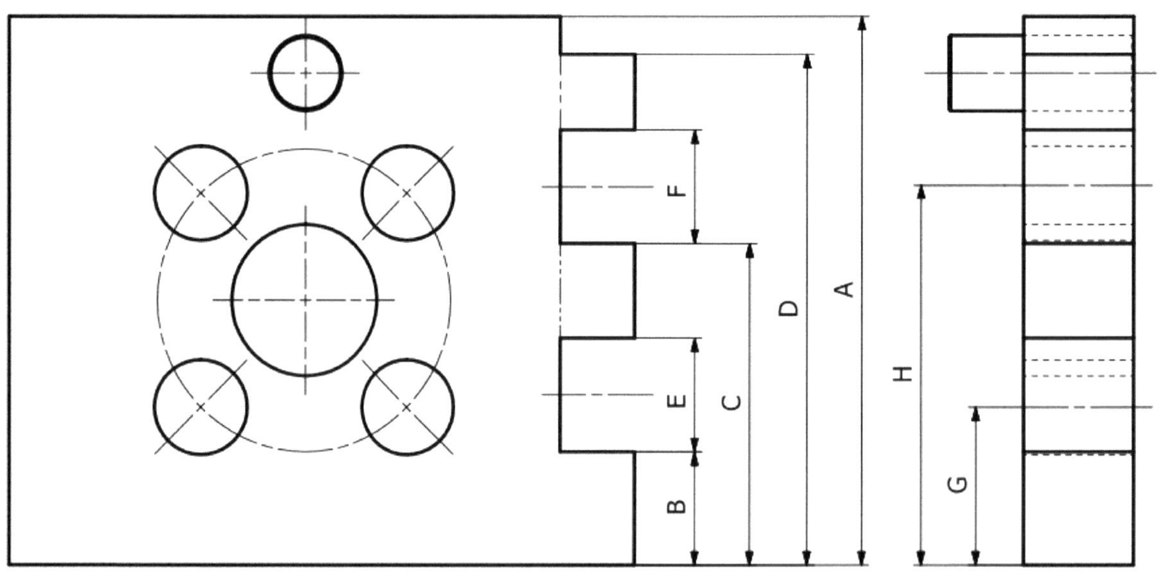


**측 정 세 부 사 항** [사용시편번호 : ]

| 측 정 항 목 | | | | | | 계 측 기 관 리 |
|---|---|---|---|---|---|---|
| 측정부위 | 1회 | 2회 | 3회 | 평균값 | 검증값 | 사용계측기 : |
| A | | | | | | |
| B | | | | | | 계측기의 측정정도 : |
| C | | | | | | |
| D | | | | | | 계측결과의 평가 : |
| E | | | | | | |
| F | | | | | | |
| G | | | | | | |
| H | | | | | | |
| | | | | | | |
| | | | | | | |
| | | | | | | |

| 작업과제명 | 리니어 하이트를 이용한 위치측정 12.1 |
|---|---|

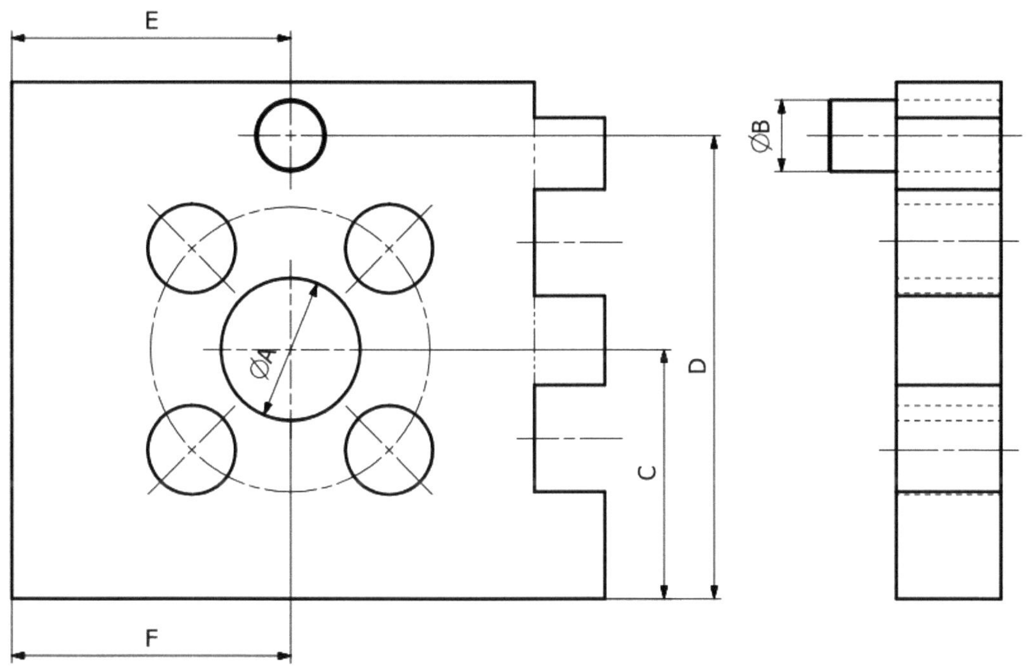


**측 정 세 부 사 항** [사용시편번호 : ]

| 측 정 항 목 | | | | | | 계 측 기 관 리 |
|---|---|---|---|---|---|---|
| 측정부위 | 1회 | 2회 | 3회 | 평균값 | 검증값 | 사용계측기 : |
| A | | | | | | |
| B | | | | | | 계측기의 측정정도 : |
| C | | | | | | |
| D | | | | | | 계측결과의 평가 : |
| E | | | | | | |
| F | | | | | | |
| | | | | | | |
| | | | | | | |
| | | | | | | |
| | | | | | | |
| | | | | | | |

| 작업과제명 | 리니어 하이트를 이용한 위치측정 12.2 |
|---|---|

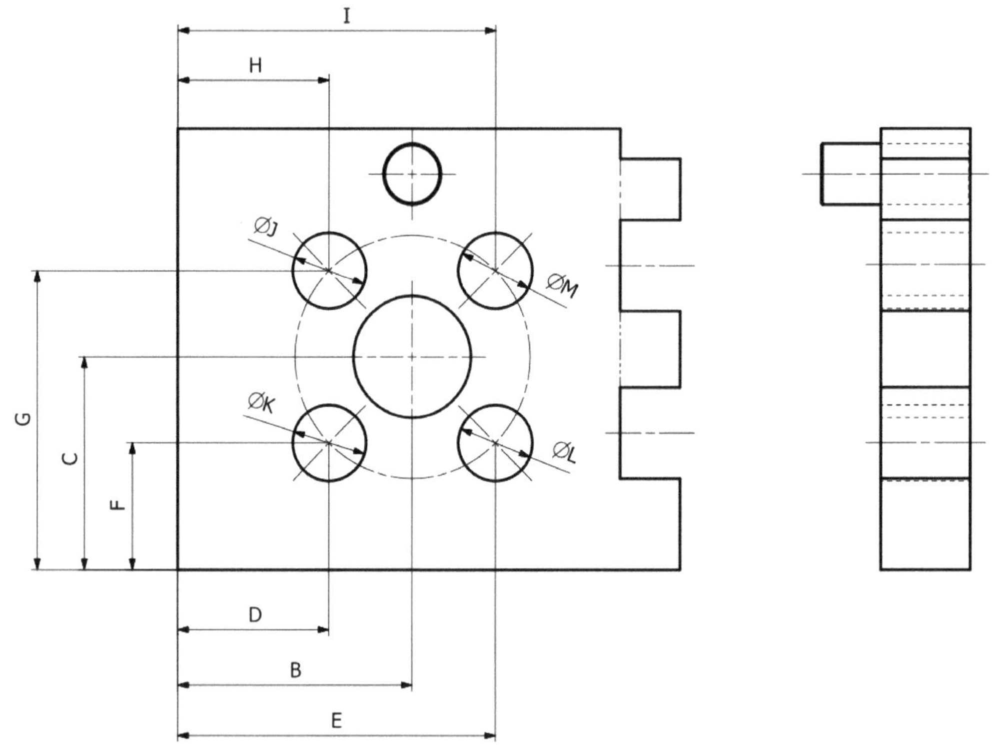


**측 정 세 부 사 항** [사용시편번호 : ]

| 측 정 항 목 | | | | | | 계 측 기 관 리 |
|---|---|---|---|---|---|---|
| 측정부위 | 1회 | 2회 | 3회 | 평균값 | 검증값 | 사용계측기 : |
| A | | | | | | |
| B | | | | | | 계측기의 측정정도 : |
| C | | | | | | |
| D | | | | | | 계측결과의 평가 : |
| E | | | | | | |
| F | | | | | | |
| G | | | | | | |
| H | | | | | | |
| I | | | | | | |
| J | | | | | | |
| K | | | | | | |
| L | | | | | | |
| M | | | | | | |
| | | | | | | |

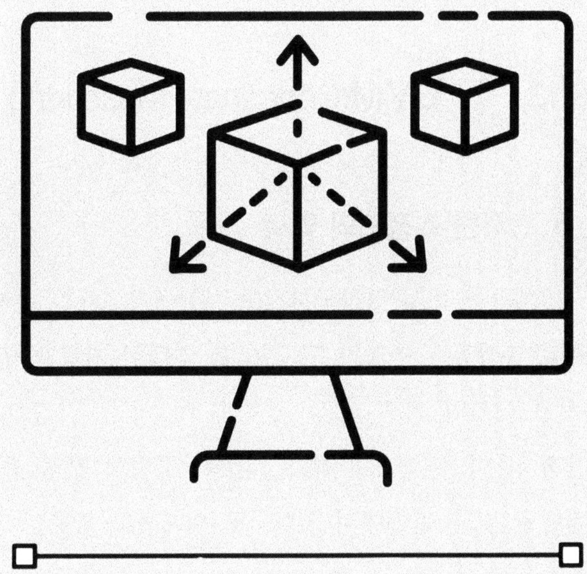

chapter

13

# CMM(Coordinate Measuring Machine) 이용한 응용계측

# 13.1 CMM(Coordinate Measuring Machine)의 이해

## 1. 3차원 측정기의 역사

기계공학 대사전(한국사전연구사)에서 3차원 측정기는 "측정물의 치수, 형상, 윤곽 등을 직각인 3개의 좌표로 측정하는 측정기, 금긋기 등 간단한 가공 작업을 할 수 있는 것도 있다. 측정물의 면에 접촉하는 측정자(프로브)의 전후, 좌우, 상하의 이동량을 각각 읽을 수 있고 전자계산기로 데이터 처리되어 윤곽, 형상, 간격, 높이, 평면도, 평행도, 지름, 구멍의 간격 등의 수치가 프린터에 표시된다. 측정 범위가 1m 이상의 대형인 것도 만들어져 있다."로 소개하고 있다.

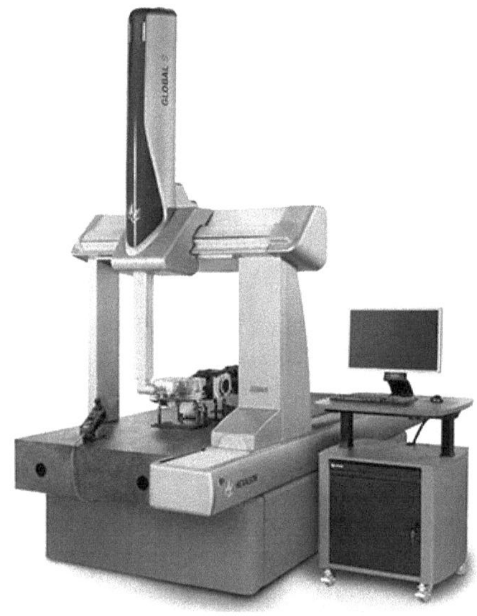

**그림 13.1** Hexagon사의 GLOBALS CMM

최초의 3차원 측정기는 1960년대 초에 상품화되었으며 여러 가지 설이 있지만, Hansford사이며 Rapid-Check 모델이 최초의 3차원 측정기로 알려져 있다. 초기의 모델은 오늘날의 기준으로 볼 때 매우 단순한 구조를 갖추고 있었으며 컴퓨터 등의 장치도 갖추고 있지 않다.

오늘날의 3차원 측정기가 이러한 초기의 3차원 측정기에 비해 매우 정교해지고 복잡한 구조를 갖추고 있지만, 기본적인 개념은 동일하다. 즉, 3개의 직교축을 견고하게 제작하고 각축에 측정 스케일을 부착하여 X, Y, Z 축의 위치를 검출한다.

축의 원활한 이동을 위하여 압축 공기를 이용한 에어 베어링으로 각 축을 부상시키거나 순환식 볼 베어링 또는 리니어모터 등의 형태를 이용한다. 측정기의 좌표값을 표시해 주는 좌표 표시장치가 부착되어 측정기의 위치를 실시간으로 표시하고 기록하였으며 수직축에는 측정물과의 접촉을 감지하는 프로브가 다양한 형태로 장착한다.

### 1) 초기의 3차원 측정기

초기의 3차원 측정기에서는 측정물을 장비의 축 방향에 맞추어 고정해야 했으며 다이얼 게이지를 Z축 스핀들에 장착하여 측정물의 정돈을 맞추었다. 측정에 사용된 프로브는 고정식 테이퍼 프로브로서 측정하고자 하는 안지름에 끼워 맞추고 리이드 아웃을 영점으로 설정하고 다음 측정 요소로 프로브를 이동하는 방법으로 측정하였다. X, Y 거리는 리이드 아웃의 좌표값을 보고 수기로 측정 보고서를 작성하였다.

안지름 등의 길이측정은 Go-No 게이지, 캘리퍼스 또는 마이크로미터 등을 이용하여 측정하였다.

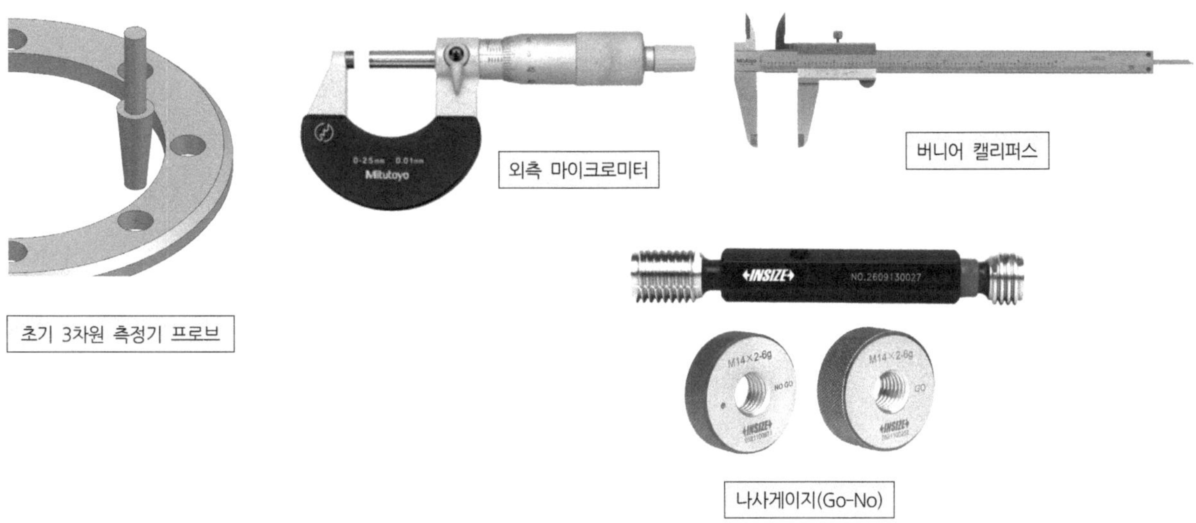


**그림 13.2** 초기의 길이계측기

### 2) 컴퓨터의 도입과 측정용 전자 프로브의 개발

3차원 측정에 있어서 큰 발전은 측정 소프트웨어와 컴퓨터를 측정에 도입한 것이며 초기의 소프트웨어 프로그램은 측정물이 측정기 축에서 떨어진 거리를 계산해주는 간단한 알고리즘 계산식을 사용하여 측정물의 정렬을 쉽게 해주는 기능만을 갖고 있었다. 컴퓨터가 도입된 시점과 거의 같은 시기에 영국 Renishaw에서 개발한 TP1(그림 13.3) 전자식 프로브가 개발 도입되어 고정식 테이퍼 프로브를 대체하였다. 이러한 전자식 프로브의 사용은 소프트웨어에 전자 프로브와 스케일의 신호로 측정치를 계산하는 기능이 추가 도입되는 획기적인 발전을 가져오게 되었다.

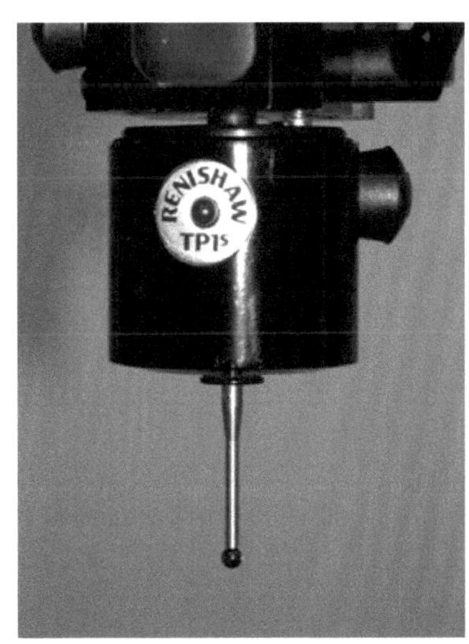


**그림 13.3** Renishaw TP1 프로브

### 3) 제어용 모터를 이용한 3차원 측정기와 계측알고리즘의 개발

3차원 측정기의 커다란 변화를 가져온 발전은 측정기 각각의 축에 모터를 장착하고 이송용 제어 컨트롤러가 도입되어 3차원 측정기의 움직임을 컴퓨터에서 제어할 수 있게 되었다. 여기에는 소프트웨어에 기본적인 측정 요소를 자동으로 측정할 수 있게 구동 알고리즘의 도입이 필수적이다.

초기 3차원 측정기는 측정 과정이 반복 시퀀스로 실행되는 것이 가능하게 되고 측정 프로그램이 작성되면 천공 테이프 형태로 저장되었다. 천공 테이프는 같은 종류의 측정물을 측정하는 데 이용되고 다양한 형태의 측정물의 검사가 가능해졌음을 의미한다.

기존의 알고리즘은 요소의 측정에 최소 측정 포인트만 프로빙하면 되었으나(예, 원의 측정에는 3점, 면의 측정 3점, 선의 측정 2점 등) 3차원 측정기의 반복 정확도를 개선을 위해 소프트웨어에 베스트-피트 알고리즘이 추가되어 측정 요소에 많은 포인트를 프로빙하여 평균값으로부터 더 정확한 위치와 크기를 알 수 있게 되었다. 이러한 다점 연산 기능이 도입되면서 기하학적 치수공차(GD&T)의 알고리즘이 추가될 수 있었다.

3차원 측정기의 활용이 확산되면서 소프트웨어의 기능과 개발이 고객의 요구로 추진되는 경향이 나타났다. 원형 슬롯의 가공이 많은 업체의 요구에 따라 슬롯 측정 기능이 개발되었다거나, 원추 및 구의 측정 기능 또한 고객의 요구에 의한 기능 개발의 결과이다. 어떤 3차원 측정기를 구입할 것인가 하는 결정은 단지 가격과 정확도에 의해 결정되는 것이 아니라 소프트웨어의 능력에 좌우되는 경향이 나타났다.

### 4) CMM장비의 고속기동

**표 13.1** HEXAGON MI-Croma 8.10.6 기계사양

| 세 부 항 목 | 장 비 사 양 |
|---|---|
| 측정범위/측정 분해능 | - X축 : 800 mm, Y축 : 1,000 mm, Z축 : 600 mm<br>- 측정 분해능 : 0.078 $\mu$m |
| 구동 방법 | - 각축 에어베어링 및 Y축 화강암 도브테일 가이드웨이 및 DC 서보 모터 |
| 구동속도 | - 측정기 최대 이송 속도 : Max. 520 mm/s<br>- 측정기 최대 이동 가속도 : Max. 1,730 mm/$s^2$ |
| 측정 테이블/피측정물 무게 | - 정반재질 : 화강암<br>· 측정물 : 최대높이 400 mm<br>· 장비총 중량 : 1,074 kg<br>- 최대 측정물 중량 : 500 kg |
| 구동 방식 | - CNC 구동 및 Joystick |

3차원 측정기가 생산 환경에서 사용되는 빈도가 높아짐에 따라 속도의 의미가 중요해지고 있다. 정밀도와 정확도를 유지하면서 속도를 개선하기 위해서 새로운 소재로 측정기 구조를 설계하여야 한다는 요구가 고려되기 시작하였다. 측정 정반은 주철 소재로부터 화강암으로 대체되었다. 화강암은 뛰어난 진동 흡수 성능을 가지고 있으며 온도의 변화에 변형이 거의 없는 특징을 갖고 있다.

초기의 브리지와 스핀들은 금속 소재로 제작되었으나 화강암으로 대체되었다가 경량화 및 고강성 측면에서 알루미늄 소재 또는 탄소 섬유, 세라믹, 실리콘 카바이드 등의 소재를 사용하고 있다. 소재가 온도 변화의 영향을 적게 받을수록 3차원 측정기의 정확도는 높아진다.

## 2. 3차원 측정기의 구조물의 형태

3차원 측정기의 초기 모델 이후에 측정물의 형태, 크기, 정확도 및 다양한 측정 요구에 따라 여러 제작사에 의해 다양한 모델들이 개발되었다.

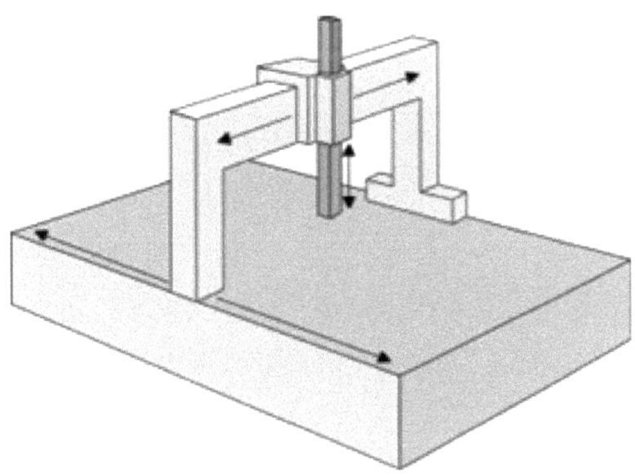

**그림 13.4** 브릿지 이동구조의 3차원 측정기

그림 13.4는 전형적인 브릿지 이동식 구조로 구조적 강성이 비교적 뛰어나며 높은 정확도를 얻을 수 있다. 가이드 형상 설계로부터 구동 속도와 안정성을 개선할 수 있으며 고강성 경량 재질의 구조물을 채용하여 고속 구동을 실현하고 있는 것이 최신의 추세이다.

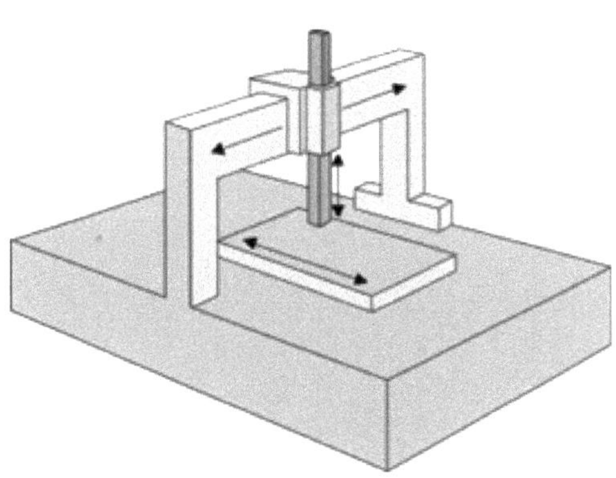

**그림 13.5** 테이블 이동구조의 3차원 측정기

그림 13.5와 같은 테이블 이동구조는 고정 브릿지 구조라고도 하며 테이블이 앞뒤 방향으로 움직이고 고정 설치된 브릿지에 설치된 스핀들 및 스핀들 캐리지가 이동하는 방식으로 브릿지 이동식 구조보다 높은 정확도를 얻을 수 있으며 무거운 화강암 테이블을 움직여야 하므로 구동 속도는 다소 떨어진다.

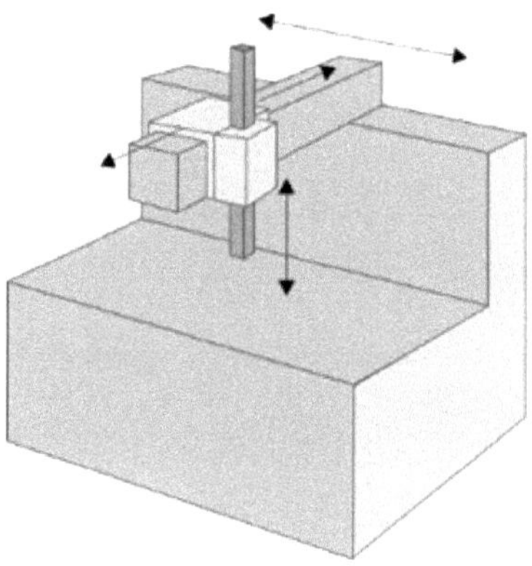

**그림 13.6** 캔틸레버 구조의 3차원 측정기

캔틸레버 구조의 3차원 측정기는 그림 13.6과 같이 테이블이 고정되고 3축이 이동하며 측정기 전면 및 측면이 개방구조로 되어 측정물의 취급이 용이 하지만 소형 측정기에만 적용할 수 있는 구조이다. 장기간 사용할 때 캔틸레버의 처짐 현상이 발생할 수도 있다.

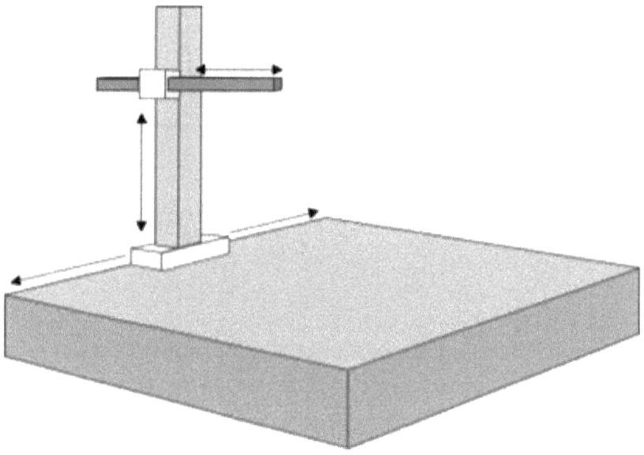

**그림 13.7** 수평식 구조의 3차원 측정기

그림 13.7의 수평식 구조 3차원 측정기는 측정 프로브 센서를 장착하는 스핀들이 수평으로 이동하는 구조이며 정확도가 낮고 대형 측정물을 측정하는 3차원 측정기에 많이 사용되는 방식이다.

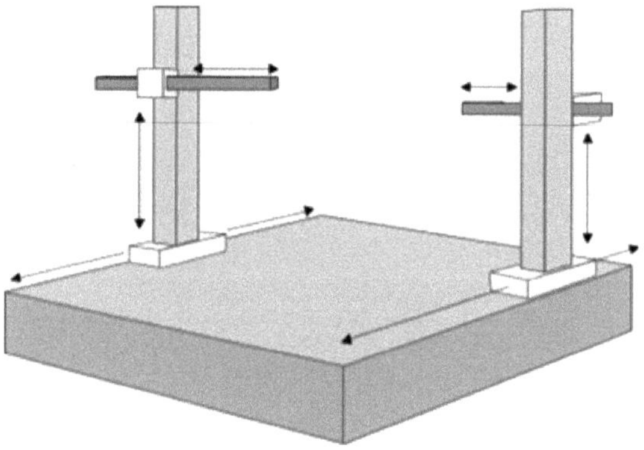

**그림 13.8** 더블 수평식 구조의 3차원 측정기

더블 수평식 구조의 3차원 측정기는 그림 13.8과 같이 측정 프로브 센서를 장착하는 스핀들이 수평으로 이동하는 구조이며 정밀도가 낮고 대형 측정물을 측정하는 3차원 측정기에 많이 사용되는 방식이다. 주로 조립 차체의 검사 등에 사용되는 구조이다.

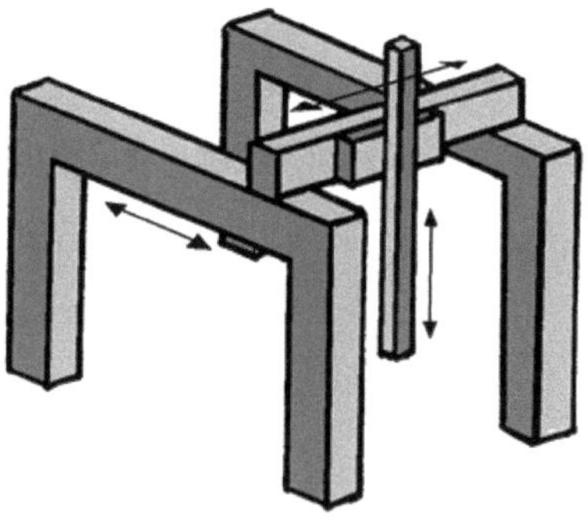

**그림 13.9** 갠트리 구조의 3차원 측정기

그림 13.9는 갠트리 구조의 3차원 측정기의 개략도이며 갠트리 구조는 문형 구조라고도 하고 설치장소가 측정공간의 바닥에 기둥을 설치하며 기둥 위에 빔 가이드를 설치한 다음 빔 가이드에 걸쳐서 가로 빔이 설치된다. 이 가이드 빔과 가로 빔이 X, Y축이 되며 가로 빔에 스핀들을 장착하는 구조이다. 주로 대형 3차원 측정기에 사용되는 구조이며 기둥 사이 공간에 별도의 측정 정반을 설치하거나 대차에 대형 측정물을 고정시켜 측정한다.

## 3. 3차원 측정기의 정확도

3차원 측정기의 정확도는 다음의 3가지 요소에 의해 측정기의 정확도가 좌우된다.

① 3차원 측정기 자체의 정확도

② 프로브의 정확도와 반복성

③ 주변 온도 및 환경의 안정성

### 1) 초창기 3차원 측정기의 정확도 규정

초창기 3차원 측정기의 정확도는 각축의 선형 정확도를 근거하여 표시되었으며, 이 선형 정확도는 각 축의 위치 정확도를 레이저나 기준 마스터에 의해 검증하였으나 다른 두 축과의 상호 연관성은 고려되지 못하였다.

측정기의 한 축을 단계적으로 이동하여 일정 구간마다 정지시킨 다음 측정기의 위치와 레이저의 수치를 기록하여 검증 절차에서 얻어진 계측정밀도는 전체의 편차 범위를 정확도로 제시하거나 이를 이분하여 ± 정확도를 표시하였으나 3차원 측정기의 제조회사에 따라 다른 방법으로 해석하고 적용하였다.

이러한 정확도에는 프로브의 정확도 성능 및 측정기의 동적 특성이 전혀 고려되지 않아 실제 측정 정확도와는 거리가 있었을 뿐만 아니라, 다양한 해석의 여지가 있어 업체마다 다른 해석을 제시하고 있었다.

2) 현재의 3차원 측정기 정확도의 적용

산업체에서 두루 인정받을 수 있는 3차원 측정기의 정확도를 검증할 수 있는 일련의 검사 방법이 제안되어 표준으로 도입된 것은 그리 오래되지 않았으며 주요 몇 가지의 방법이 사용되었다.

그중 하나는 3차원 측정기 제작사 협회(CMMA)에서 개발한 방법이며, 다른 정확도 시험방법에는 미국 국가 표준인 B89와 독일 기준인 VDI/VDE 정확도 기준 또는 일본공업규격인 JIS 기준에 의해 3차원 측정기 측정정확도를 적용한다.

이러한 정확도 규정에는 측정기의 축에 평행하지 않은, 다양한 위치에서 기준 마스터를 측정하는 동적 측정 방식에 의해 정확도를 확인하는 방법을 채택하고 있다. 특히, 오늘날의 3차원 측정기 정확도는 3차원 공간에서의 정확도에 기준하고 있으며 축 방향의 선형 정확도는 규정하지 않고 있다.

① 유럽 CMMA 정확도 표준규격

유럽의 3차원 측정기 제작사 협회 CMMA 표준은 길이가 각각 다른 3개의 게이지 블록을 사용하여 각각의 게이지 블록은 측정 공간 내에서 4개의 위치에서 측정하며 각각 측정할 때마다 각 블록 게이지를 3회씩 반복 측정을 시행한다.

각각의 게이지 블록에 대하여 얻어진 측정치로부터 게이지 블록의 기준값(nominal)과의 최대 편차값을 계산하고 공간 정밀도는 3차원 측정기 제작업체에서 개발한 계산 공식에 길이 편차값을 대입하여 얻어진다.

② B89 정확도 표준규격

미국 국가 표준인 B89는 1985년부터 사용되고 B89 정확도의 기준은 3차원 측정기 시스템의 전체가 보여주는 측정 결과를 고려하여 정확도를 제시하는 방법이다.

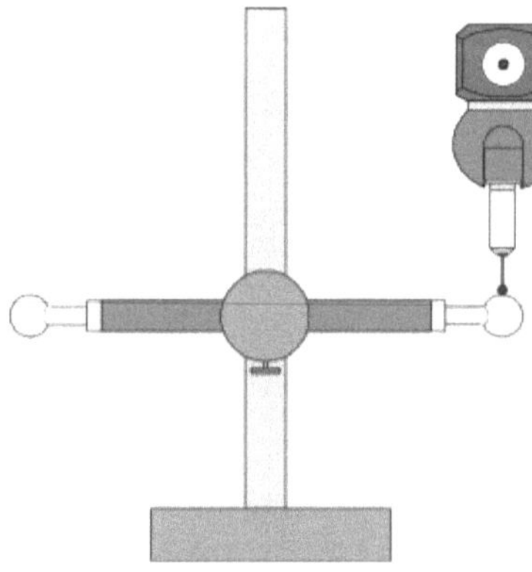

**그림 13.10** CMM 정확도 측정용 Ball Bar

검증 절차는 반복 정확도, 선형 정확도, Ball Bar 검사, 로터리 테이블 검사의 최저 4가지 단계로 이루어진다.

반복 정확도는 보정용 구의 중심을 반복 측정하여 얻어지는 3차원 측정기의 측정 능력을 의미한다. 보정구를 10회 측정하여 중심 위치값이 나타내는 분포범위를 반복 정확도로 규정한다.

Ball Bar를 이용하여 두 개의 Ball 간 거리를 측정하여 3차원 측정기의 공간 정확도를 규정한다. 이때, 측정 데이터를 얻기 위하여 35개 위치까지 Ball Bar의 위치를 변경하여 측정한다. 그림 13.11에서 전형적인 20개 봉의 위치를 그림으로 보여주고 있다.

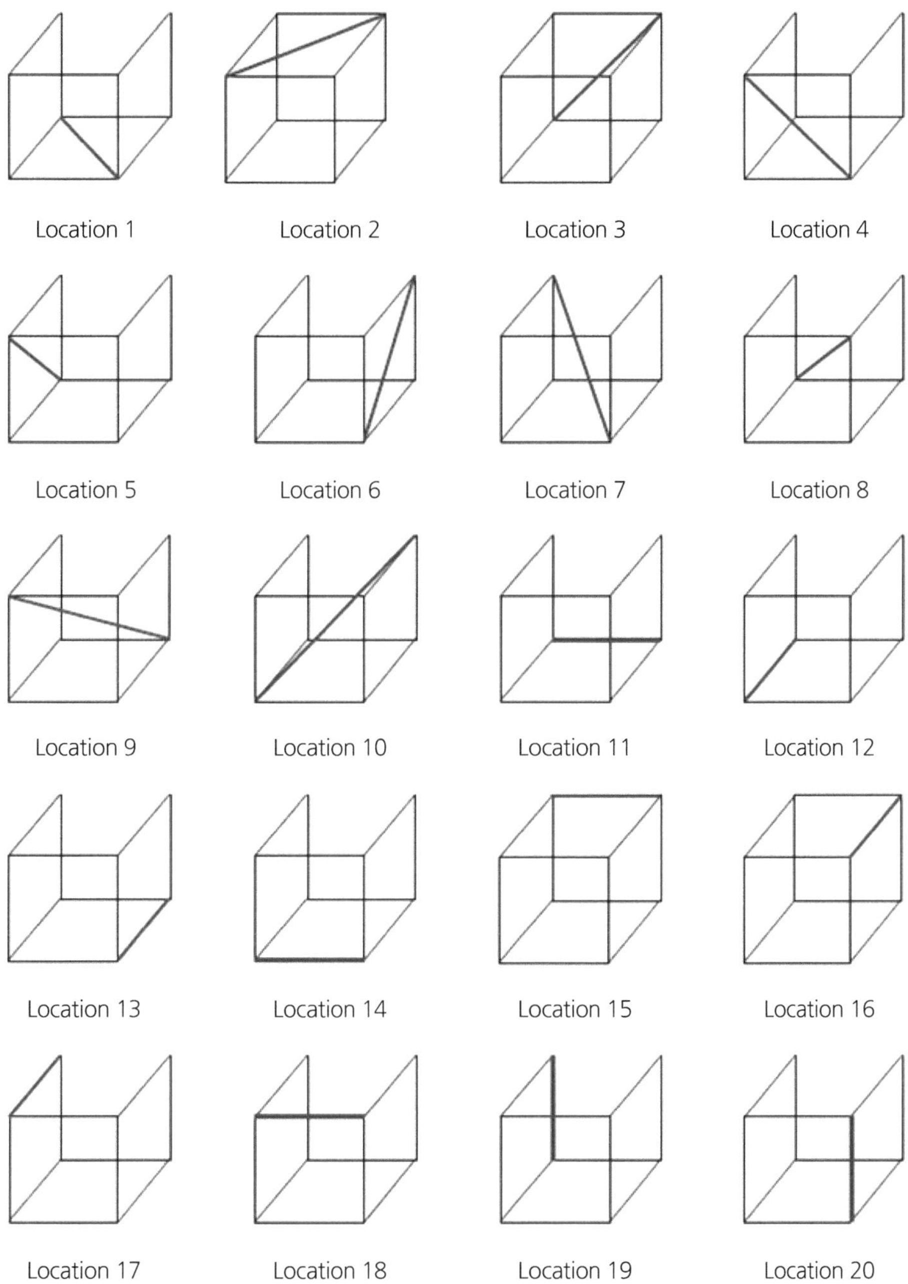


**그림 13.11** 3차원 공간에서 기하학적 요소의 평가

③ CMM의 양방향 검사

양방향 길이 측정검사는 게이지 블록 등의 기준 마스터를 이용하여 측정 방향을 바꾸어 검사하여 프로브의 접촉 방향에 따른 프로브의 정확도 차이 및 3차원 측정기 히스테리시스에 따른 정확도 저하를 측정할 수 있다. 3차원 측정기 히스테리시스는 구동 드라이브, 마찰 저항, Guide Way 불량 및 체결 부위의 이완 등이 원인이 될 수 있다.

④ ISO 10360의 CMM 정확도 규정

ISO 10360 규정은 현재 전세계 3차원 측정기 제조업체에서 공통적으로 적용하고 있는 정확도 기준으로서 1994년에 개정되어 현재까지 적용되고 있다.

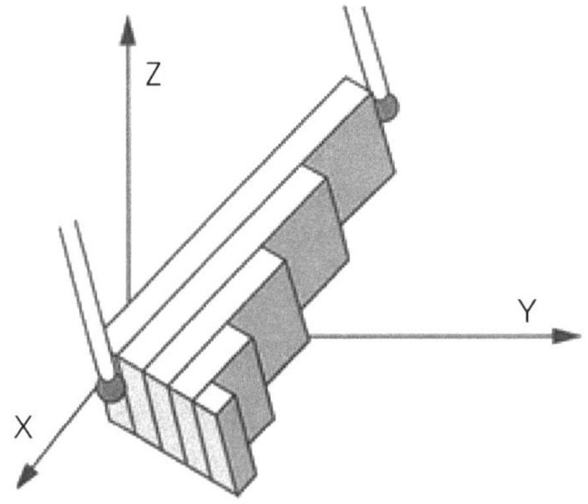


**그림 13.12** 3차원 공간길이 측정오차측정

ISO-10360-2(1994)에서 3차원 공간 내에서의 길이측정 오차는 MPEE로 나타내며 3차원 공간에서 게이지 블록 5개 조 세트를 구성하여 3회씩 7개 위치에서 측정하여 총 105회 측정하고 결과로 얻어진 측정치 100%를 계산하여 얻어지는 측정정확도 오차이다. 이 정확도는 길이 및 지름 등의 요소 측정정확도를 제시해 준다.

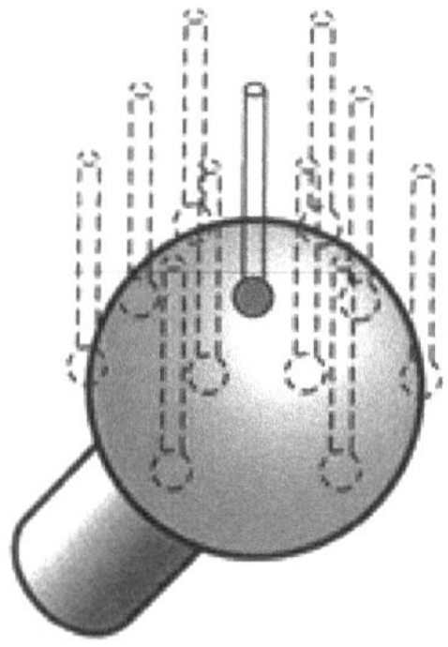

**그림 13.13** Ball Bar에 의한 프로빙 오차측정

3차원 공간 내에서의 프로빙 오차는 MPEP로 나타내며 보정용 기준 구를 25회 프로빙하여 얻어진 구의 형상 편차 값으로 표시하고 3차원 공간 프로빙 오차는 3차원 측정기의 형상 측정에 대한 정확도를 제시하므로 자유 형상 측정, 진직도, 평탄도, 진원도 및 원통도 등의 측정에 적용된다.

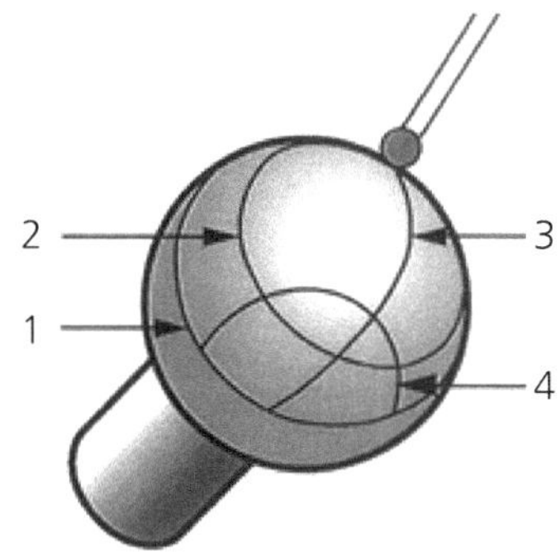


**그림 13.14** Ball Bar에 의한 연속 프로빙 오차측정

ISO-10360-4(2000)에서 3차원 공간 내에서의 연속 스캐닝 프로빙 오차는 MPETHP로 나타내며 보정용 기준구를 4개의 지정된 라인을 따라 스캐닝하여 얻어진 모든 구의 직경 측정치의 편차와 측정에 소요된 시간으로 나타난다. MPETHP는 자유 형상 측정, 진직도, 평탄도, 진원도 및 원통도 등의 연속 스캐닝 프로브로 측정할 경우에만 적용된다.

이외에도 ISO-10360-3(2000)은 로터리 테이블을 장착한 3차원 측정기에서의 로터리 테이블 정밀도 성능을 규정하고 있으며 ISO-10360-5(2000)은 스타 프로브 및 인덱싱 프로브를 장착한 3차원 측정기의 프로빙 정밀도를 규정하고 있다.

⑤ 프로브 선택의 고려사항

프로브가 매우 중요하고 높은 정확도를 갖고 있나고 할시라도 프로브의 영향은 3차원 측성기 자제의 정확도와 무관할 수는 없다. 측정기 자체의 정확도가 낮은 경우에는 시스템 전체에 나타나는 측정 오차에 대하여 프로브의 정확도가 미치는 영향은 비교적 적어질 것이다. 수동식 3차원 측정기에 있어서 측정하는 사람의 인적 오차도 전체 시스템 오차에 포함된다.

측정물에서 측정하고자 하는 측정요소가 프로브시스템을 결정한다. 측정요소와 측정기 축 방향과의 관계, 프로브의 크기, 필요한 측정 프로브 길이를 사용할 수 있는지, 측정물 표면에 법선방향으로 프로빙 되도록 인덱싱은 가능한지 등을 고려하여 프로브 시스템을 결정하여야 한다.

측정물의 허용 공차는 정확도에 있어서 선택을 더욱 어렵게 만든다. 허용공차가 작으면 작을수록 시스템 불확도를 최소화 시킬 수 있도록 프로브선택이 중요하다. 측정 포인트가 많을수록 결과에 대한 신뢰성이 제고된다. 원을 측정하는데 3점이면 되지만 더 많은 점을 측정하면 형상의 측정도 가능하게 해 준다.

## 4. 3차원 측정기의 프로브

### 1) 3차원 측정기의 수동식 프로브

3차원 측정기에서 수동식 프로브를 사용하고자 하면, 먼저 고려할 사항은 고정식 프로브를 사용하여 단순한 요소를 측정하거나 프로브 팁을 다양하게 사용하여 더 복잡한 요소들이 포함된 측정 요소의 사용 여부를 결정하여야 한다. 그림 13.15는 Renishaw사의 수동식 프로브 시스템이며 각도 회전은 수동으로 작동된다.

**그림 13.15** Renishaw의 수동식 프로브

프로브를 인덱싱할 때마다 프로브 보정을 하는 프로브 시스템과 반복 인덱싱하여 사용할 수 있는 프로브 시스템의 선택도 신중히 고려할 사항이다. 반복 인덱싱 프로브 헤드의 사용은 측정에 요구되는 모든 프로브 각도를 미리 보정해 놓고 측정 과정 전체를 실행할 수 있다.

이러한 프로브 시스템은 전체 측정공정을 획기적으로 단축할 수 있을 뿐만 아니라 보다 복잡한 요소 측정의 수행도 가능하게 한다.

### 2) 3차원 측정기의 자동식 프로브

CNC 3차원 측정기 사용자에게 자동식 프로브 시스템의 선택 범위는 훨씬 광범위하며 측정의 유연성과 측정 능력을 극대화할 수 있는 다양한 자동식 프로브 시스템의 선택이 가능하다.

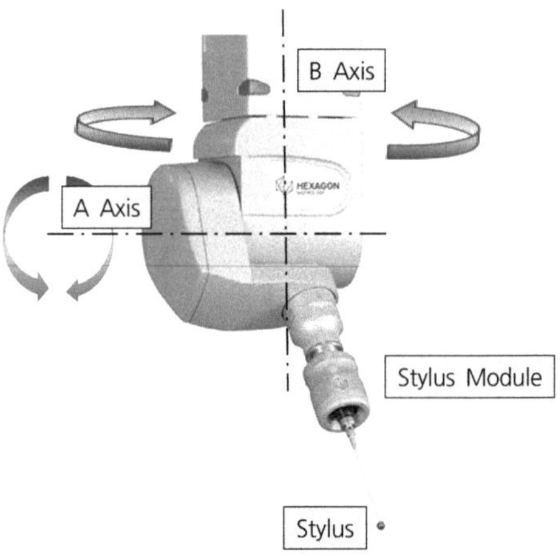


**그림 13.16** TESA의 자동식 프로브(HH-A-T5)

**표 13.2** 자동 인덱싱 헤드사양 HH-A-T5

| 세 부 항 목 | 장 비 사 양 |
|---|---|
| 분할각도/A축, B축 | - 분할각도 : 5°<br>- A axis : 90°∼115°, B axis : ±180° |
| 총 제어위치 | - 3,024(Total number of Positions) |
| 회전속도 | - 90° 회전 시 2초 |
| 위치반복성 | - 0.5$\mu$m(회전중심에서 100mm 거리) |
| 최대회전 토크 | - 0.6Nm |
| 최대 연장길이 | - 300mm |
| 중량 | - 780g |

그림 13.16에서 TESA의 자동 인덱싱 프로브 헤드는 B축 ±180° 회전 가능하며 상하 A축 ±90°∼±115°까지 5° 간격으로 위치결정을 할 수 있으며 전 구간 2초 이내에 위치결정이 가능하다. 300mm까지의 프로브 연장 봉을 추가하면 대부분의 복잡한 요소의 측정이 가능하게 된다.

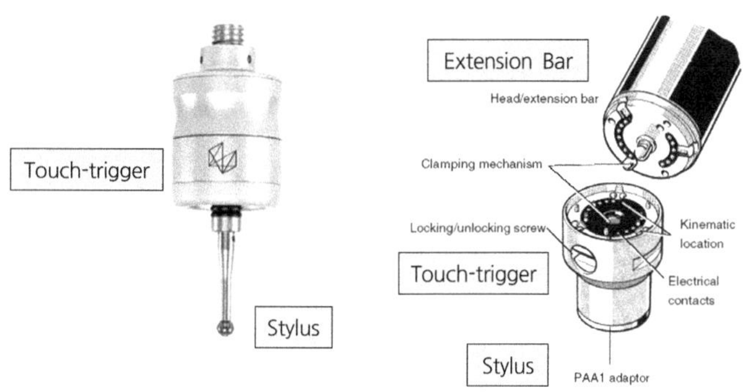


**그림 13.17** TESA의 접촉식 정밀 프로브

**표 13.3** 접촉식 정밀 프로브 HP-TM-SF(Touch-trigger)

| 세 부 항 목 | 프 로 브 사 양 |
|---|---|
| 측정방향 | - ±X, ±Y, +Z |
| 프로브 부착규격 | - M8 |
| 스타일러스 부착규격 | - M2 |
| 스타일러스 이동거리 | - X/Y : ±16°, Z : 5mm |
| 표준 측정력 | - Pre. travel variance : ±0.8$\mu$m<br>- Trigger force 0.08N at 10mm<br>- Repeatability 1D(2$\sigma$) : < 0.35$\mu$m |
| 모듈중량 | - 11g |

또한 접촉식 정밀 프로브는 표 13.3과 같이 HP-TM-SF 프로브의 경우 5축 방향으로 동적 접촉식 프로브로서 프로브 본체와 프로브 모듈의 2개 부분으로 설계되어 있고 측정 침 교환이 용이하다. 프로브를 다시 보정 없이 사용할 수 있게 되어있다. HP-TM-SF는 프로브 모듈이 특수 커플링과 자석식 근접 스위치의

조합으로 자동 교환 중에 흔들림을 방지한다. 프로브 모듈은 동적 접촉식 센서가 내장되어 측정 침을 지지하고 X, Y 및 +Z 방향의 오버 트래블(over travel)이 가능하다.

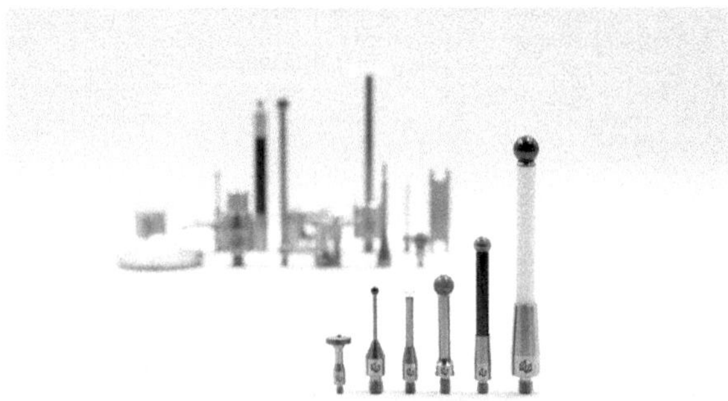

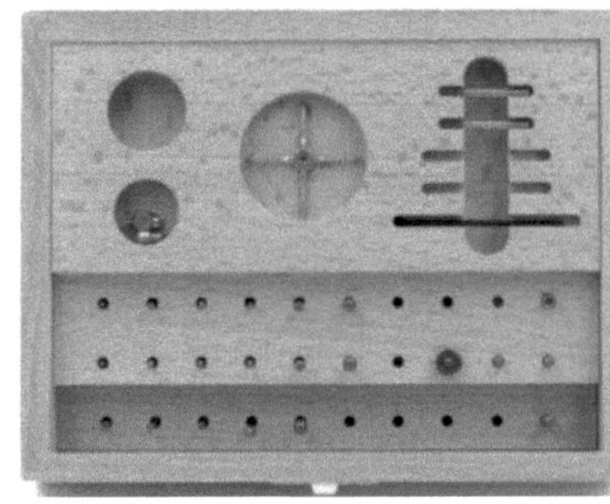

| M2-Stylus Kit No. 7 세부규격 | 수량 |
|---|---|
| M2-Stylus (R-1-SS-0.7-L10) | 2 |
| M2-Stylus (R-2-SS-1.1-L10) | 6 |
| M2-Stylus (R-3-SS-1.5-L10) | 2 |
| M2-Stylus (R-4-SS-1.65-L10) | 2 |
| M2-Stylus (R-2-SS-1.3-L20) | 2 |
| M2-Stylus (R-3-SS-1.5-L20) | 1 |
| M2-Stylus (R-4-SS-2-L20) | 1 |
| M2-Stylus (R-1-TC-0.7-L20) | 1 |
| M2-Stylus Extension (SS-3-L10) | 2 |
| M2-Stylus Extension (SS-3-L20) | 1 |
| M2-Styli Holder 5-way (SS-L7.5) | 1 |
| M2-Star Stylus 5-way (R-2-SS-1.4-SP18/30) | 1 |
| M3/M2-Stylus Adapter (SS-L5) | 1 |
| M2-Stylus Knuckle (SS-L8) | 1 |
| M2/M3-Mounting Pin | 2 |
| Hexagon Socket Wrench AF1.5 mm | 1 |

**그림 13.18** TESA의 스타일러스 키트

그림 13.18은 TESA의 스타일러스 키트 M2-Stylus Kit No.7의 사양이며, 스타일러스(stylus)와 액세서리에 의해 사용자에게 복잡하고 측정하기 어려운 형상을 측정할 수 있도록 유연하고 개별적인 프로빙을 제공한다. 스타일러스의 부속품에는 큐브(cubes), 익스텐션(extensions), 회전체(swivels), 회전 조인트(rotary joints), 스타일러스 홀더(stylus holders) 및 어댑터(adapters)도 포함된다. 또한 스타일러스 키트의 부속품들을 이용하여 측정할 제품의 특성에 맞게 스타일러스 조합하여 제품을 측정할 수 있다.

프로브는 매우 취약하므로 취급에 주의하여야 한다. 프로브를 수동으로 측정물에 접촉시키거나 조이스틱으로 프로빙할 경우에 특히 주의하여야 한다.

프로브는 작은 움직임을 감지하여 스위칭시켜주는 장치이므로 표 13.3에서와 같이 오버 트래블 한계를 가지고 있다. 이 한계를 넘어서 프로브 팁이 밀리게 되면 측정 팁이 부러지거나 휘도록 설계되어 있다. 보정된 프로브 팁은 일단 휘거나 변형이 일어나면 보정 값이 무의미하므로 새로운 프로브 팁으로 교체하여 다시 보정하여 사용하여야 하고 프로브를 측정기에서 분리하여 보관할 때 상자에 안전하게 보관하여야 한다.

3) 3차원 측정기의 연속 스캐닝 프로브

① 스캐닝 프로브

Renishaw의 SP600과 SP 600M(멀티 와이어 방식)는 3차원 측정기에서 윤곽 스캐닝 프로브이며 정교한 형상의 표면을 연속 스캐닝하는데 이상적인 프로브이다.

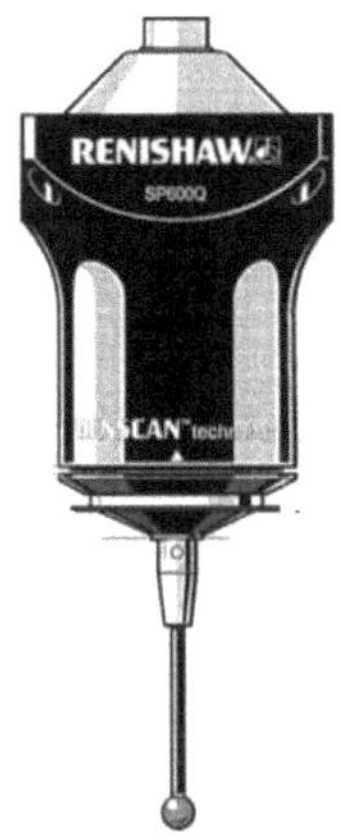


그림 13.19 SP600 스캐닝 프로브 시스템

이 프로브는 3차원 측정기로 검사 또는 역설계 목적으로 많은 데이터를 신속하게 취할 수 있다. 프로브의 각 축 방향 이송량은 1mm이며, 150~200mm의 측정 팁을 연장 봉을 이용하여 사용하고 자동 인덱싱 프로브 헤드를 사용하여 측정 각도를 다양하게 자동 변경시킬 수 있다.

이 프로브는 5$\mu$m 이하의 뛰어난 영점 복귀 능력을 갖추고 있어 측정 중 측정 물 표면과 접촉이 떨어졌을 때 자동으로 영점 위치로 복귀할 수 있어 출력 신호의 신뢰성이 높다. 따라서 미세한 형상의 변화도 적은 접촉 압력으로 스캐닝할 수 있고 탈착식 측정 팁 모듈은 충돌 시 자동 분리되므로 프로브 자체를 보호할 수 있다.

또한 가벼운 중량과 구조적 견고성 및 비 마찰 유동 댐퍼로 탁월한 동적 측정 능력을 제공한다.

그림 13.20 Hexagon 스캐닝 프로브(HP-S-X1)

Hexagon의 HP-S-X1 스캐닝 프로브는 고정 헤드의 장점인 정밀 측정 기능을 하고 있을 뿐만 아니라 싱글 포인트 모드 및 연속 스캐닝 상태에서 측정할 수 있는 자동 인덱싱 헤드에 장착 사용도 가능하다. HP-

S-X1로는 매우 다양한 측정 응용에서 유연하고 정밀한 측정이 가능하다. 동적 포인트 측정 및 고속 스캐닝을 비롯하여 스스로 센터링 스캐닝 기능을 포함한 모든 표준 측정 방법으로 매우 정밀한 형상과 윤곽 검사가 가능하다. 최대 측정 팁의 길이는 수직 115mm, 수평 20mm까지 사용할 수 있다.

② 레이저 및 광학식 프로브

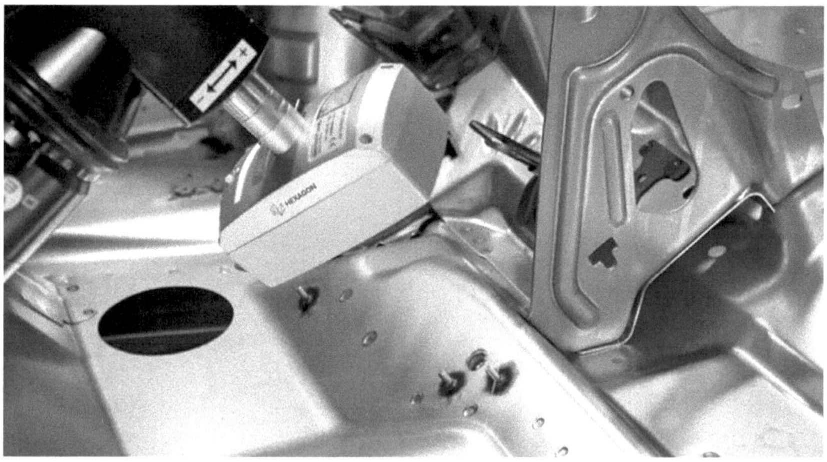

그림 13.21 Hexagon 레이저 센서(HP-L)

레이저 스캐닝 센서는 신속하게 포인트 클라우드를 획득함으로써 CAD를 이용한 측정요소 검사(박판/시트 메탈 부품 등)와 CAD를 이용한 자유형상 검사, 그리고 역설계 등의 스캐닝 작업을 제공한다.

- 센서 정밀도 : ±20$\mu$m
- 레이저 광폭(24mm, 60mm 또는 124mm)에서 라인당 최대 2001개 포인트 설정
- 기계 가공된 표면 위에서도 ±60°로 측정각도
- 가공면, 황삭면, 프레스 부품, 단조표면, 도장면, 주물사코어, 카본파이버 등 모든 재질의 측정이 가능
- 다중 센서 측정을 위하여 다양한 프로브 교환장치와 호환 사용가능

광학식 프로브 HP-C는 3차원 측정기를 위한 비전 카메라 측정 시스템으로 작은 피처를 측정하고, 프로빙 방법보다 이미지 캡처가 더 빠르고 큰 데이터 처리량을 제공하는 비접촉식 비전 센서이며 고해상도 카메라와 내장형 조명 시스템이 장착되어 있다.

110mm의 작업 거리에서 두 개의 줌 옵션을 제공되어 매우 유연한 솔루션으로 접촉 프로빙을 사용하기 어려운 작은 피처에 유용하다.

전체 시야 거리(FOV) 또는 FOV 내의 특정 관심 영역(ROI)을 이용하여 홀의 지름이나 가장자리 위치 등을 측정할 때 하나 이상의 피처를 선택할 수 있다. 조명 제어 소프트웨어로 각각 측정에 맞추어 이미지를 최적화할 수 있다.

**그림 13.22** Hexagon 비전 카메라(HP-C)

### 4) 3차원 측정기의 프로브 자동교환장치

측정 유연성은 프로브 또는 측정 팁 자동 교환 장치를 이용하여 해결될 수 있으며 자동 파트 프로그램에서 다양하고 복잡한 측정 요소에 가장 알맞은 프로브 팁을 선택할 수 있게 해 준다.

특히 자동 프로브 시스템의 사용은 대량 생산 제품의 경우 자동 반복 검사 시스템을 운영함으로써 운전 시간 및 원가의 절감이 가능하다.

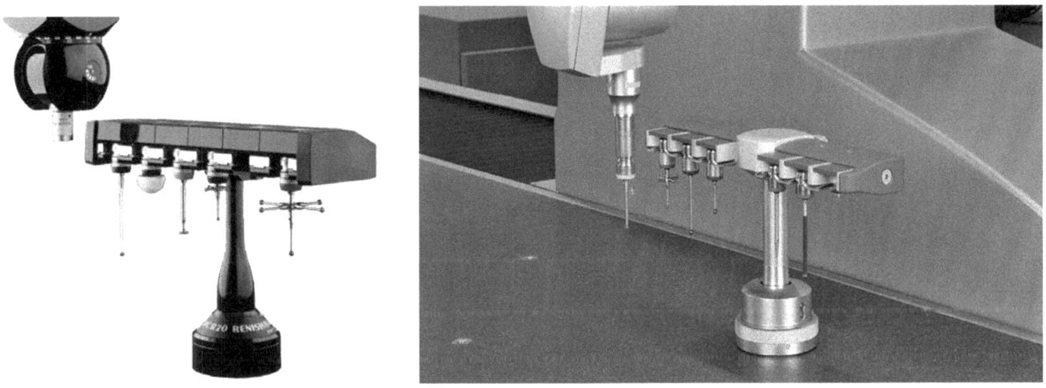

(a) Renishaw ACR 자동 교환 랙 (b) Hexagon MP 자동 교환 랙

**그림 13.23** 프로브 자동 교환 랙

### 5) 프로브 팁 보정의 필요성

3차원 측정기에서 측정 데이터는 하드 프로브나 접촉식 전자 프로브를 측정 물에 접속함으로써 얻어진다. 측정 물에 접촉되는 부분은 측정 팁의 외곽 표면이므로 프로브 팁의 중심과 반경을 측정 전에 알아야만 정확한 측정 데이터를 얻을 수 있다. 이러한 과정은 진원도와 지름을 정확히 알고 있는 보정구(補正球)에 의해서만 가능하다.

프로브 팁의 중심과 반경을 알면 프로브가 측정 물에 접촉할 때 측정 팁의 좌표는 자동으로 실제 접촉 위치와 프로브 중심의 위치 편차가 계산 보정된다. 이때, 편차가 보정되는 방향은 프로브의 접근 벡터에 의해 결정된다.

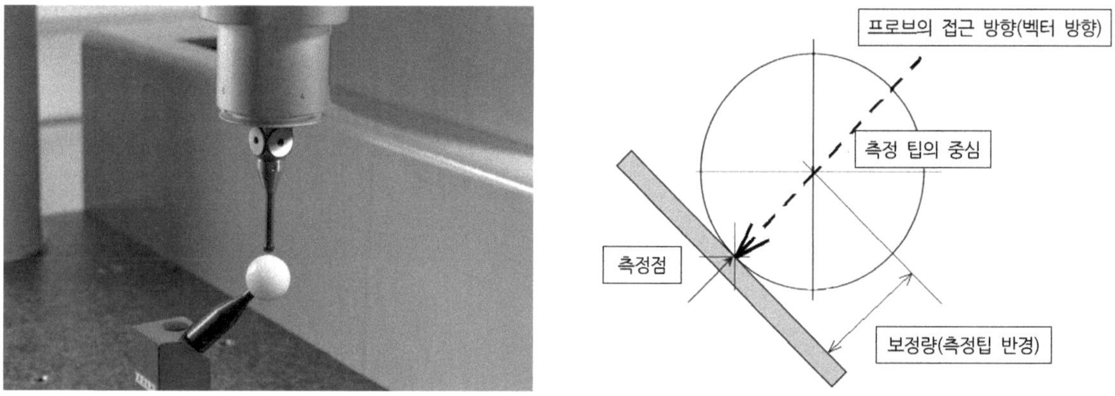


(a) 보정구와 스타일러스 팁 (b) 보정량의 표시

**그림 13.24** 보정구에 의한 스타일러스 팁의 보정

6) 프로브의 접촉(approach) 특성

공작물을 측정할 때 프로브 접촉을 효과적인 방법으로 한다면 통상적으로 측정 오차를 가져오는 많은 원인을 줄일 수 있다. 가능하면 측정 면에 수직으로 프로브를 접촉하여야 한다. 그림 13.25와 같이 3차원 측정기에 사용하는 접촉식 전자 프로브는 프로브 팁이 측정 면에 프로브 몸통의 수직 방향으로 접촉되었을 때 최상의 결과를 얻을 수 있도록 설계되어 있다. 이상적인 프로브 접촉은 측정 면의 수직에서 ±20° 이내의 각도로 접촉하여야 미끄러짐을 피할 수 있으며 프로브 팁이 측정 면에 접촉할 때 미끄러지면 측정 데이터의 일관성이 저하되어 반복 정밀도가 나쁘게 나타난다.

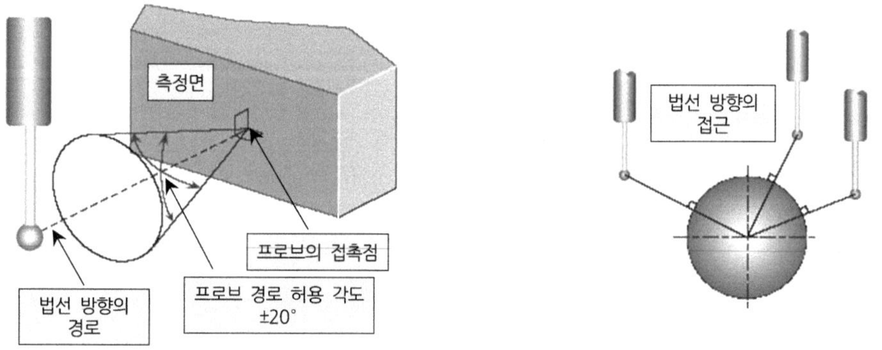


(a) 프로브의 접근경로 (b) 구형 제품의 접근경로

**그림 13.25** 프로브 접촉 특성

그림 13.25와 같이 프로브는 본체와 수직 방향으로 접촉할 때 좋은 반복 정밀도가 나타나며 프로브가 측정물의 수직 방향으로 접속할 때 좋지 않은 반복 정밀도를 나타낸다.

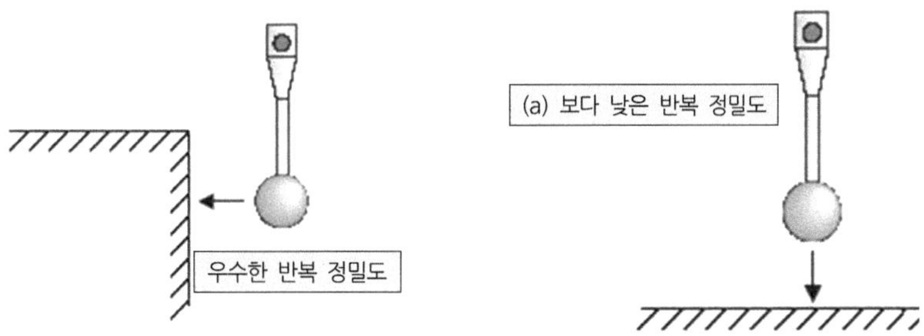


(a) 프로브 축선에 수직 방향의 접촉 (b) 제품의 수직 방향의 접촉

**그림 13.25** 프로브 접촉 특성

어떤 상황에서도 그림 13.26과 같이 프로브 팁이 경사면에 축 방향으로 접촉하면 좋지 않은 반복 정밀도가 발생하므로 이를 보완하는 방법으로 프로브의 축이 꺾인 방향으로 접속시키는 것은 반복 정밀도 발생을 축소할 수 있다.

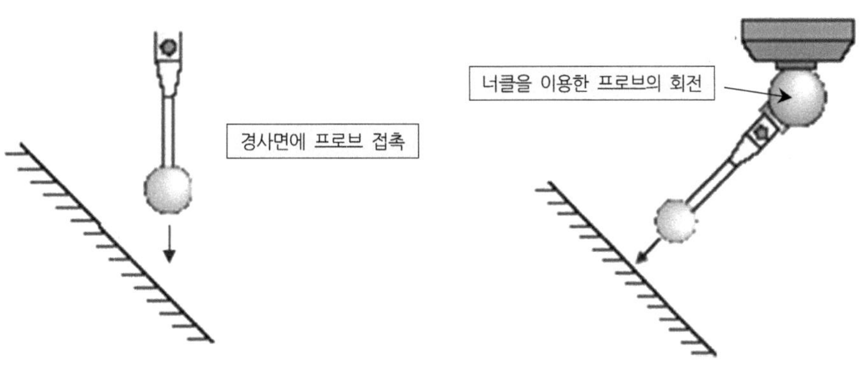


(a) 경사면에 의한 반복성 불량 (b) 접촉 방향의 변경에 의한 반복성 향상

**그림 13.26** 프로브 접촉 반복성 특성

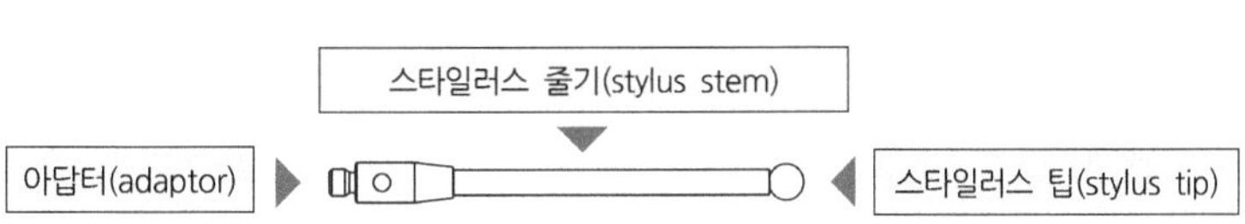


**그림 13.27** 스타일러스의 명칭

그림 13.28과 같이 측정 팁의 충돌은 측정 오차를 발생시키는 원인 중 하나가 된다. 프로브가 측정물에 프로브 팁이 아닌 측면 부분으로 접촉할 때, 측정 시스템은 이것을 측정 접촉으로 인식하여 매우 큰 오차가 발생하게 된다.

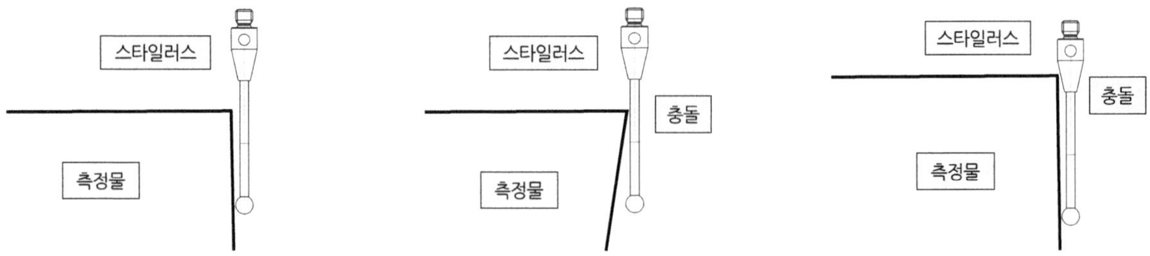


(a) 정확 프로브의 접촉 (b) 접촉 방향의 변경에 의한 반복성 향상이 필요

**그림 13.28** 프로브 접촉 반복성 특성

프로브 팁은 큰 지름의 볼을 사용하면 충돌의 가능성을 줄일 수 있다. 지름이 큰 볼을 사용하면 측정 팁과 측정물 표면 사이에 간격을 확보할 수 있으며 볼이 측정물 표면에 접촉하는 면적이 넓으므로 표면의 거칠기 상태에 따른 영향을 적게 받는다. 그러나 작은 내경의 측정에는 볼의 크기가 제한을 받을 수도 있다.

또한 접촉식 전자 프로브에 의해 얻어진 측정점들은 프로브 내부의 스위치가 접촉될 때까지 측정 팁이 충분히 휘어져야 측정 신호가 입력된다. 프로브 팁의 연장 봉이 길면 길수록 측정 오차가 커질 뿐만 아니라 길이가 긴 측정 팁은 짧은 측정 팁보다 견고하지 못하여 더 많이 휘어지므로 정밀도가 나빠지게 된다. 정확한 측정을 위하여 가능한 한 프로브 팁 연장 봉을 사용하지 말고 될 수 있으면 짧은 측정 팁을 사용하는 것이 좋다.

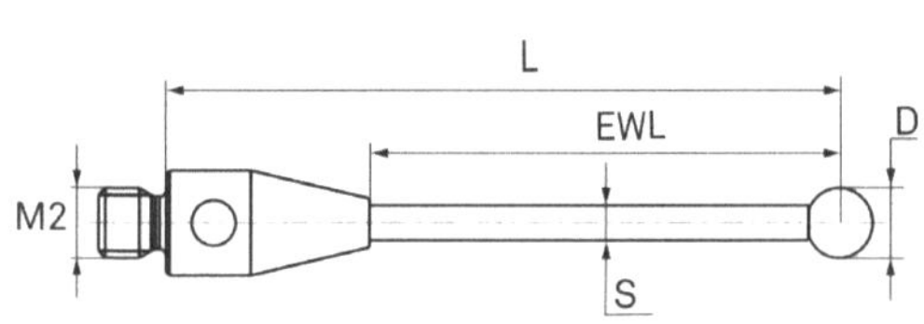


| 호칭 | 규 격 명 칭 |
|---|---|
| L | Length [mm] |
| D | Diameter [mm] |
| S | Stem Diameter [mm] |
| EWL | Effective Working Length [mm] |

**그림 13.29** 프로브의 규격 명칭

## 5. 3차원 측정기의 좌표계

### 1) 기준 좌표계

3차원 측정기의 기준 좌표계는 왼손 법칙을 이용하며 각각의 축의 방향이 결정된다. 그림 13.30과 같이 왼손좌표계에서 엄지손가락 방향은 +Z축이고 벡터 방향은 프로브의 접촉면 반대 방향이 +Z를 가리키며 이 방향은 기준 축의 플러스 방향이 된다.

좌표계의 방향성과 회전 방향은 왼손좌표계가 이용되며 엄지의 끝 방향이 +Z, 검지방향이 +Y 및 중지 방향이 +X 방향을 표시하고 각축의 회전방향은 엄지의 방향이 각축의 (+)방향으로 가리키면 나머지 손가락의 방향이 각축의 (+)회전방향이 된다.

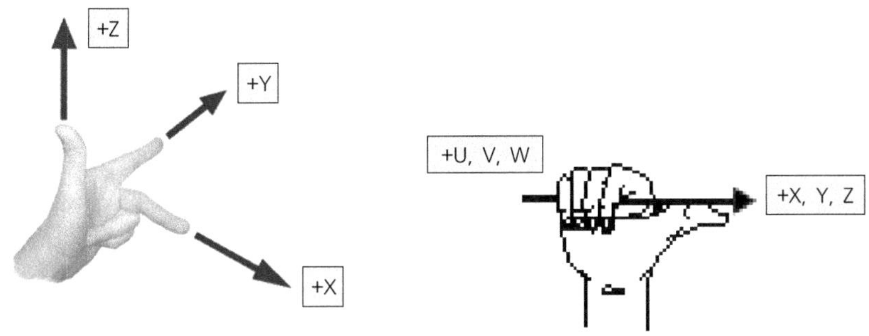


(a) 축의 방향성 (b) 회전축의 방향성

**그림 13.30** 3차원 측정기의 축의 방향성

※ 3차원 측정기에서 점의 표시 방법

- Cartesian Coordinate System : 직교좌표계를 이용하여 점을 나타낸다.
- Cylindrical Coordinate System : 원통좌표계를 이용하여 점을 나타낸다.

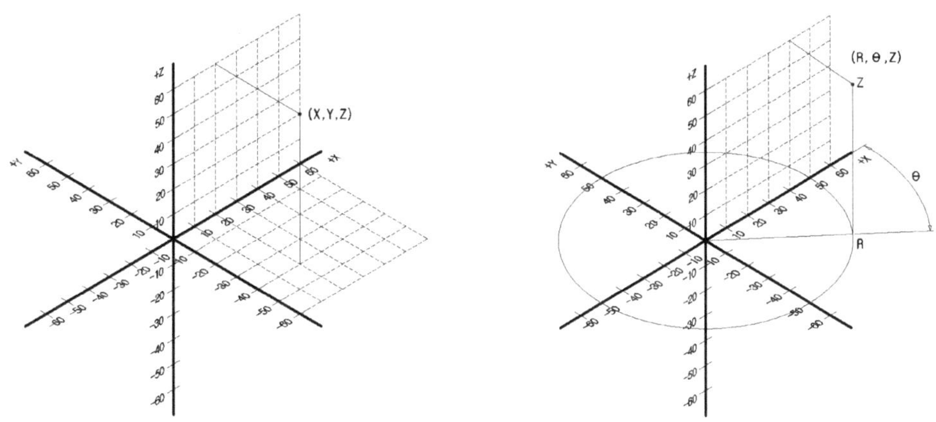


(a) 직교좌표계 (b) 원통좌표계

**그림 13.31** 3차원 측정기에서 점의 선택

### 2) 벡터(vector)의 방향성

벡터는 평면 등의 측정 요소의 수직 방향으로 CMM (coordinate measurement machine)을 조종하기 위한 방향을 CMM 소프트웨어에 알려주기 위한 수학적인 작도를 벡터라 한다. 그림 13.32와 같이 프로브가 수직인 방향으로 접근하는 반대 방향이 벡터값이다.

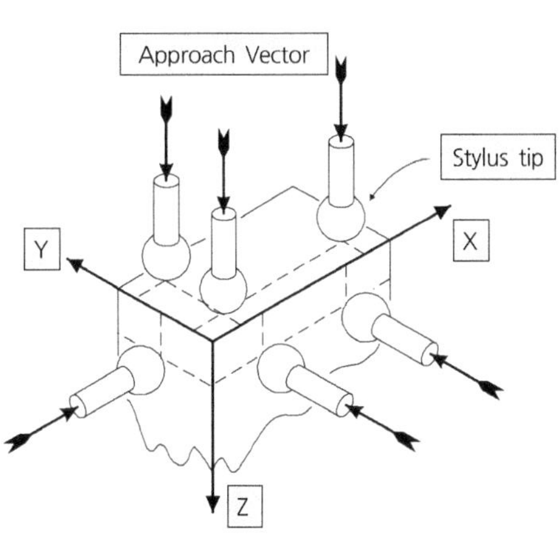


**그림 13.32** 프로브의 접근방향

X, Y, Z 좌표는 위치를 나타내고 I, J, K 벡터는 방향을 의미하며 "I" 는 X 방향을, "J" 는 Y 방향을, "K" 는Z 방향을 의미한다.

① 벡터의 방향

I, J, K 값은 벡터에 영향을 주는 특정 방향의 비율을 의미한다.

- +X 축의 방향을 의미하는 벡터는 : 1, 0, 0로 정의
- −X 축의 방향을 의미하는 벡터는 : −1, 0, 0로 정의
- +Y 축의 방향을 의미하는 벡터는 : 0, 1, 0로 정의
- −Y 축의 방향을 의미하는 벡터는 : 0, −1, 0로 정의
- +Z 축의 방향을 의미하는 벡터는 : 0, 0, 1로 정의
- −Z 축의 방향을 의미하는 벡터는 : 0, 0, −1로 정의

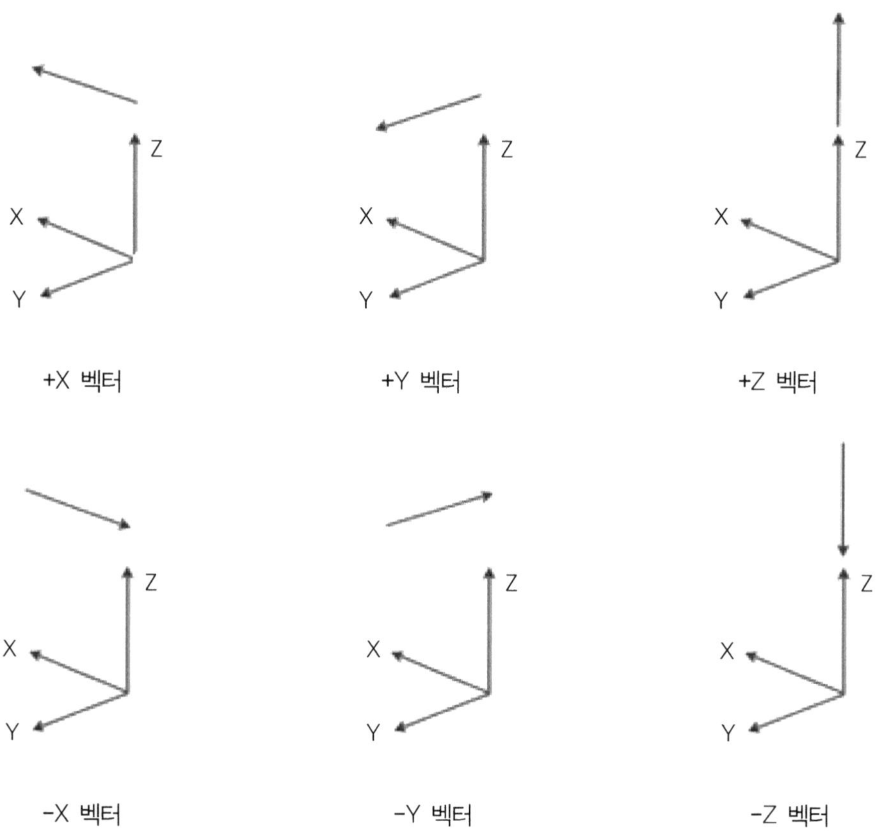


**그림 13.33** 3차원 측정기에서 프로브의 벡터 방향

벡터는 한 선의 화살표로 표시되고 화살표 끝 은 양(+)의 방향을 의미한다. 위에서 논의된 여섯 개의 벡터는 3차원 측정기의 좌표계와의 관계를 보여준다. X, Y, Z에서 3차원 측정기의 좌표계를 나타내고 3축의 양(+)의 방향을 보여준다.

※ I, J, K의 의미는?

- 1, 0, 0 : 양(+) 1과 음(−) 1은 I, J, K값을 지정하고, 첫 번째 숫자 I는 X축과 방향 벡터 사이의 코사인 각도 차이를 나타낸다.
- 0, 1, 0 : 두 번째 숫자 J는 Y축과 방향 벡터 사이의 코사인 각도 차이를 나타낸다.
- 0, 0, 1 : 세 번째 숫자 K는 Z축과 방향 벡터 사이의 코사인 각도 차이를 나타낸다.

### 예제 1

아래의 보기들은 2차원 방향만 나타낸 예제이다.

- 벡터와 +X 축과의 차이는 90도, 코사인은 0이다.
- 벡터와 +Y 축과의 차이는 90도, 코사인은 0이다.
- 벡터와 +Z 축과의 차이는 0도, 코사인은 +1이다.
- 벡터는 I=0, J=0, K=1 또는 0, 0, 1이다.

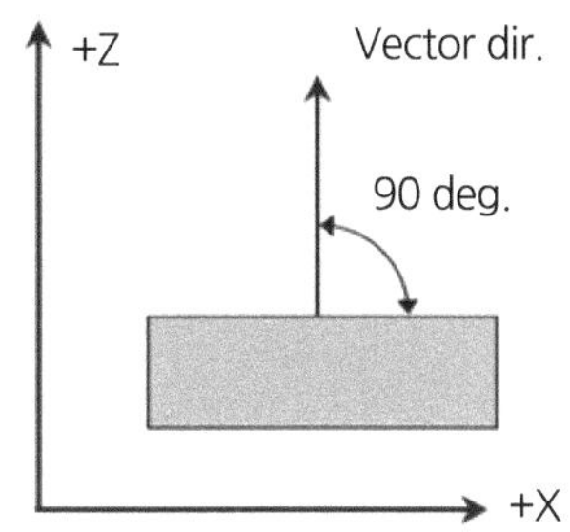


### 예제 2

- 벡터와 +X 축과의 차이는 90도, 코사인은 0이다.
- 벡터와 +Y 축과의 차이는 0도, 코사인은 +1이다.
- 벡터와 +Z 축과의 차이는 90도, 코사인은 0이다.
- 벡터는 I=0, J=1, K=0 또는 0, 1, 0이다.

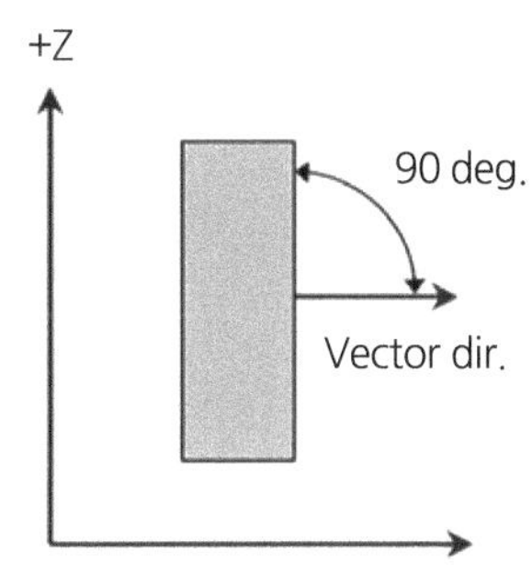


### 예제 3

- 벡터와 +X 축과의 차이는 45도, 코사인은 +0.7071이다.
- 벡터와 +Y 축과의 차이는 90도, 코사인은 0이다.
- 벡터와 +Z 축과의 차이는 45도, 코사인은 +0.7071이다.
- 벡터는 I=0.7071, J=0, K=0.7071 또는 0.7071, 0, 0.7071이다.

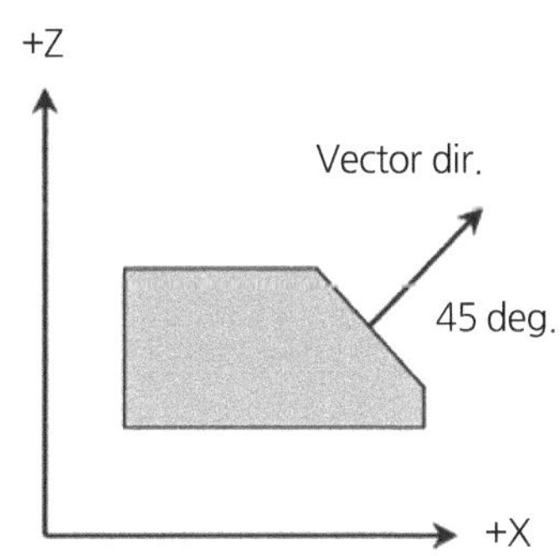


### 예제 4

- 벡터와 +X 축과의 차이는 45도, 코사인은 +0.7071이다.
- 벡터와 +Y 축과의 차이는 90도, 코사인은 0이다.
- 벡터와 +Z 축과의 차이는 −45도, 코사인은 −0.7071이다.
- 벡터는 I=0.7071, J=0, K=−0.7071 또는 0.7071, 0, −0.7071이다.

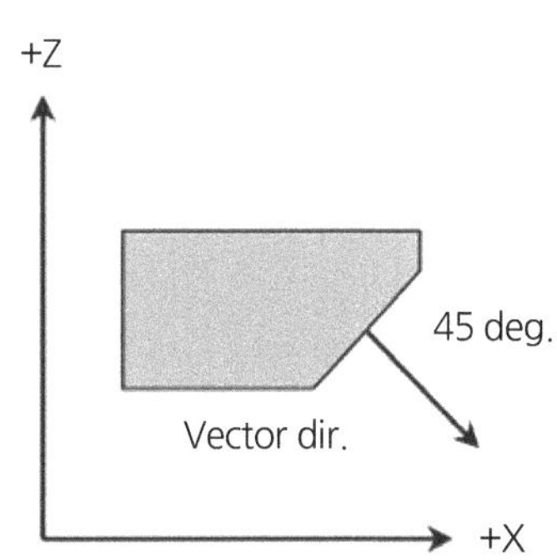

※ 앞의 예제들은 이해를 돕기 위해 2차원의 예제이며, 3차원에서도 같은 개념으로 적용된다.

② 벡터 방향의 중요성

앞에서 제시된 예제와 같이 벡터의 방향이 결정되며 그림 13.34에서와 같이 K 벡터가 +1에서 −1로 변화되면 그림과 같은 방향 변화가 발생한다.

(a) 벡터 방향 0, 0, 1 (b) 벡터 방향 0, 0, -1

**그림 13.34** 3차원 측정기에서 벡터 방향의 이해

3차원 측정기 소프트웨어는 방향 정보에 의해 측정 방향을 설정한다. 예를 들면 측정 물의 원통 요소가 위 또는 아래를 향하는지를 원통 축의 벡터로 알 수 있다.

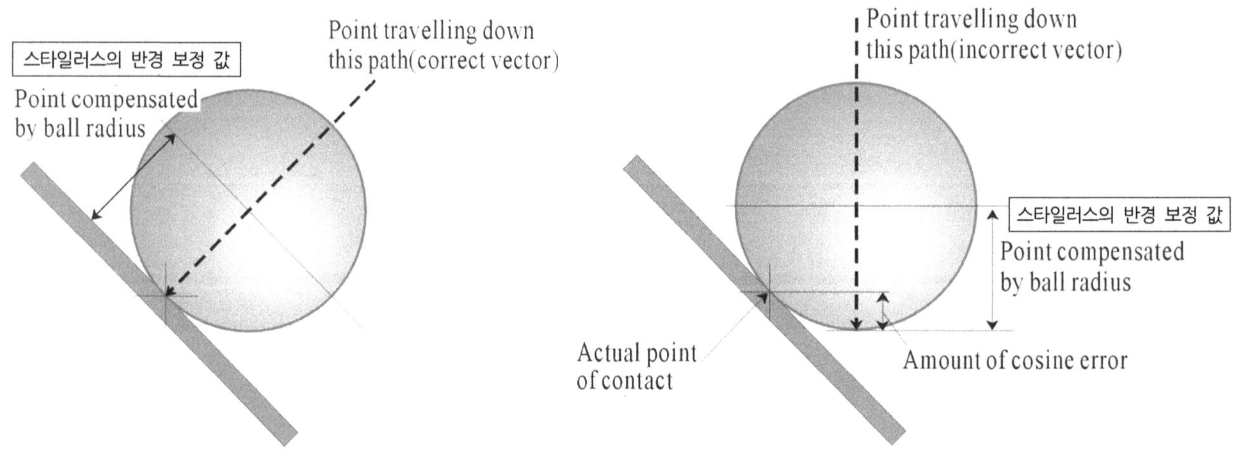


(a) 정확한 벡터 방향 (b) 정확하지 않은 벡터 방향

**그림 13.35** 3차원 측정기에서 벡터 방향의 코사인 오차

3) 3차원 측정기의 좌표계 이해

① 측정기의 기계좌표계(Machine Coordinate System)와 공작물 좌표계(Part Coordinate System)

3차원 측정에서의 두 가지 좌표계가 있으며 그중 하나가 기계좌표계이고 그림 13.35의 (a)에서와 같이 X, Y, Z축이 3차원 측정기의 움직임을 나타내어 준다. 측정기를 정면에서 볼 때 앞에서 설명한 왼손좌표계에 의해 X축은 왼쪽에서 오른쪽으로 움직이며 Y축은 앞쪽에서 뒤쪽으로, Z축은 위아래로 다른 두 축에 직각 방향으로 움직인다.

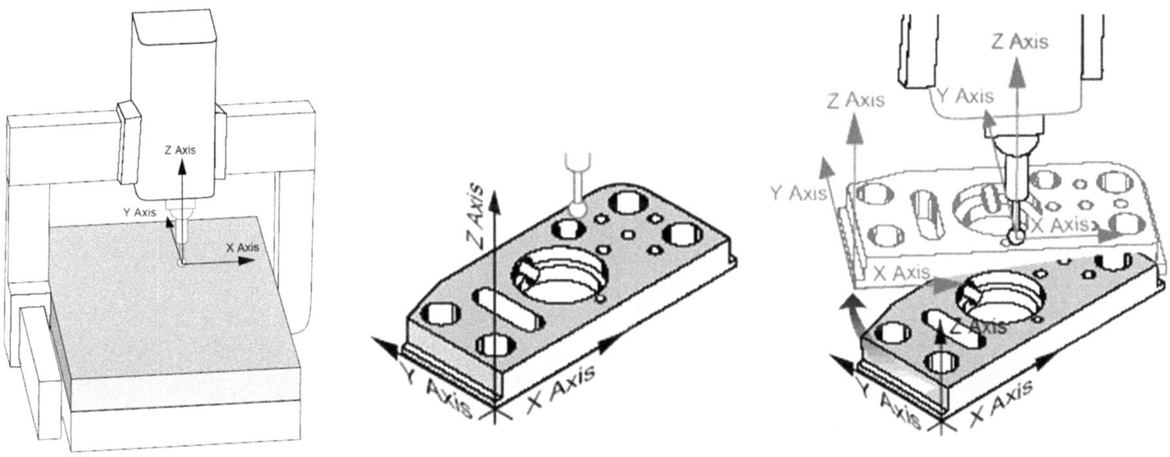


(a) CMM의 기계좌표계 (b) 측정물 좌표계 (c) 좌표계의 정렬

**그림 13.35** 3차원 측정기에서 벡터 방향의 이해

그림 13.35의 (b)와 같은 좌표계를 측정물 좌표계라 하고 3개의 좌표축은 측정물의 측정 요소나 데이텀을 기준으로 하여 설정된다.

그림 13.35의 (c)는 3차원 측정기의 정반 위에 설치된 측정물에 의해 정의된 측정물 좌표계와 기계좌표계를 정렬시키는 작업을 정렬(alignment)이라고 한다.

② 데이텀(datum)의 설정

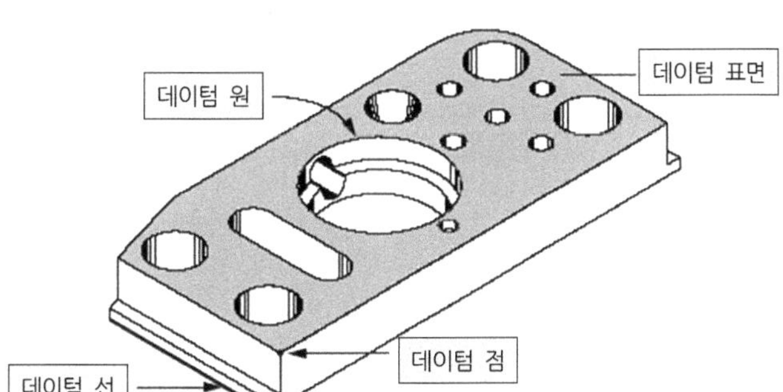


**그림 13.36** 데이텀에 이용되는 객체

측정에 있어서 데이텀은 측정물에 있는 원, 면, 슬롯 등의 측정 객체로서 측정의 목적인 객체 요소 간의 거리 및 상관관계를 알고자 한다.

㉠ 자유도(degrees of freedom)란

모든 측정물 객체의 자유도는 그림 13.37에서와 같이 6개의 자유도 구성되고 3개의 이동자유도(translational degrees) 및 3개의 회전 자유도(rotational degrees)가 있다. 형상 제어 프레임의 기준객체는 참조 객체에 의해 제한될 수 있으며 세 가지 변환 자유도는 X, Y, Z로 불리고 회전 자유도는 u, v, w 라고 명칭 한다.

그림 13.38은 처음에 설정된 데이텀과 다음에 설정된 형상데이텀 사이에는 기준 형상에 적용되는 재료 경계 조건에 따라 자유도를 구속한다.

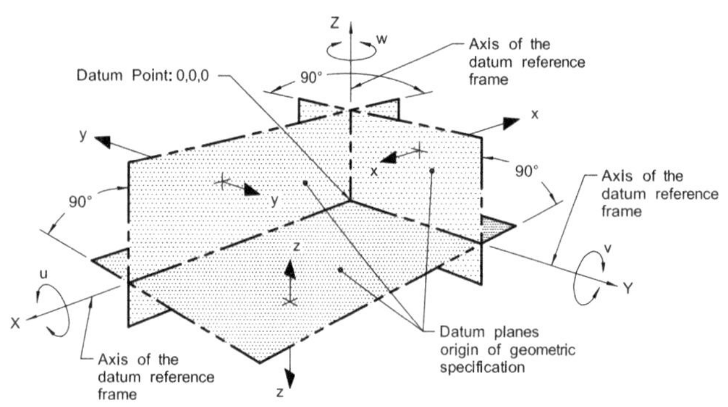


| | 이동 자유도 | 회전 자유도 |
|---|---|---|
| X축 | ±X | ±u |
| Y축 | ±Y | ±v |
| Z축 | ±Z | ±w |

**그림 13.37** 데이텀 참조 프레임

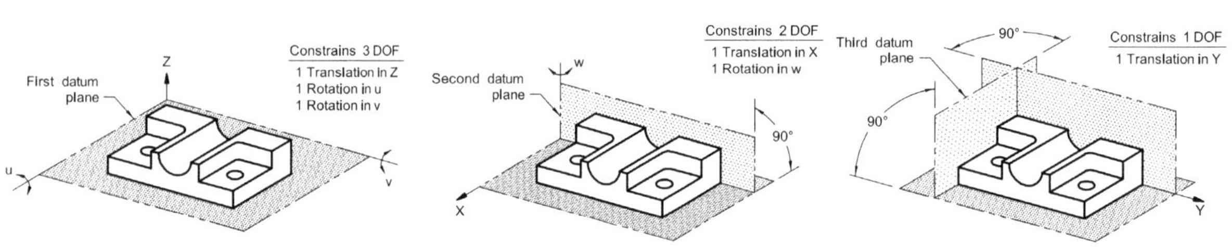


(a) 1st 데이텀의 설정 (b) 2nd 데이텀의 설정 (c) 3rd 데이텀의 설정

**그림 13.38** 측정에서 데이텀의 설정

그림 13.38에서와 같이 형상 제어 프레임은 먼저 기준되는 데이텀이 고정되고 다음에 설정되는 데이텀이 기준객체의 형상에 의해 데이텀의 회전 및 이동이 제한된다. 이것은 기하학적 공차 구역과 기준 참조 데이텀(datum reference frame) 사이에 존재하는 기하학적 관계로 정의된다.

이러한 이유에서 2nd, 3rd 데이텀의 설정과 실제 객체의 형상과의 차이가 발생된다.

또한 그림 13.39는 객체의 형상별로 도면에서 주어진 기하학적 공차에 의해 정의된 데이텀의 회전 및 이동을 설명한 자료이며 객체의 형상별 구속조건에 따른 자유도를 설명한 자료이다.

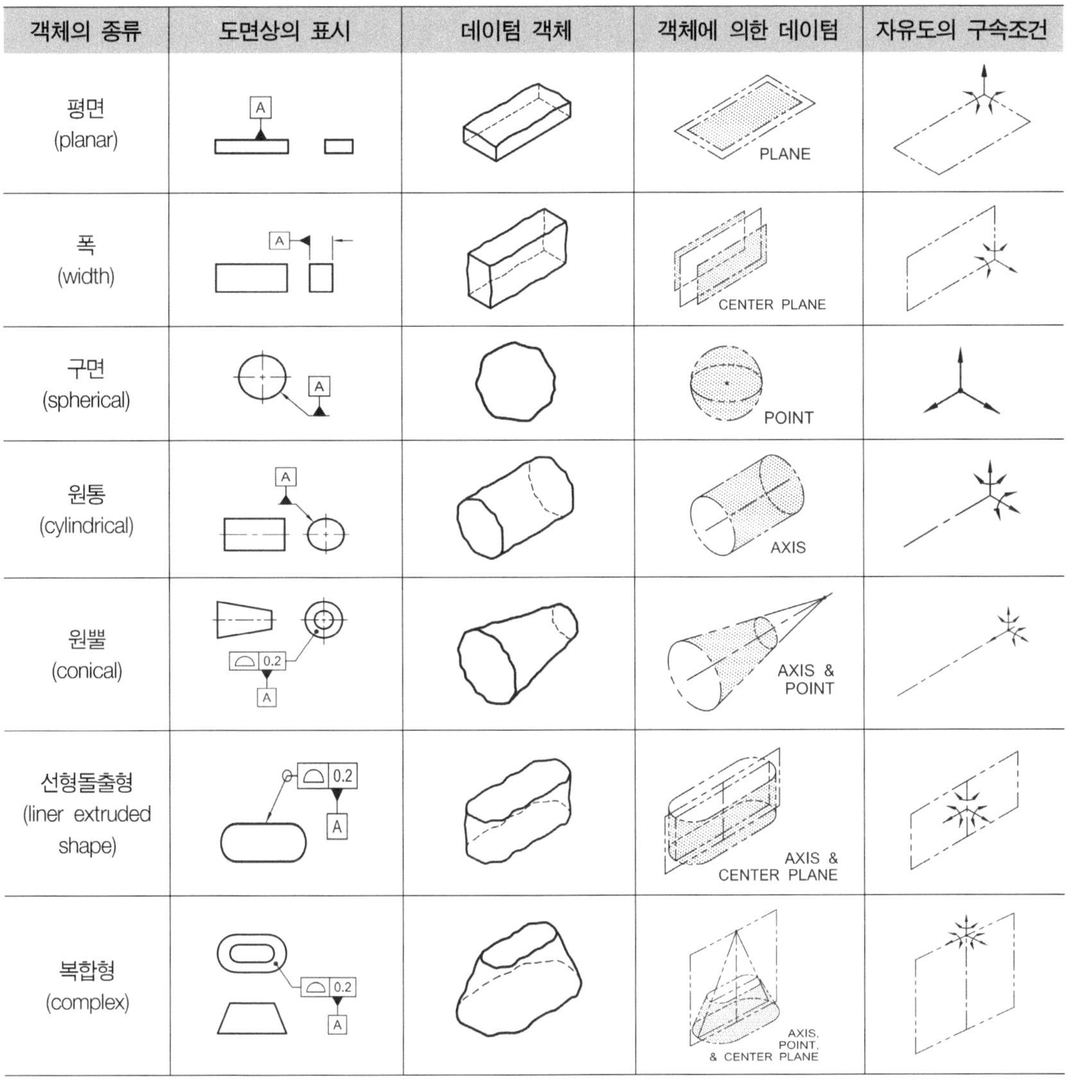


**그림 13.39** 객체 형상별 자유도의 구속

㉡ 기준 참조 데이텀(datum reference frame)의 설정

그림 13.40과 같은 메인 하우징에 앤드 커버가 장착되며 앤드 커버의 회전 위치결정은 위치결정 키에 의해 결정되고 육각 머리 볼트에 의해 고정된다.

앤드 커버의 제작도면은 그림 13.41과 같다.

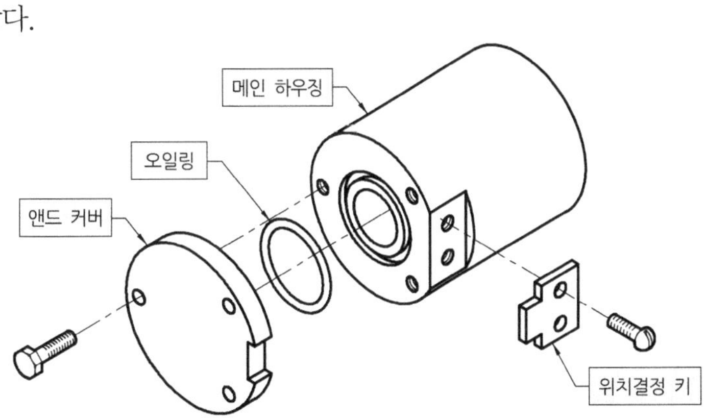


**그림 13.40** 메인 하우징 조립체의 구조

그림 13.41은 메인 하우징 조립체의 구성품인 앤드 커버의 제작도면이다.

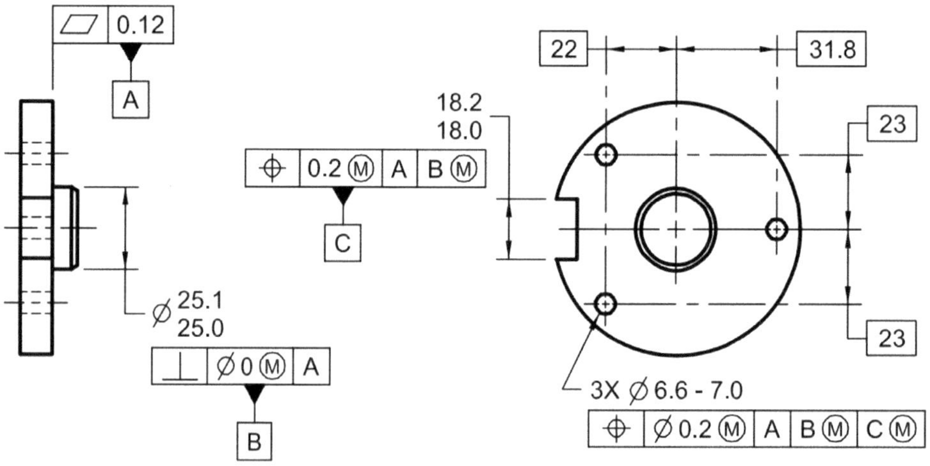


**그림 13.41** 앤드커버의 제작도면

제작된 앤드 커버의 정확한 측정을 위해 그림 13.42에서와 같은 절차에 의해 기준 참조 데이텀을 정의하여야 한다.

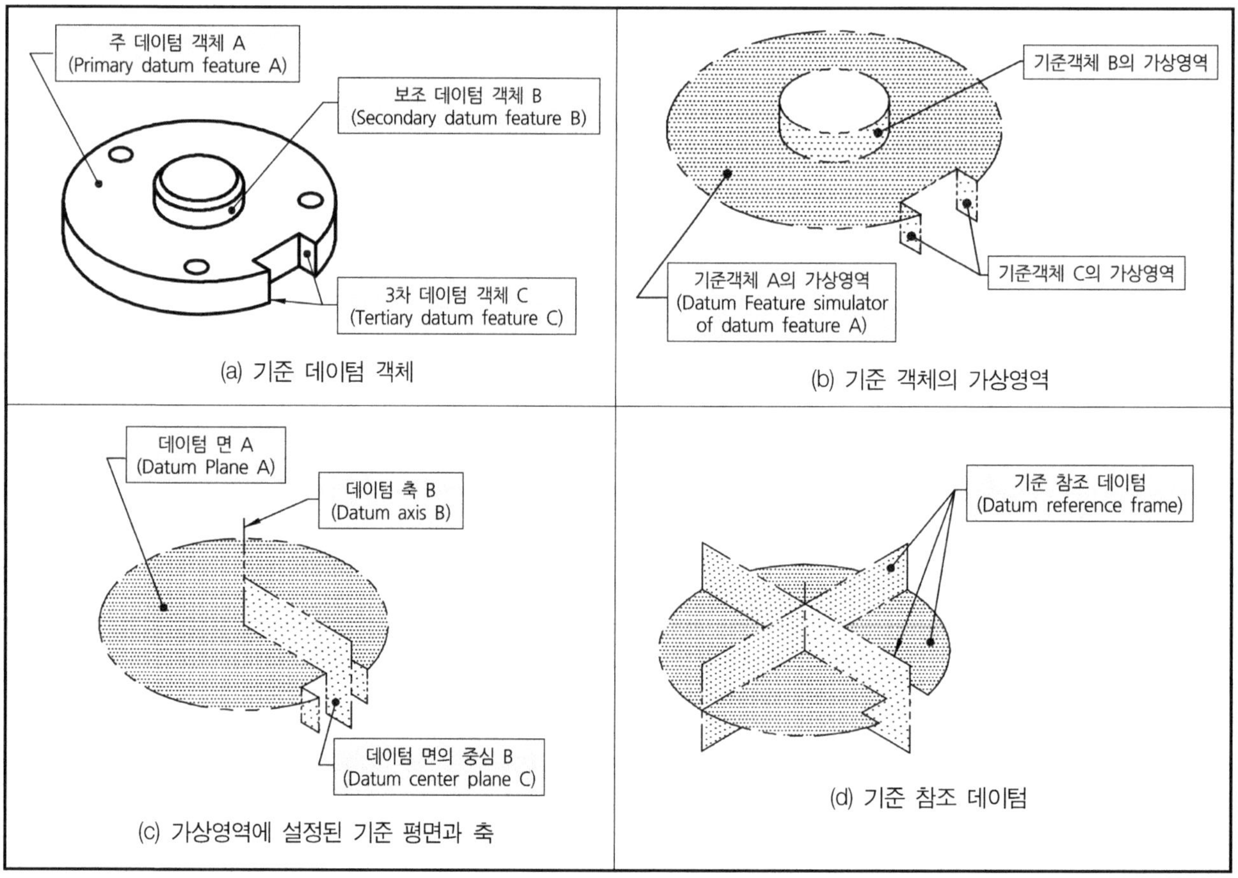


**그림 13.42** 기준 참조 데이텀의 설정 절차

그림 13.42는 기준 참조 데이텀의 설정 순서를 나타낸 자료이며 그림 13.42 (a)에서 3개의 형상 객체를 이용하여 데이텀을 설정한다.

또한 (b)의 그림에서와 같이 객체 A의 면을 평면으로 정의하고 B의 원통에는 최대 재료 경계로 가상의 축이 정의되며 가상의 기준객체 C는 기준 A에 수직인 최대 재료 경계 폭을 기준으로 기준 축 B에 있는 중심 면을 가상의 데이텀 객체를 정의한다.

그림 13.42(c)의 그림은 객체 이용한 가상으로 설정된 기준 평면과 축을 나타낸 그림이며 그림 (d)는 설정된 기준 참조 데이텀이다.

ⓒ 데이텀의 이동 및 회전

측정 객체에서 측정 요소가 다른 측정 요소로 부터 얼마나 떨어져 있는지 알아야 하는 경우가 있다. 그림 13.43과 같이 8개의 원 중심과 중앙의 원 중심간의 거리를 알고자 할 경우, 중앙의 원을 이용하여 좌표계의 원점을 이 원의 중심으로 이동시켜 8개의 원을 측정하여 그 값을 얻을 수 있다. 이와 같이 측정의 출발점(원점)을 현재의 원점에서 다른 위치로 옮기는 것을 이동(translation)이라 한다.

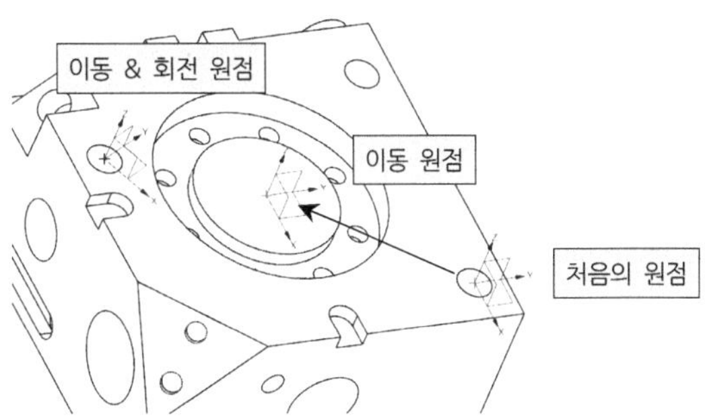


**그림 13.43** 데이텀의 이동 및 회전

모든 데이텀이 다른 데이텀에 직각을 이루고 있는 것은 아니므로 원점을 이동시킨 다음 기준객체를 이용하여 데이텀을 회전(rotation)시킬 수 있다.

ⓓ 실측 측정 요소와 가상 측정 요소

대부분의 측정물은 기계 가공이나 성형 가공을 통하여 만들어진 단순한 기하학적 요소들로 구성되어 있다. 이러한 일차적인 요소들인 점, 선, 원, 면, 원통, 원추, 구 등을 측정 객체리고 한다.

3차원 측정기는 이러한 측정 객체를 프로브로 접촉함으로써 직접 측정할 수 있으며 이러한 측정에 의해 얻어진 요소를 실측 측정 요소라 한다.

또한 거리, 대칭, 교차, 각도, 투영 등의 측정 요소는 측정물로 부터 직접 얻어질 수 없으며 측정된 측정 요소들로부터 수학적인 계산을 거쳐 구성되어 다음 측정치를 얻을 수 있다. 이러한 측정 요소를 가상 측정 요소라 한다.

그림 13.44 (a)에서 네 개의 원 중심이 구성하는 가상 원을 얻을 수 있다.

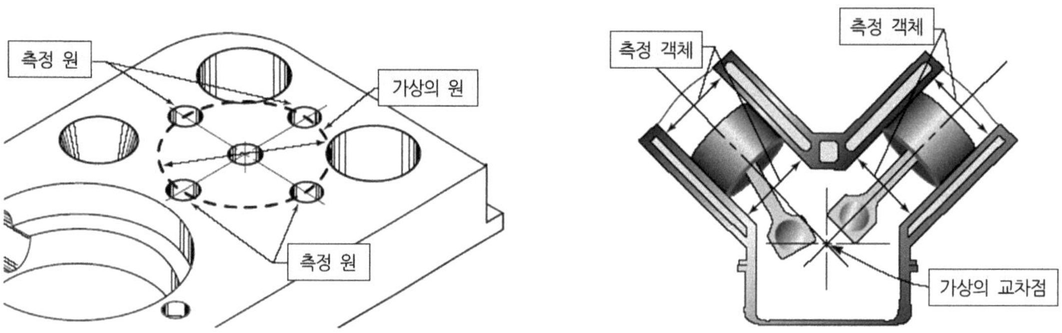


(a) 원에 의한 가상의 원

(b) 측정 객체에 의한 가상의 교차점

**그림 13.44** 측정요소에 의한 가상원과 교차점

가상 측정 요소는 하나 또는 다른 측정 요소 및 측정 요소 집단과의 연관 관계로 결정되고 제품의 제조 과정에 매우 중요하다. 예를 들면 그림 13.44 (b)의 엔진 블록에서 양쪽에 위치한 실린더 간의 교차점은 부품의 결합 상태를 결정하는 중요한 요소가 된다. 이러한 교차점은 두 개의 실린더 측정 객체에 의해 얻어질 수 있다.

### 4) 공간 정확도의 보정

첨단 제조 기술에서 제품을 매우 정밀하게 만들 수 있도록 노력하고 있으나 아직도 완벽하지 못한 부분이 남아 있는 것이 현실이다. 이러한 부분이 비록 작기는 하지만 공차가 존재하며 측정오차가 있음을 의미한다.

이러한 관점에서 3차원 측정기는 제조 장비와 다른 점이 있다. 비록 3차원 측정기를 엄격한 공차 관리하에 생산한다고 할지라도 구조상 측정치에 영향을 미치는 오차(축 방향의 요동 오차, 전·후 요동 오차, 진직도 오차 및 범위 자체 오차 등)를 제거할 수 없다. 산업체에서 부품의 공차 관리가 엄격해 질수록 3차원 측정기가 더욱 정밀해야 할 필요가 있다.

3차원 측정기의 불확도는 대부분 컨트롤러에서 자동으로 보정되며 3차원 측정기의 기하학적 오차는 오차 맵핑 과정에 의해 측정되고 3차원 측정 소프트웨어의 알고리즘에 의해 이들을 상쇄시키거나 최소화한다. 이러한 측정 기술을 공간 정밀도 보정이라 한다.

### 5) 측정 요소의 투영

투영은 원이나 선을 평면상에 투영하거나 도형 또는 입체에 평행 광선에 투영하여 다른 측정 요소로 바꾸어 주는 것을 의미한다.

임의의 측정 요소를 다른 측정 요소에 투영시키는 것은 세계 지도를 평면상에 제작하는 메카토르 투영법(mercator projection)과 비유할 수 있다. 그림 13.45와 같이 구형인 지구를 평면에 투영하여 평면에 지도를 만들었다.

측정에서 투영은 더 정확한 측정을 가능하게 하고 부품이 결합하는 상태를 더 정확하게 예측할 수 있게 해 준다.

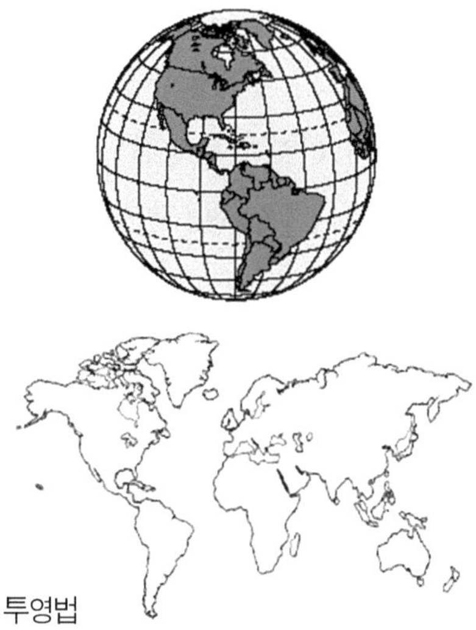

**그림 13.45** 메카토르 투영법

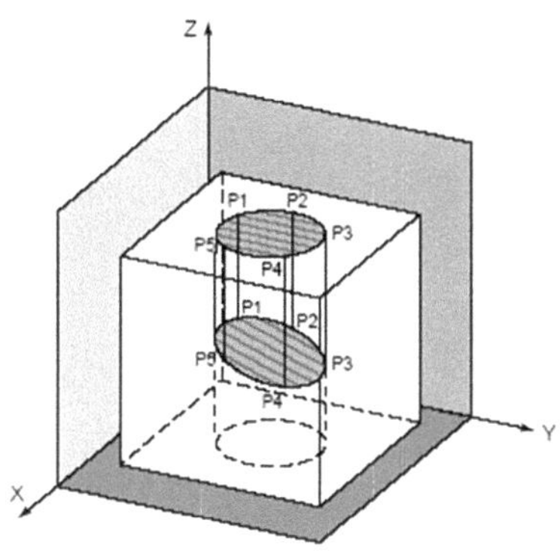


**그림 13.46** 공간상 원통의 투영

자동차 제조에서 엔진 블록에 원통 측정 요소가 매우 빈번하게 측정된다. 원통을 실린더 헤드 상의 평면에 투영시켜 피스톤과 결합성을 검사하며 피스톤이 실린더 헤드 내의 연소실에 원통의 상태를 측정할 수 있다.

그림 13.46에서와 같이 원의 안지름을 측정할 때 최소 3개의 점을 측정하여야 한다. 측정한 결과 3개의 점이 안지름의 최상단으로부터 같은 거리에 있지 않으면 측정된 원은 그림과 같이 타원으로 나타나게 된다. 이러한 오류를 극복하기 위해서 측정된 데이터를 원통의 중심선에 수직인 평면에 투영하면 측정하고자 하는 원의 특성을 정확하게 얻을 수 있다.

### 6) 객체의 측정 요소 및 측정 포인트 수

가공된 공작물은 평면과 같은 표준 기하학적 객체의 조합으로 원, 직선, 원통, 원뿔 및 구 형상은 다수의 요소별 측정된 점에 의해 치수가 결정된다.

측정을 위해 측정 요소를 객체의 기하학적 형상에서 최소 접점 수(그림 13.47)가 정의되어 있다. 예를 들어 두 점은 선을 정의하고 세 점은 원으로 정의되나 원의 세 점은 양식 오류에 대한 정보를 제공하지 않는다.

실용적인 목적에서 표면의 기하학적 오류를 결정할 수 있도록 CMM 작업 중에 이 최소 점수 이상을 측정하는 것이 일반적이다. 점들이 표면 위에 일정한 간격을 둘 필요는 없지만 균일한 범위(coverage)를 목표로 해야 한다.

균일한 간격의 점은 사용하지 않는 것이 유리하나 극단적인 분포는 권장되지 않는다.

공작물에 대해 측정된 값 세트는 위치, 크기 및 공칭 형태로부터의 이탈을 결정하기 위해 계산이 수행되는 CMM 소프트웨어에 보정 데이터를 입력하여야 한다.

신뢰할 수 있는 결과를 얻으려면 수집된 데이터가 기하학적 형상 특징을 대표해야 하고 너무 적은 데이터 포인트 또는 부적절하게 분포된 데이터 포인트는 결과를 결정하는 데 신뢰할 수 없는 자료로 제공된다.

적절하게 분배된 측정점 수가 많을수록 평가의 신뢰성이 높아질 수 있지만, 형상을 측정하는 데 필요한 시간이 길어진다. 사용자는 측정 과정에 필요한 정확성과 결과의 피드백이 필요한 속도 사이에서 경제적 판단이 필요하다. 또한 수동 및 관절 형 암 CMM의 경우 추가 측정 시간으로 인해 작업자의 피로가 증가하고 실수가 발생할 수 있다.

그림 13.47은 BS7172(1989) 규격에서 제안된 최소 측정 점수와 권장 최소값을 제안하고 있다.

| 필요한 접점 수(Number of contact points required) | | | |
|---|---|---|---|
| 객체의 형상 (Geometric feature) | 수학적 최소점 (Mathematical minimum) | 권장 최소값 (Recommended minimum) | 기하학적 형상 정의 (Defining common geometric features) |
| 직선 (straight line) | 2 | 5 | 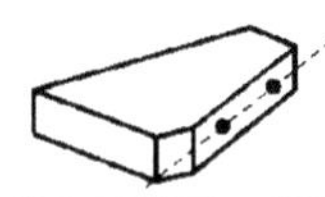 |
| 평면 (plane) | 3 | 9 (대략 3줄 3개) |  |
| 원 (circle) | 3 | 7 (7개의 로브[lobes]를 감지하려면) ※7개 이상의 측정점에 의해 로빙 진폭을 감소할 수 있다. | 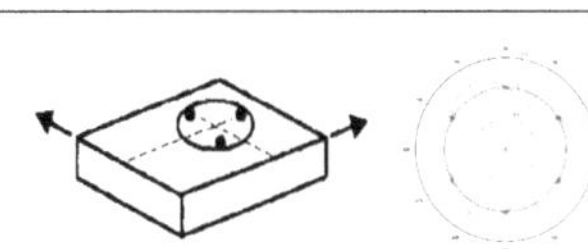 |
| 타원 (ellipse) | 4 | 12 | 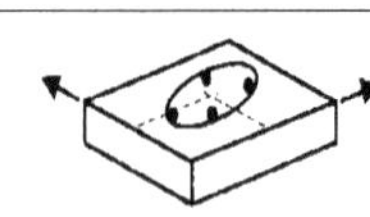 |
| 구 (sphere) | 4 | 9 (세 개의 평행 평면에서 세 개씩의 원) | 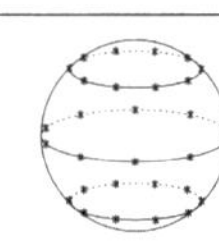 |
| 원뿔 (cone) | 6 | 12 (직선성에 대한 정보를 의해 4개의 평행 평면에서 원) 15 (진원도에 대한 정보를 위해 각 원의 5점) | 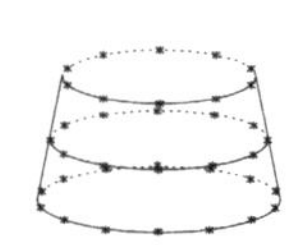 |
| 원통 (cylinder) | 5 | 12 (직선상의 4개 평행 평면에서 원) 15 (진원도에 대한 정보를 위해 각 원의 5점) | 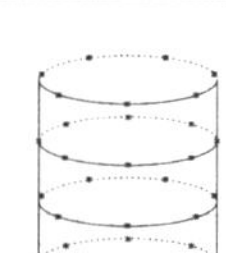 |
| 육면체 (cube) | 6 | 6 (면당 최소 3개) | |

**그림 13.47** BS7172(1989) 규격에서 측정점수

## 6. 3차원 측정기에서의 측정 객체(Inspection Features)

최근에 제작된 삼차원 측정기에서는 설계 및 제조 요구사항이 포함된 CAD 모델을 이용하여 다양한 형상과 공차 유형에 따른 계측프로그램을 작성한다. CAD 모델에 표시된 다양한 3D 형상(3D geometry)을 이용할 수 있으며 객체에 공차 등의 여러 가지 정의기능이 제공된다.

### 1) 점(Point) 객체에 의한 선택 +

Menu ➡ Insert ➡ Feature ➡ Point...

모델의 점 객체를 이용하여 측정점의 위치를 정의할 수 있다.

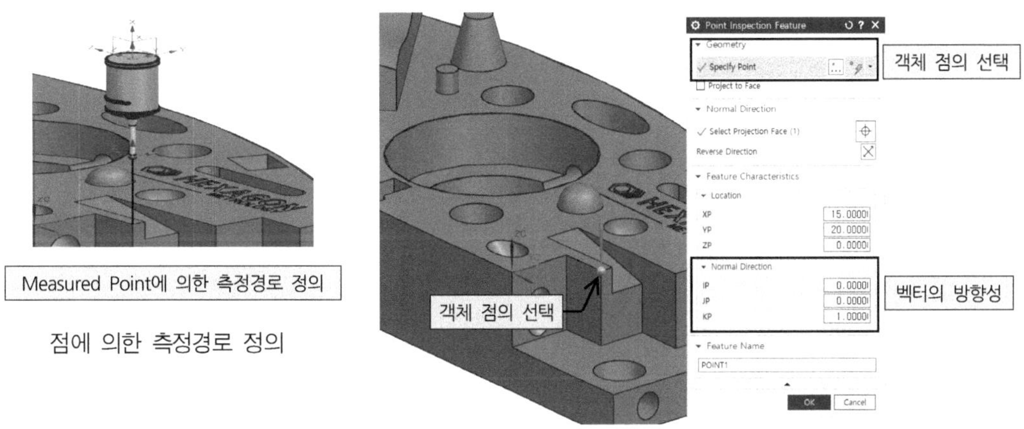


**그림 13.48** 점에 의한 객체 정의

### 2) 선(Line) 객체에 의한 선택

Menu ➡ Insert ➡ Feature ➡ Line...

모델의 선 객체를 이용하여 측정점의 위치와 경유 점을 Point Set 등을 이용하여 정의할 수 있다.

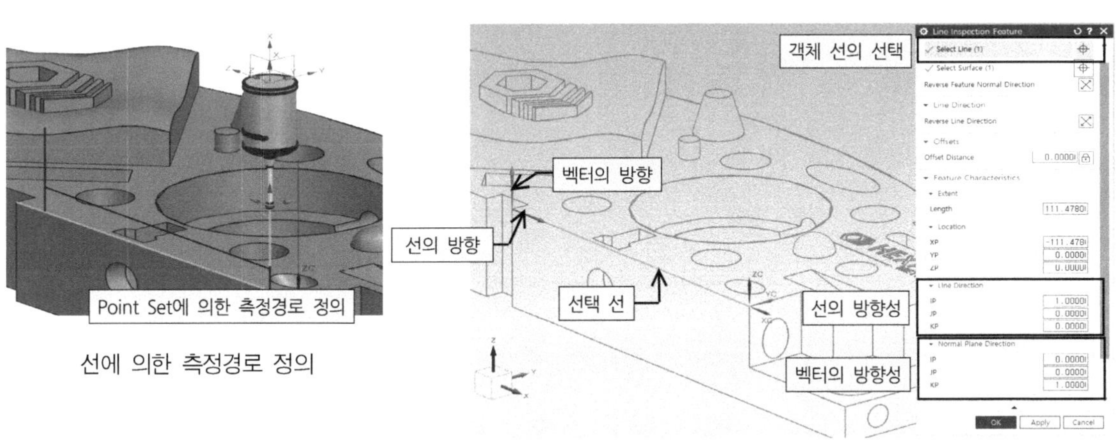


**그림 13.49** 선에 의한 객체 정의

### 3) 커브(Curve) 객체에 의한 선택

Menu ➡ Insert ➡ Feature ➡ Curve..

모델의 커브 객체를 이용하여 측정점의 위치와 경유 점을 Point Set 등을 이용하여 정의할 수 있다.

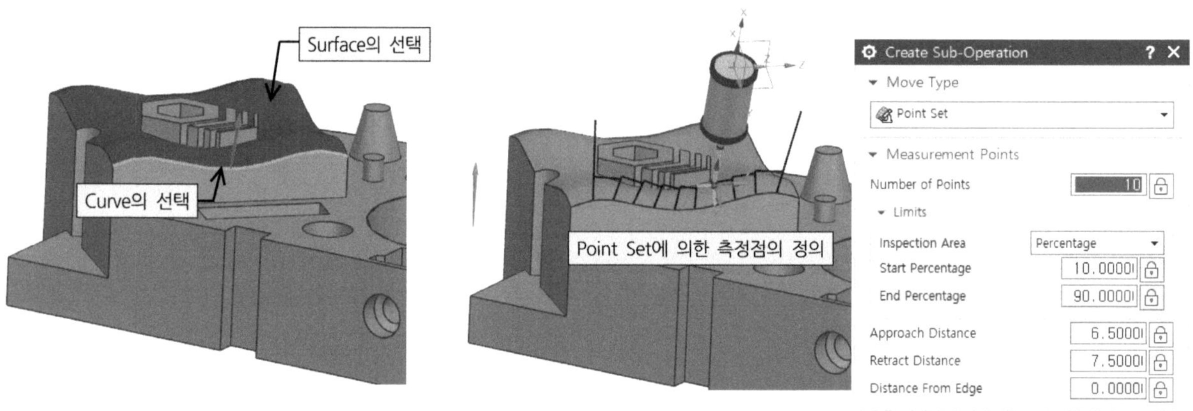


커브 객체의 선택 커브에 의한 측정경로 정의

**그림 13.50** 커브 객체 정의에 의한 측정경로

### 4) 원호(Arc) 객체에 의한 선택

Menu ➡ Insert ➡ Feature ➡ Arc..

모델의 원호 객체를 이용하여 측정점의 위치와 경유 점을 Point Set 등을 이용하여 정의할 수 있다.

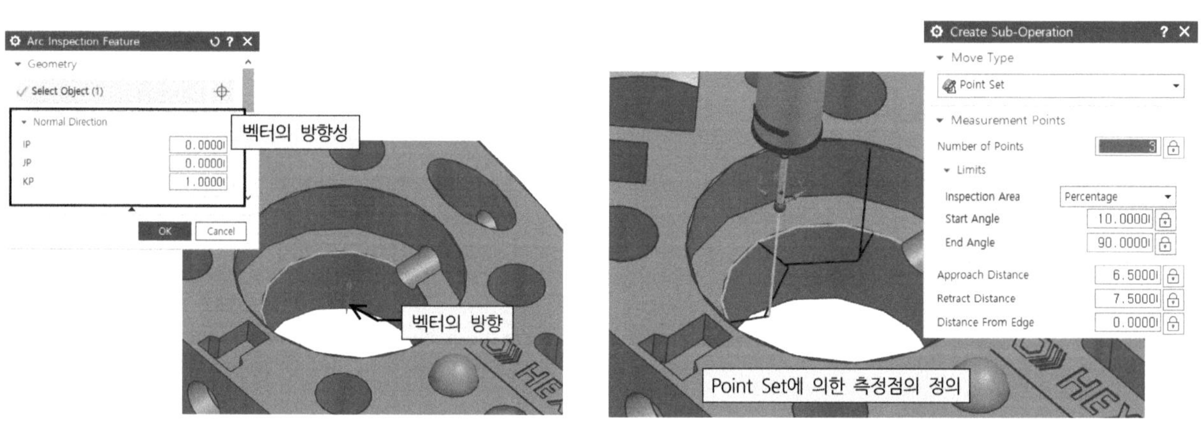


원호 객체의 선택 원호에 의한 측정경로 정의

**그림 13.51** 원호 객체 정의에 의한 측정경로

### 5) 원(Circle) 객체에 의한 선택

Menu ➡ Insert ➡ Feature ➡ Circle..

모델의 원 객체를 이용하여 측정점의 위치와 경유 점을 Point Set 등을 이용하여 정의할 수 있다.

### 6) 평면(Plane) 객체에 의한 선택

Menu ➡ Insert ➡ Feature ➡ Plane...

모델의 평면 객체를 이용하여 측정점의 위치와 경유 점을 Point Set 등을 이용하여 정의할 수 있다.

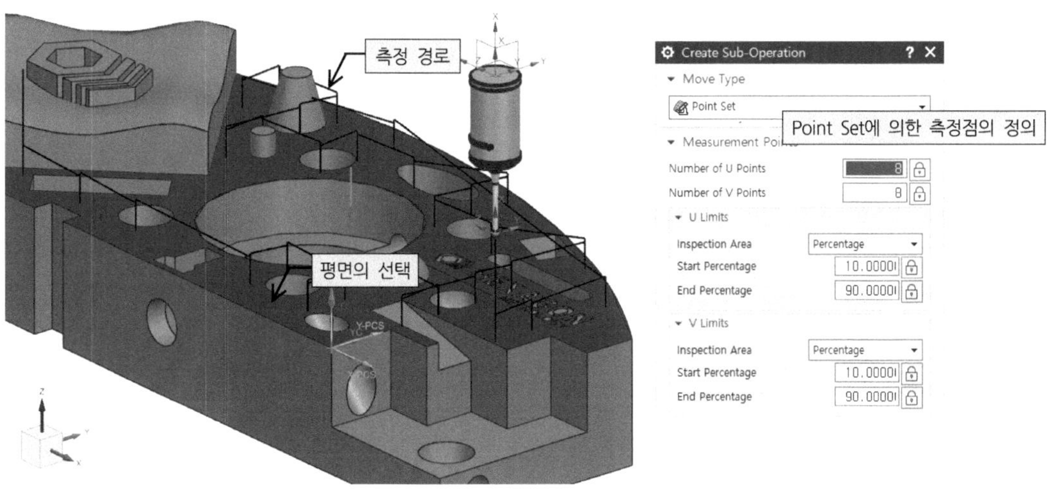


**그림 13.52** 평면 객체 정의에 의한 측정경로

### 7) 원기둥(Cylinder) 객체에 의한 선택

Menu ➡ Insert ➡ Feature ➡ Cylinder..

모델의 원기둥 객체를 이용하여 측정점의 위치와 경유 점을 Point Set 등을 이용하여 정의할 수 있다.

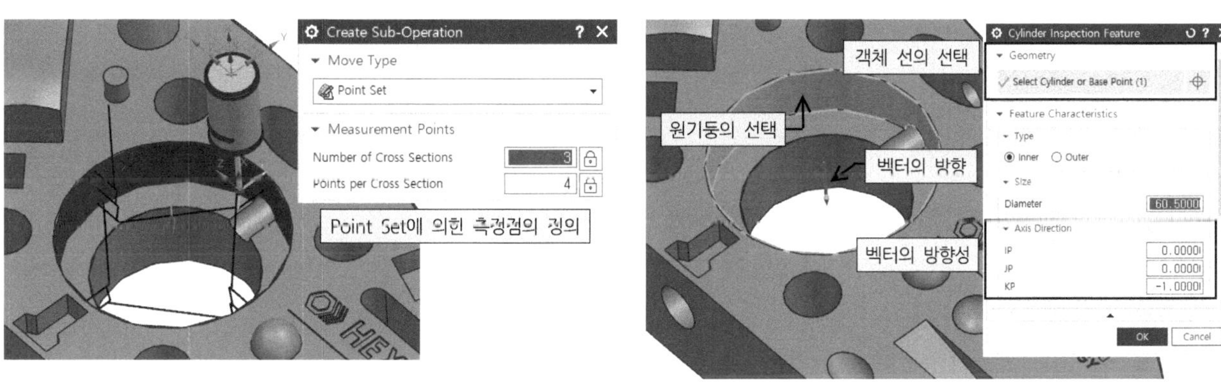


원기둥에 의한 측정경로 정의　　원기둥 객체의 선택

**그림 13.53** 원기둥 객체 정의에 의한 측정경로

### 8) 구(Sphere) 객체에 의한 선택

Menu ➡ Insert ➡ Feature ➡ Sphere..

모델의 구 객체를 이용하여 측정점의 위치와 경유 점을 Point Set 등을 이용하여 정의할 수 있다.

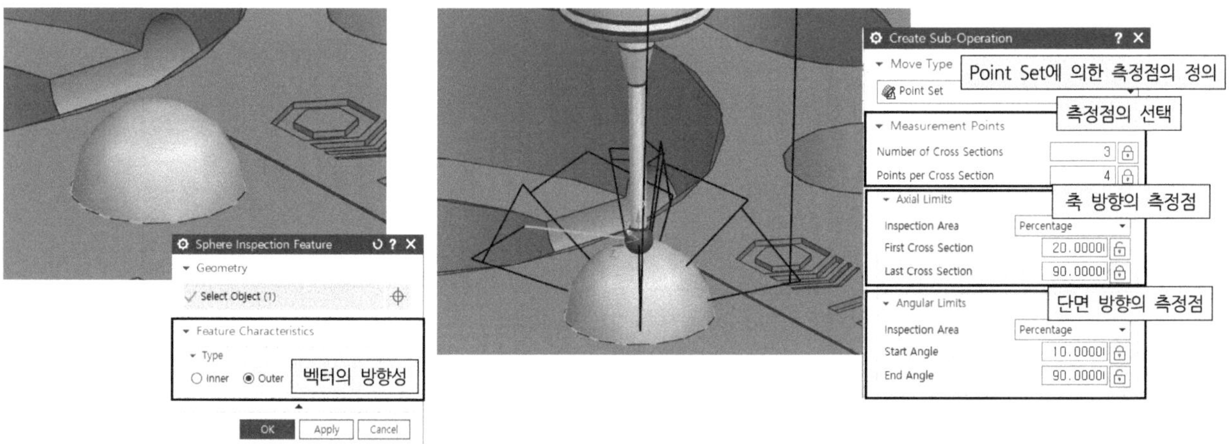


구 객체의 선택　　　　구 객체에 의한 측정경로 정의

**그림 13.54** 구 객체 정의에 의한 측정경로

### 9) 원뿔(Cone) 객체에 의한 선택

Menu ➡ Insert ➡ Feature ➡ Cone..

모델의 구 객체를 이용하여 측정점의 위치와 경유 점을 Point Set 등을 이용하여 정의할 수 있다.

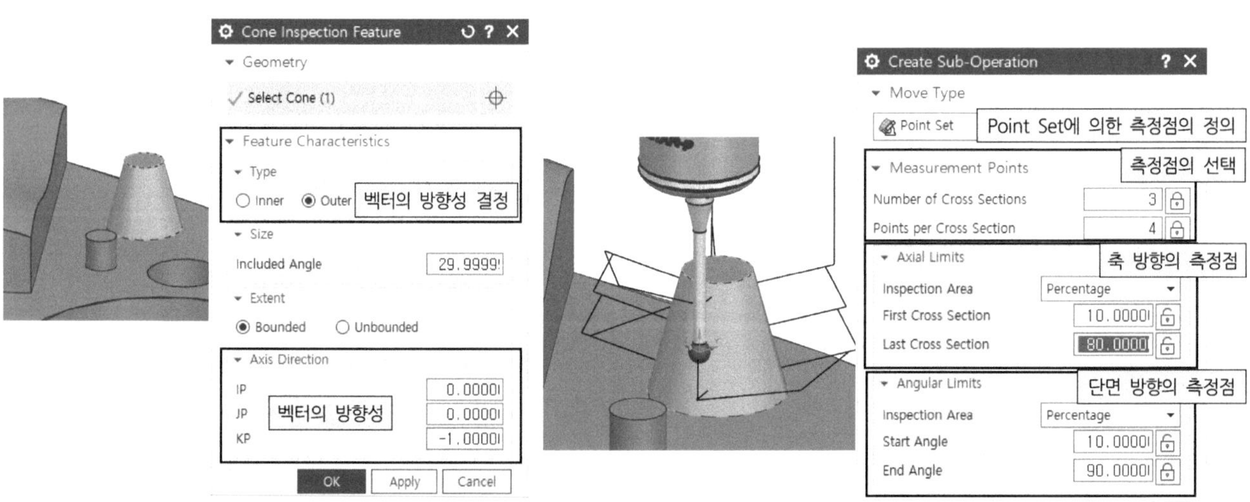


원뿔 객체의 선택　　　　원뿔 객체에 의한 측정경로 정의

**그림 13.55** 원뿔 객체 정의에 의한 측정경로

### 10) 슬롯(Slot) 객체에 의한 선택

Menu ➡ Insert ➡ Feature ➡ Closed Slot-Tab...

모델의 슬롯 객체를 이용하여 측정점의 위치와 경유 점을 Point Set 등을 이용하여 정의할 수 있다.

슬롯 객체의 선택

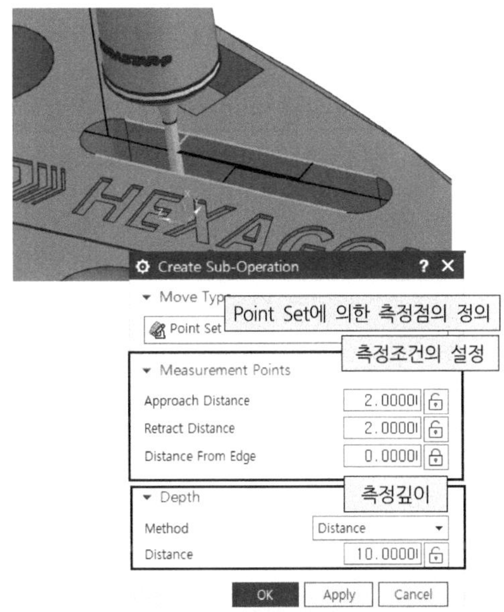


슬롯 객체에 의한 측정경로 정의

**그림 13.56** 슬롯 객체 정의에 의한 측정경로

### 11) 개방슬롯(Open Slot) 객체에 의한 선택

Menu ➡ Insert ➡ Feature ➡ Open Slot-Tab...

모델의 개방슬롯 객체를 이용하여 측정점의 위치와 경유 점을 Point Set 등을 이용하여 정의할 수 있다.

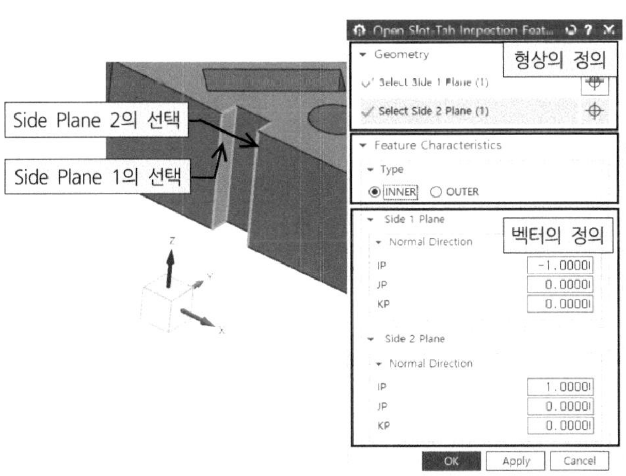


개방슬롯 객체의 선택

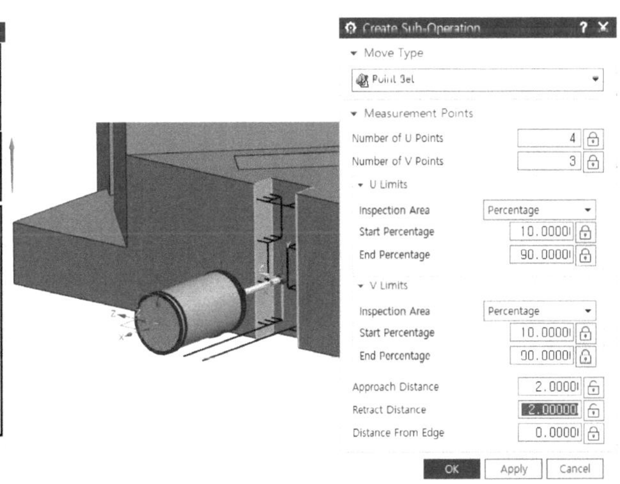


개방슬롯 객체에 의한 측정경로 정의

**그림 13.57** 개방슬롯 객체 정의에 의한 측정경로

### 12) 도넛(Torus) 객체에 의한 선택

Menu ➡ Insert ➡ Feature ➡ Torus..

모델의 도넛 객체를 이용하여 측정점의 위치와 경유 점을 Point Set 등을 이용하여 정의할 수 있다.

### 13) 표면(Surface) 객체에 의한 선택

Menu ➡ Insert ➡ Feature ➡ Surface..

모델의 표면 객체를 이용하여 측정점의 위치와 경유 점을 Point Set 등을 이용하여 정의할 수 있다.

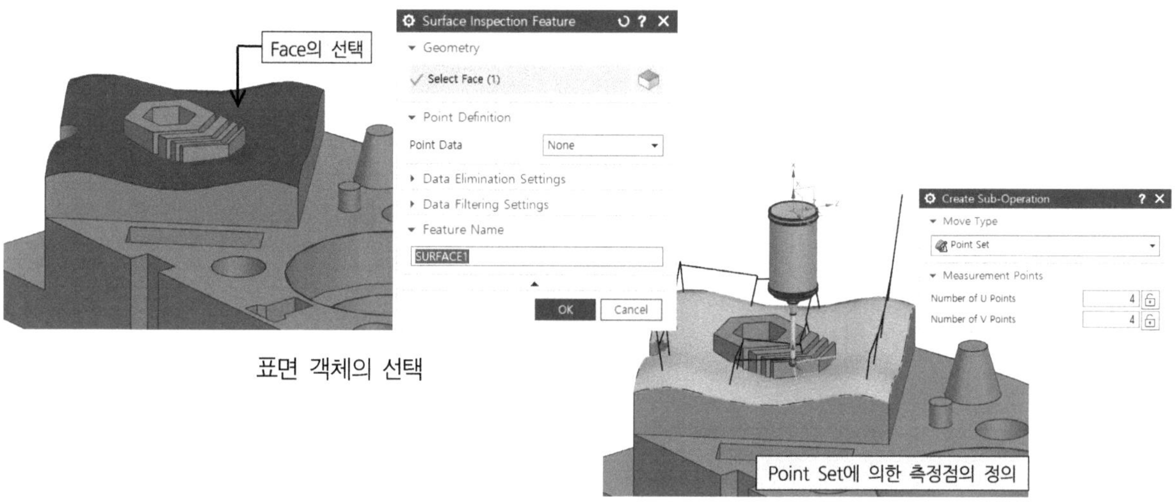


표면 객체의 선택

객체에 의한 측정경로 정의

**그림 13.58** 표면 객체 정의에 의한 측정경로

### 14) 에지 점(Edge Point) 객체에 의한 선택

Menu ➡ Insert ➡ Feature ➡ Edge Point..

모델 객체에 인접한 면/표면(adjacent face/surface)을 이용해 측정점을 정의할 수 있다.

### 15) 패턴(Pattern) 객체의 정의

Menu ➡ Insert ➡ Feature ➡ Pattern..

패턴 객체는 다음과 같은 측정 기능을 지원한다. 단일 객체가 아닌 여러 개의 객체에 허용 공차를 함께 적용할 수 있다.

별도의 공차 호출이 필요한 여러 객체에 단일 선형 ± 표면의 윤곽(SPF, surface profile) 허용오차를 적용하고 형상의 객체에 있는 모서리 선의 교차점 또는 형상 패턴이 있는 모서리 선의 여러 교차점을 측정한다(삼차원 측정을 위한 인터페이스 표준은 ANSI/DMIS105.1-2007에 의한다).

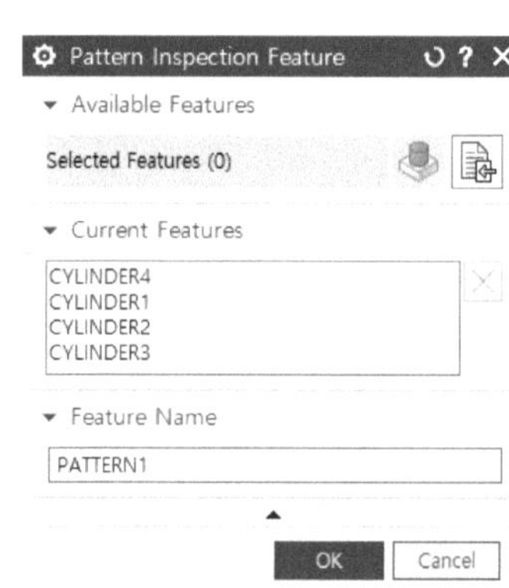


**그림 13.59** 원기둥의 패턴 정의

## 7. 측정을 위한 프로브의 이동 경로

삼차원 측정기에서 측정을 위한 이동 경로는 그림 13.60과 움직임을 정의할 수 있다. 일반적으로 안전 평면(safe plan)에서 측정 위치(entry position)로 이동하고 측정 시작점(approach position)에서 측정점(measuring point)까지 지정된 측정 속도로 이동하여 측정 위치 값을 획득하고 측정 후퇴 거리(retract distance)로 이동한다.

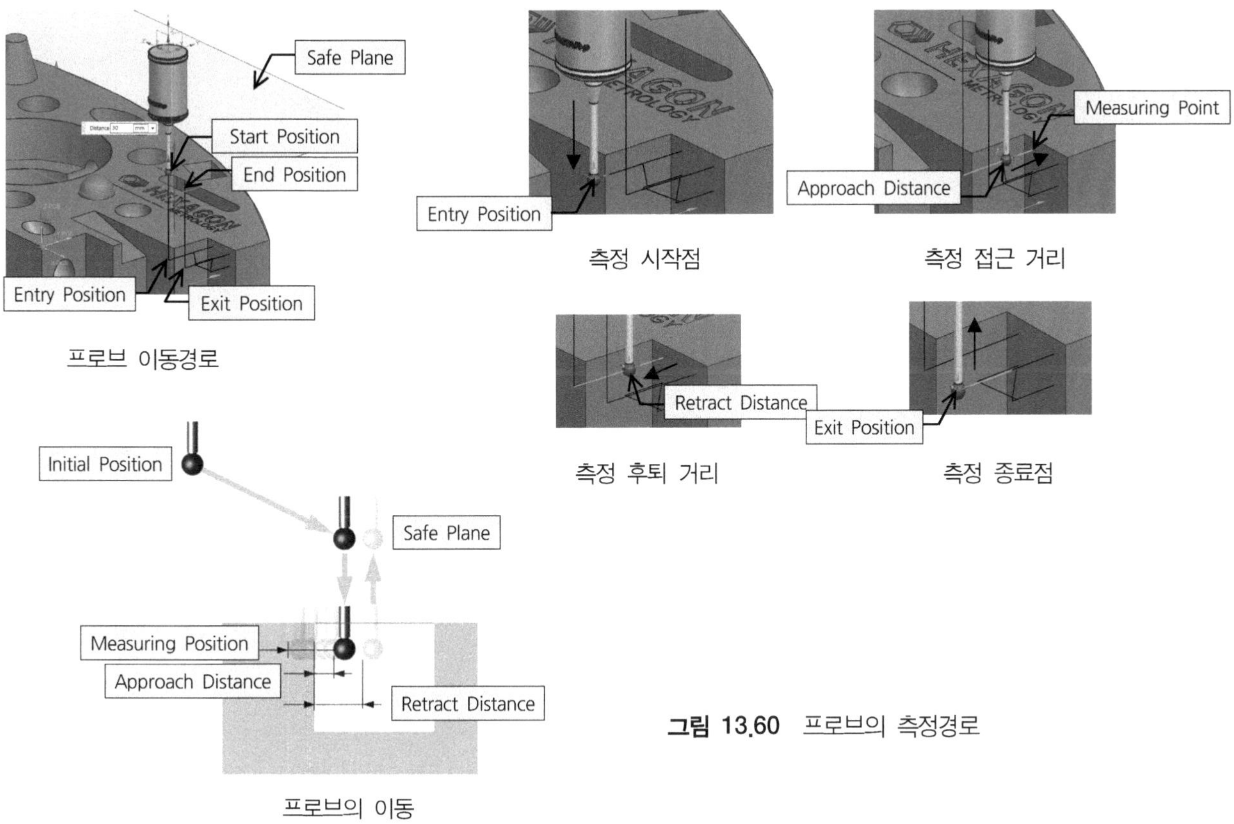


**그림 13.60** 프로브의 측정경로

## 8. 길이 치수 표시 방법과 공차

도면작성에서 길이 치수의 표시 방법에는 그림 13.61과 같은 치수(dimension) 표시 방법이 이용된다.

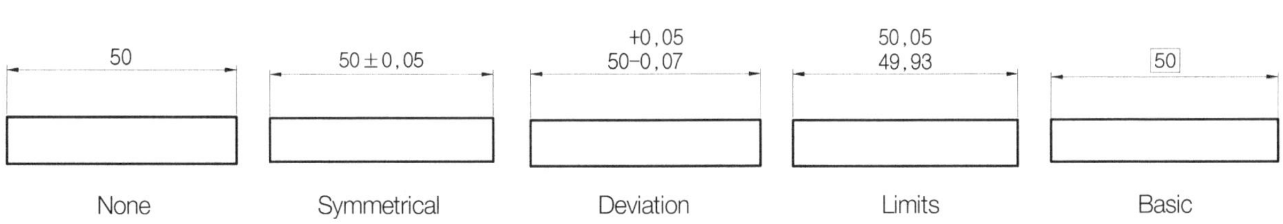


**그림 13.61** 길이치수 기입 방법의 예

공차(tolerance) 기입 방법에는

① None : 공차를 표시하지 않는다.

② Symmetrical : 동등 양측공차로 나타낸다.

③ Deviation : 편측공차 방식으로 표시한다.

④ Limits : 한계치수 방식의 최소와 최대치를 나타낸다.

⑤ Basic : 공차영역이 없는 기준치수(basic dimension)의 표시방법을 사용한다.

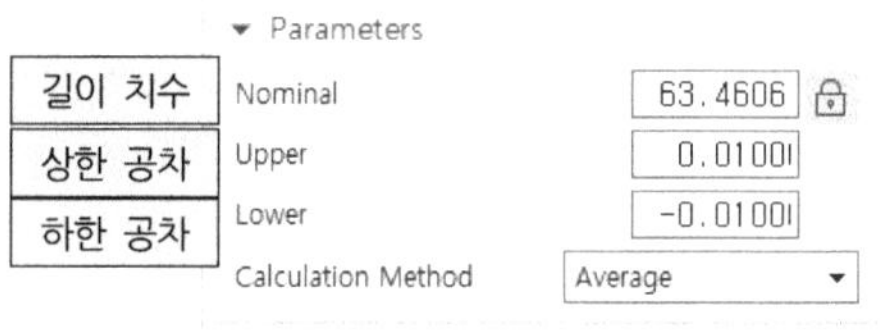


그림 13.62 CAE S/W에서 공차 정의

## 9. 기하학적 공차(Geometric Dimensioning and Tolerancing)의 정의

하나의 완성품은 다수의 부품으로 구성되어 부품의 치수 오차나 호환성 및 조립에 난해한 문제가 되는 경우가 많이 발생 된다. 이러한 문제는 부품의 형상이 기하학적으로 정확하지 않기 때문이며 이로 인해 형상의 뒤틀림, 위치의 어긋남, 흔들림 및 자세에 대한 기하학적인 정밀도의 보장이 필요하다.

즉 정확한 형상으로 가공할 수 없는 경우에 어느 정도까지의 형상 오차를 허용할 수 있는지 지표를 제공하는 것이 기하학적 형상공차이다.

### 1) 데이텀 객체(Datum Feature)의 정의

데이텀 객체를 나타내는 기호 수단으로 정사각형 또는 직사각형 프레임에 둘러싸인 대문자와 프레임에서 객체로 이어지는 지시선으로 구성되며 삼각형으로 표시된다. 기준객체 기호는 다음과 같이 형상 표면이나 윤곽선, 연장선, 치수선 또는 형상공차 프레임에 표시한다.

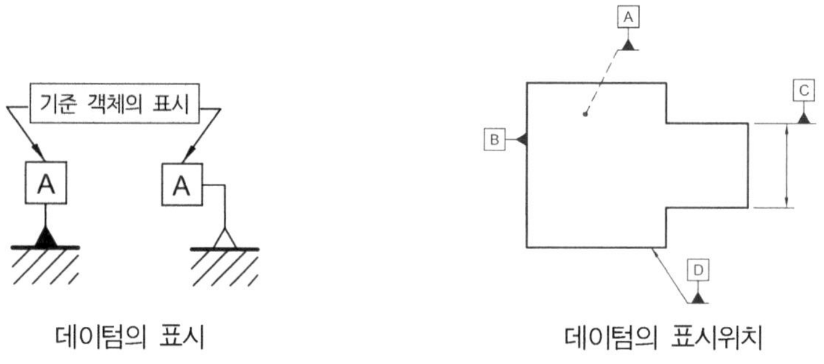


그림 13.63 데이텀 객체의 표시

### 2) 기하학적 형상공차의 정의

기하학적 공차 특성 기호는 공차 값, 규제조건 및 데이텀 문자로 구성되며 형상 제어 프레임에 기하학적 공차를 표현한다.

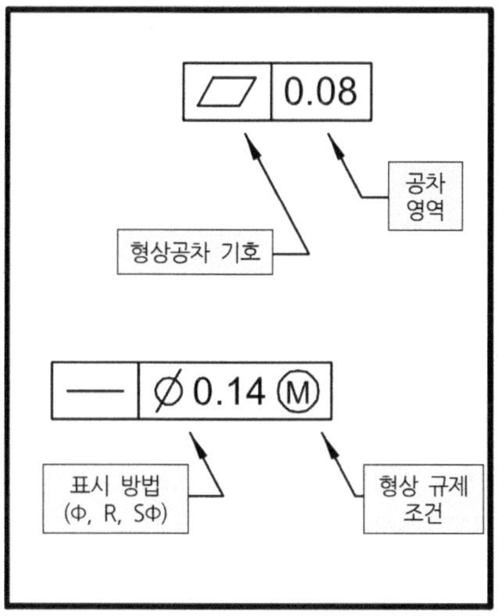


**그림 13.64** 객체 제어 프레임

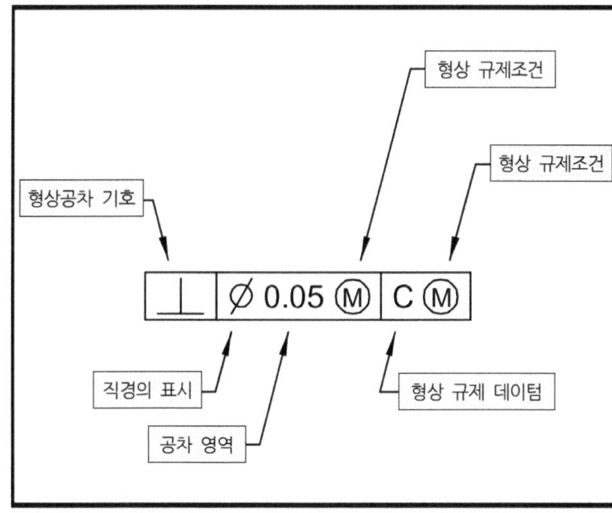


**그림 13.65** 객체의 데이텀에 의한 제어 프레임

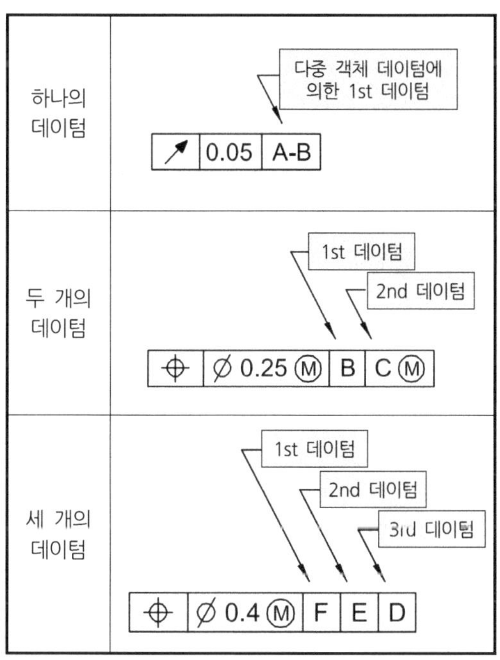


**그림 13.66** 데이텀 적용의 우선순위

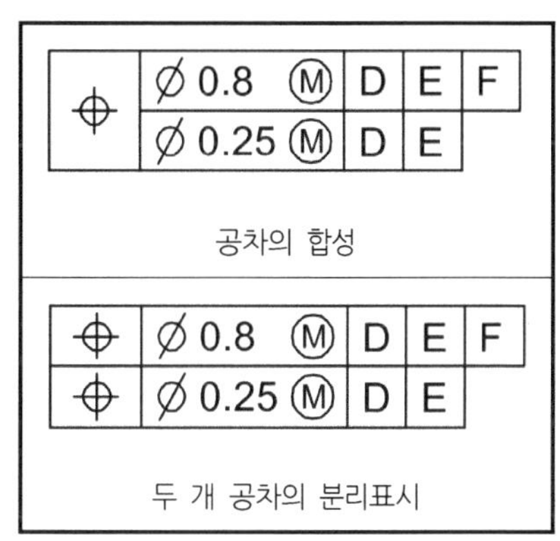


**그림 13.67** 다중 형상공차의 적용

그림 13.66과 같이 두 개 이상의 데이텀이 표시되었으면 왼쪽에서 오른쪽으로 원하는 우선순위로 해석하며 데이텀 문자는 기하학적 형상 프레임에서 알파벳 순서로 작성되지 않아도 된다.

공차 합성의 경우 그림 13.67과 같이 기하학적 형상 제어 프레임은 기하학적 형상공차 기호와 허용오차 및 데이텀 요건이 단일 항목으로 표시한다. 두 개 공차의 분리 표시는 단일표시 제어 프레임 두 개를 단일 형상 제어 프레임으로 나타낸다.

제품 제조의 도면에서 기하학적 특성 및 기타 치수 요건을 표시하기 위해 사용되는 형상공차이며 공차의 규격은 공업규격에 의해 표시되며 공업규격에 따른 해석이 필요하다. 여기에서 설명하는 내용은 ASME Y14.5-2009에 의해 설명한다.

**표 13.4** 기하학적 형상공차의 특성 기호 [ASME Y 14.5-2009]

| 적용 형상 (Application) | 공차의 종류 (Type of Tolerances) | 공차의 특징 (Characteristics) | 형상공차 기호 (Symbol) |
|---|---|---|---|
| 단독 객체 (Individual Features) | 형체 공차 (Form) | 진직도 (Straightness) | ⏤ |
| | | 평면도 (Flatness) | ⏥ |
| | | 진원도 (Circularity, Roundness) | ○ |
| | | 원통도 (Cylindricity) | ⌭ |
| 관련 객체 (Related Features) | 자세 공차 (Orientation) | 경사도 (Angularity) | ∠ |
| | | 평행도 (Parallelism) | // |
| | | 직각도 (Perpendicularity) | ⊥ |
| | 위치 공차 (Location) | 위치도 (Position) | ⌖ |
| | | 동심도 (Concentricity) | ◎ |
| | | 대칭도 (Symmetry) | ⌯ |
| | 흔들림 공차 (Runout) | 원주의 흔들림 (Circular Runout) | ↗ |
| | | 전체 흔들림 (Total Runout) | ⌰ |
| 단독 객체 또는 관련 객체 (Individual or Related Features) | 윤곽 공차 (Profile) | 선의 윤곽도 (Profile of a line) | ⌒ |
| | | 면의 윤곽도 (Profile of a surface) | ⌓ |

① 진직도(Straightness)

그림 13.68은 평평한 표면에서 진직성 공차의 사용을 보여준다. 진직도는 평평한 표면의 단일 방향으로 제어 라인 요소에 적용할 수 있고 그림과 같이 두 방향으로 적용할 수도 있다. 표면에 따라 선 요소가 기준객체와 관련되어야 하는 경우 선의 종단은 기준과 관련되도록 지정한다.

<table>
<tr><th>진직도(Straightness)</th><th>진직도의 해석</th></tr>
<tr><td>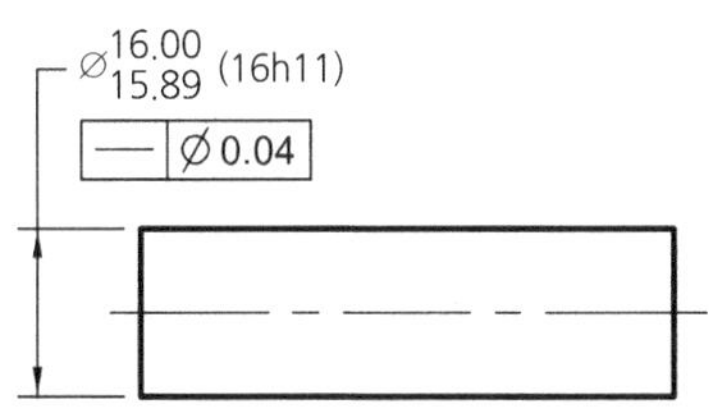

RFS를 적용한 경우<br>
객체에서 얻어진 중심선이 원통 공차가 ⌀0.04 안에 있어야 하며 각각의 원 객체의 표면들은 공차 한계 안에 있어야 한다.</td>
<td>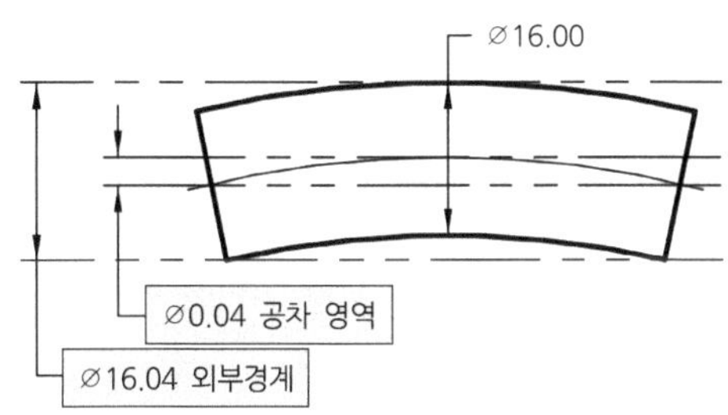
</td></tr>
<tr><td>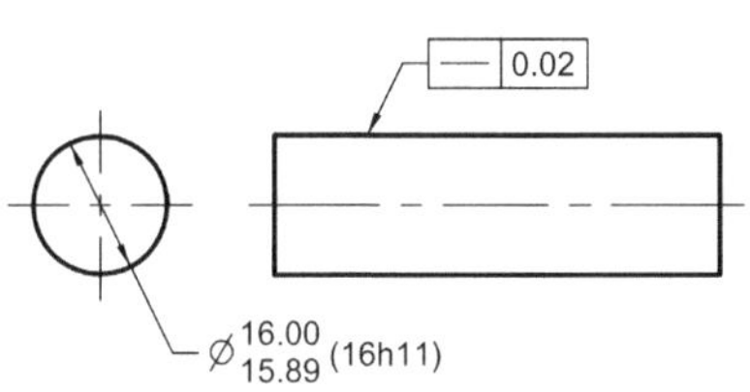

MMC를 적용한 경우<br>
표면의 각각 축 방향의 관련된 외부접촉면에 두 선과 축이 공통 평면을 공유하는 두 개의 평행선이 0.02 간격 사이에 있어야 하며 MMC(⌀16.00) 소건에서 공차 영역 내에 있어야 합니다.<br>
직선 공차 영역 내에서 하지만 표면의 축소 또는 베럴 형상의 크기 제한을 초과하지 않아야 한다.</td>
<td>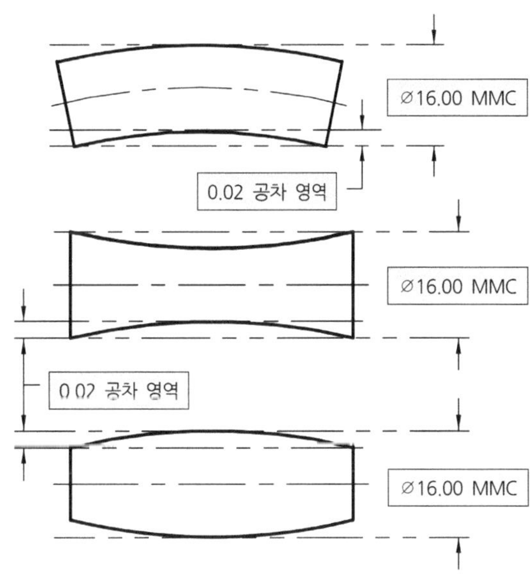
</td></tr>
</table>

**그림 13.68** 진직도의 이해

② 평면도(Flatness)

평면도는 한 평면에 모든 요소를 포함하는 표면 또는 파생된 중앙 평면으로 산정한다. 평면도 공차는 지표면 또는 파생된 중앙 평면이 있어야 하는 두 개의 평행 평면으로 공차 영역을 확인한다.

그림 13.69와 같이 지표면이 크기 치수와 연관된 계측면의 평탄도 공차는 측정값보다 적어야 한다. 독립된 기호가 크기 치수에 적용되면 MMC 경우 허용 공차가 커질 수 있다.

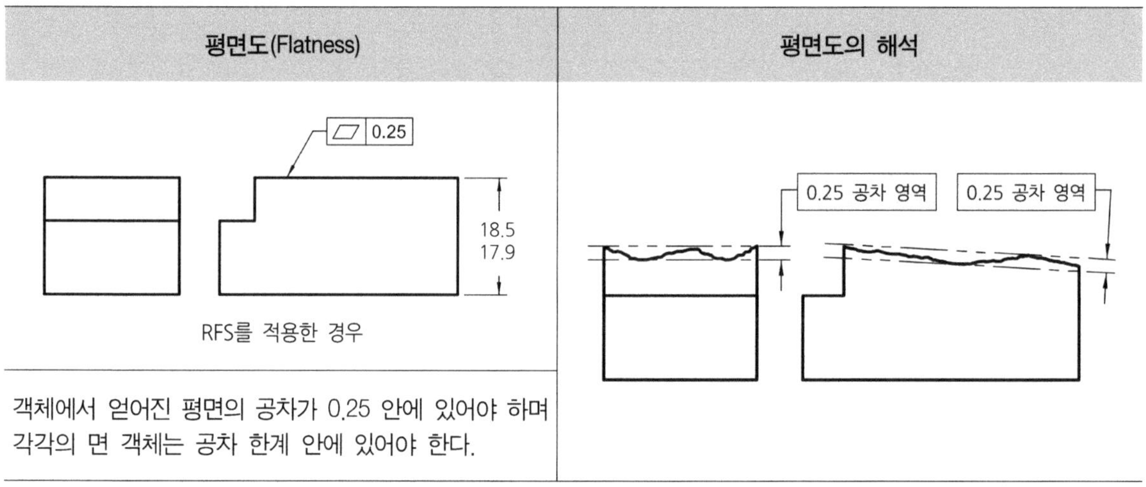


**그림 13.69** 평면도의 이해

③ 진원도(Circularity, Roundness)

진원도는 표면의 모든 점이 공동의 축의 수직 방향 회전 표면상의 조건이다. 진원도 공차는 측정 위치 표면의 두 개의 동심 원통에 의해 공차 영역이 산정된다.

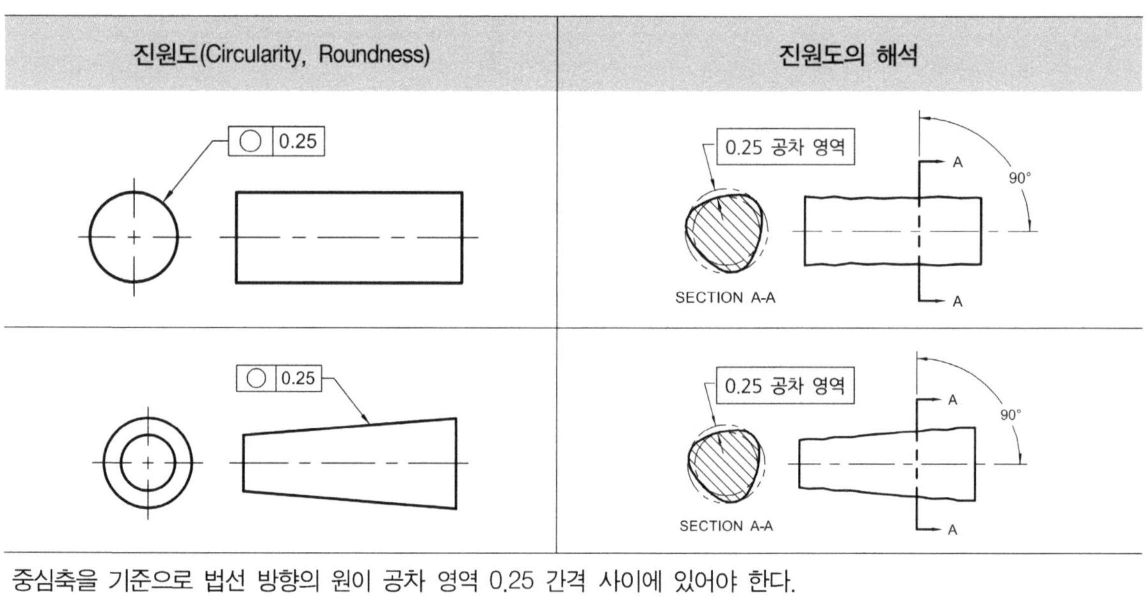


**그림 13.70** 진원도의 이해

④ 원통도(Cylindricity)

그림 13.71에서 원통도는 표면의 모든 점들이 공동 축으로부터 회전 표면의 조건이며 원통도 공차는 지표면이 있어야 하는 두 개의 동심 원통에 의해 경계되는 공차 영역을 정의한다.

여기에는 원통도의 형상은 원형, 직선 및 테이퍼가 모두 포함된다.

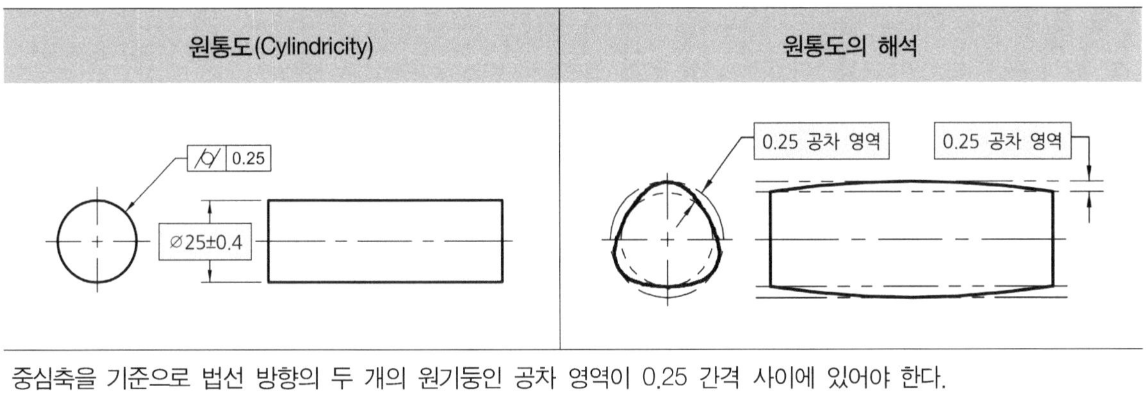


**그림 13.71** 원통도의 이해

⑤ 경사도(Angularity)

그림 13.72에서 경사도는 데이텀에 의한 조건이며 기준 평면 또는 기준 축에서 지정된 각도로 객체에 평면 또는 기준 축으로 지정할 수 있다.

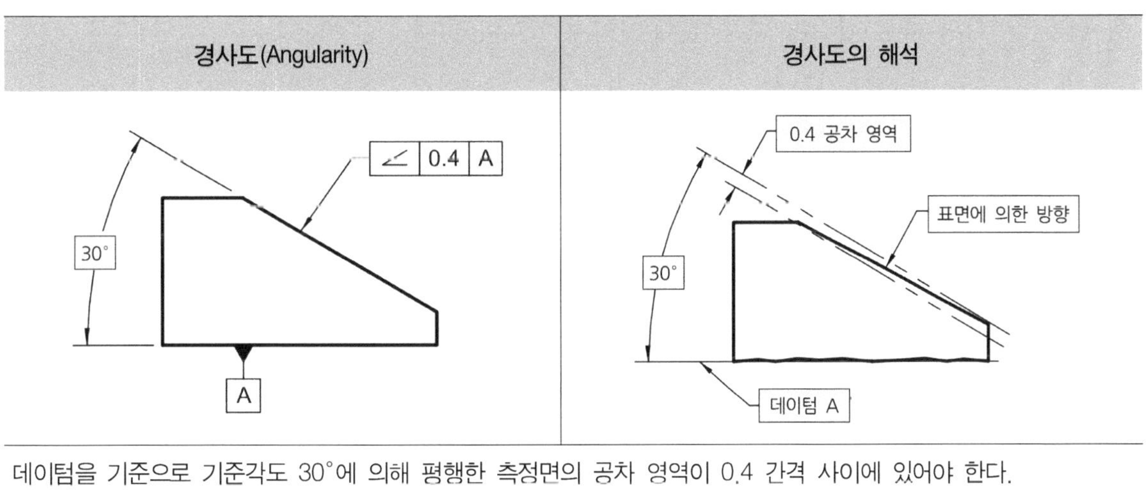


**그림 13.72** 경사도의 이해

⑥ 평행도(Parallelism)

그림 13.73에서 평행도는 데이텀 평면 기준으로 측정표면, 객체의 중심 평면 또는 형상의 축이 하나 이상의 기준 측정 평면이 공차 영역 사이에 있어야 한다.

| 평행도(Parallelism) | 평행도의 해석 |
|---|---|

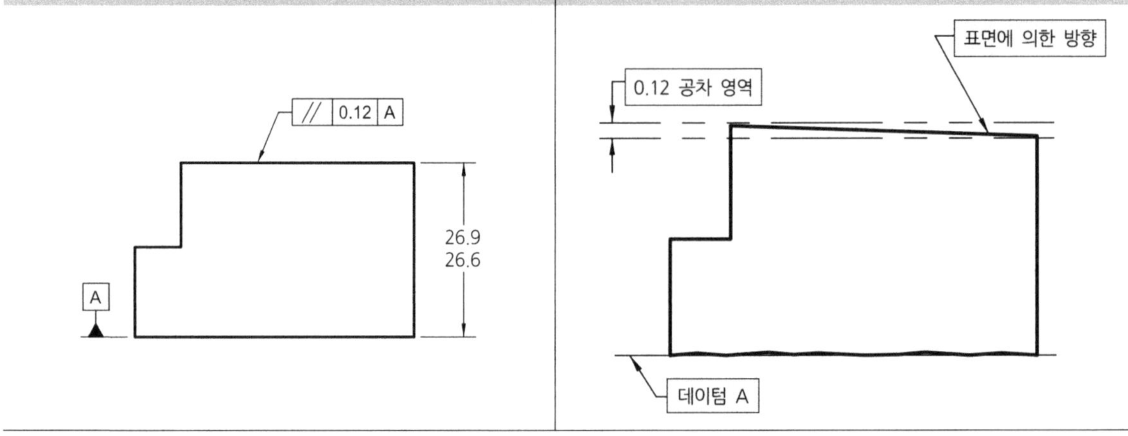


데이텀에 평행한 측정면이 공차 영역이 0.12 간격 사이에 있어야 한다.

**그림 13.73** 평행도의 이해

⑦ 직각도(Perpendicularity)

그림 13.74에서 직각도는 데이텀을 기준으로 객체의 중심 면, 객체의 축이 기준인 평면 또는 기준 축에 대해 직각을 의미하며 측정 평면이 공차 영역 사이에 있어야 한다.

| 직각도(Perpendicularity) | 직각도의 해석 |
|---|---|

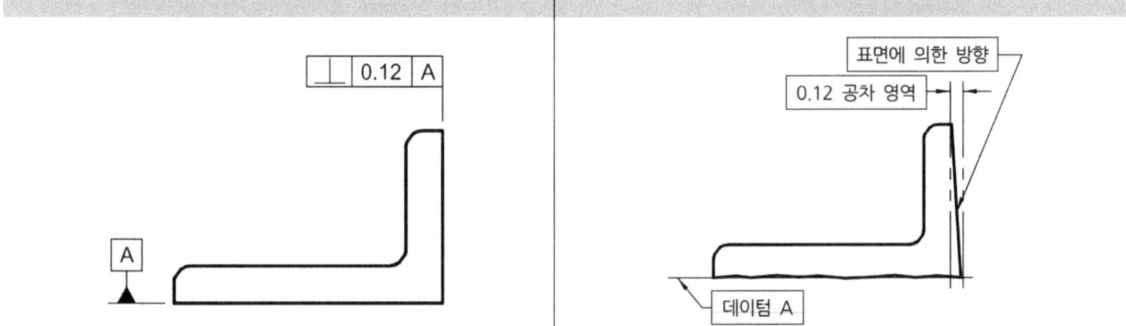


데이텀에 직각인 측정면이 공차 영역이 0.12 간격 사이에 있어야 한다.

**그림 13.74** 직각도의 이해

⑧ 위치도(Position)

위치도는 서로 상대적인 하나 이상의 크기 또는 하나 이상의 기준값에 대한 정확한 위치이다. 위치공차는 다음 중 하나를 정의한다. 객체 크기의 중심, 축 또는 중심 평면이 이론적으로 정확한 위치, MMC 또는 LMC로 지정된 경우 가상에 정의된 이론적으로 정확한 경계로부터 변화를 의미한다.

기본 치수는 지정된 기준과 상호 연관된 객체 사이의 이론적 위치를 설정하고 위치공차는 위치도 기호, 공차값, 해당 재료 조건이 형상공차에 표시된다.

| 위치도(Position) | 위치도의 해석 |
|---|---|

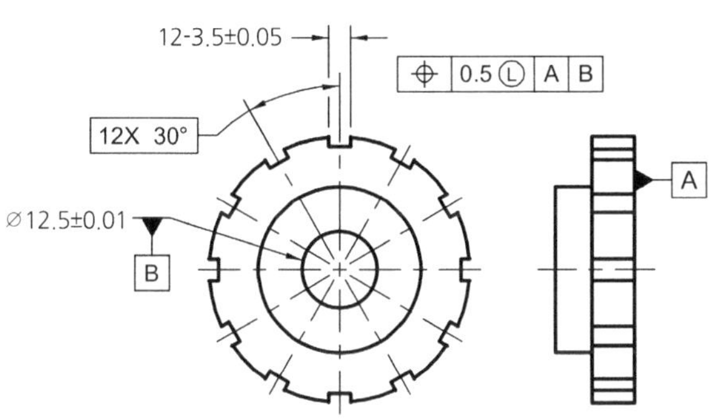


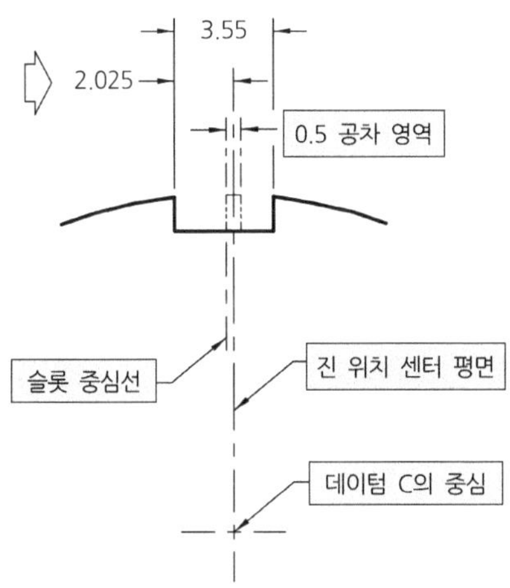


LMC를 적용한 경우

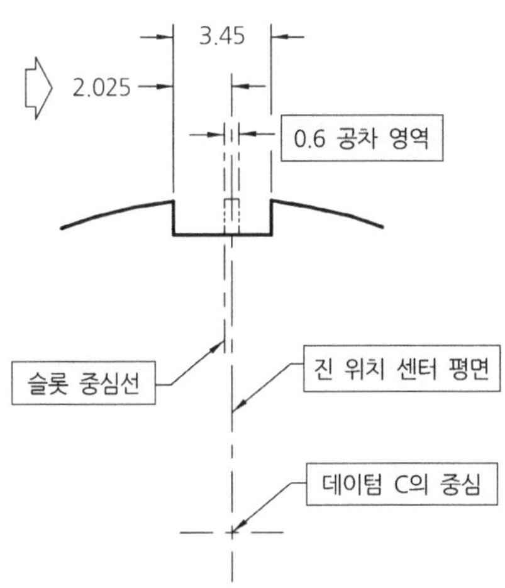


MMC를 적용한 경우

데이텀 A, 데이텀 B로 제어된 위치도 0.5는 LMS 또는 MMC로 해석할 수 있으나 공차 영역은 표시된 간격 사이에 있어야 한다.

**그림 13.75** 위치도의 이해

⑨ 동심도(Concentricity)

동심도는 회전 표면의 모든 반경에 반대되는 측정점의 중앙점 또는 둘 이상의 방사상으로 측정된 형상의 중앙점이 기준 축(중앙점)과 일치하는 조건이다.

| 동심도(Concentricity) | 동심도의 해석 |
|---|---|
| 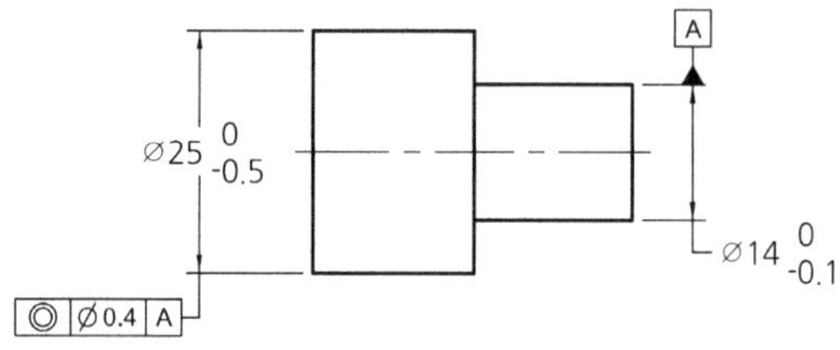  | 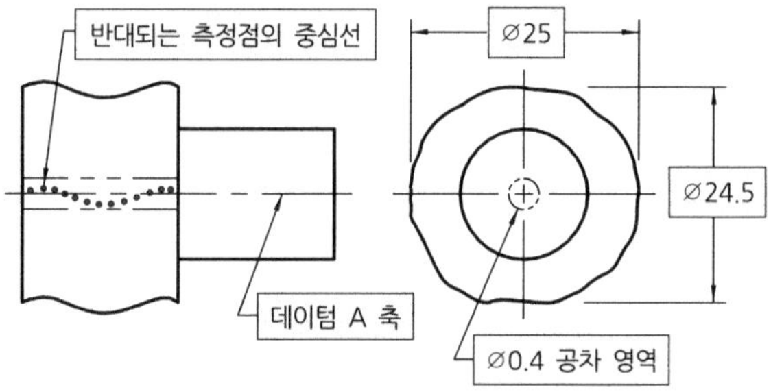  |
| 그림에서 동심도(RFS)는 데이텀 A 축과 동축의 공차 영역이 ⌀0.4 간격 사이에 있어야 한다. | |

**그림 13.76** 동심도의 이해

⑩ 대칭도(Symmetry)

대칭도는 두 개 이상의 형상 표면의 대립 되거나 그에 따라 위치한 모든 요소의 중앙점이 기준 축 또는 중심 평면과 일치하는 조건이다.

설계 요건에서 대칭도 공차 및 기호 사용의 필요성을 지시하는 경우 그림 13.77에 표시된 방법을 따를 수 있다.

| 대칭도(Symmetry) | 대칭도의 해석 |
|---|---|
| 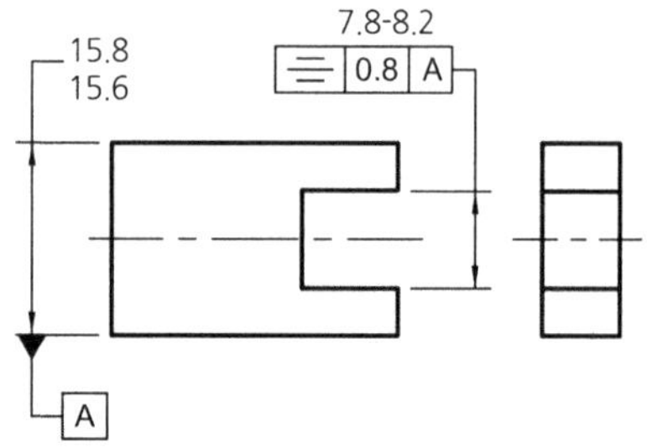  | 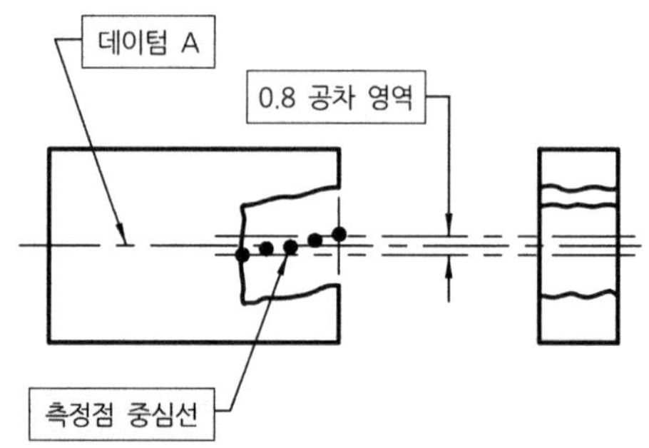  |
| 그림에서 대칭도(RMB)는 데이텀 A 축과 동축의 공차 영역이 0.8 간격 사이에 있어야 한다. | |

**그림 13.77** 대칭도의 이해

대칭도와 동심도 부품 조립에 적용되는 경우를 제외하고 동일한 개념이므로 RFS만 적용할 수 있으며 영역 기준은 RMB를 적용한다.

⑪ 흔들림 공차(Runout)

흔들림 공차에는 순환 흔들림과 총 흔들림의 두 가지 유형이 있으며 원형 요소의 제어는 표면 형상을 제어할 수 있으며 공차는 각각의 원형 측정 위치에서 독립적으로 적용된다.

| 원주의 흔들림(Circular Runout) | 전체 흔들림(Total Runout) |
|---|---|

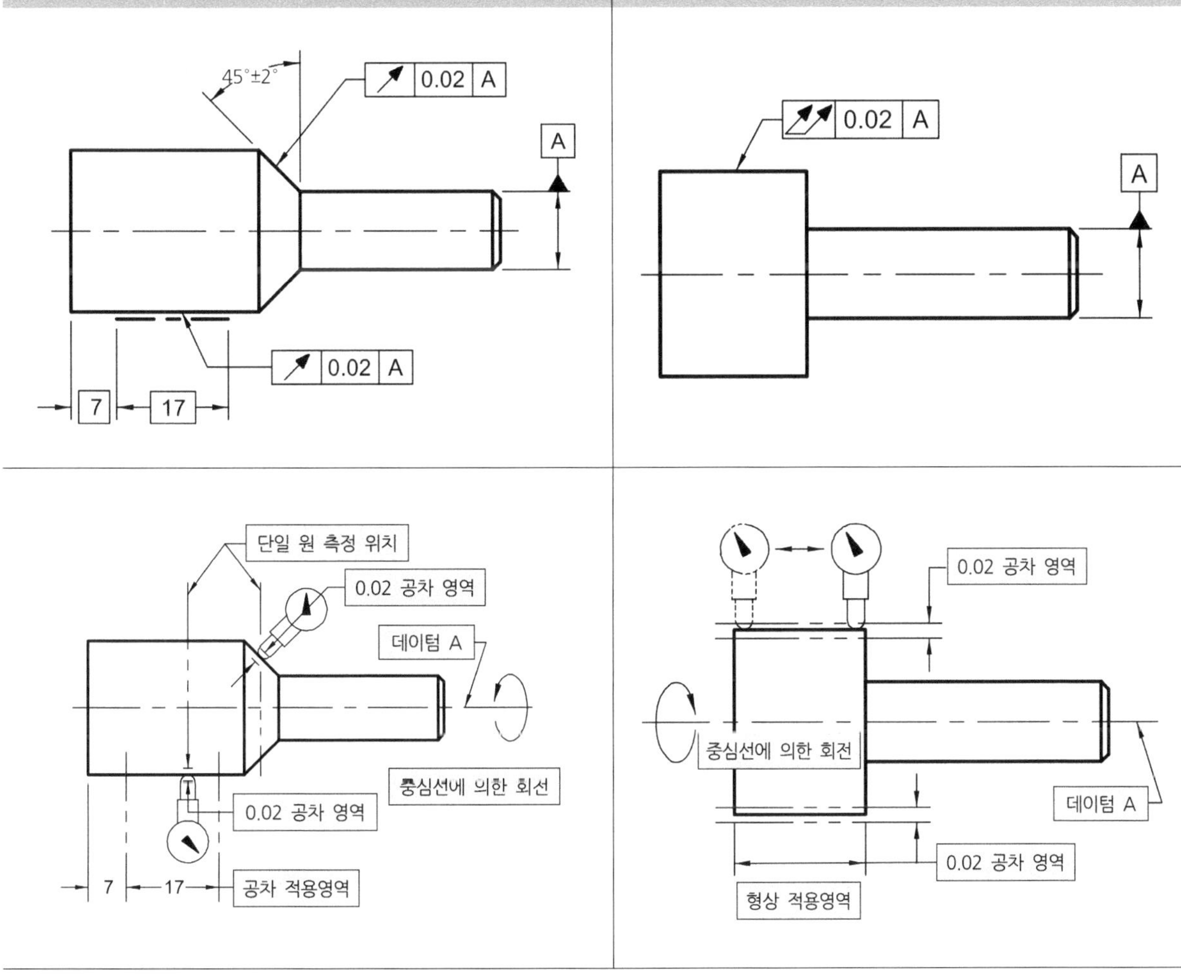


원주의 흔들림은 회전 중심축을 기준으로 법선 방향의 원이 공차 영역 0.02 사이에 있어야 하며 전체 흔들림은 측정에 적용된 전체 표면의 흔들림이 공차 영역 0.02 사이에 있어야 한다.

**그림 13.78** 흔들림 공차의 이해

⑫ 윤곽 공차(Profile)

윤곽 공차는 측정표면에 윤곽선, 하나 이상의 형상으로 구성된 모양 또는 하나 이상의 형상의 2차원 요소이며 종단 공차는 실제 종단에 상대적인 형상의 크기, 형태, 방향 및 위치의 형태 또는 조합을 제어하기 위한 공차 영역을 정의하는 데 사용된다.

| 면의 윤곽도(Profile of a surface) | 면의 윤곽도 해석 |
|---|---|
| 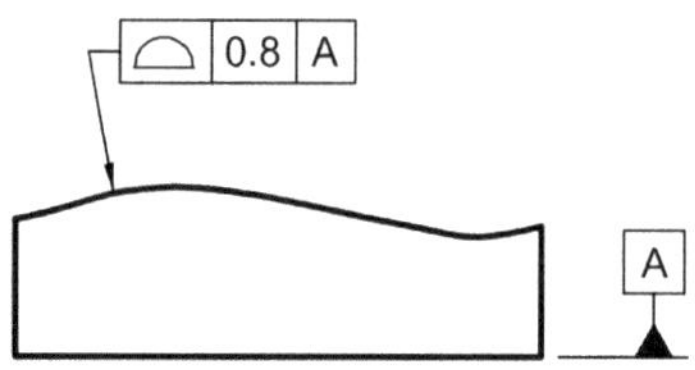<br>양방향 공차의 적용(Bilateral Tolerance) | 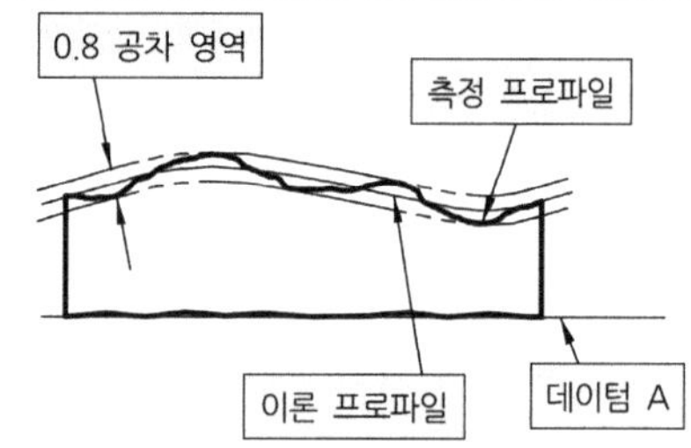<br>Bilateral Tolerance |
| 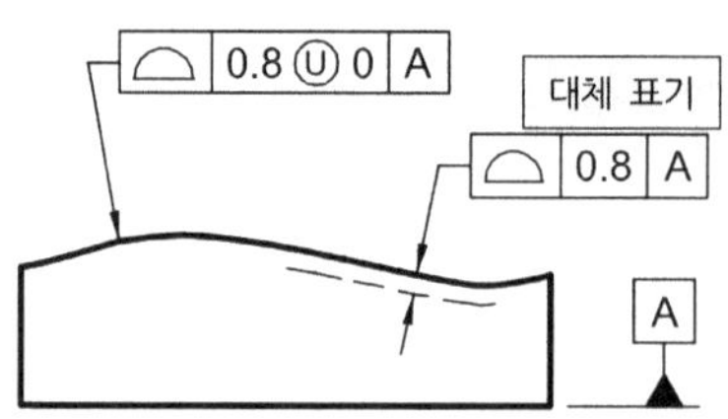<br>한방향 공차의 적용 내부 적용 | 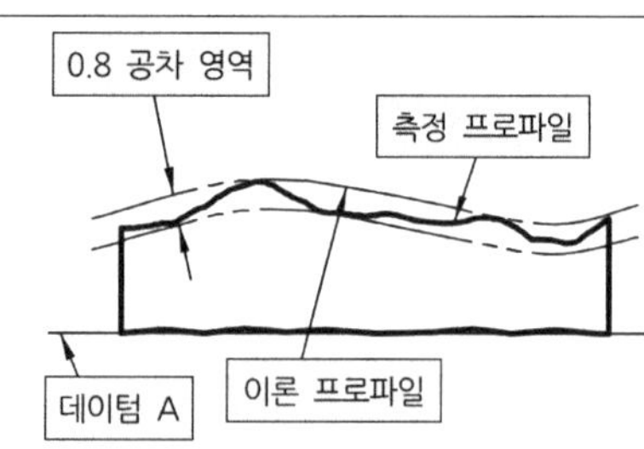<br>Unilateral Tolerance, Inside |
| 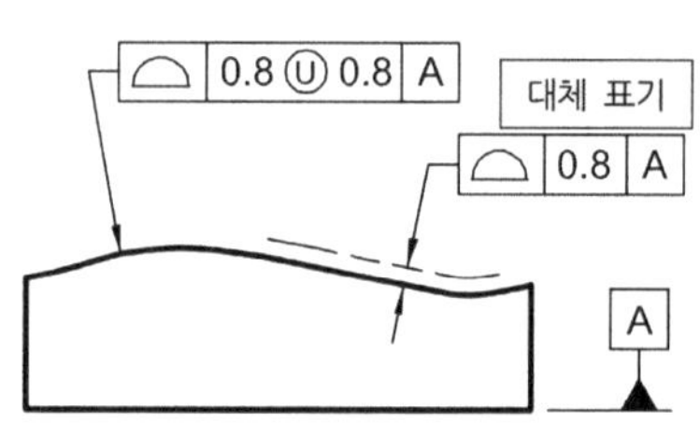<br>한방향 공차의 외부 적용 | 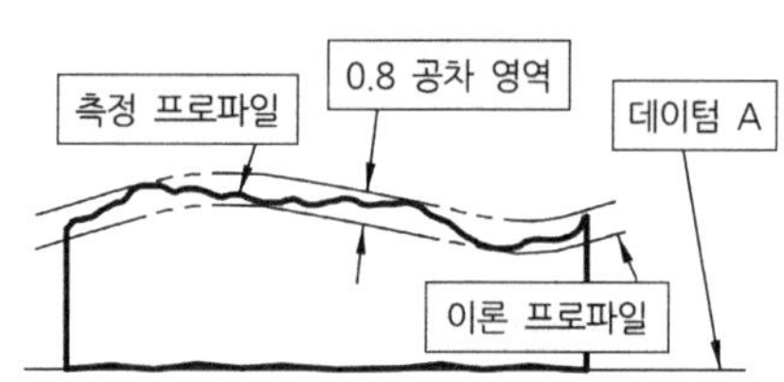<br>Unilateral Tolerance, Outside |
| 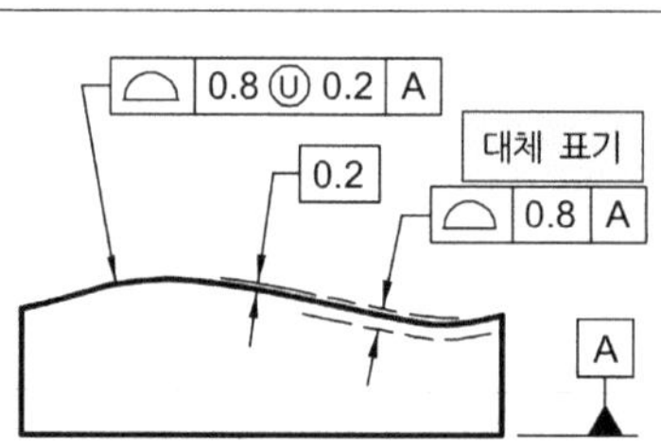<br>분산 양방향 공차의 적용 | 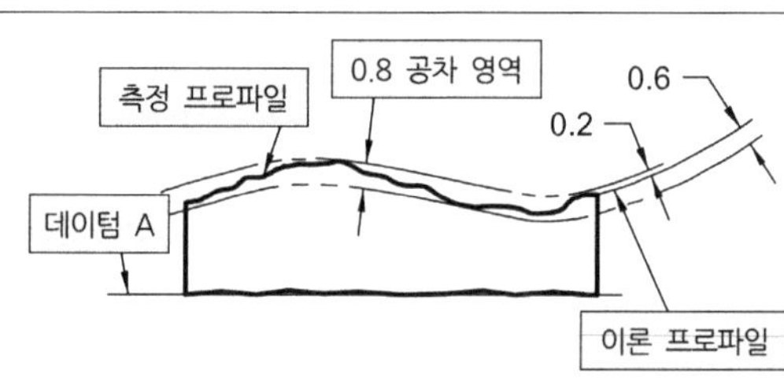<br>Bilateral Tolerance, Unequal distribution |
| 윤곽 공차는 면의 윤곽도 또는 선의 윤곽도에 적용된다. | |

**그림 13.79** 윤곽공차의 이해

| 면의 윤곽도(Profile of a surface) | 면의 윤곽도 해석 |
|---|---|

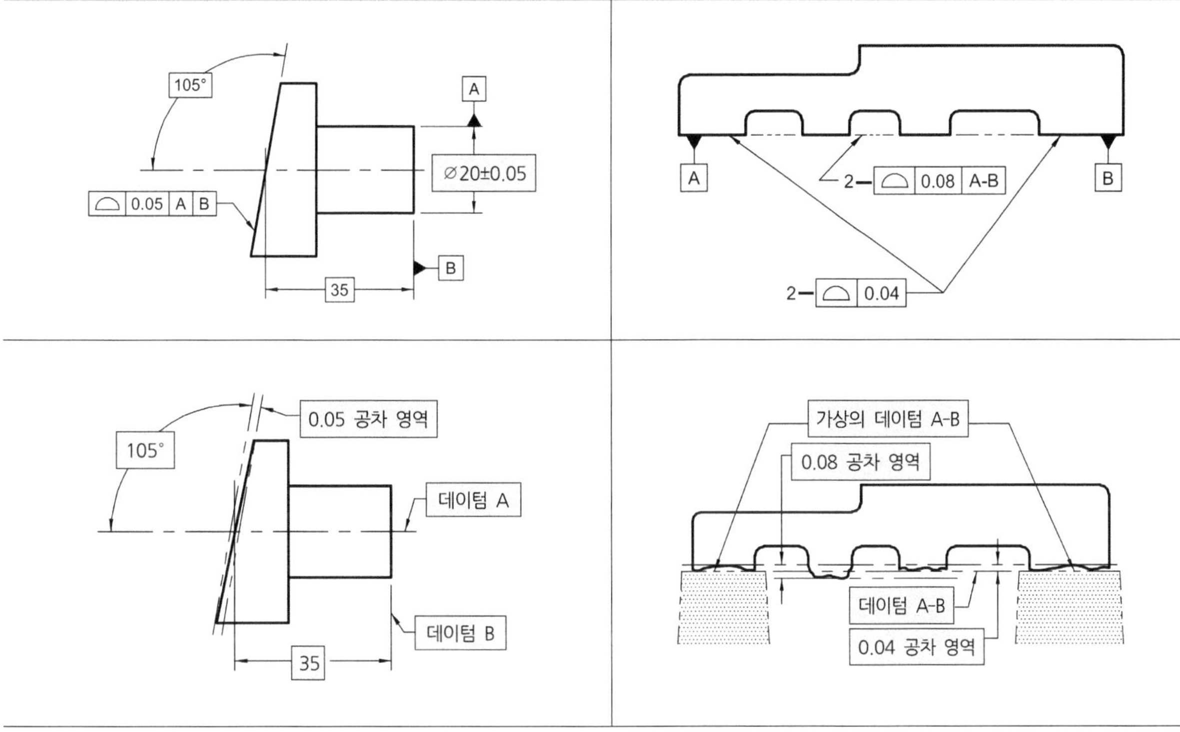


기준각도에 의한 면의 윤곽도는 기준각도에 공차 영역 0.05 사이에 있어야 하며 가상의 데이텀 A-B에 의해 주어진 공차에 따라 공차 영역은 각각 0.04와 0.08 사이에 있어야 한다.

**그림 13.80** 면의 윤곽도 공차 이해

### 3) 기하적 공차에서 형상 규제의 의미

① RMB(regardless of material boundary)

재료의 경계를 무시하고 객체의 크기 또는 위치와 관계없이 주어진 공차 한계를 충속하여야 한다.

② LMB(Boundary, Least Material)

최소재료 경계에서 재료에 의한 공차와 외부공차 조합에 의해 정의된 한계를 의미한다.

**예** 가장 큰 구멍 크기와 가장 작은 축의 크기

③ MMB(Boundary, Maximum Material)

최대재료 경계에서 재료에 의한 공차와 외부공차 조합에 의해 정의된 한계를 의미한다.

**예** 가장 적은 구멍 크기와 가장 큰 축의 크기

④ RFS(regardless of feature size)

객체의 형상과 관계없이 부품의 크기 치수로 독립적으로 제어된다.

⑤ Maximum Material Condition(MMC)

최대재료 조건, MMC는 치수 허용 오차 내에서 재료의 최대량(체적/크기)이 존재하는 객체의 상태를 설명하는 기호이다. 기하학적 공차 내에 MMC가 정의되었을 때 구멍 또는 내부 형상일 때 가장 작은 구멍의 크기, 핀 또는 외부 치수일 때 핀의 가장 큰 크기의 객체이다.

⑥ Least Material Condition(LMC)

최소재료 조건, LMC는 치수 허용 오차 내에서 재료의 최소량(체적/크기)이 존재하는 객체의 상태를 설명하는 기호이다. 기하학적 공차 내에 LMC가 정의되었을 때 구멍 또는 내부 형상일 때 가장 큰 구멍의 크기, 핀 또는 외부 치수일 때 핀의 가장 작은 크기의 객체이다.

※ 최대 실체 상태는 조립 최소한의 조건이며, 이 상태에서 조립되면 공차 범위 안의 어떤 조건에서도 조립된다라는 의미이다. 100% 조립성을 보장하는 부동 체결구 또는 고정 체결구 조립에서 공차값을 결정하는 기본이다.

| RFS(regardless of feature size) | Maximum/Least Material Condition(MMC/LMC) |
|---|---|

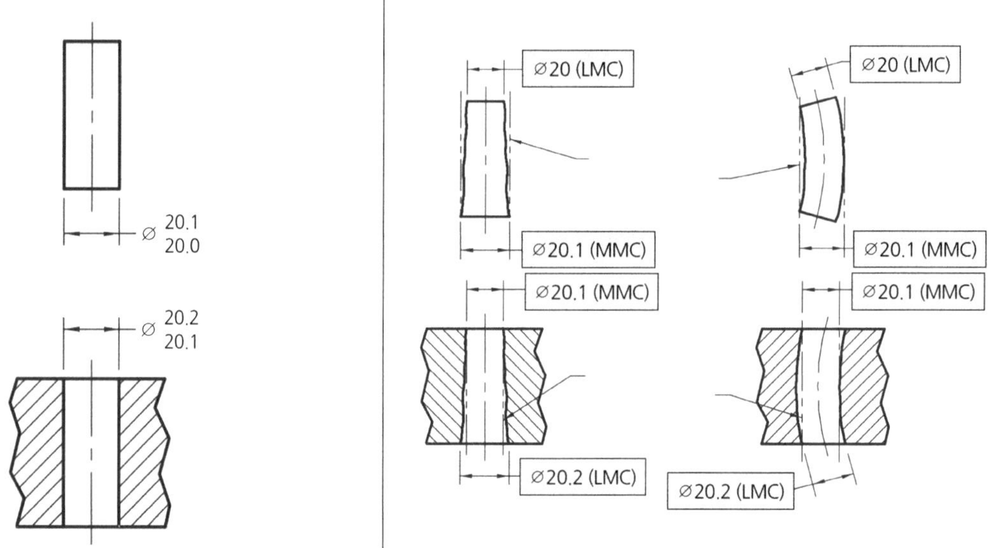


RFS(regardless of feature size)은 형상을 고려하지 않고 치수에 의해 해석하고 Maximum/Least Material Condition는 객체의 형상을 고려하여 해석한다.

**그림 13.81** 형상에 따른 객체 해석 특성

**RFS(regardless of feature size)**

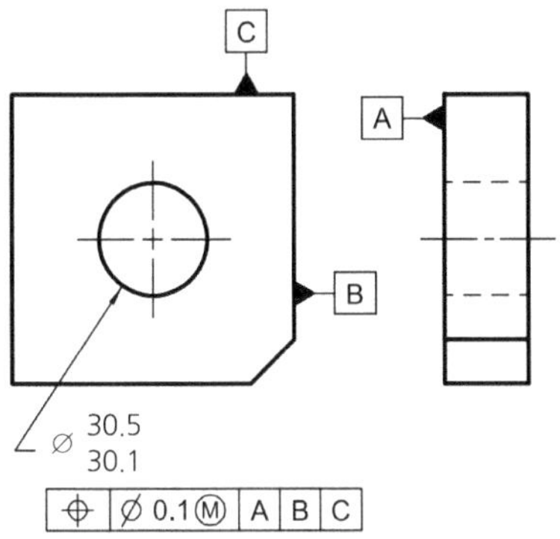


| | ∅HOLE | ∅TOL | VC | RC |
|---|---|---|---|---|
| LMC | 30.5 | 0.5 | | 31 |
| | 30.4 | 0.4 | | |
| | 30.3 | 0.3 | 30 | |
| | 30.2 | 0.2 | | |
| MMC | 30.1 | 0.1 | | |

**Maximum/Least Material Condition(MMC/LMC)**

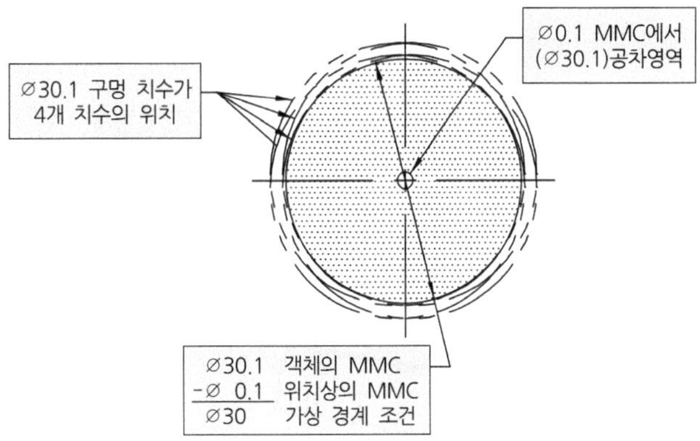


가상의 경계조건(Virtual Condition Boundaries)

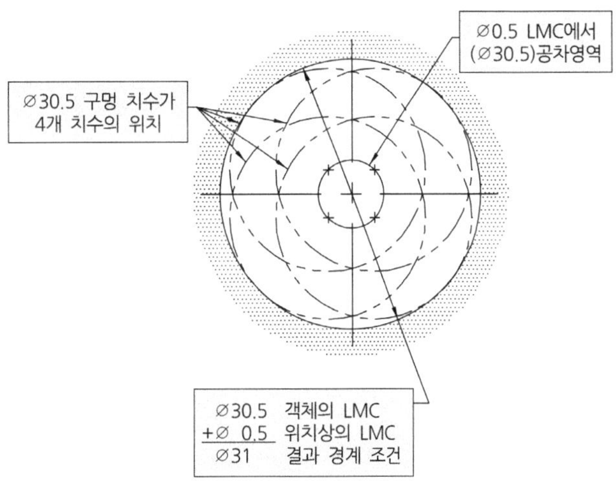


(Resultant Condition Boundaries)

VC(Virtual Condition Boundaries)는 내부객체에 MMC가 (-)로 기하학적 공차에 적용되며 RC(Resultant Condition Boundaries)는 외부객체에 MMC가 (+)로 기하학적 공차에 적용된다.

**그림 13.82** VC와 RC에 따른 객체 해석 특성

⑦ 투영 공차 구역

구멍의 수직도 변화로 인해 나사, 스터드 또는 핀과 같은 고정 장치가 접합 부품을 방해할 수 있는 경우 이 PTZ(projected tolerance zone) 개념을 적용한다.

복합 또는 다중기하학적 형상 제어 프레임을 사용할 때 투영 공차 구역 기호가 모든 해당하는 부위에 표시되어야 한다.

| 조립체의 간섭 특성 | 투영 공차 영역의 이해 |
| --- | --- |

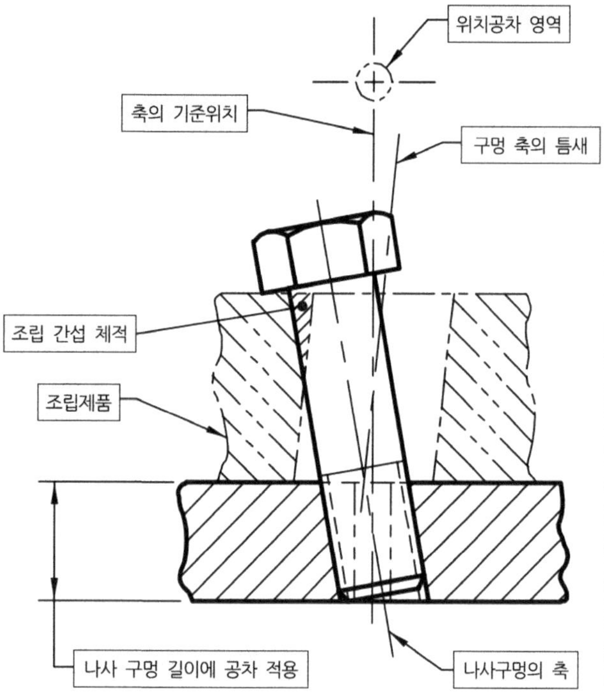


투영 공차 영역의 적용

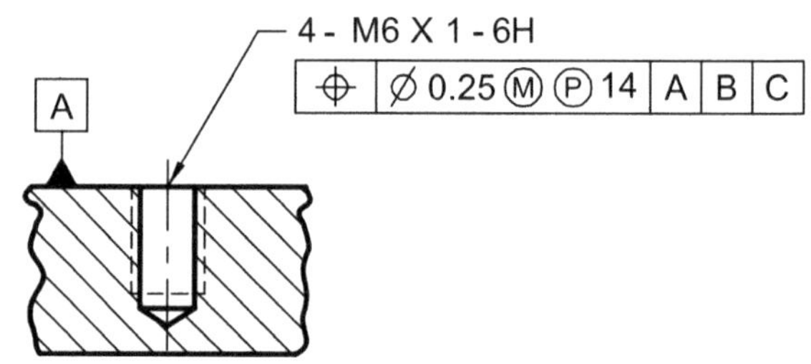


공차해석

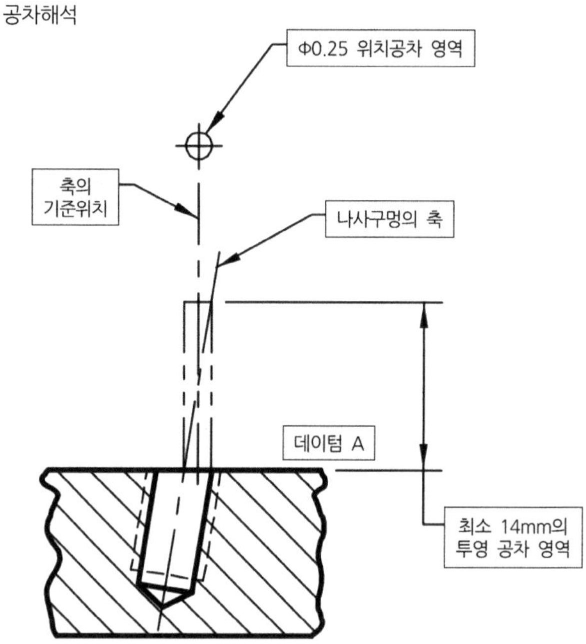


데이텀 A에서 최소 14mm 이상의 거리에 ∅0.25의 공차 영역 안에 위치하여야 한다.

**그림 13.82** 투영 공차 구역

## 13.2 삼차원 측정기를 이용한 계측실습

| 작업과제명 | CMM을 이용한 높이측정 |
|---|---|

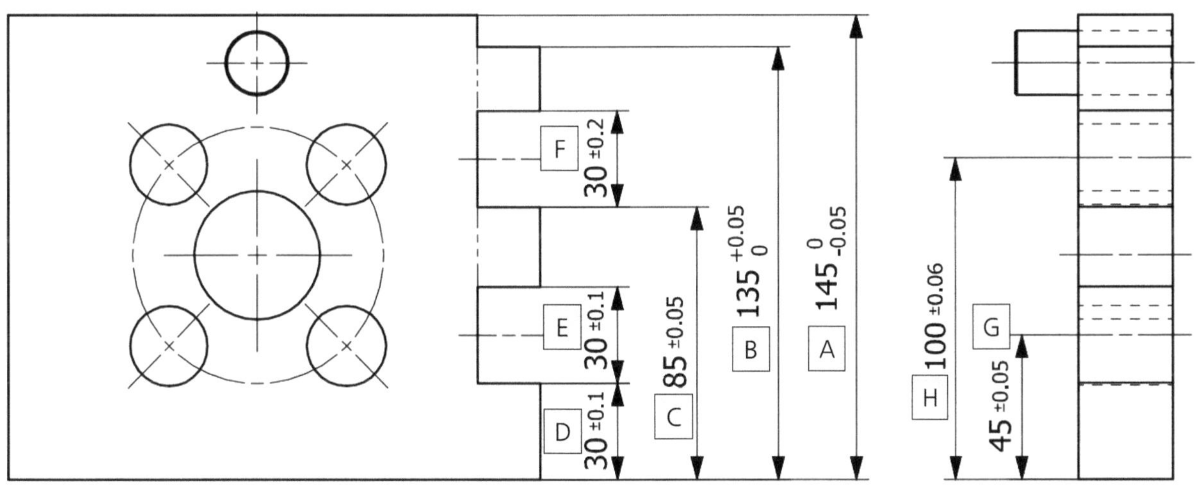


측 정 세 부 사 항 [사용시편번호 : ]

| 측 정 항 목 | | | | | | 계 측 기 관 리 |
|---|---|---|---|---|---|---|
| 측정부위 | 1회 | 2회 | 3회 | 평균값 | 검증값 | 사용계측기 : |
| A | | | | | | |
| B | | | | | | 계측기의 측정정도 : |
| C | | | | | | |
| D | | | | | | 계측결과의 평가 : |
| E | | | | | | |
| F | | | | | | |
| G | | | | | | |
| H | | | | | | |
| | | | | | | |
| | | | | | | |
| | | | | | | |

| 작업과제명 | CMM을 이용한 위치측정 13.1 |
|---|---|

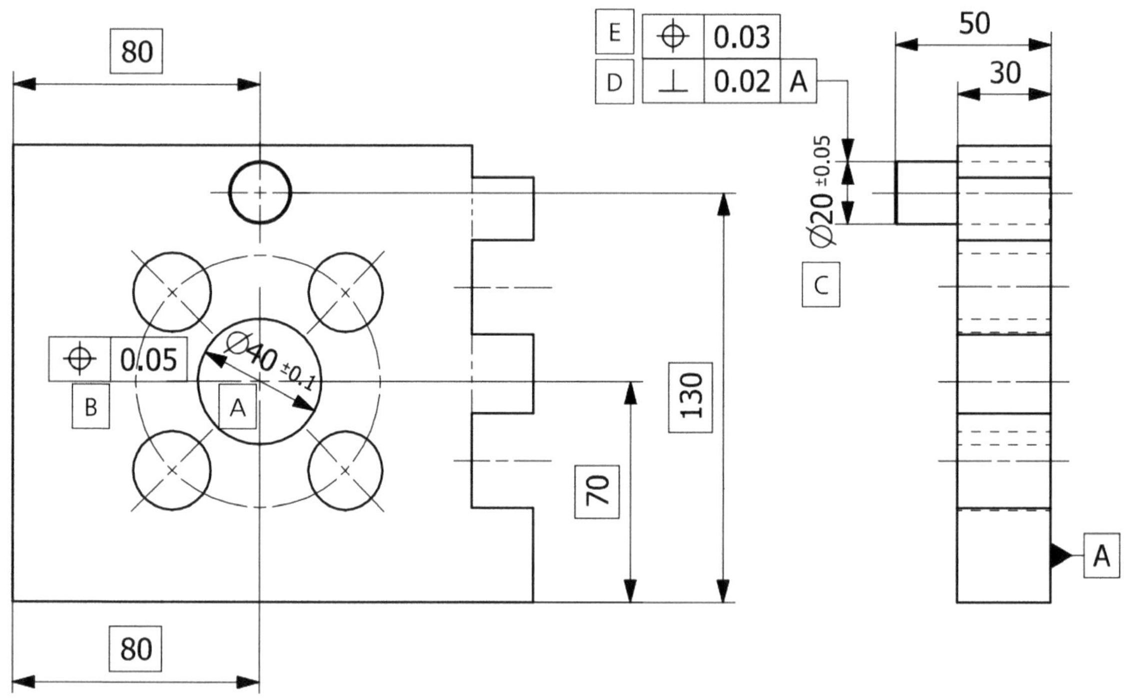


**측 정 세 부 사 항** [사용시편번호 : ]

| 측 정 항 목 | | | | | | 계 측 기 관 리 |
|---|---|---|---|---|---|---|
| 측정부위 | 1회 | 2회 | 3회 | 평균값 | 검증값 | 사용계측기 : |
| A | | | | | | |
| B | | | | | | 계측기의 측정정도 : |
| C | | | | | | |
| D | | | | | | 계측결과의 평가 : |
| E | | | | | | |
| | | | | | | |
| | | | | | | |
| | | | | | | |
| | | | | | | |
| | | | | | | |

| 작업과제명 | CMM을 이용한 위치측정 13.2 |
|---|---|

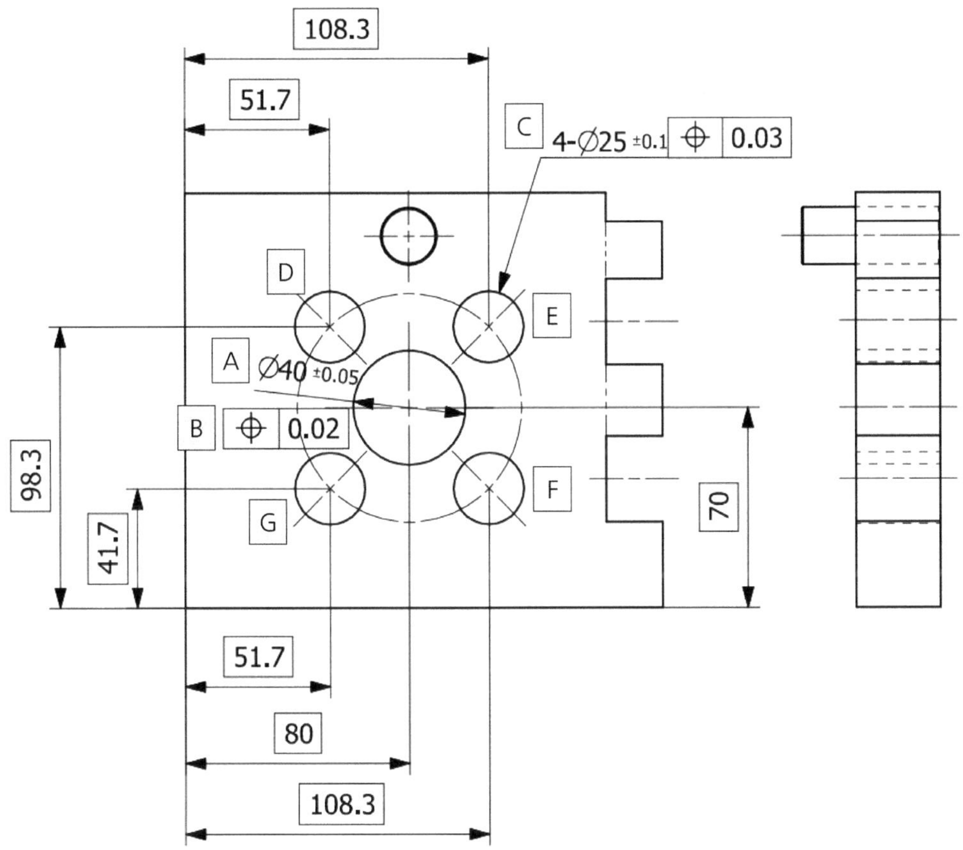


측 정 세 부 사 항 [사용시편번호 : ]

| 측 정 항 목 | | | | | | 계 측 기 관 리 |
|---|---|---|---|---|---|---|
| 측정부위 | 1회 | 2회 | 3회 | 평균값 | 검증값 | 사용계측기 : |
| A | | | | | | |
| B | | | | | | 계측기의 측정정도 : |
| C | | | | | | |
| D | | | | | | 계측결과의 평가 : |
| E | | | | | | |
| F | | | | | | |
| G | | | | | | |
| | | | | | | |
| | | | | | | |
| | | | | | | |
| | | | | | | |
| | | | | | | |
| | | | | | | |
| | | | | | | |
| | | | | | | |

| 작업과제명 | CMM을 이용한 위치측정 13.3 |
|---|---|

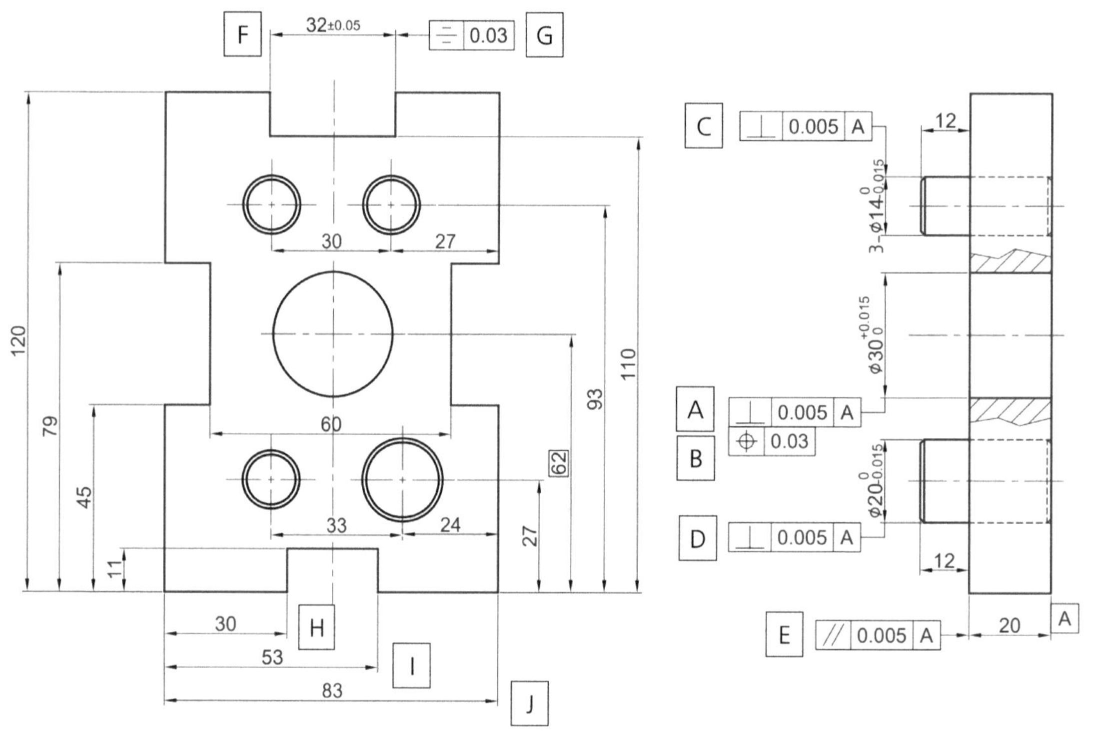

※ 일반공차 : ±0.2

**측 정 세 부 사 항** [사용시편번호 : ]

| 측 정 항 목 | | | | | | 계 측 기 관 리 |
|---|---|---|---|---|---|---|
| 측정부위 | 1회 | 2회 | 3회 | 평균값 | 검증값 | 사용계측기 : |
| A | | | | | | |
| B | | | | | | 계측기의 측정정도 : |
| C | | | | | | |
| D | | | | | | 계측결과의 평가 : |
| E | | | | | | |
| F | | | | | | |
| G | | | | | | |
| H | | | | | | |
| I | | | | | | |
| J | | | | | | |
| | | | | | | |
| | | | | | | |
| | | | | | | |
| | | | | | | |
| | | | | | | |

| 작업과제명 | CMM을 이용한 위치측정 13.4 |
|---|---|

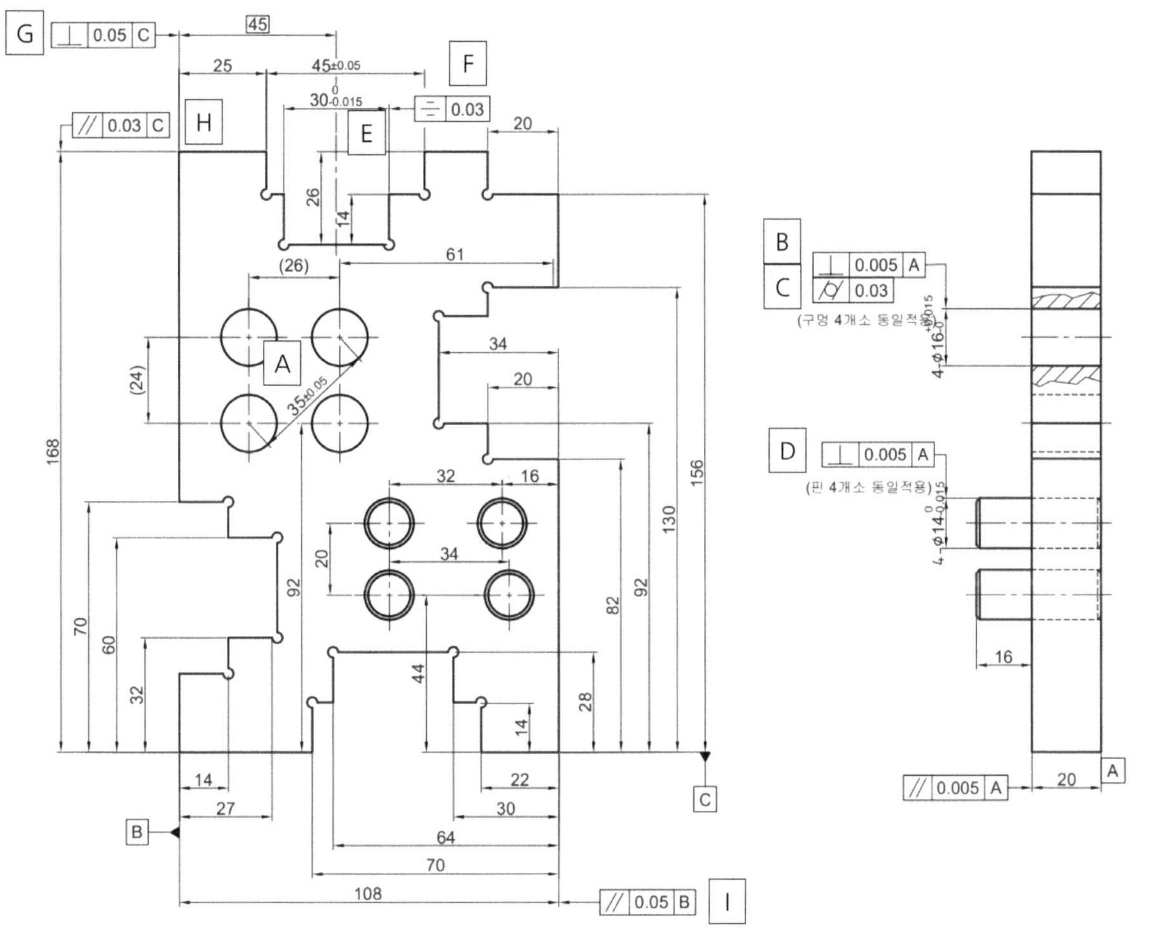


※ 일반공차 : ±0.2

| 측 정 세 부 사 항 | | | | | | [사용시편번호 : ] |
|---|---|---|---|---|---|---|
| 측 정 항 목 | | | | | | 계 측 기 관 리 |
| 측정부위 | 1회 | 2회 | 3회 | 평균값 | 검증값 | 사용계측기 : |
| A | | | | | | |
| B | | | | | | 계측기의 측정정도 : |
| C1 | | | | | | |
| C2 | | | | | | 계측결과의 평가 : |
| C3 | | | | | | |
| C4 | | | | | | |
| D | | | | | | |
| E | | | | | | |
| F | | | | | | |
| G | | | | | | |
| H | | | | | | |
| I | | | | | | |
| | | | | | | |

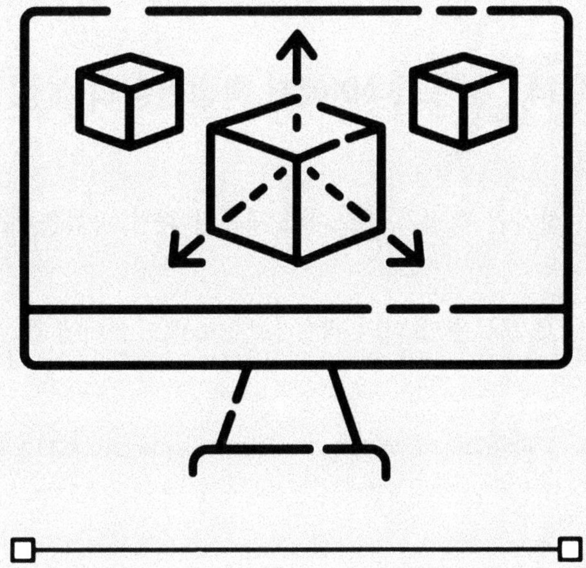

chapter

14

# CAE S/W를 이용한 CMM프로그램의 작성

# 14.1 UG NX에서 측정환경의 설정

삼차원 측정기 제조사에 제공된 환경 파일을 해당 경로에 복사한다.

① 새로운 폴더의 작성 [AUXILARY 폴더에 dmisConformanceRecorder 파일복사]

**파일경로 :** C:₩Program Files₩Siemens₩NX11.0₩CMM_INSPECTION₩auxiliary

② 제공된 Resource 파일을 기존 Resource 폴더에 덮어쓰기

**파일경로 :** C:₩Program Files₩Siemens₩NX11.0₩CMM_INSPECTION₩resource

③ 제공된 Templates 파일을 기존 Templates 폴더에 덮어쓰기

**파일경로 :** C:₩Program Files₩Siemens₩NX11.0₩CMM_INSPECTION₩templates

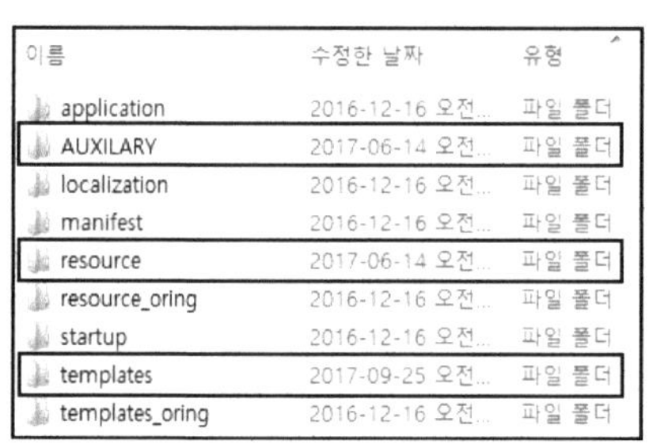


**그림 1.1** NX CMM의 파일구조

# 14.2 Nikon Capblock의 측정절차

## Step.1 측정환경의 설정

Menu ➡ File ➡ Option ➡ Assembly Load Option...

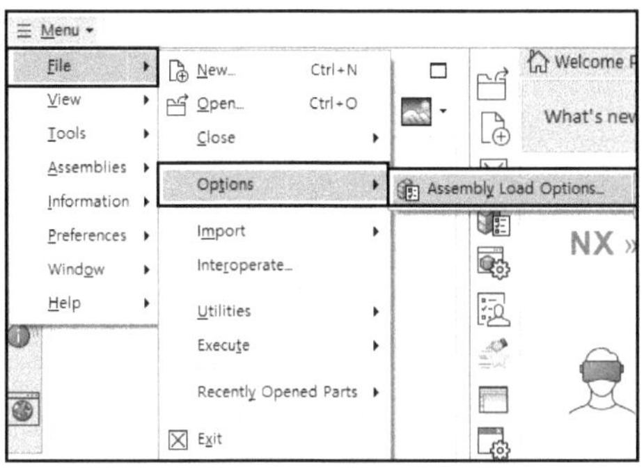


Assembly Load Option의 실행

환경파일 경로설정

## Step.2 새로운 측정절차의 작성

Menu ➡ New... [Ctrl + N]

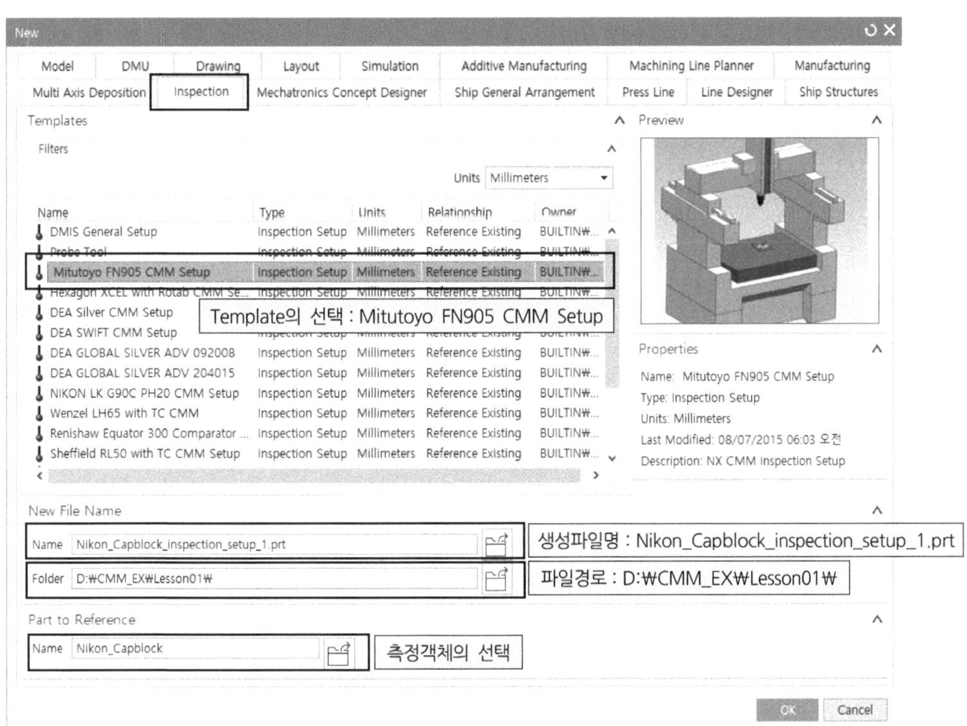


새로운 측정환경의 설정

① Machine View

미리 정의된 CMM Template를 이용하며 측정부품의 절대좌표에 의해 CSYS이 정렬되고 NX CMM Template에는 정의된 프로브 조립체인 Renishaw PH10M 헤드와 접촉식 트리거 프로브 TP20 SF×25EWL×DIA 3MM 접촉자가 설치되어 있다.

또한 NX CMM 템플릿에는 프로그램 헤더, 시작명령, 센서, 부품 정렬 및 대체 경로방법과 같은 사전에 정의된 작업이 포함되어 있다.

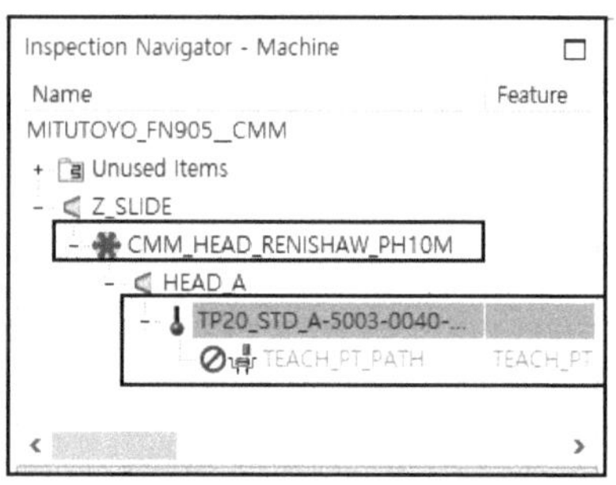


: Machine View

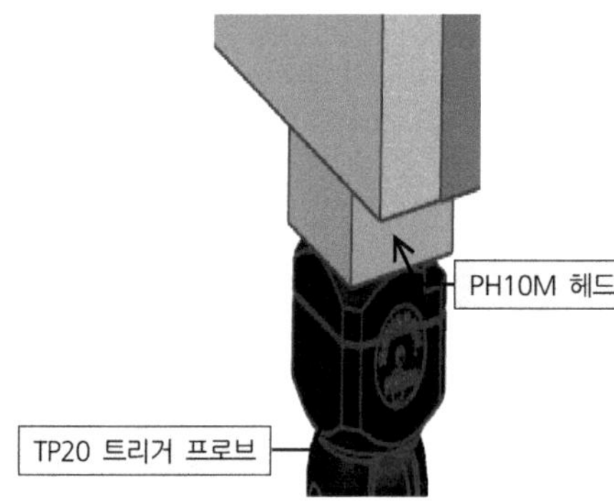


TP20 Stylus Module

② Program Order View

CMM Template는 MCS, 시작 명령, 프로그램 헤더 정보, 실제 기계에 존재하는 프로브/센서 정보 및 측정물의 정렬작업 등의 기계 환경을 저장할 수 있도록 구성되어 있다.

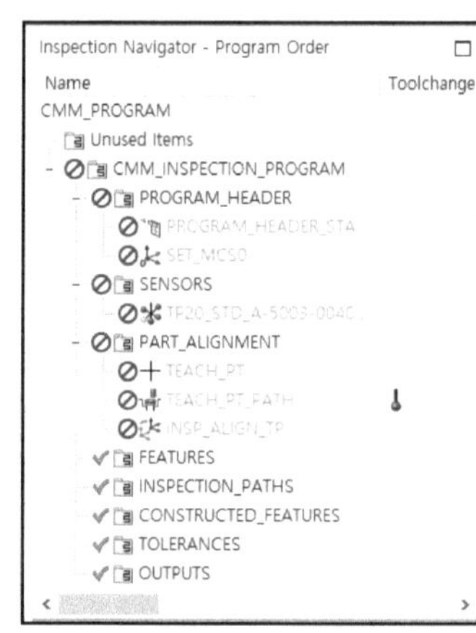


: Program Order View

③ Method View

검사기능과 경로의 하위 검사경로를 작성할 때 검사 Template에서 사용할 수 있는 기본 값과 매개 변수를 정의하며 Template 파일을 작업할 때 새로운 메서드를 만들거나 기존 메서드를 편집할 수 있다.

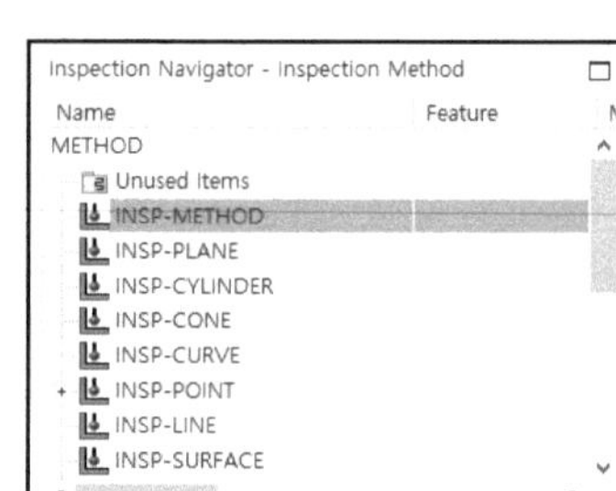


: Method View

## Step.3 측정물의 이동

Menu ➡ Assemblies ➡ Component Position ➡ Move Component...

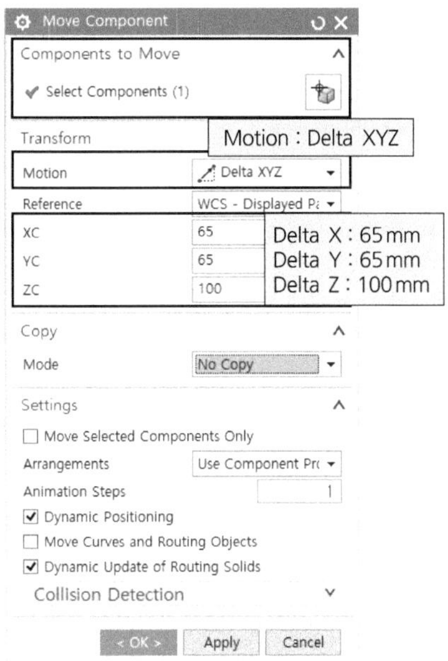


Move Components 대화상자

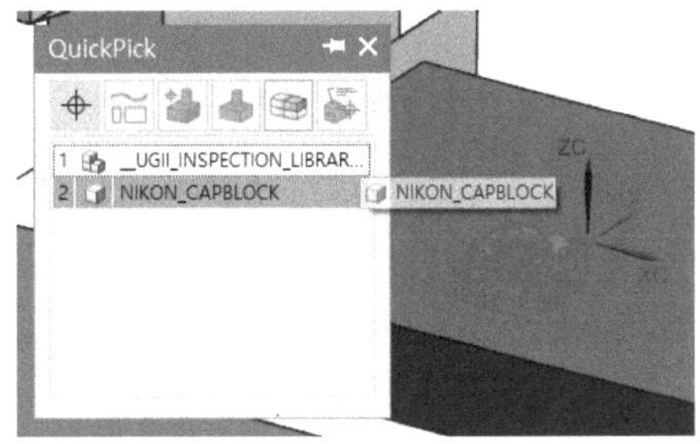


Select Components의 선택

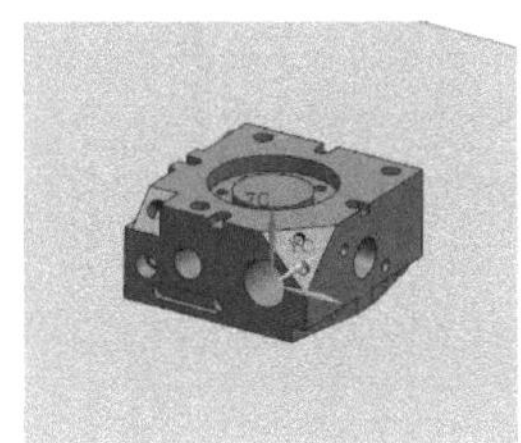

이동 결과

## Step.4 티치 포인트(Teach Point)에 의한 위치편집

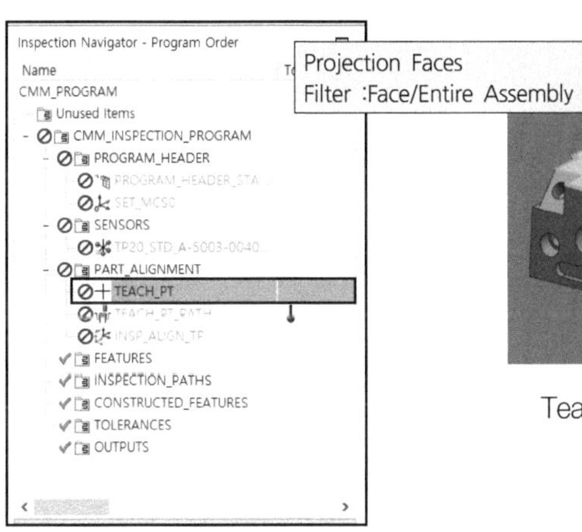


: Program Order View

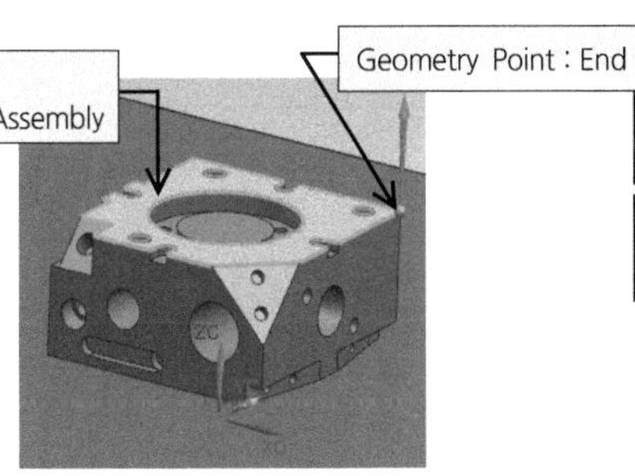


Teach Point의 정의

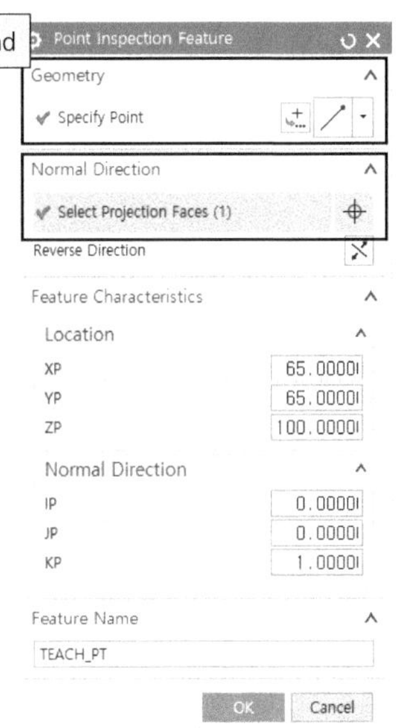


Teach Point 대화상자

Teach Point 기능은 NX CMM 시스템 Template에서 제공되며 부품의 형상과 연결해야 하므로 PART_ALIGNMENT 작업 폴더에서 Teach Point를 더블클릭하여 기준점과 기준면을 정의한다.

① Clearance Plane의 설정

Clearance Plane 설정은 TEACH PT PATH를 더블 클릭하여

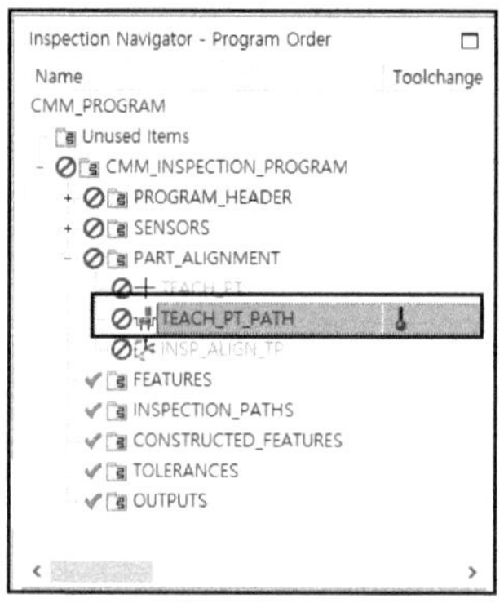


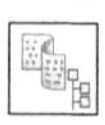 : Program Order View

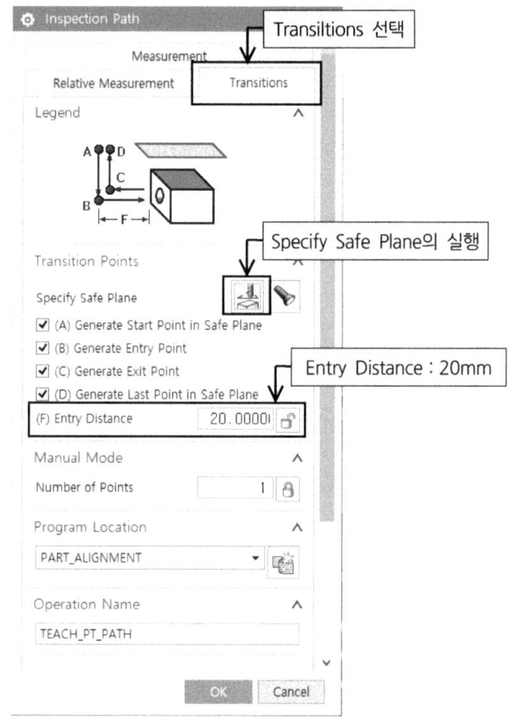


Inspection Path의 정의

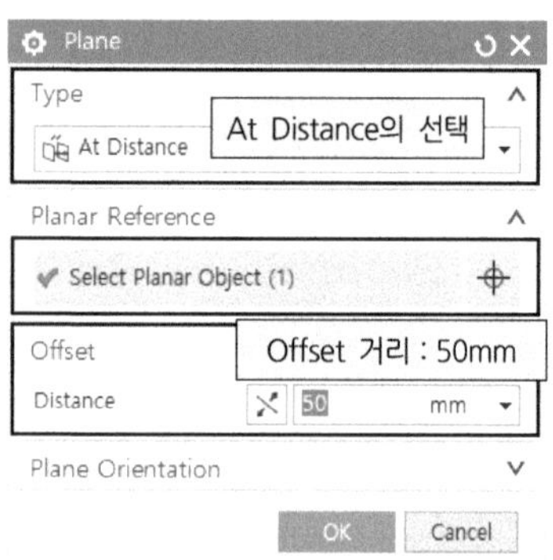


Specify Safe Plane의 실행

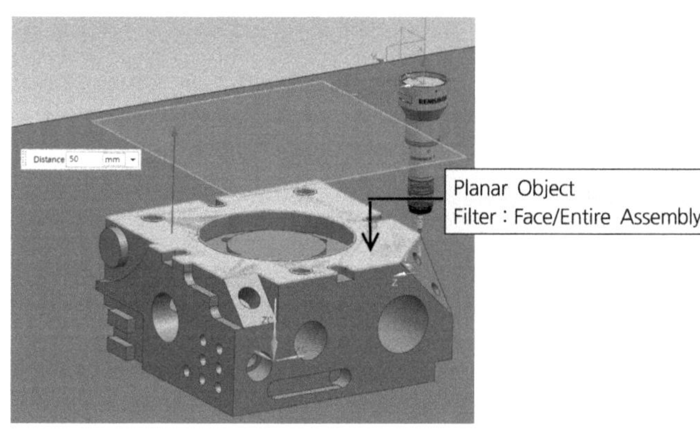


Specify Safe Plane의 실행에서 Plane 설정

Plane Object를 정의하면 WAVE Link 대화상자가 나타나고 OK를 실행한다.

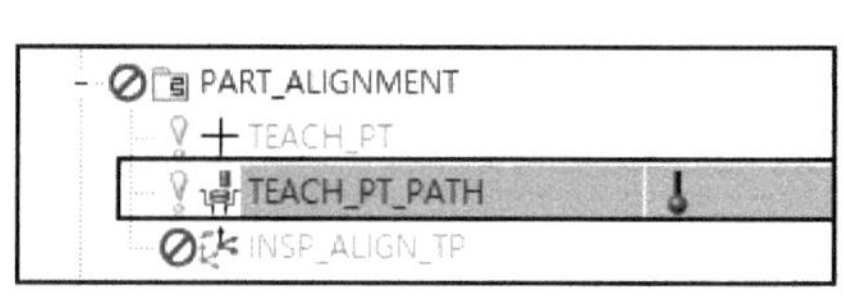


Specify Safe Plane의 설정결과

② 검사경로의 생성 : CMM_INSPECTION PROGRAM에서 Generate에 의해 측정경로를 생성한다.

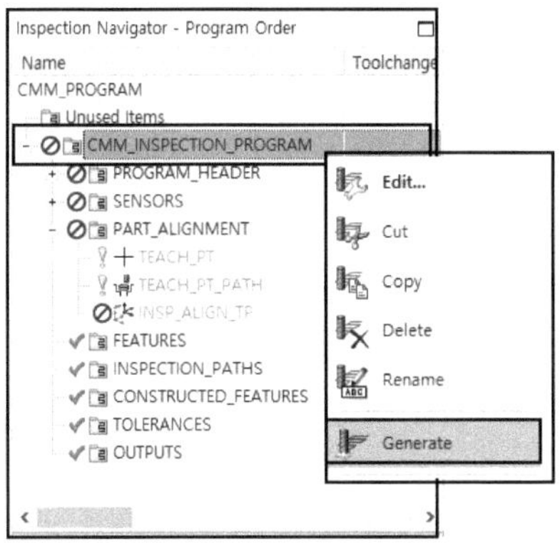


Generate의 실행

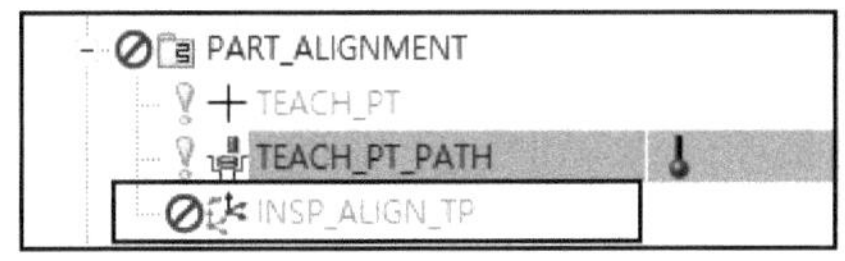


Generate 실행 전

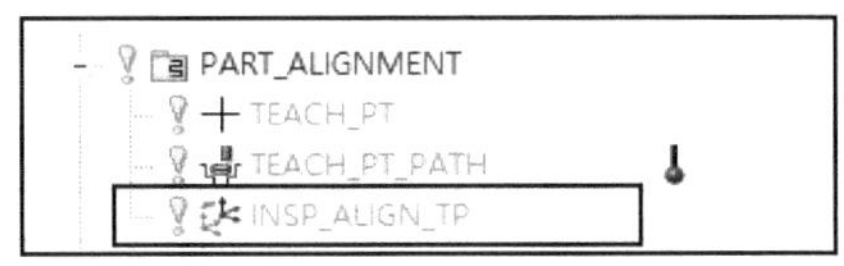


Generate 실행 후

③ Teach Point의 생성경로 확인

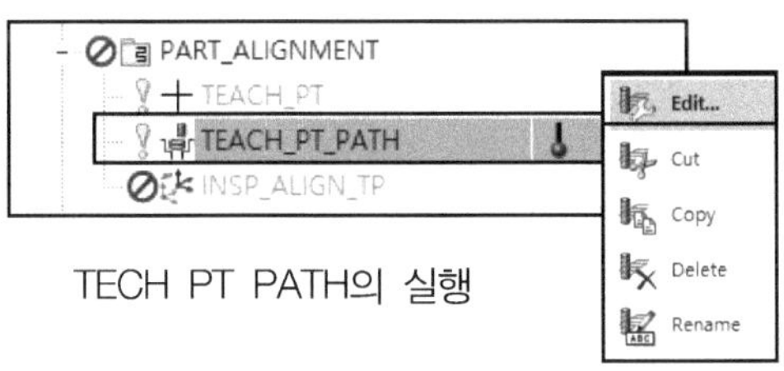


TECH PT PATH의 실행

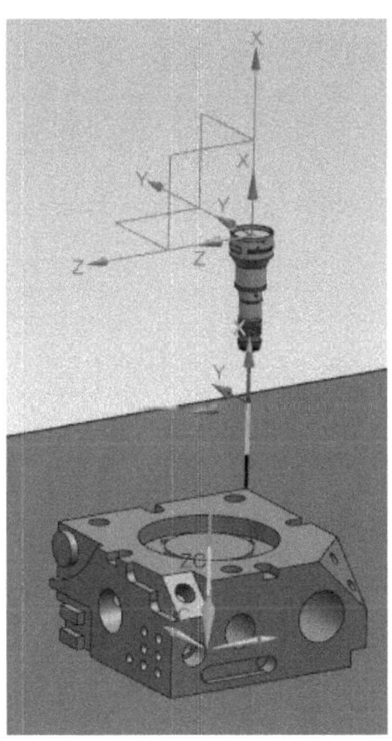

TECH PT PATH의 경로확인

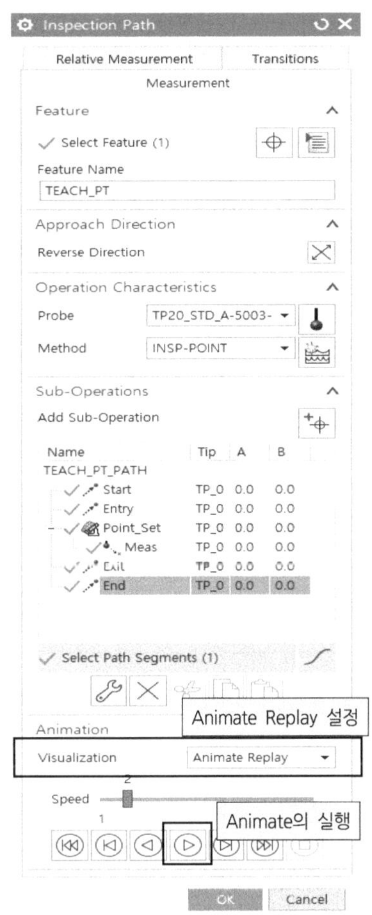


Inspection Path의 실행

- Machine Code Simulation : 기계코드에 의해 경로를 처리하고 실제 기계코드를 사용하여 검사 경로를 실행하며 옵션은 모든 문제점이 해결된 경우에 가장 유효하다.
- Animate Replay : 애니메이션은 Post Processing 없이 검사경로를 실행하고 하위 작업 목록상자의 각 측정점과 애니메이션 사이의 일치성을 보여준다.

④ 부품 정렬검토

CMM 프로그램은 기계 MCS를 호출하여 시작하고 수동모드는 수동티치(teach point)를 수행하라는 메시지가 표시되며 티치경로는 참고용일 뿐이다. CMM 운영자에 의해 모서리 근처지점을 수동으로 측정하며 PCS(Part CSYS)는 MCS에서 실제 티치포인트의 X, Y 및 Z 위치로 변환된다.

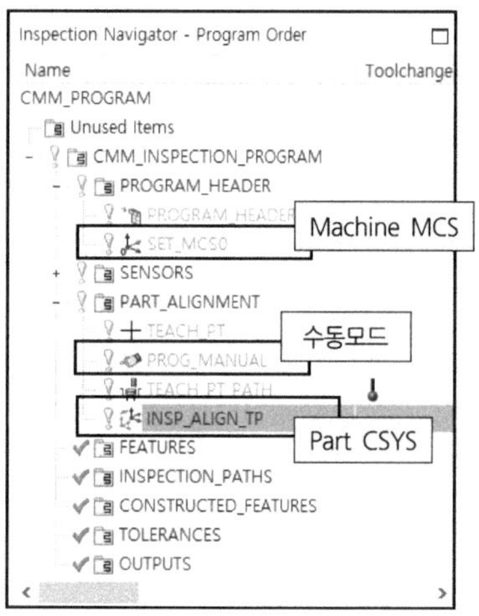


: Program Order View

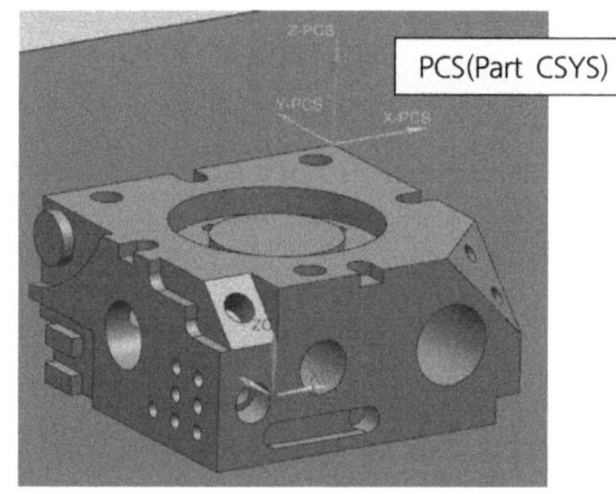


PCS의 확인

## Step.5 테이텀 평면의 정의

Menu ➡ Insert ➡ Feature ➡ Plane...

부품의 윗면을 선택하면 객체 특성경계, 위치 및 평면 법선방향이 모델의 객체형상에 정의되며 설정명은 DAT_A_PLANE로 입력하고 설정기능의 이름은 DMIS 표준 명명 규칙을 준수해야 한다.

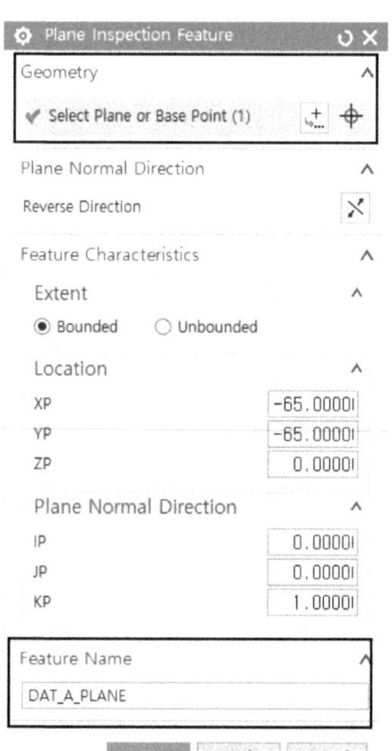


Plane설정 대화상자

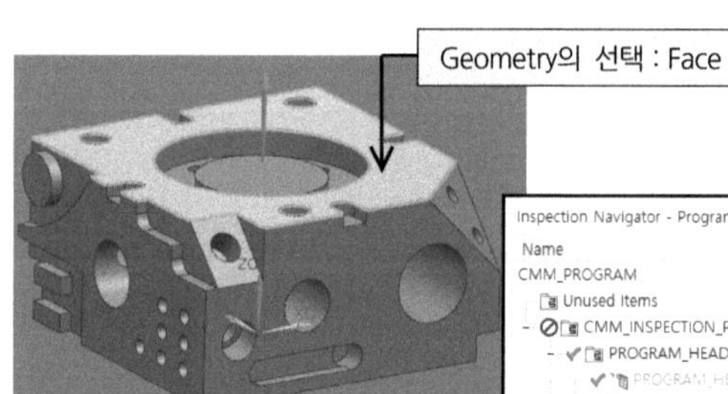


설정객체의 선택

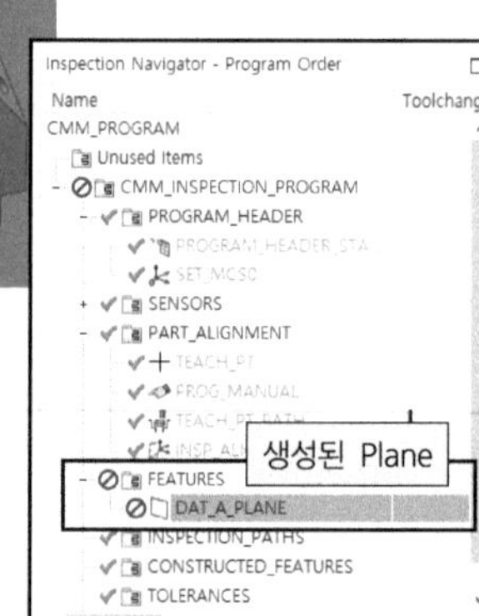


Plane의 설정결과

### ① 설정된 평면에 데이텀 설정

Menu ➡ Insert ➡ Tolerance ➡ Datum...

데이텀아이콘을 선택하고 Datum Feature에서 DAT_A_PLANE을 선택하여 데이텀 문자에 의해 Plane이 정의된다.

선택객체의 위치

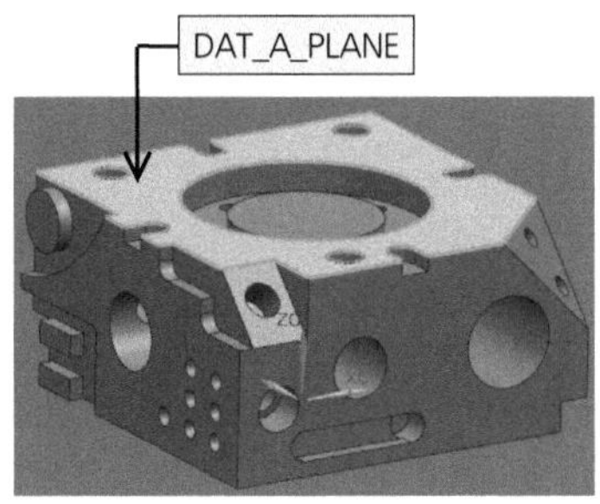


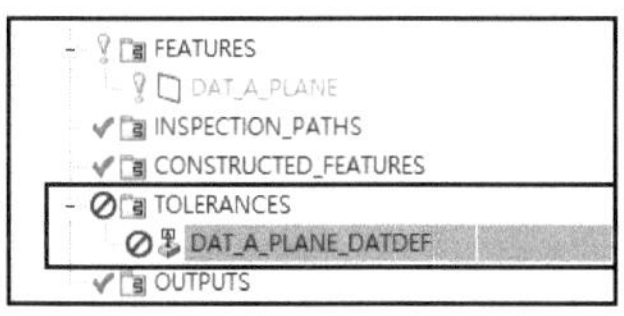


설정 결과

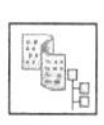 : Program Order View

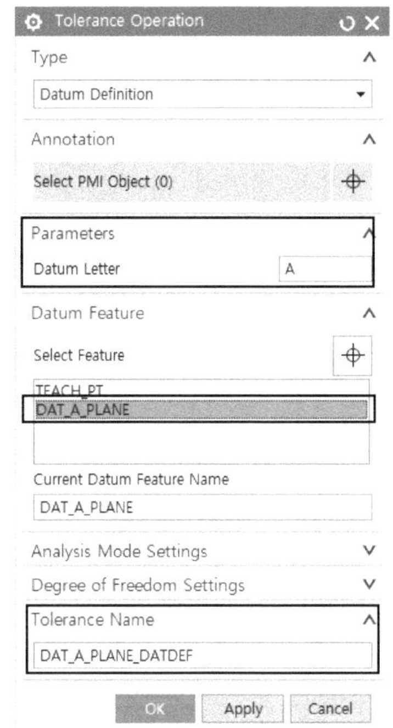


TOLERANCE 대화상자

작성된 Plane 정보는 Program Order View에서 TOLERANCES에서 확인할 수 있다.

### ② 평면도의 공차정의

Menu ➡ Insert ➡ Tolerance ➡ Flatness...

형상평면 및 데이텀 평면이 설정되었고 평면도 적용을 클릭하여 추가로 평면도 공차를 정의할 수 있다.

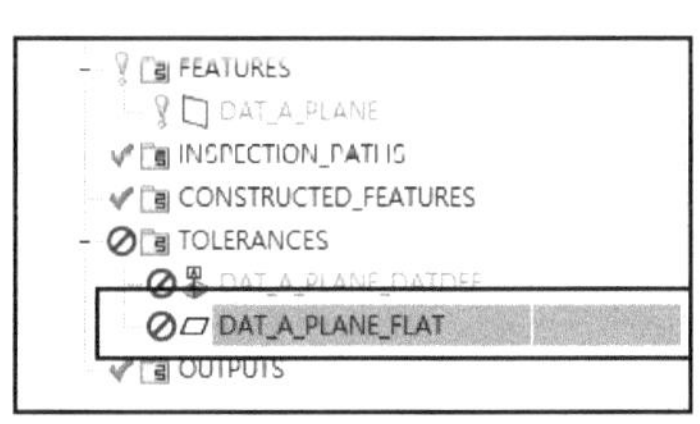


설정 결과

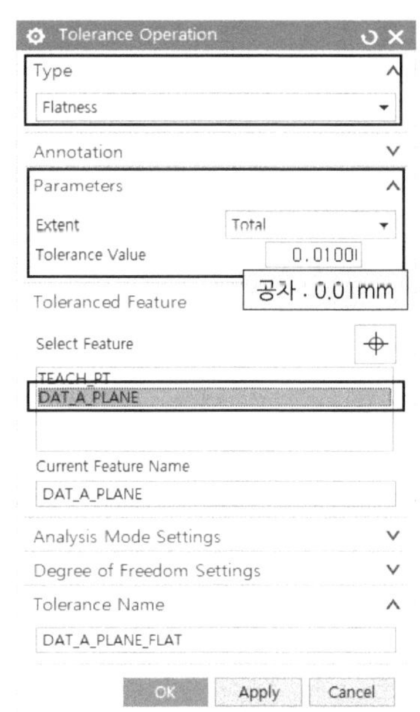


TOLERANCE 대화상자

③ 테이텀 B와 C평면의 정의 　　　　Menu ➡ Insert ➡ Feature ➡ Plane...

평면설정 단계를 반복하여 PLANE_B와 PLANE_C를 정의하면 FEATURE 및 TOLERANCE 작업공정에서 확인할 수 있다.

- 정의된 평면에 테이텀 정의

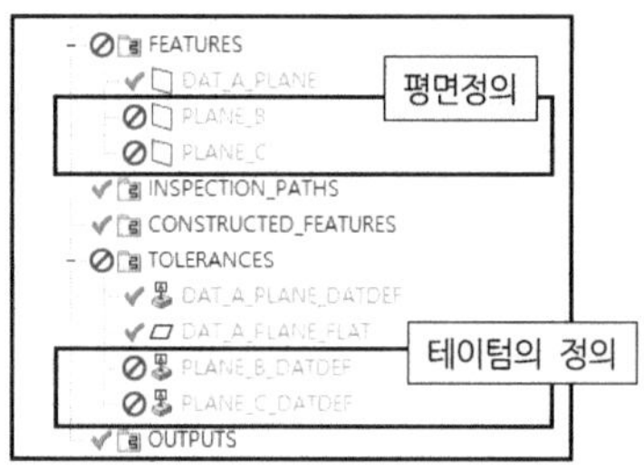


설정 결과

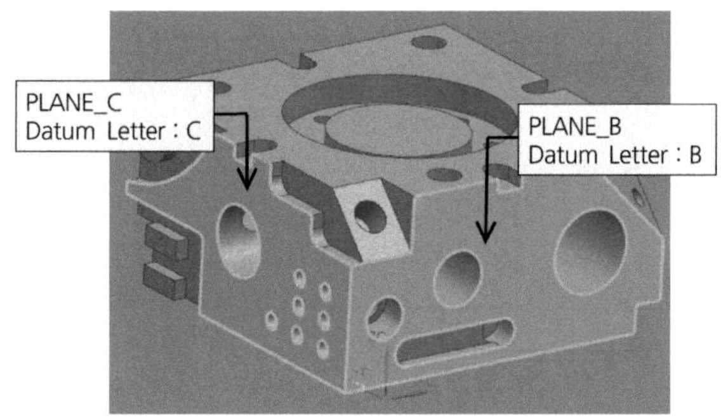


테이텀의 설정 면

- 정의된 평면의 이름변경

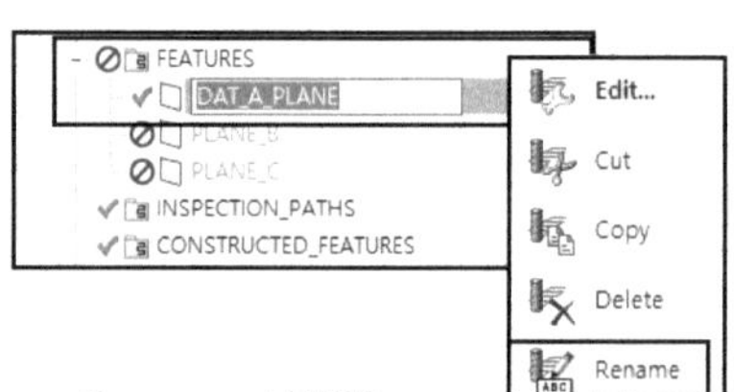


Rename 실행전

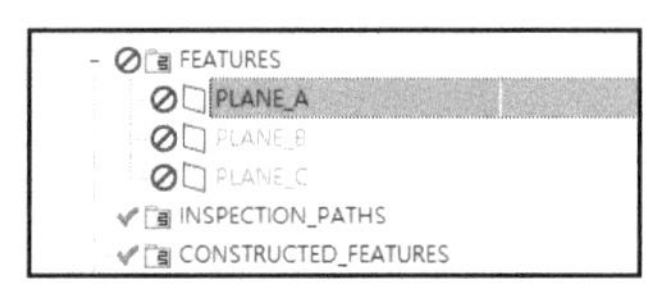


Rename 실행후

## Step.6 다중객체의 경로정의

Menu ➡ Insert ➡ Multi Feature Paths...

Available Features 버튼을 이용하여 객체를 추가하고 NX CMM 다중 경로기능으로 현재 추가된 객체에 검사경로를 INSPECTION_PATHS 폴더에 작성한다.

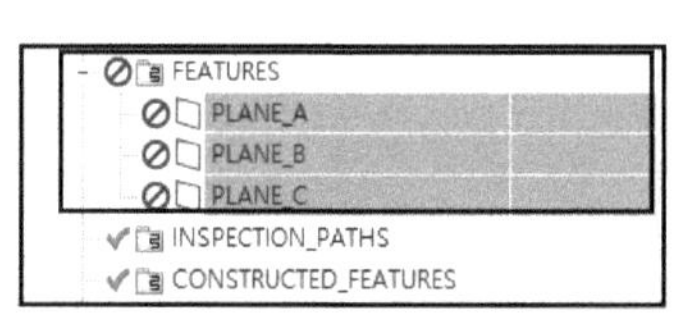


정의 객체의 선택

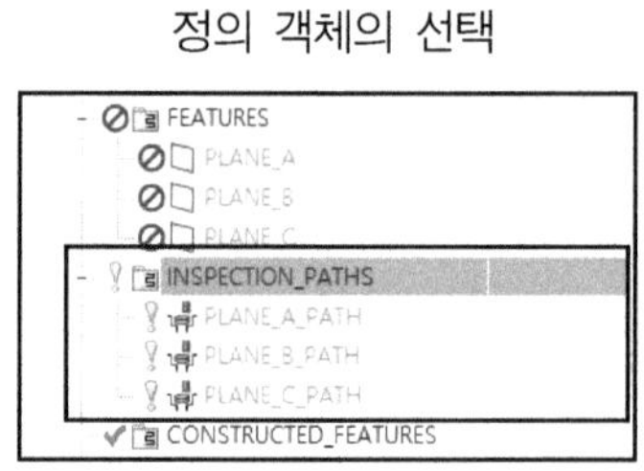


설정 결과

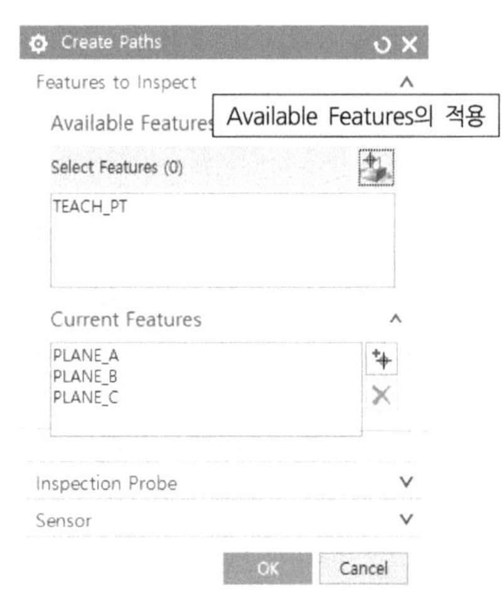


검사경로 작성 대화상자

① 다중경로의 확인 [Method View]

Method View에서 INSP - PLANE 아이콘을 클릭하면 각각의 측정공정이 생성되어 있고 INSP - PLANE에서 PLANE_C의 경우 A축이 90˚도 B축이 90˚하여 기준면에 대한 검사경로를 확인할 수 있다.

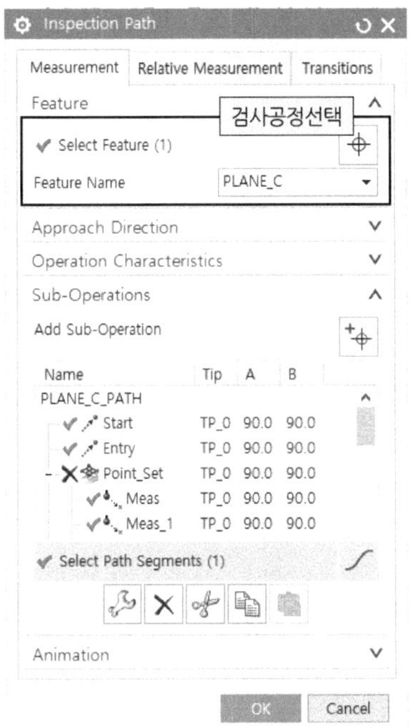


검사경로 확인 대화상자

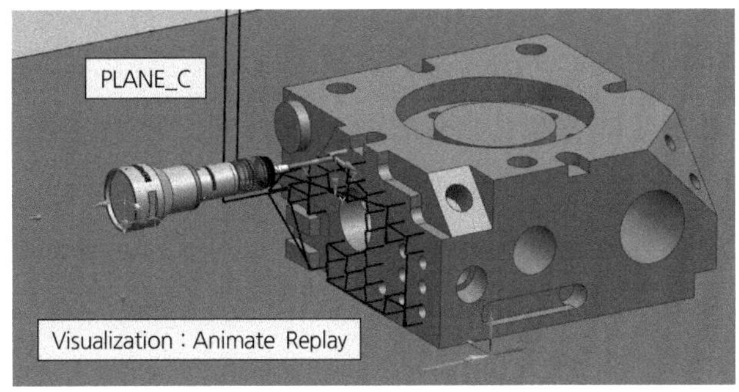


검사경로의 확인

② 검사공정의 수정

INSP - PLANE 메서드를 더블클릭하면 PLANE에 대한 검사유형의 매개변수를 편집 할 수 있으며 U방향과 V방향에 대한 측정포인트 수를 정의할 수 있고 검사영역에 대한 변수를 정의할 수 있다. CMM 검사 프로그램을 다시 생성하면 각 평면에 대한 경로가 새로운 설정으로 업데이트된다.

- Inspection Mode

• Automatic : CMM이 중간이동 및 측정을 무시하고 내부알고리즘을 사용하여 GOTARG 및 MEAS 문을 자동으로 실행하며 자동모드로 실행할 수 없는 경우 수동 모드로 진행한다.

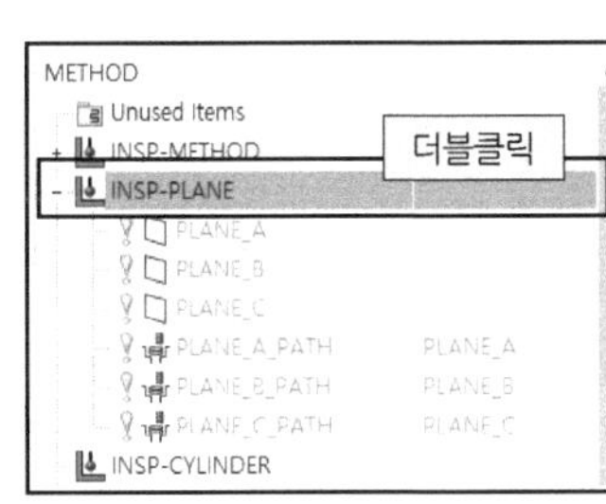


검사경로의 속성수정

- Program : 프로그램 코드를 이용하여 중간이동 및 측정을 포함하고 GOTARG 및 MEAS문을 실행하도록 지정하며 프로그램 모드를 실행할 수 없는 경우 수동모드로 진행한다.
- Manual : 프로그램 운영자 의해 측정 및 이동을 수동으로 제어하라는 메시지를 표시되고 이에 따라 측정공정을 수행한다.

- Default Subop Type : 선택한 객체유형에서 검사경로를 작성하고 검사경로 대화상자에서 해당 하위 작업유형을 추가할 때 나타나는 하위 작업유형에 대한 매개변수를 설정한다. 링크 PMI 및 경로생성 대화상자를 사용하여 생성된 검사경로는 하위 작업유형에 상속된다.

- Approach/Retract Distance : 측정 위치에 접근 또는 후퇴 거리를 설정한다.

- Number of U/V Points : U 및 V를 따라 측정할 격자점의 수를 설정한다.

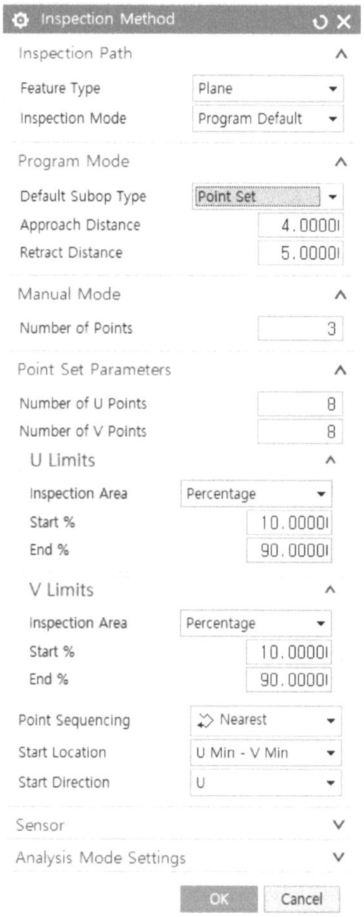

Inspection Method 대화상자

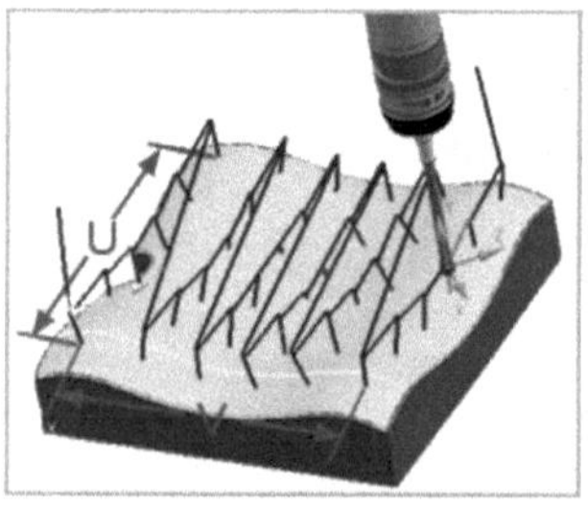

격자점의 특성

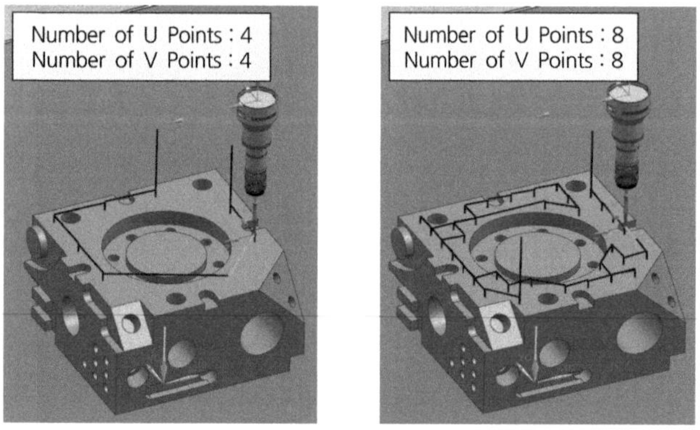

격자점의 특성비교

- U Limits, V Limits(Inspection Area) : 특정 객체의 U 및 V 끝점의 첫 번째 및 마지막 점을 배치하여 검사할 객체의 영역을 정의할 수 있다.

  • Start Percentage/End Percentage : 검사영역에서 백분율을 선택하면 첫 번째 및 마지막 U 및 V 격자점이 객체를 따라 떨어지는 형상의 전체 너비와 길이의 백분율을 설정한다.
  • Start Distance/End Distance : 시작과 마지막 측정점이 객체를 따라 떨어지는 U 및 V 길이의 거리를 설정한다.

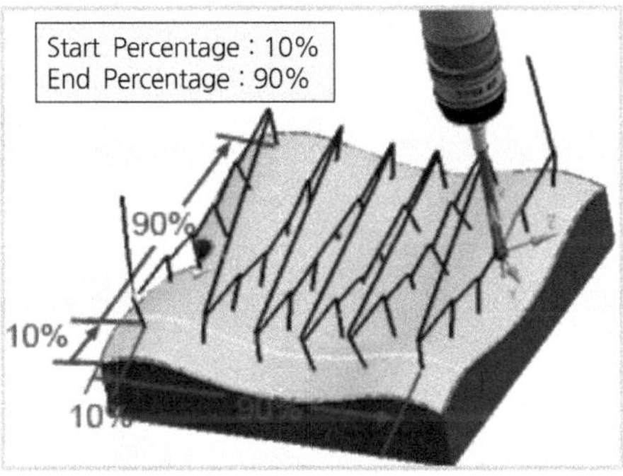

Percentage 속성

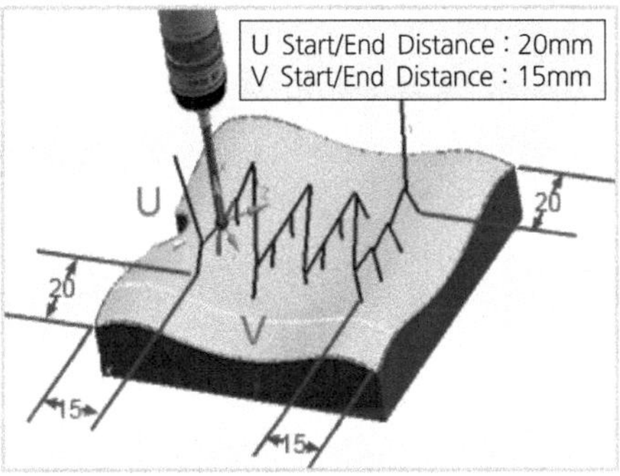

Distance 속성

- Point Sequencing : 측정점의 검사순서를 지정한다.

  • Zig : 검사경로가 한 번에 한 줄씩 U 또는 V 그리드 방향에 따라 한 방향으로 고정된다.
  • Zig - Zag : 검사경로가 U/V 그리드의 각 선을 가로질러 앞뒤로 지그재그로 이동한다.
  • Nearest : 측정된 점의 위치에서 가장 가까운 이웃 점으로 이동한다.

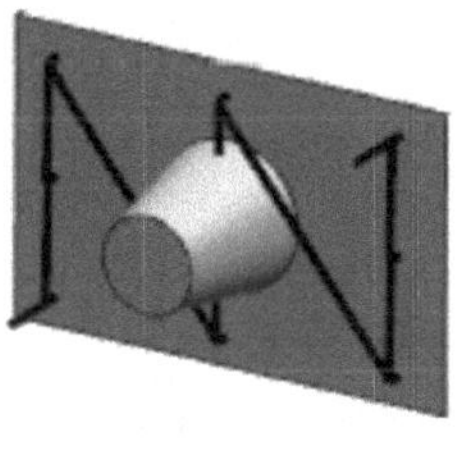
Zig Point Sequencing

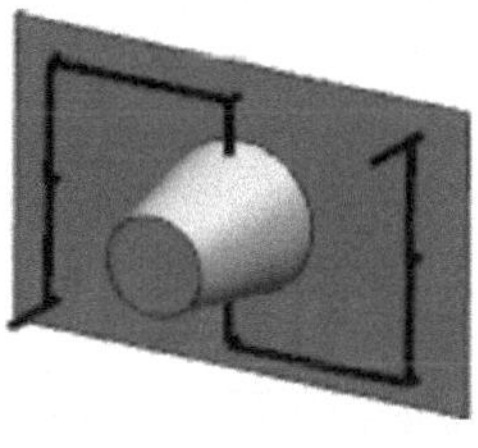
Zig - Zag Point Sequencing

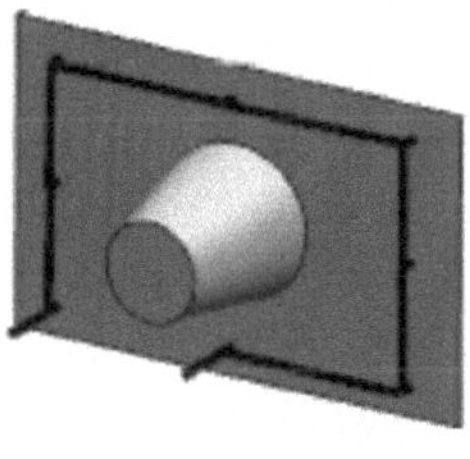
Nearest Point Sequencing

- Start Location : U, V 그리드의 방향을 기준으로 검사할 경로의 첫 번째 측정점 위치를 지정할 수 있다.

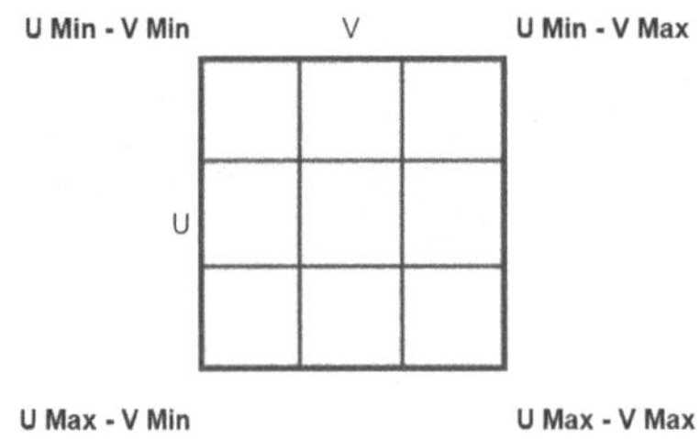


Start Location의 위치정의

- Start Direction : 검사경로의 방향을 지정하며 U방향 또는 V방향으로 선택할 수 있다.

## Step.7 원기둥 측정객체의 선택

Menu ➡ Insert ➡ Feature ➡ Cylinder...

Program Order View 에서 Feature Cylinder 아이콘을 선택한 다음 왼쪽상단 구멍의 면을 선택하고 객체 외부방향으로 벡터를 변경한다.

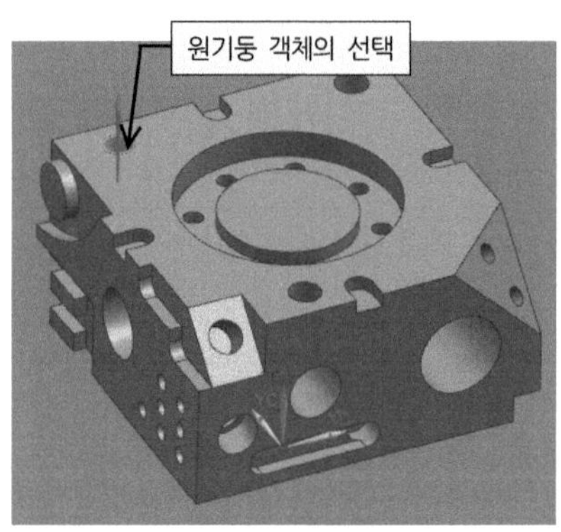


측정객체의 선택

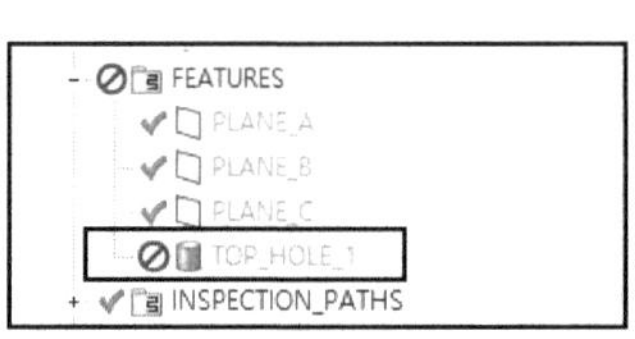


측정객체의 선택결과

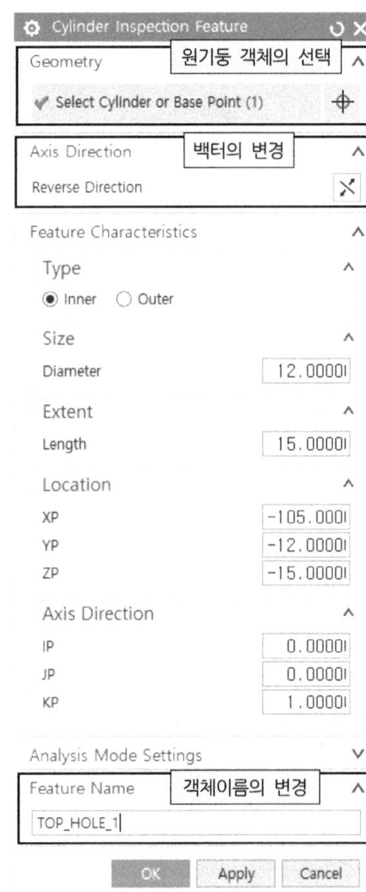


원기둥 객체의 검사 대화상자

① 나머지 원기둥객체의 정의

다음 그림과 같이 6개의 구멍에 대한 원기둥을 정의하며 각 구멍의 원통면을 선택하고 필터는 Face를 이용하여 변경한다.

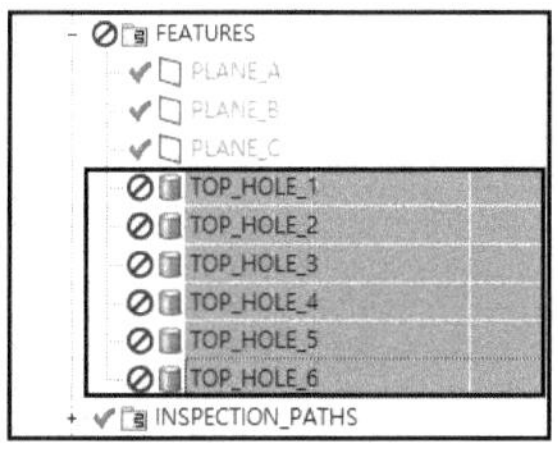


측정객체의 선택결과

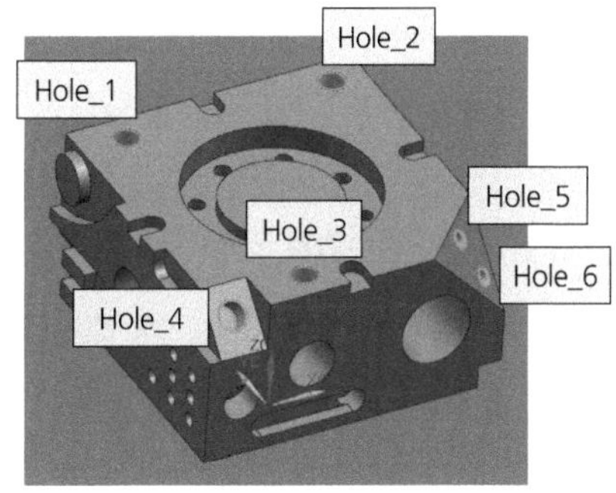


측정객체의 이름

② 원기둥객체의 공차정의

Menu ➡ Insert ➡ Tolerance ➡ Diameter...

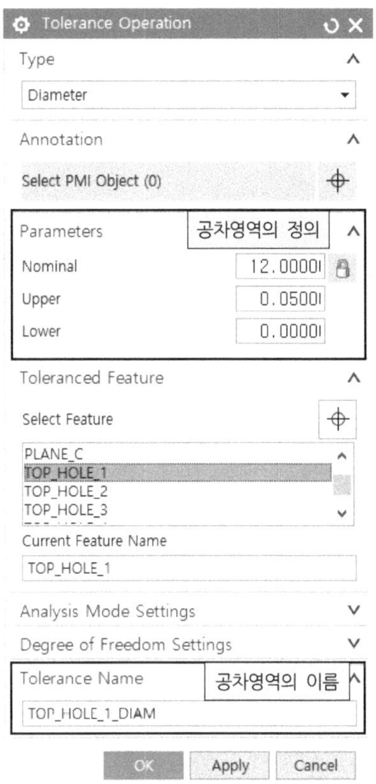


공차적용 대화상자

HOLE_1부터 HOLE_6까지를 상/하한공차를 정의하고 경고 중복공차 메시지를 무시하고 반복한 다음 완료되면 새로운 공차로 생성한다.

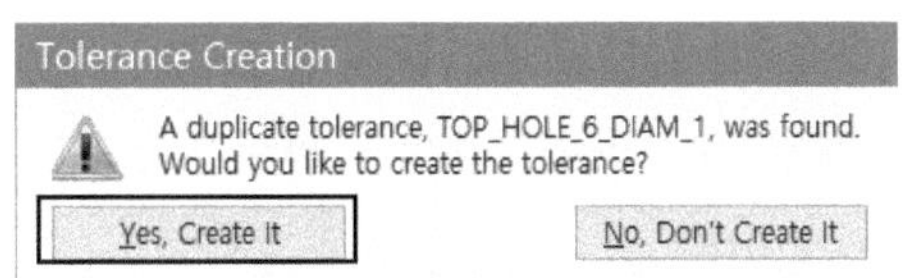


새로운 공차영역의 적용

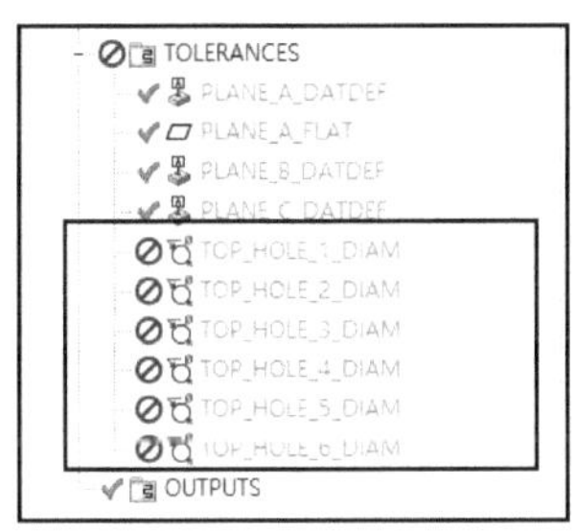


공차영역의 적용결과

## Step.8 다중객체의 경로정의

Menu ➡ Insert ➡ Multi Feature Paths...

Ctrl키를 이용하여 여러 객체를 선택하여 다중 검사경로를 설정하면 NX CMM 다중기능은 현재 선택된 객체에 검사경로를 INSPECTION_PATHS 폴더에 작성한다.

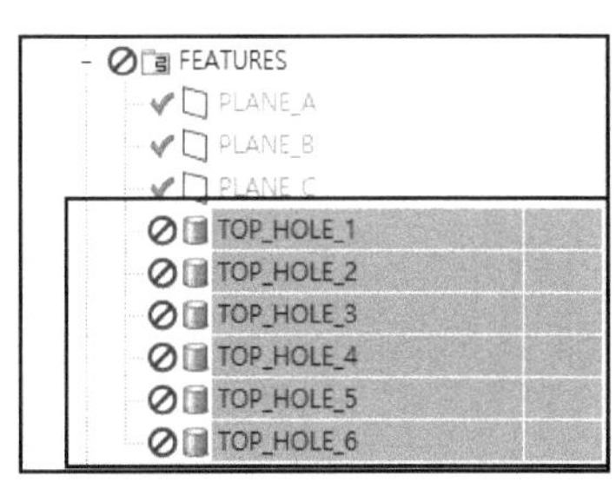


정의 객체의 선택

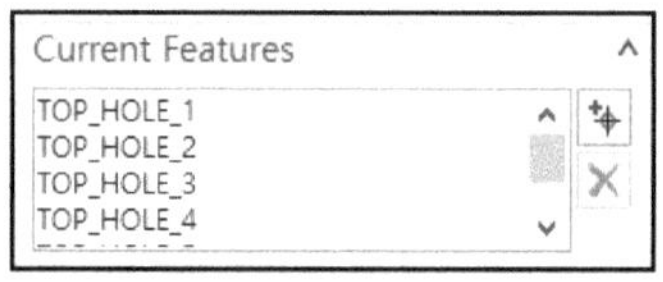


검사경로 작성 대화상자

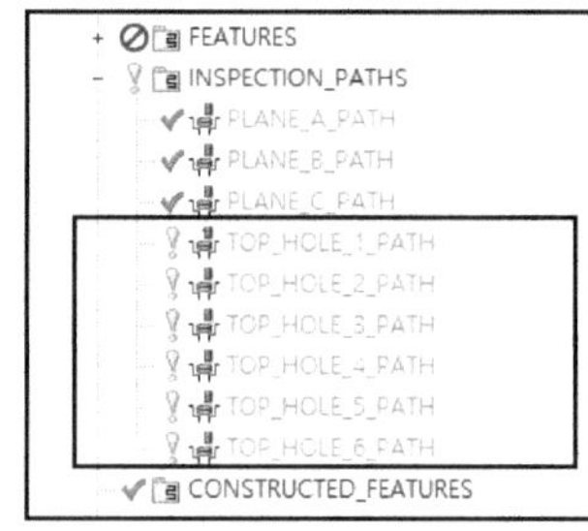


설정 결과

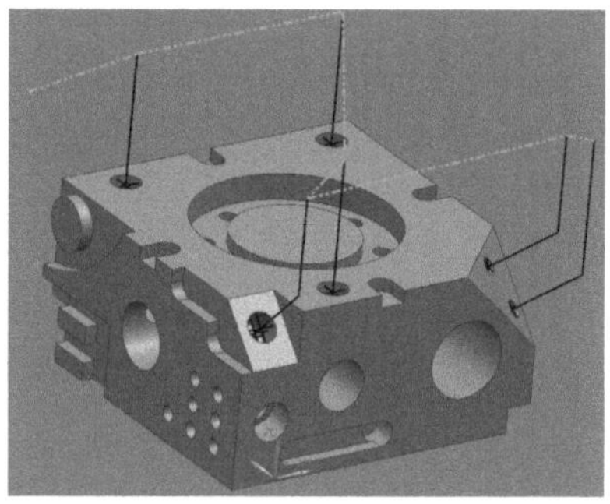

설정경로의 확인

## Step.9 경로생성 및 시뮬레이션

새로운 검사경로 생성하면 구멍의 형상공차 및 경로에 대한 정의가 완성되고 프로브 경로를 시뮬레이션 한다.

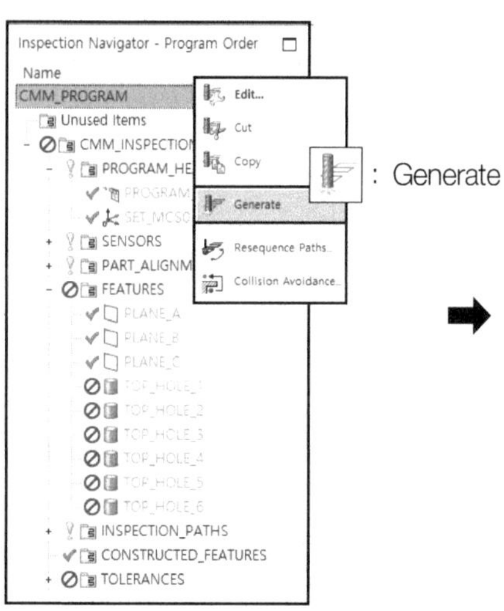


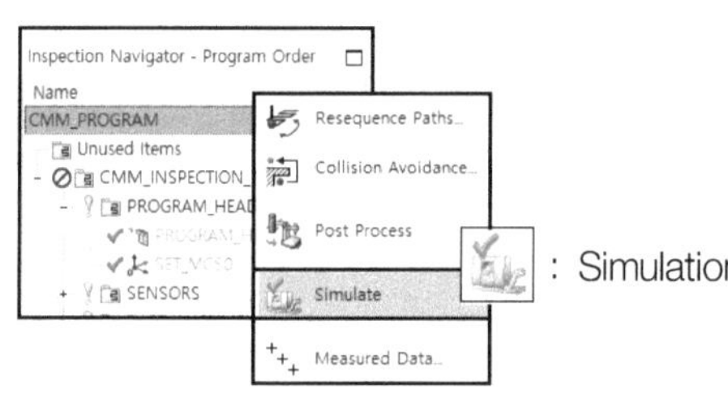


시뮬레이션 경로

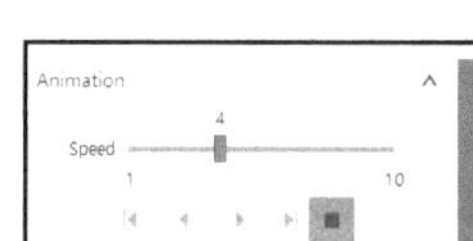


경로생성의 선택

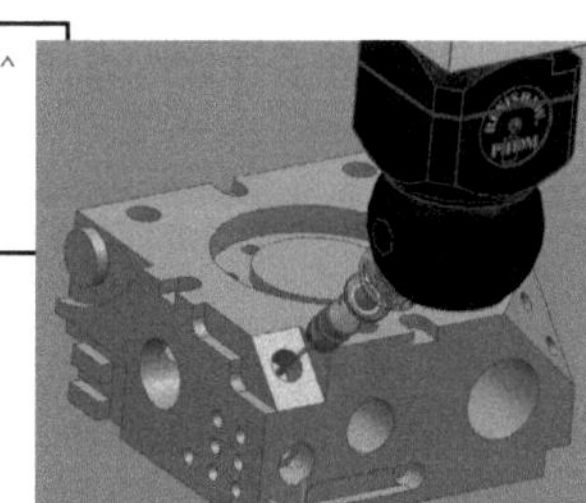

경로시뮬레이션 확인

① 시뮬레이션 기능을 이용한 충돌방지 기능의 활용

마지막 단계는 충돌감지 기능을 이용하여 전체 프로그램을 시뮬레이션하고 필요에 따라 충돌방지기능을 적용한다.

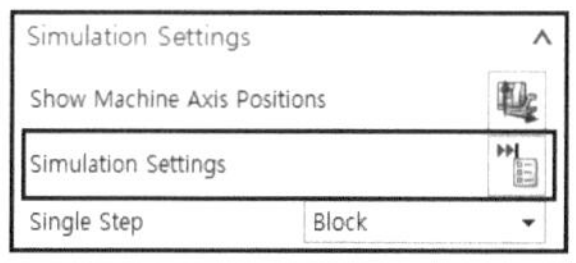

시뮬레이션 세팅의 이용

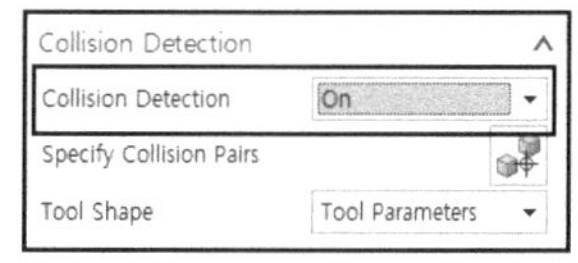

충돌감지 : On

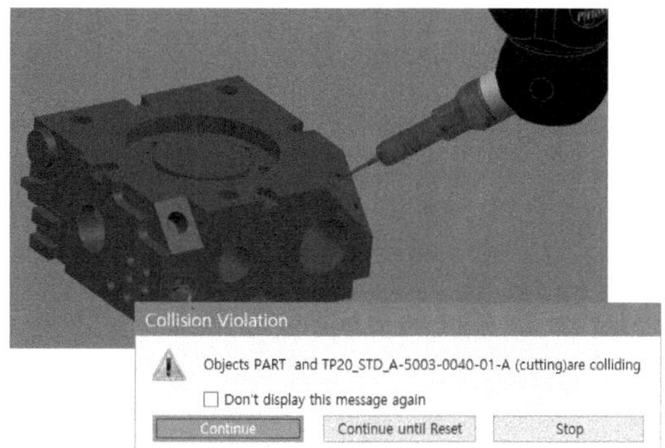

충돌이 감지된 경우

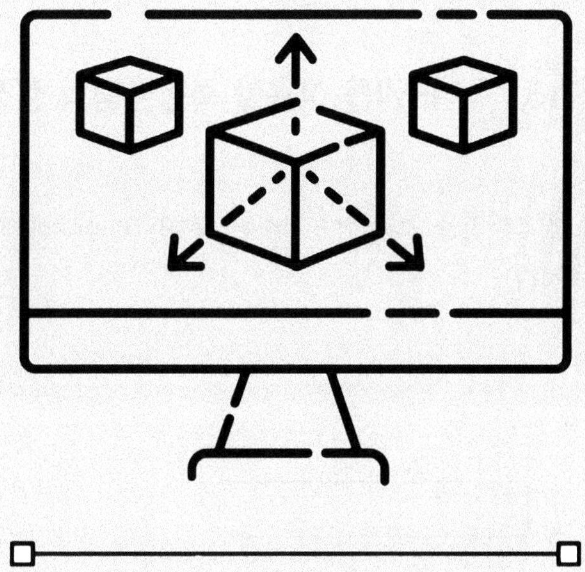

chapter

# 15

# PMI에 의한 측정프로그램의 작성

# 15.1 PMI를 이용할 측정환경의 설정

참조파일을 호출하여 선택된 CMM Template(Mitutoyo FN905)에 의해 새로운 CMM 검사프로그램을 시작한다.

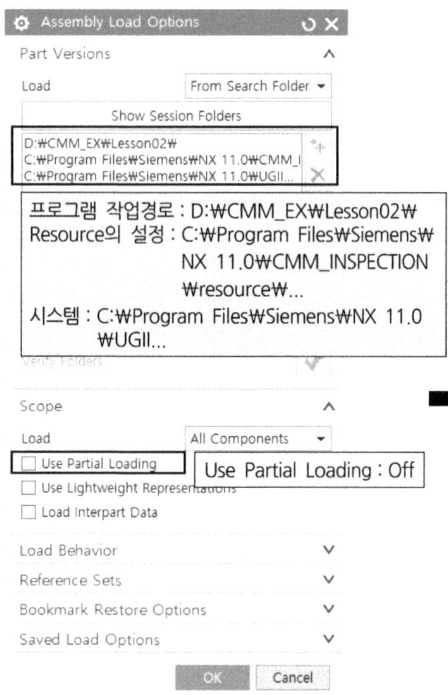


Assembly Load Option의 정의

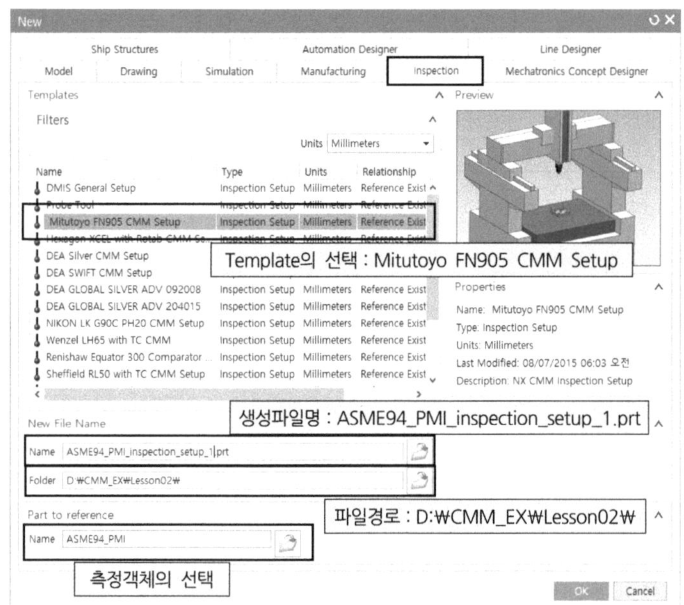


새로운 측정환경의 설정

측정단위는 참조 부품단위를 기본측정 단위로 설정되고 PMI 어셈블리는 어셈블리에서 사용된 혼합 단위를 지원하지 않는다.

## Step.1 측정물의 이동

Menu ➡ Assemblies ➡ Component Position ➡ Move Component...

조립기능의 MOVE를 이용하여 CMM 테이블에 위치한 측정객체를 측정할 위치로 이동한다.

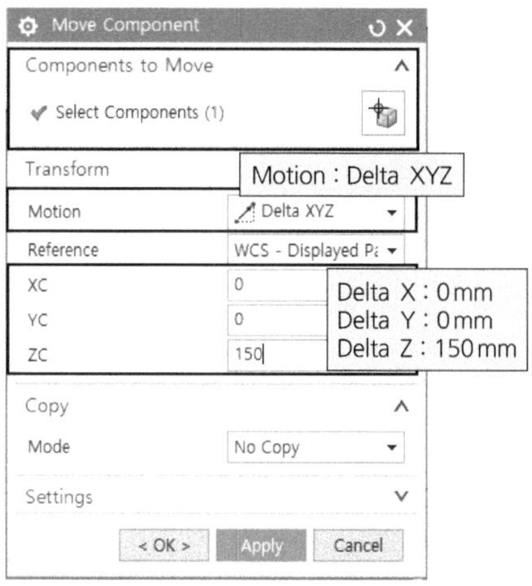


Move Components 대화상자

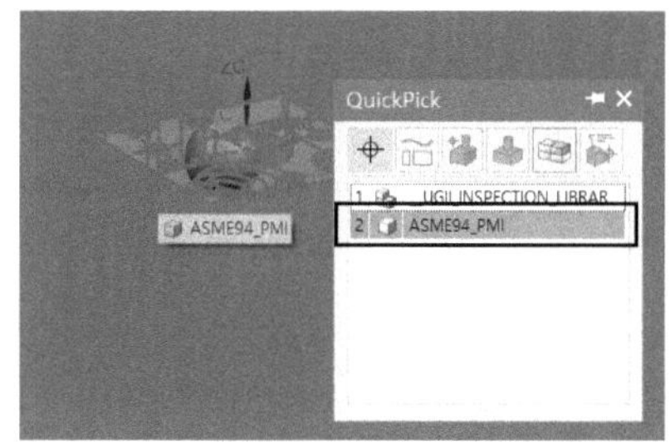


Select Components의 선택

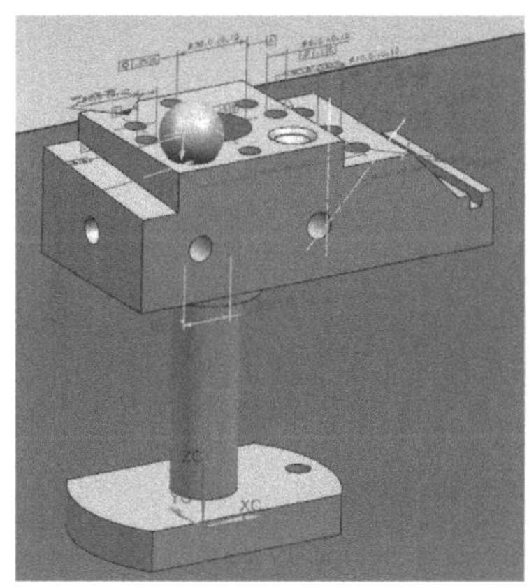

이동 결과

+ZC 방향으로 150 mm 이동하고 어셈블리 구속조건과 같은 방법을 사용하여 CMM 테이블 또는 CMM 검사를 위한 고정구에 측정객체를 배치할 수 있으며 CMM 장비는 이동하지 말고 측정객체의 절대좌표를 유지해야 한다.

테이블에는 측정할 객체가 준비되고 객체는 언제든지 이동 또는 회전할 수 있으며 새로운 위치에 대한 기능과 경로 및 공차가 업데이트된다.

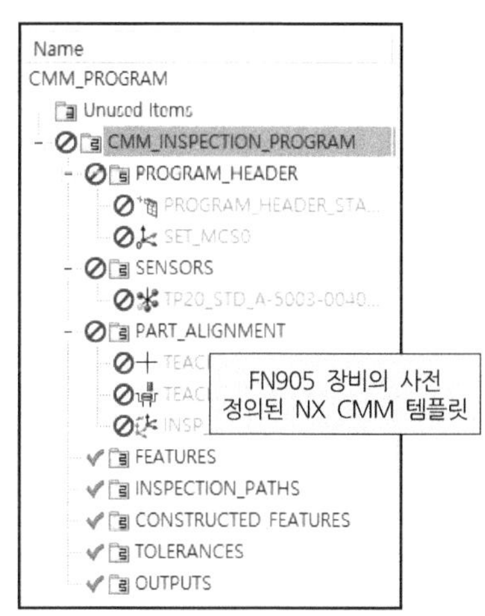


CMM Template

## Step.2 티치 포인트(Teach Point)에 의한 위치편집

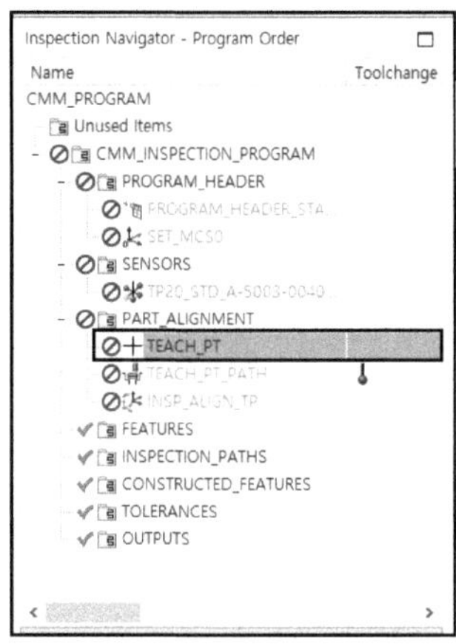


: Program Order View

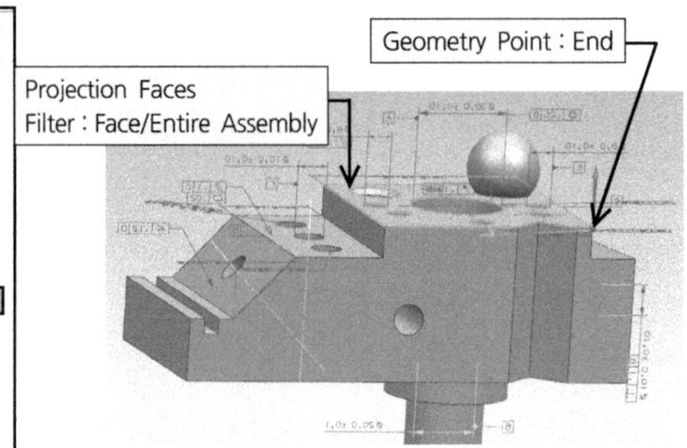


Teach Point의 정의

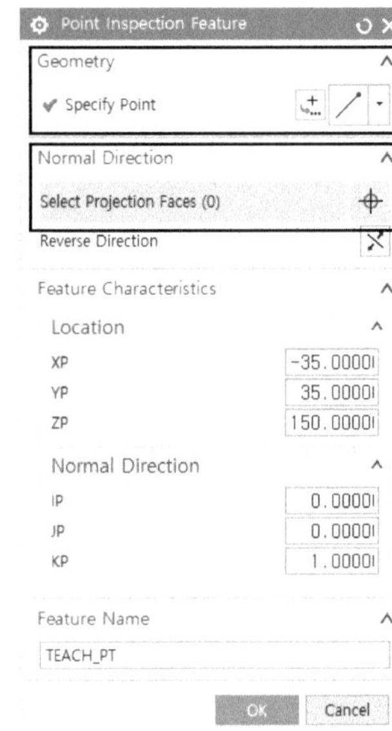


Teach Point 대화상자

Teach Point 기능은 NX CMM 시스템 Template에서 제공되며 부품의 형상과 연결해야 하므로 PART_ALIGNMENT 작업 폴더에서 Teach Point를 더블 클릭하여 기준점과 기준면을 정의한다.

① Clearance Plane의 설정

Clearance Plane 설정은 TEACH PT PATH를 더블 클릭하여,

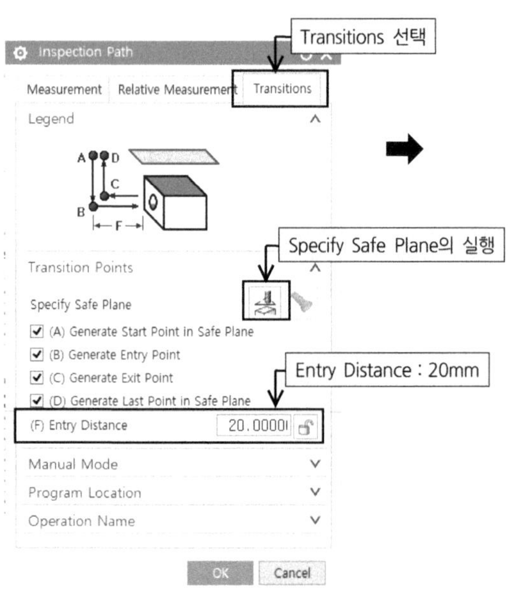


Inspection Path의 정의

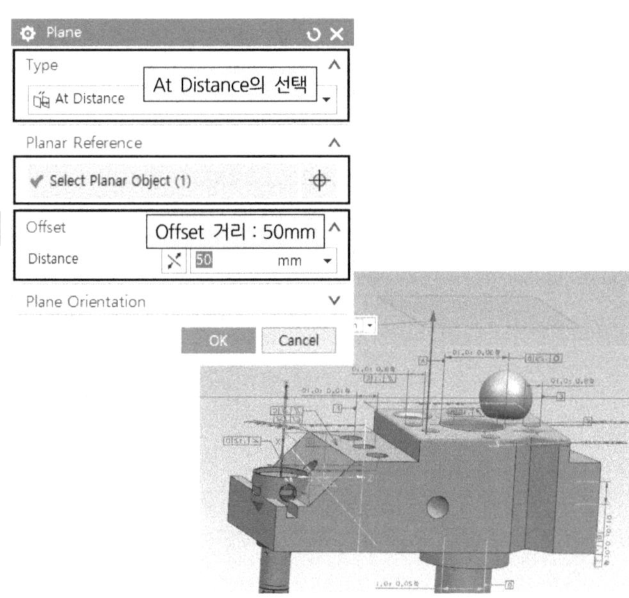


Specify Safe Plane의 정의

② 검사경로의 생성 : CMM_INSPECTION PROGRAM에서 Generate에 의해 측정경로를 생성한다.

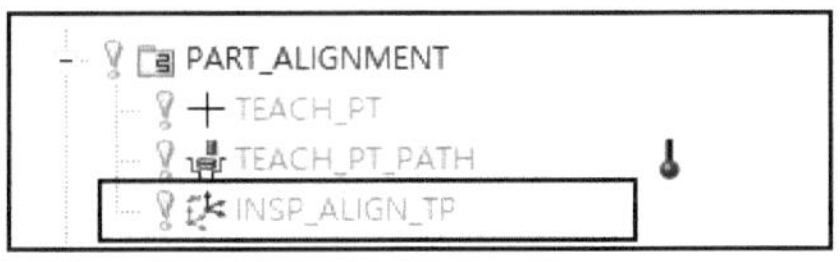


Generate 실행후

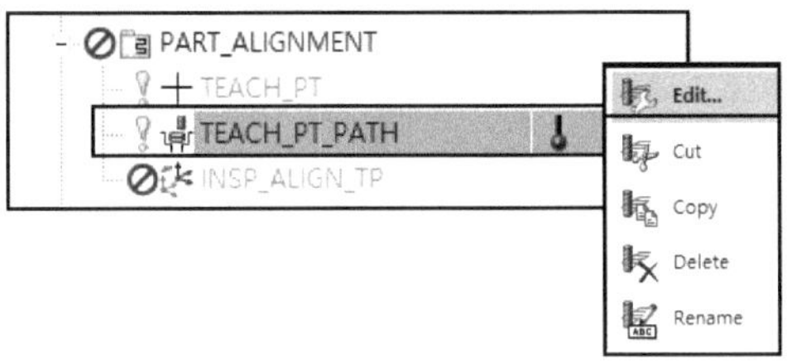


TECH PT PATH의 실행

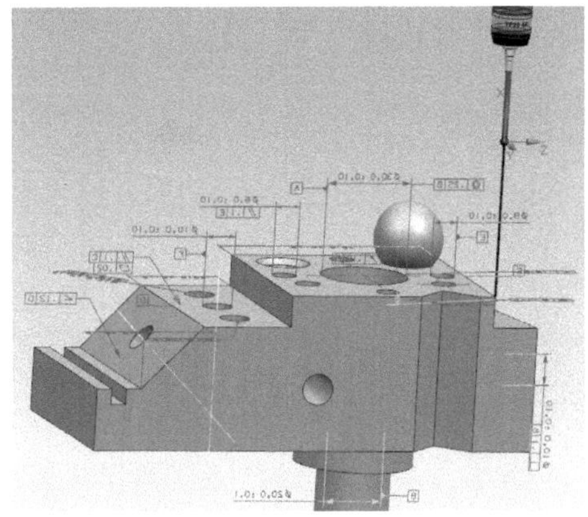

TECH PT PATH의 경로확인

## Step.3 PCS 확인과 명령의 추가

Menu ➡ Insert ➡ CMM Command...

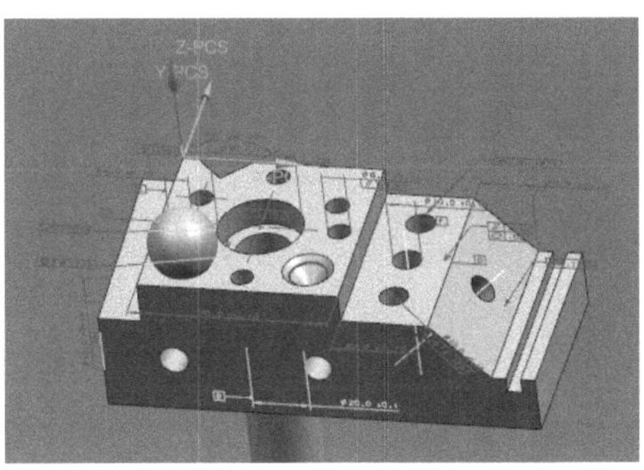

INSP_ALIGN_TP의 확인

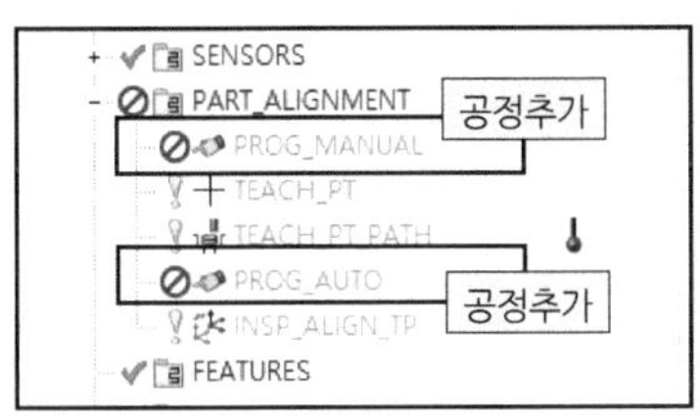


Program Order 대화상자

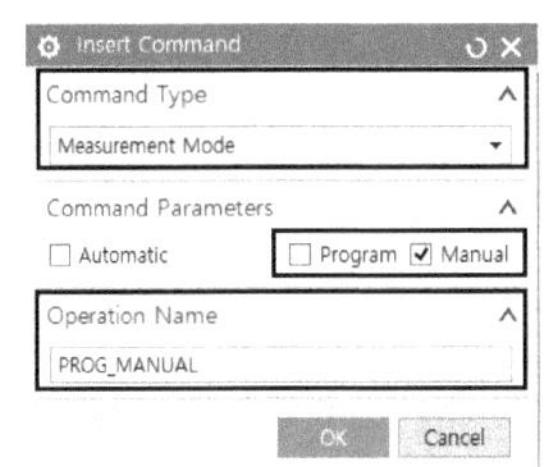


PROG_MANUAL 설정

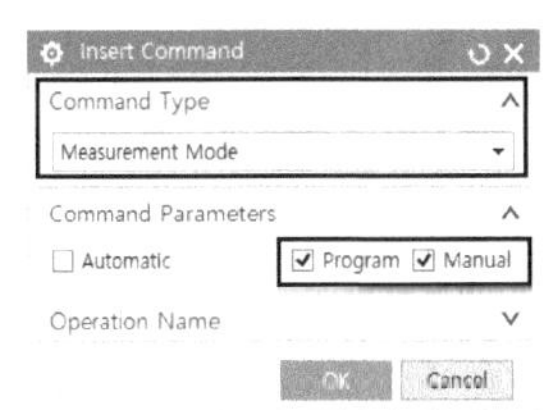


PROG_AUTO 설정

CMM에서 제품을 측정하려면 먼저 MCS(Machine Coordinate System)를 기준으로 부품을 정렬하고 티치포인트를 정의하면 PCS(Part Coordinate System) 정의되고 여러 개의 PCS를 작성할 수 있으며 CMM Command를 이용하여 계측공정을 추가할 수 있다.

## Step.4 검사공정에 필요한 PMI연결(Link to PMI)

템플릿에서 여러 개의 측정 프로브가 있는 경우 자동으로 마지막 프로브를 선택하거나 사용자가 사용할 특정 프로브를 선택하며 팁 형태에는 구형 또는 원통형 팁을 선택할 수 있다.

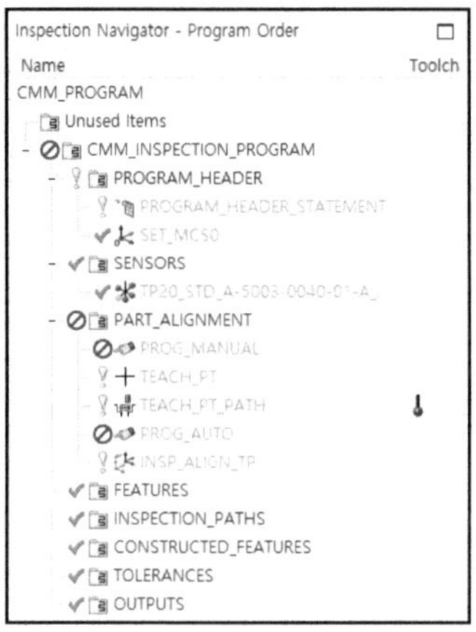


PMI 연결전의 계측공정

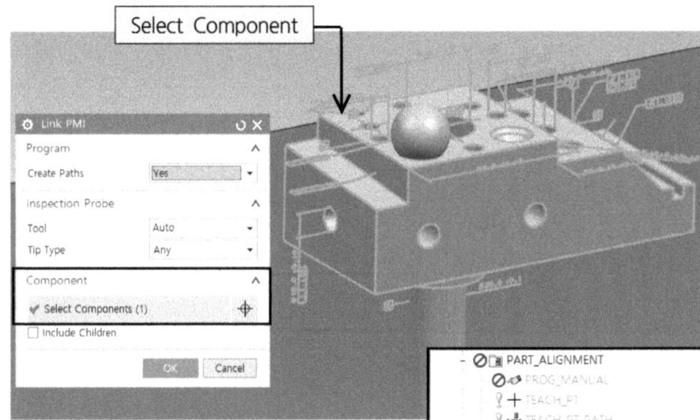


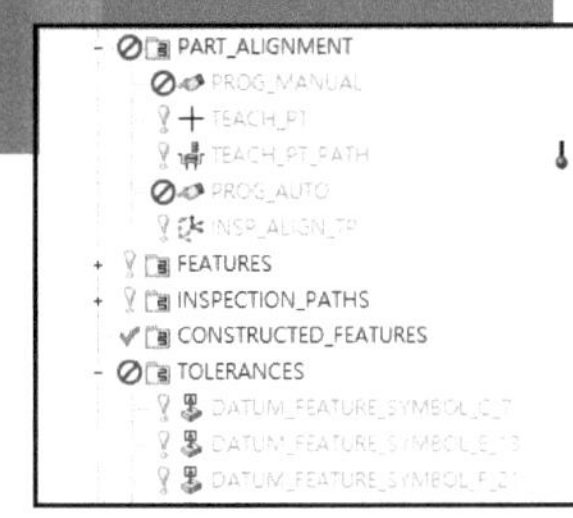


PMI 객체의 선택 및 결과

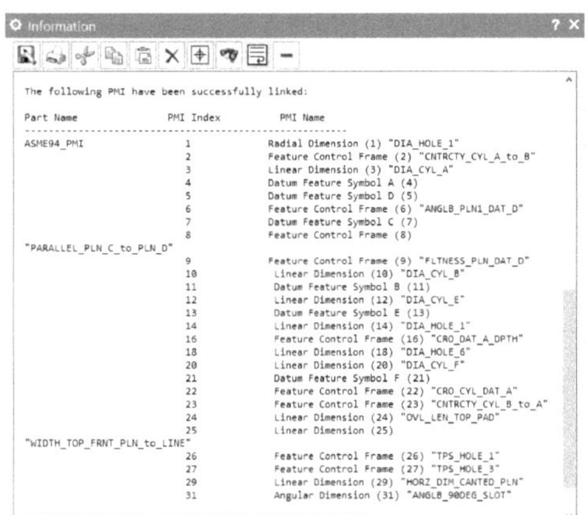


PMI 연결결과 목록

## ① PMI 링크 연결결과에 의한 객체의 확인

Program Order View에서 Cylinder4를 선택하면 현재의 PCS의 위치 및 방향 등을 확인할 수 있다.

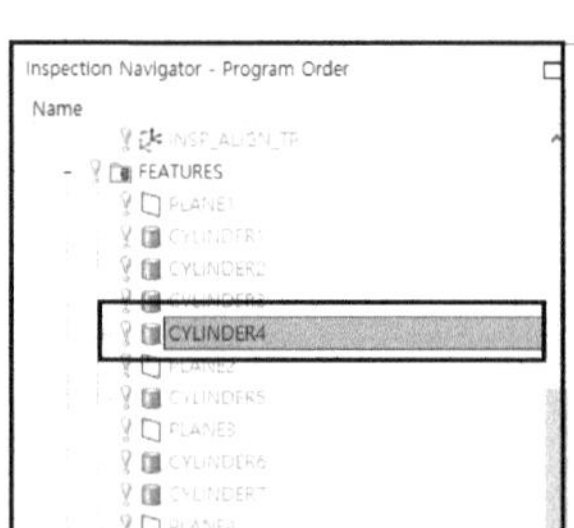


CYLINDER4의 선택

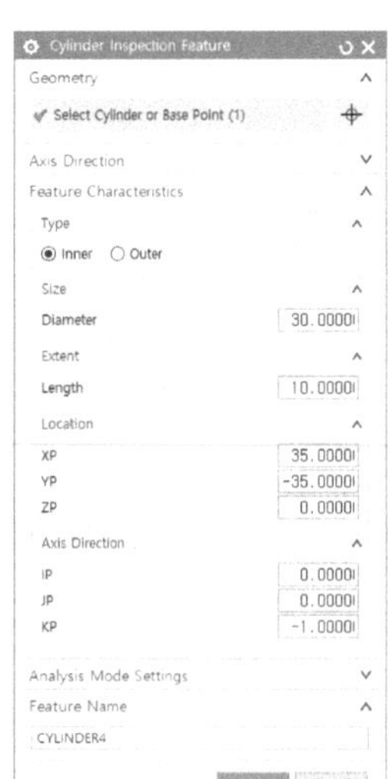


Inspection Feature의 확인

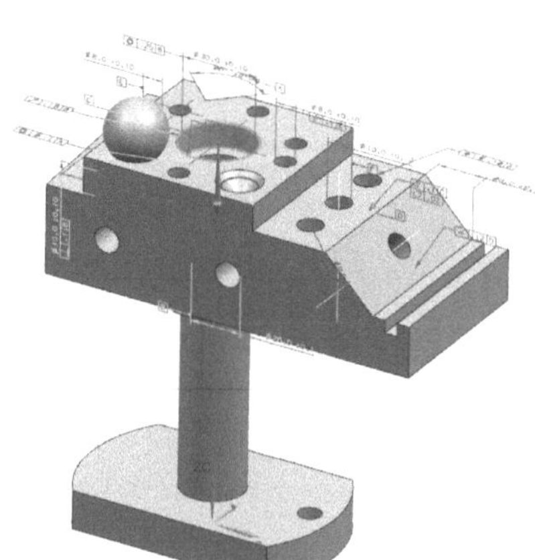

선택 객체의 확인

② PMI 링크에 의한 측정 경로의 확인

경로 편집기에서 CYLINDER4_PATH를 열면 측정지점, 시작 및 입력이동을 표시하고 경로의 하위 작업을 편집할 수 있다.

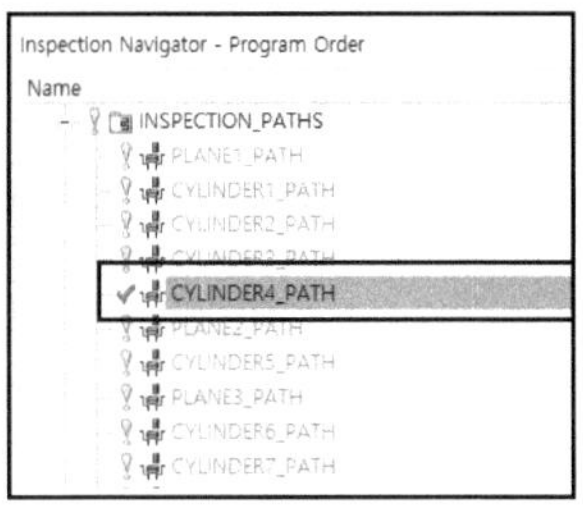


CYLINDER4_PATH의 선택

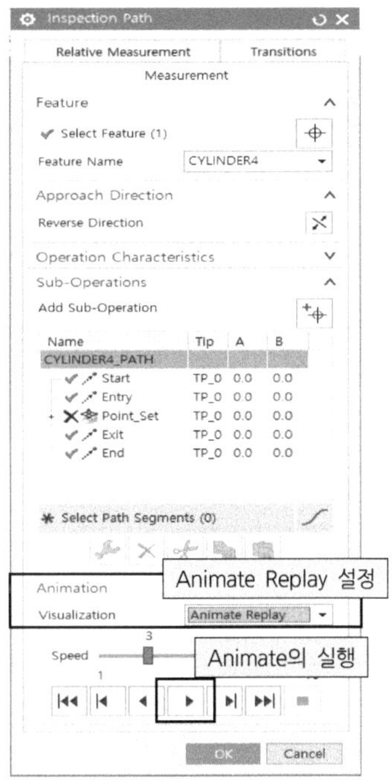


검사경로의 확인 대화상자

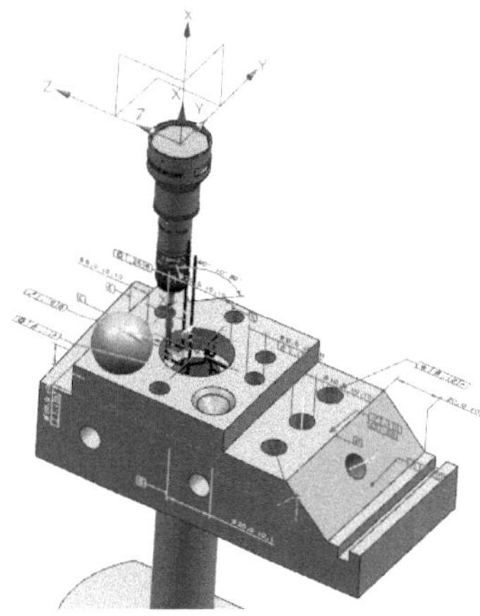

검사경로의 확인

③ PMI링크에 의한 측정 객체의 공차확인

PMI의 텍스트 정보 및 Datum Ref Frame이 있는 경우에 이를 확인할 수 있고 공차형상 색상은 오렌지색으로 데이텀 참조 프레임의 표시색상은 녹색으로 나타낸다.

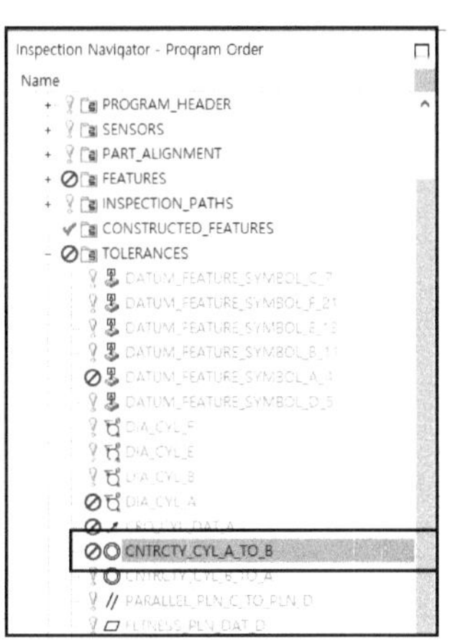


공차영역의 선택

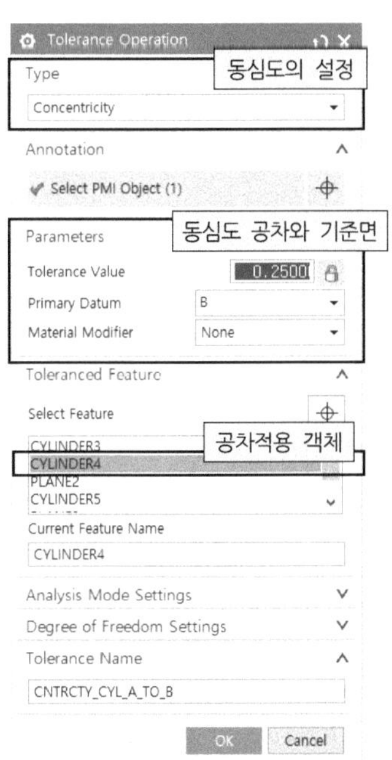


공차정의 내용의 확인

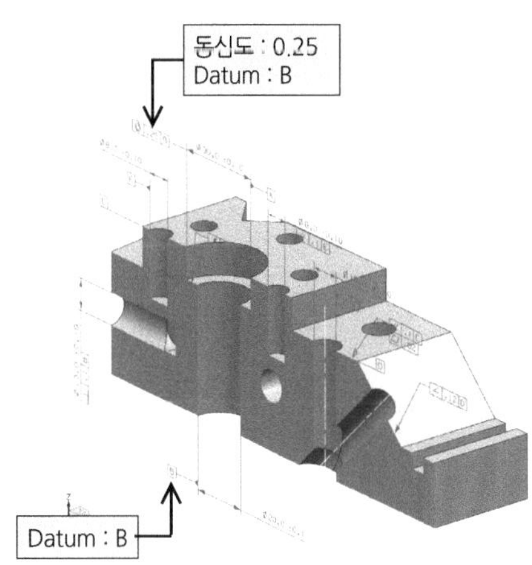


선택공차의 확인

④ Generate 후 잘못된 측정공정의 수정

Tolerance에서 규제표시 ⊘가 된 CYL_PERPT O_DAT_B를 열어 공차영역의 너비방향(Tolerance Zone Width Direction) 입력을 0,0,1 또는 목록(Specify Vector)에서 ZC 방향을 선택한다.

- 직각도 규제항목의 제거

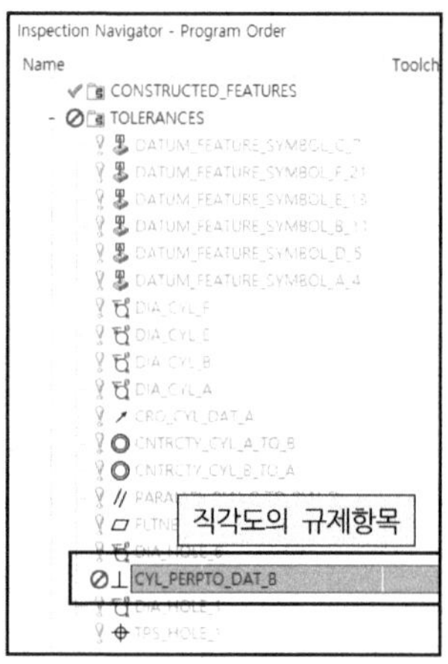


규제 표시항목의 선택

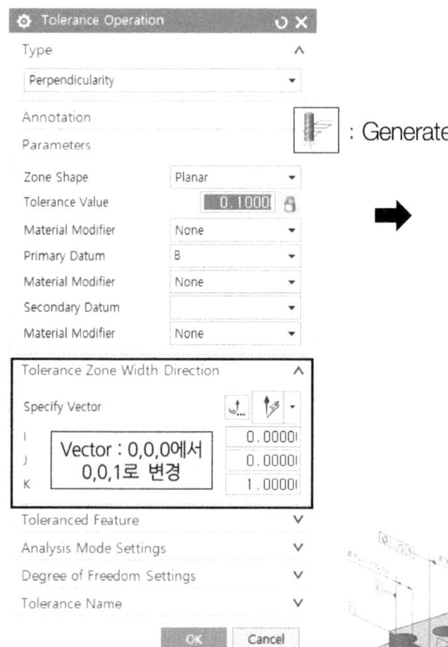


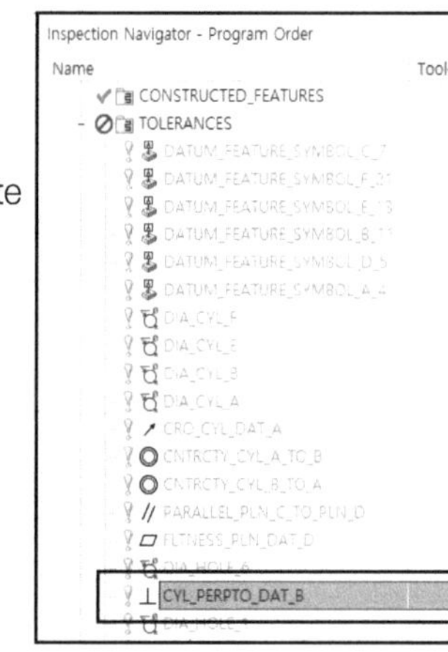


규제 표시항목의 제거결과

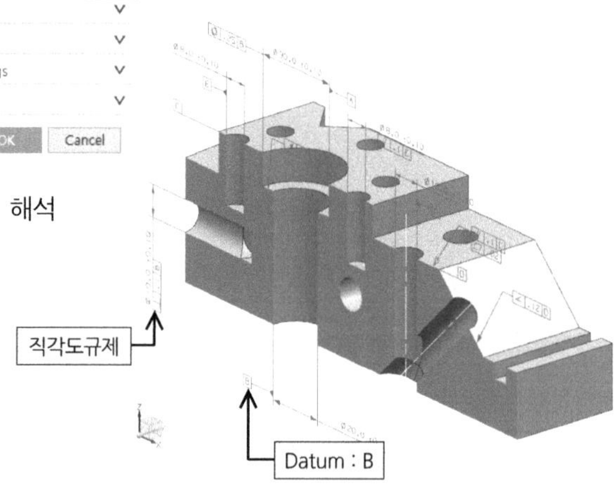


공차적용의 해석

- 평행도 규제항목의 제거 : 메인 공정 CMM_INSPECTION_PROGRAM에서 Generate의 실행

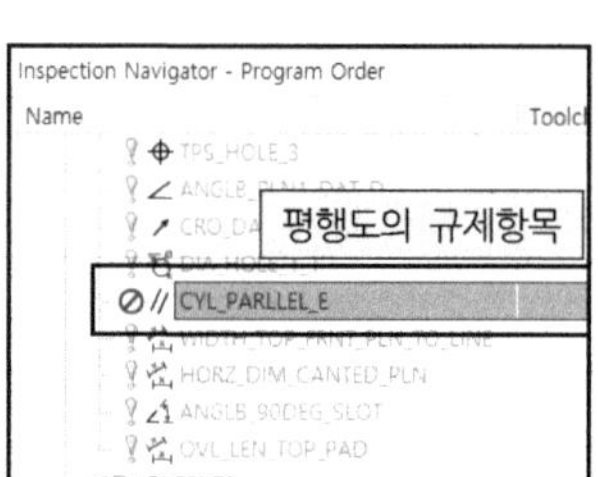


규제 표시항목의 선택

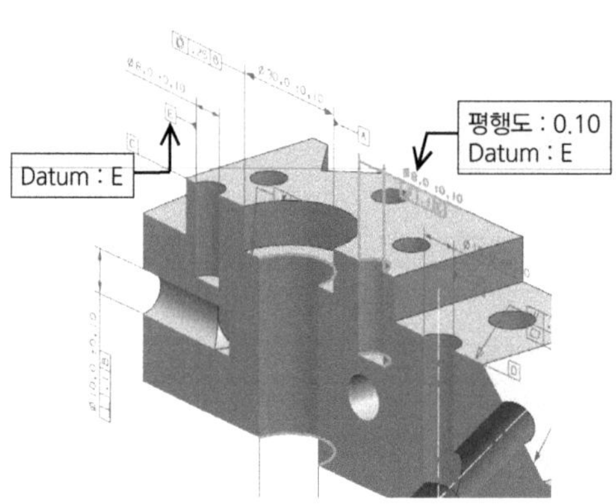


공차적용의 해석

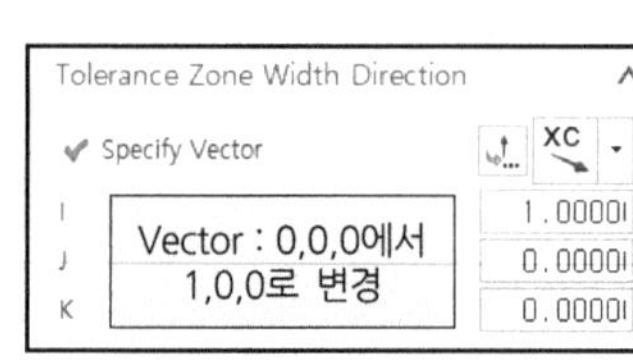


공차적용 방향의 변경

## Step.5 전체 프로그램의 기계코드 시뮬레이션 실행

애니메이션 속도를 선택한 다음 재생, 앞으로 또는 뒤로 이동 등을 선택하여 측정 프로그램의 경로를 확인한다.

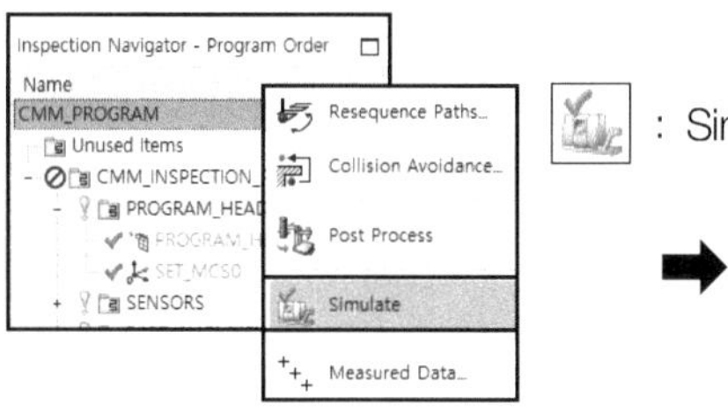


시뮬레이션 경로

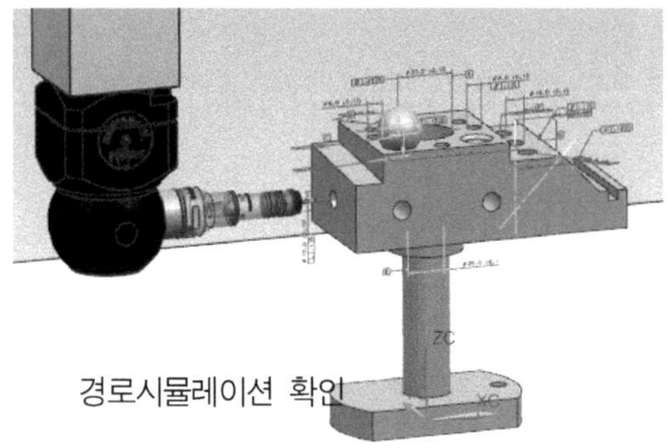

경로시뮬레이션 확인

① Collision Pairs의 설정

Collision Pairs 지정 대화상자에서 충돌감지를 활성화하고 Simulation Control Panel 대화상자에서 Collision Pairs 지정을 지정하면 충돌을 감지한다.

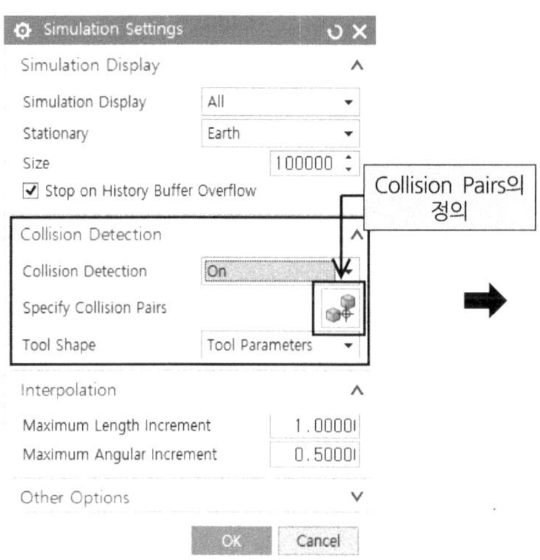


시뮬레이션 세팅 대화상자

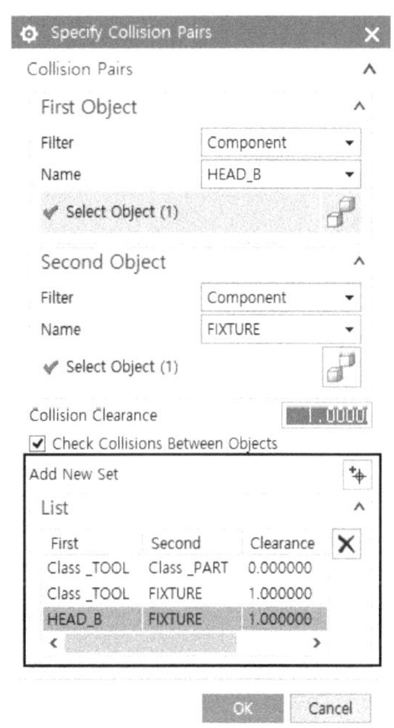


Collision Pairs 정의 대화상자

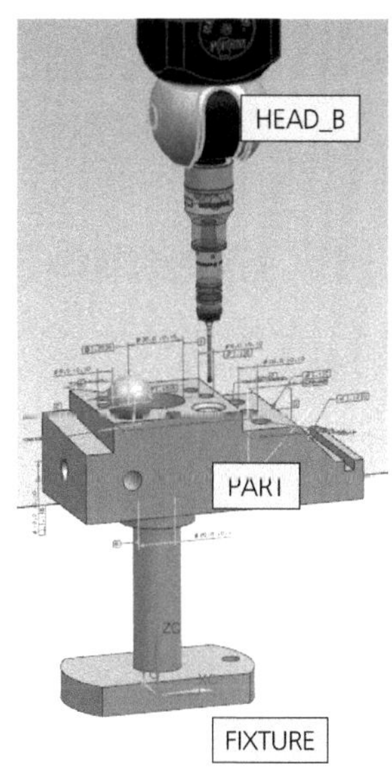


정의객체의 명칭

세 개의 충돌 쌍으로 정의하며 정의된 쌍에는 Class_TOOL과 Class_PART, Class_TOOL과 FIXTURE 및 HEAD_B와 FIXTURE로 정의하고 FIXTURE는 CMM 장비의 테이블이다.

② Simulation Control Panel의 작동

CMM에서 충돌여부를 시뮬레이션하며 재생 중에 충돌 및 축 위반된 세부정보가 Details 창에 기록된다.

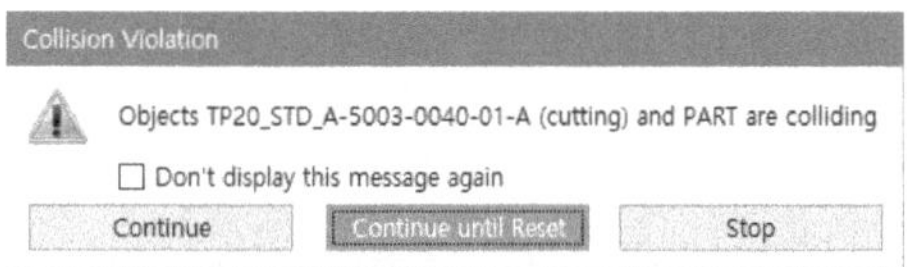


Collision Violation 대화상자

- Continue : 충돌 전까지 시뮬레이션을 실행
- Continue until Rese : 최종 측정공정까지 시뮬레이션을 실행
- Stop : 시뮬레이션을 종료

- Don't display this message again : 최종 측정공정까지 시뮬레이션을 실행하고 시뮬레이션모드를 유지한다. 시뮬레이션모드의 초기화는 Menu ➡ Preferences ➡ User Interface...의 Option에서 Reset "Don't display this message again"를 Reset 한다.

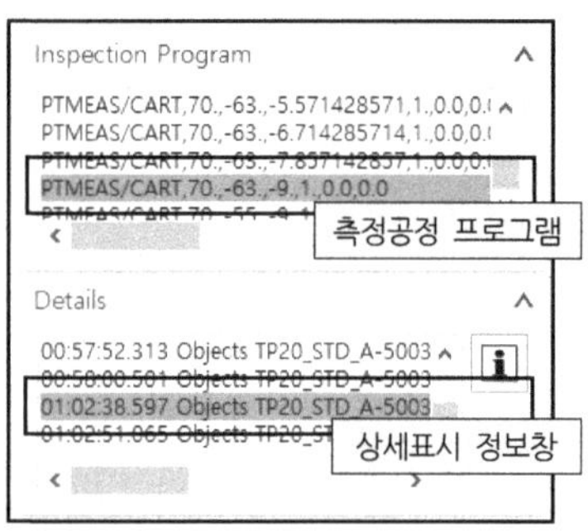


Simulation Control Panel

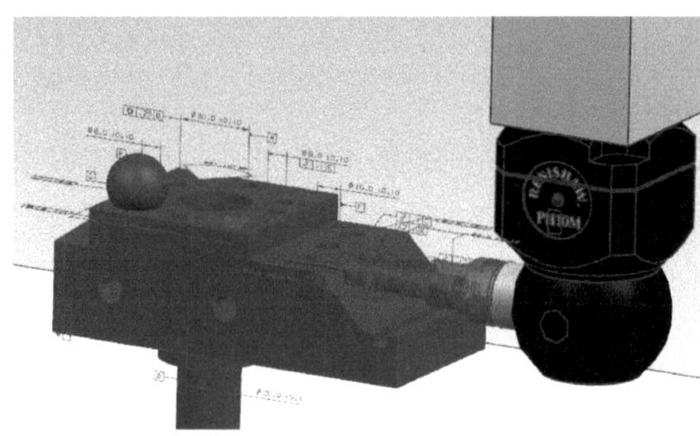

충돌표시 창에 의한 측정공정 확인

## Step.6 작성프로그램의 최적화

① Resequence Paths를 이용한 경로의 최적화

Collision Avoidance를 수행하기 전에 Resequence Paths를 실행한다. 이것은 가장 가까운 이웃 순서로 경로를 연산하여 다시 나타낸다.

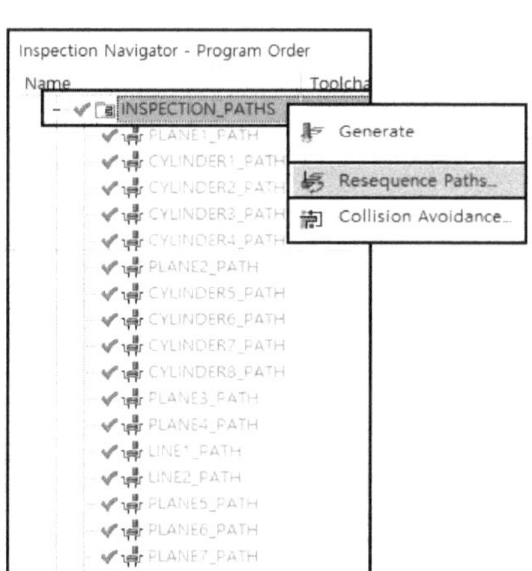


Resequence Path의 실행

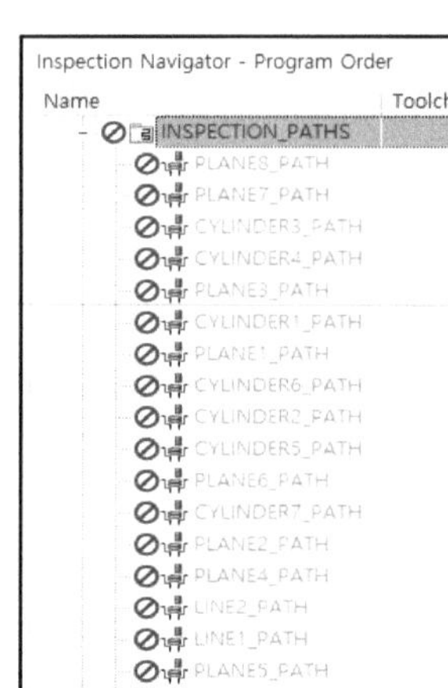


실행결과

추가로 사용자에 의해 드래그 앤 드롭을 이용하여 경로를 원하는 순서로 배치하는 추가 수정작업을 수행할 수 있다.

② Collision Avoidance 를 이용한 경로의 충돌회피

CMM_INSPECTION_PROGRAM을 클릭한 다음 메뉴에서 Collision Avoidance를 실행한다.

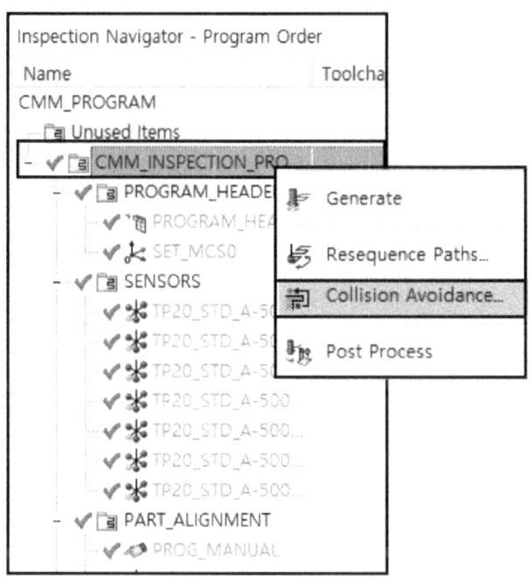

Collision Avoidance의 실행

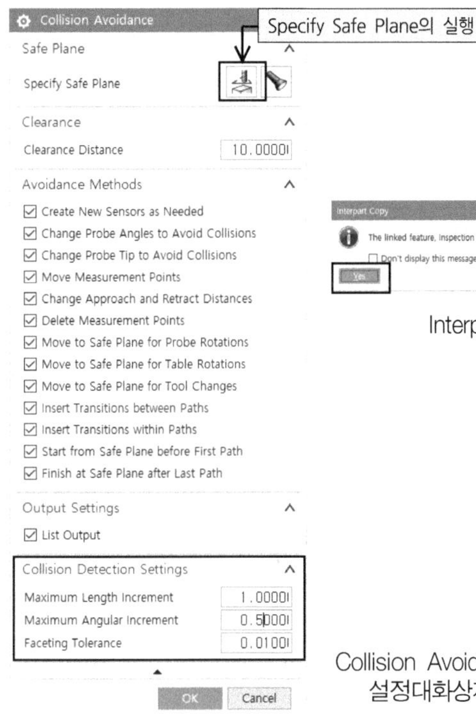

Collision Avoidance 설정대화상자

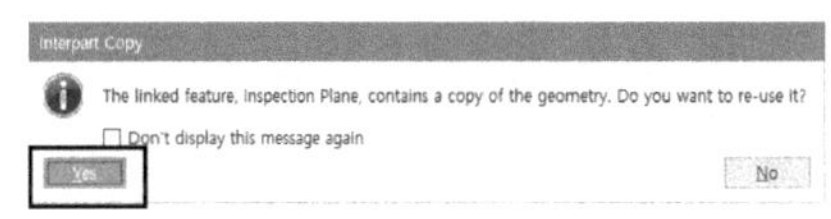
Interpart Copy의 허용

Maximum Length Increment의 설정에서 가장 작은 기하학적 요소크기의 50%보다 작게 설정하며 일반적으로 프로브 스타일러스 직경이 1mm이다. 최대 각도 증기량을 0.5°로 설정한다.

Faceting 공차를 설정에서 가장 작은 기하학적 요소의 크기의 10% 미만으로 설정하며 설치된 프로브 스타일러스는 0.05mm이고 Faceting 매개 변수는 작을수록 좋다.

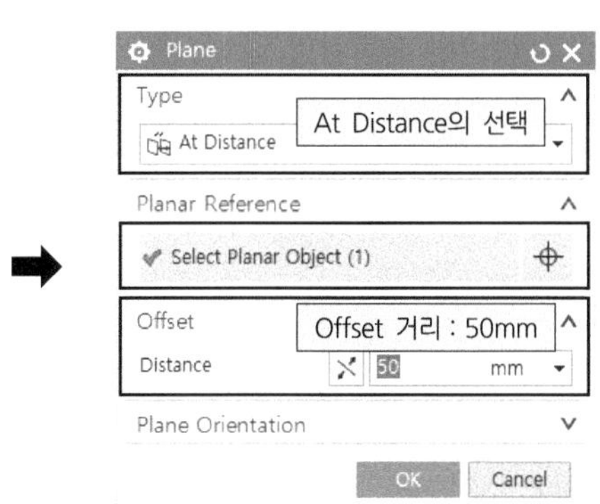

Safe Plane의 적용

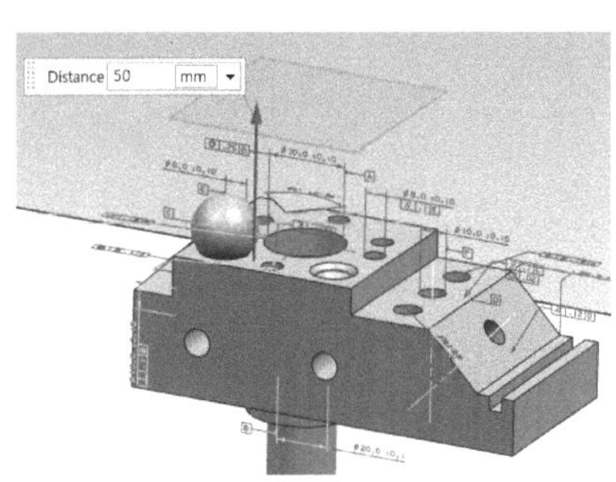

Safe Plane의 거리적용

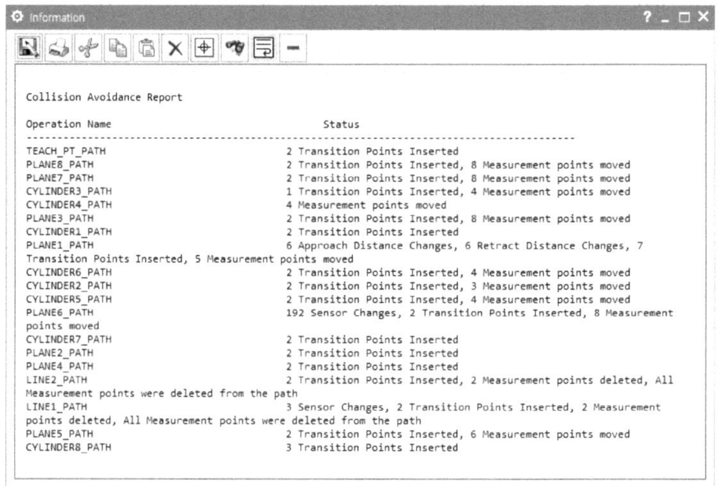

```
Collision Avoidance Report

Operation Name                                  Status
------------------------------------------------------------------------------------------
TEACH_PT_PATH                          2 Transition Points Inserted
PLANE8_PATH                            2 Transition Points Inserted, 8 Measurement points moved
PLANE7_PATH                            2 Transition Points Inserted, 8 Measurement points moved
CYLINDER3_PATH                         1 Transition Points Inserted, 4 Measurement points moved
CYLINDER4_PATH                         4 Measurement points moved
PLANE3_PATH                            2 Transition Points Inserted, 8 Measurement points moved
CYLINDER1_PATH                         2 Transition Points Inserted
PLANE1_PATH                            6 Approach Distance Changes, 6 Retract Distance Changes, 7
Transition Points Inserted, 5 Measurement points moved
CYLINDER6_PATH                         2 Transition Points Inserted, 4 Measurement points moved
CYLINDER2_PATH                         2 Transition Points Inserted, 3 Measurement points moved
CYLINDER5_PATH                         2 Transition Points Inserted, 4 Measurement points moved
PLANE6_PATH                            192 Sensor Changes, 2 Transition Points Inserted, 8 Measurement
points moved
CYLINDER7_PATH                         2 Transition Points Inserted
PLANE2_PATH                            2 Transition Points Inserted
PLANE4_PATH                            2 Transition Points Inserted
LINE2_PATH                             2 Transition Points Inserted, 2 Measurement points deleted, All
Measurement points were deleted from the path
LINE1_PATH                             3 Sensor Changes, 2 Transition Points Inserted, 2 Measurement
points deleted, All Measurement points were deleted from the path
PLANE5_PATH                            2 Transition Points Inserted, 6 Measurement points moved
CYLINDER8_PATH                         3 Transition Points Inserted
```

Collision Avoidance Report

Collision Avoidance 결과가 정보 창에 나타나며 모든 검사공정에 대한 충돌을 제거하며 세부 내용은 목록창에서 Collision Avoidance 보고서를 검토한다.

## Step.7 Collision Avoidance에 의해 수정되지 않는 경로의 수정

① PLANE 측정공정의 수정

자동으로 Collision Avoidance가 조정한 접근/후퇴거리 등을 검토하면 충돌이 제거되지 않는 경우가 존재한다. PLANE1_PATH 측정공정의 경우 구에 의한 충돌이 존재하며 PLANE1_PATH를 더블 클릭하고 검사점의 수와 평면의 점 분포를 수정하여 구와의 충돌을 피하는 방법으로 설정하여야 한다.

② Method View

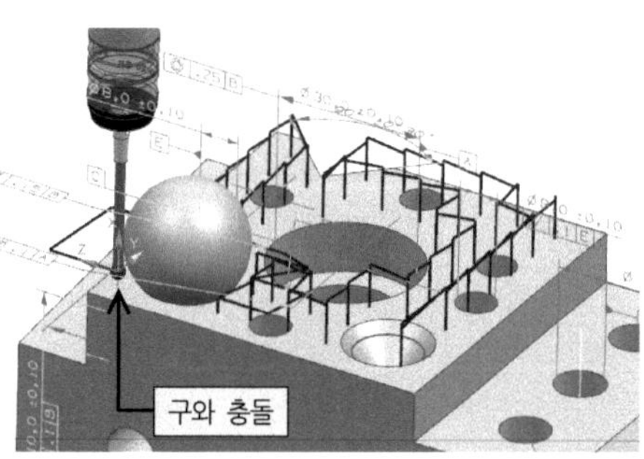


충돌부위의 확인

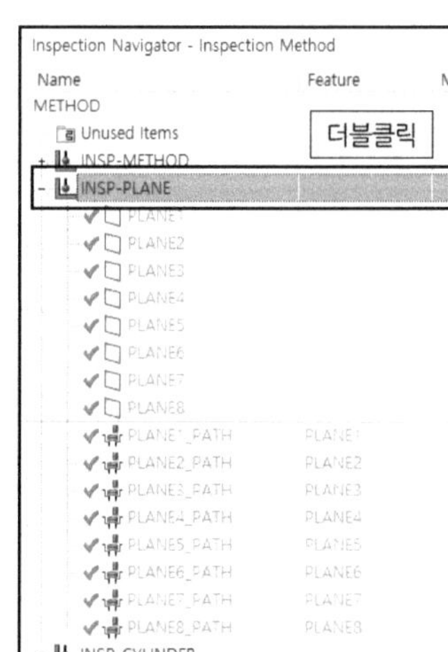


PLANE 측정공정의 수정

측정공정설정에서 접근/후퇴거리, 평면의 측정영역 및 측정 포인트의 수를 변경하고 클릭한다.

U 포인트의 수를 3으로 변경하고 V 포인트의 수를 3으로 변경한 경우 모든 평면 형상에 대한 경로 매개변수가 3×3 격자로 변경된다.

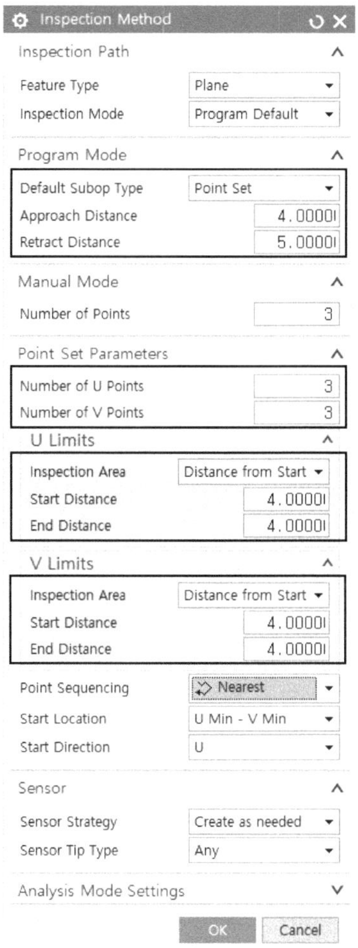


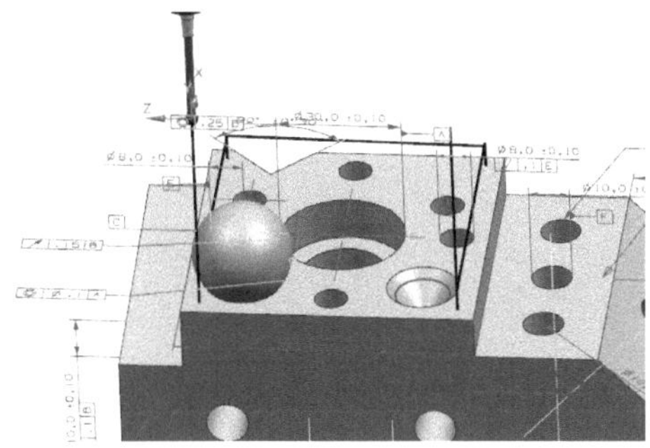

PLANE 측정공정의 수정결과

측정공정의 수정 대화상자

③ PLANE 측정공정에서 측정점의 추가

Point_Set 하위작업 강조표시 상태에서 더블 클릭하여 Move Type에서 Measured Point를 이용하여 측정 포인트를 추가하며 하부 옵션에서 Face on Point를 이용하고 측정위치를 반복하여 추가한다.

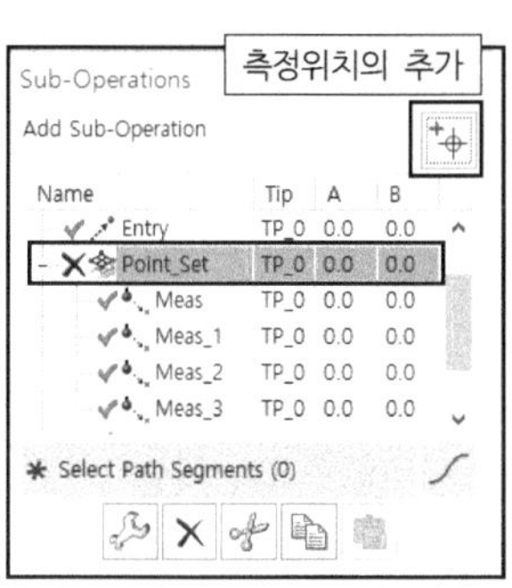


PLANE1의 측정점 수정

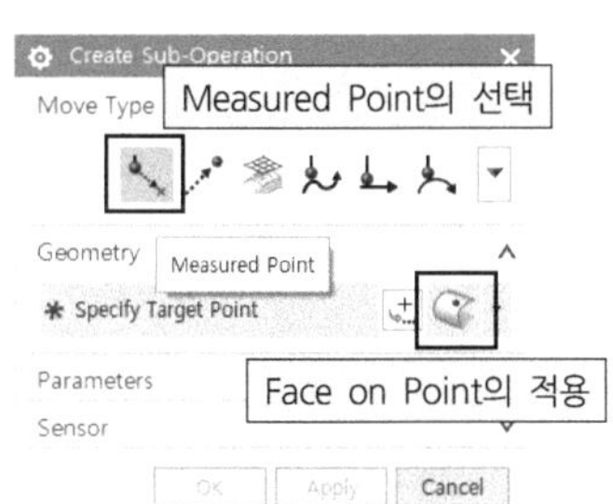


측정위치의 추가 대화상자

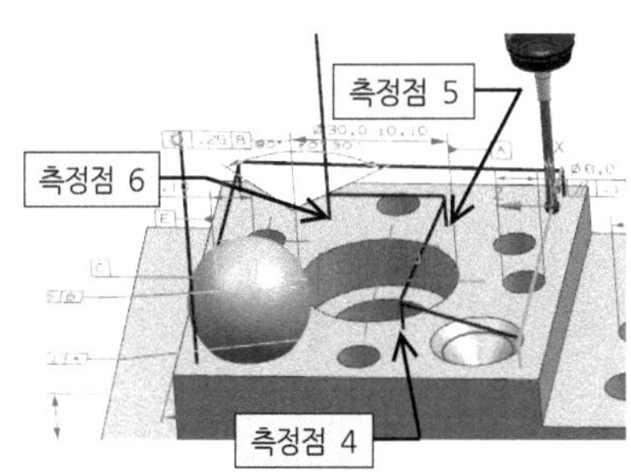


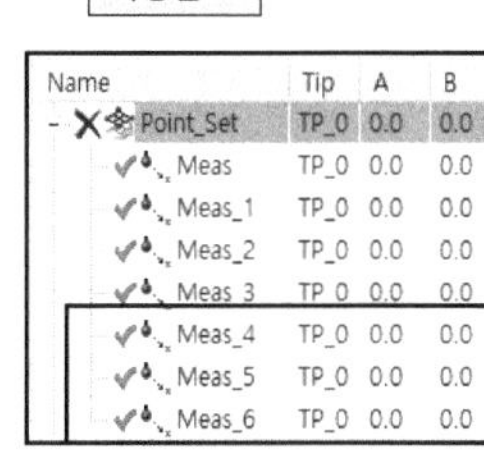

| Name | Tip | A | B |
|---|---|---|---|
| - Point_Set | TP_0 | 0.0 | 0.0 |
| Meas | TP_0 | 0.0 | 0.0 |
| Meas_1 | TP_0 | 0.0 | 0.0 |
| Meas_2 | TP_0 | 0.0 | 0.0 |
| Meas_3 | TP_0 | 0.0 | 0.0 |
| Meas_4 | TP_0 | 0.0 | 0.0 |
| Meas_5 | TP_0 | 0.0 | 0.0 |
| Meas_6 | TP_0 | 0.0 | 0.0 |

측정위치의 추가결과

④ 프로브 측정방향의 변경

프로브의 위치방향을 A각도 90˚, B각도 -90˚에서 A각도 0˚, B각도 0˚로 변경하여 안정된 방향으로 측정방향을 변경한다.

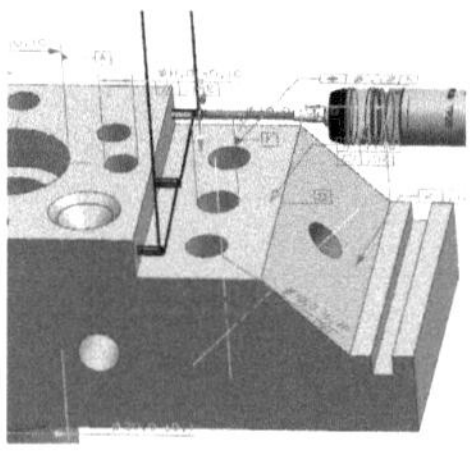

측정위치의 확인

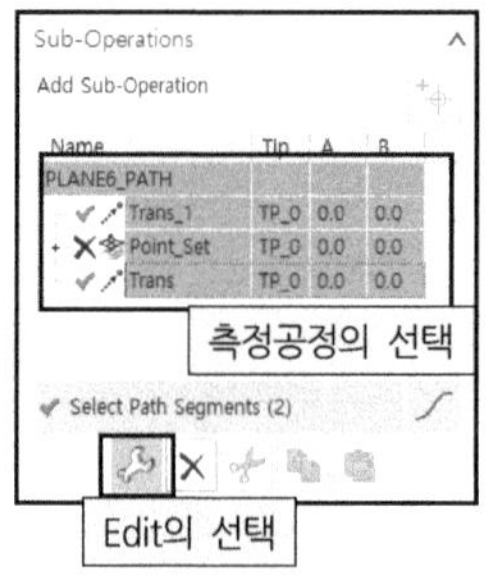


측정공정의 편집

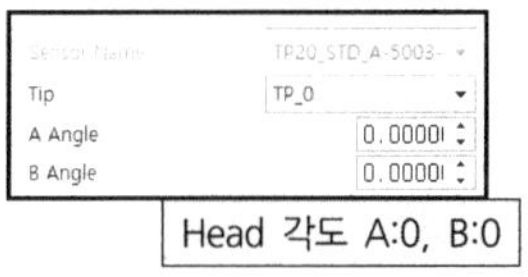


프로브의 각도변경

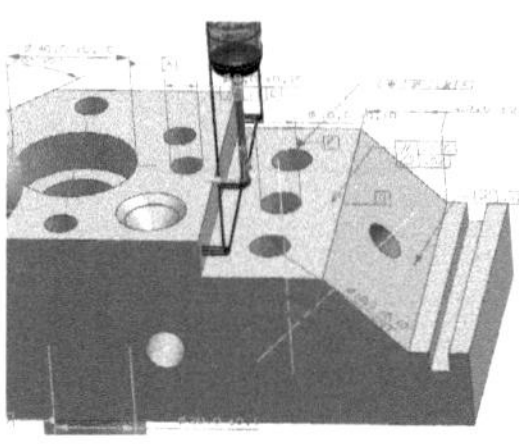

⑤ 필요하지 않는 측정공정의 삭제

PMI 링크 연결에 의해 측정공정에서 필요하지 않는 측정공정을 제거한다.

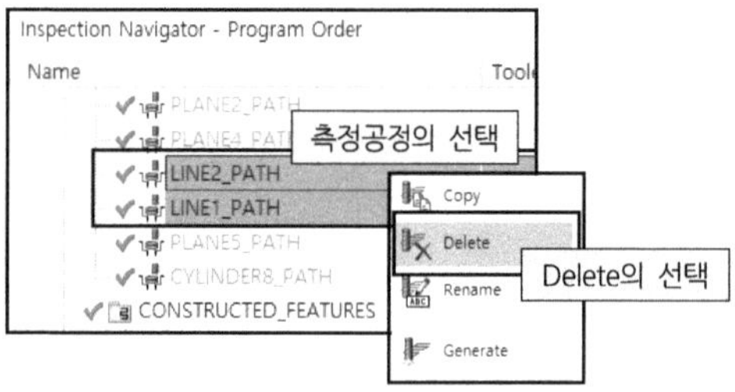


측정공정의 삭제

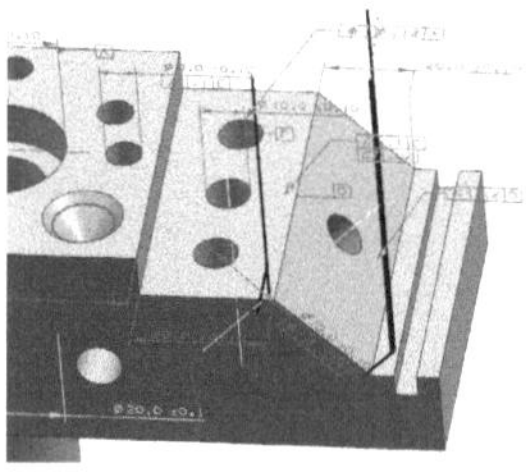

선택 측정공정의 확인

⑥ Collision Avoidance 를 이용한 경로의 충돌회피

CMM_INSPECTION_PROGRAM을 클릭 한 다음 메뉴에서 Collision Avoidance를 다시 실행하면 앞에서 발생된 구와의 충돌 및 CMM장비의 최대행정에서 벗어난 측정공정이 제거된다.

## Step.8 Post Process 의 적용

CMM Inspection Programming에 기본으로 제공된 포스트 프로세서를 사용하며 PC-DMIS와 같은 응용 프로그램의 코드를 생성하려는 경우 장비제조업체에 문의하여 해당 프로그램에서 지원여부를 확인 하여야 한다.

포스트결과의 프로브 이름은 CMM장비 프로브 이름과 일치하도록 수정하고 사용프로브 이름만을 사용하도록 NX CMM 템플릿을 수정할 수 있다.

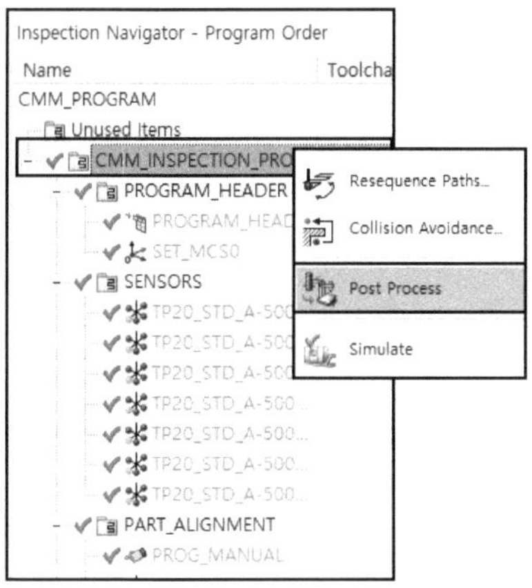


Post Process의 실행

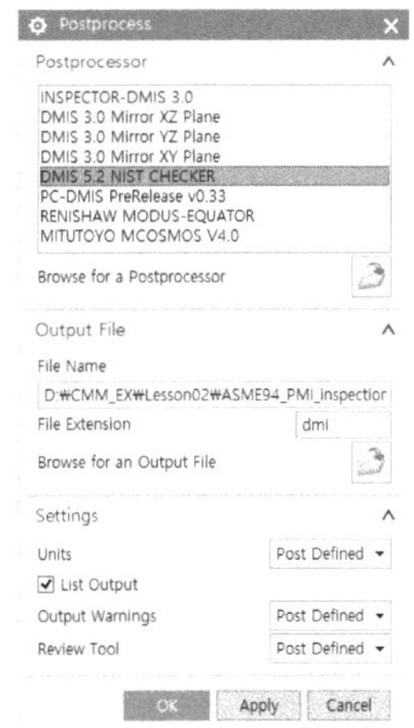


DMIS 5.2의 실행

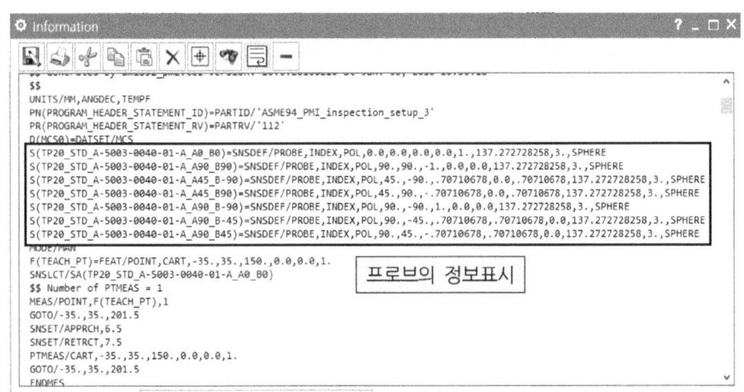


List Output의 확인

**예제 15.1** 주어진 모델의 기하학적 형상공차를 PMI 기능을 이용하여 정의하시오.

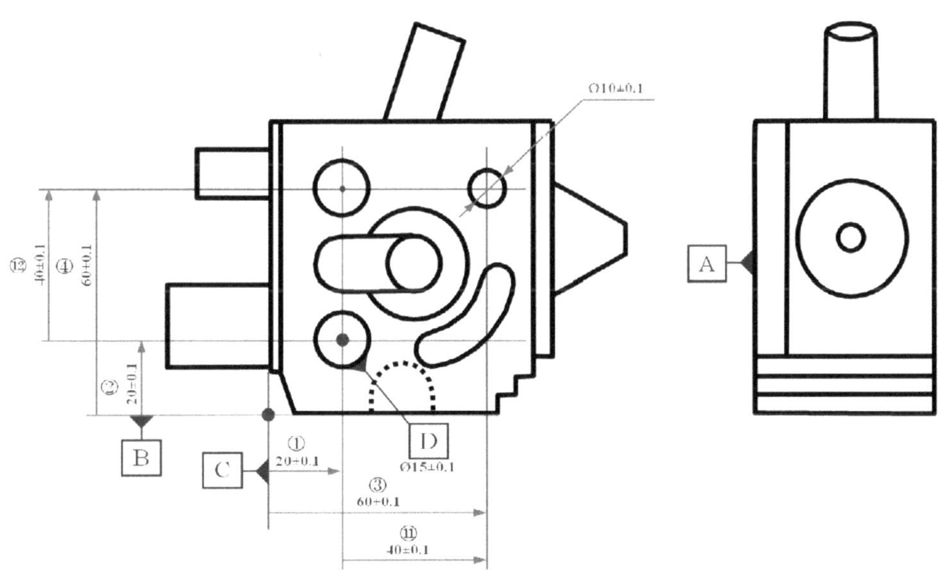

PMI를 이용한 기하학적 형상정의

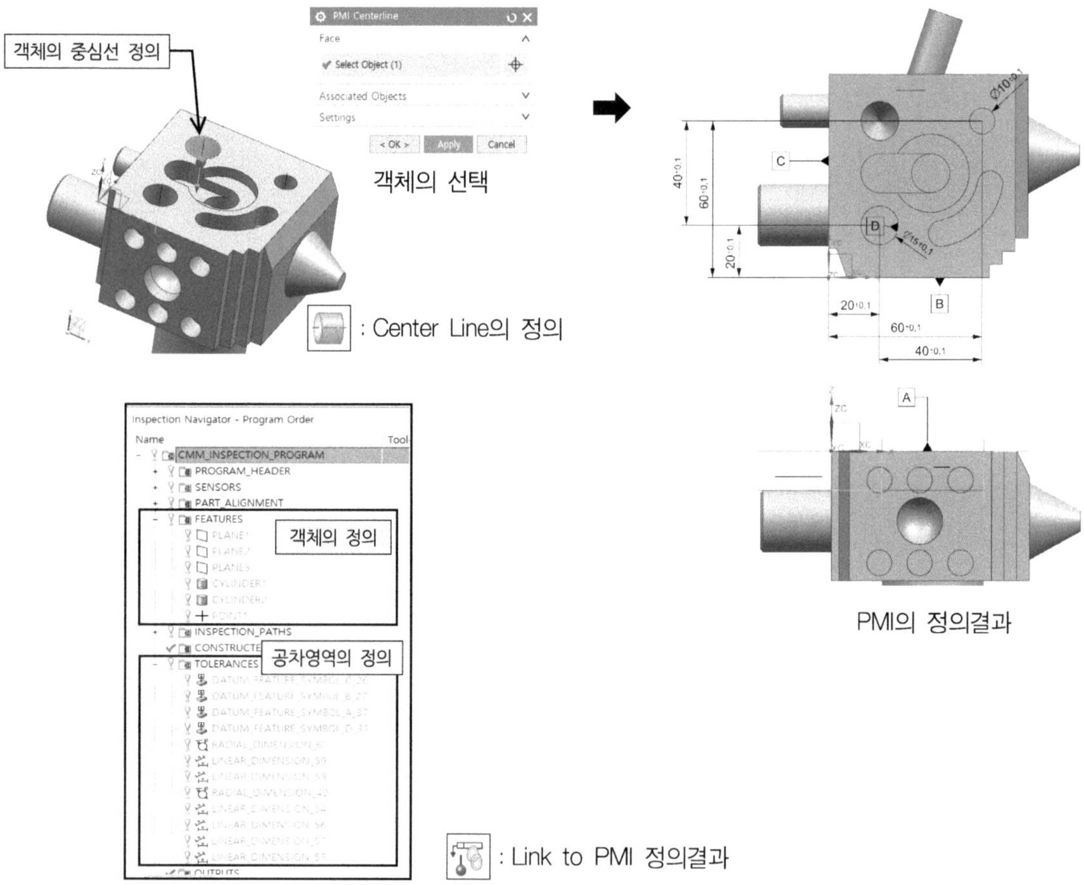


**예제 15.2** 주어진 모델의 기하학적 형상공차를 PMI 기능을 이용하여 정의하시오.

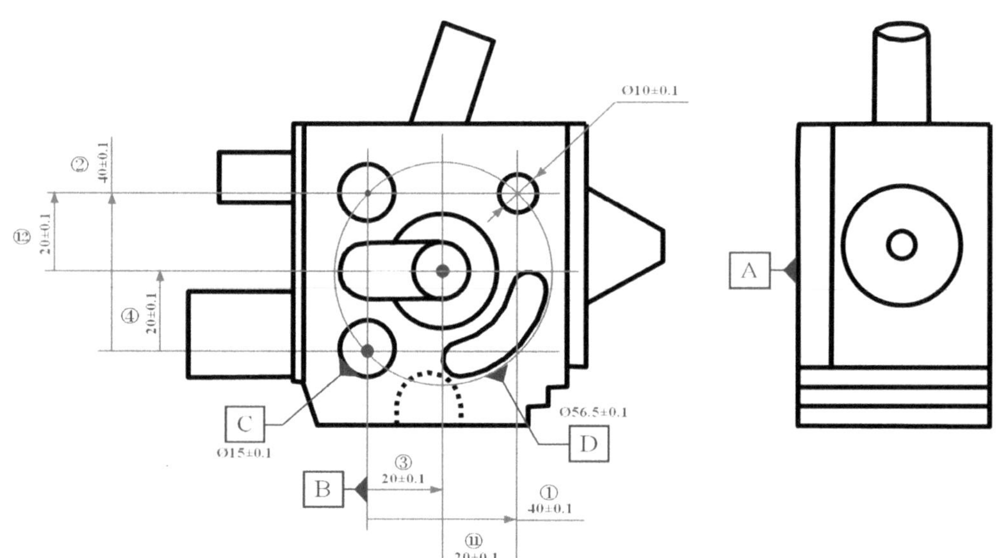

**예제 15.3** 주어진 모델의 기하학적 형상공차를 PMI 기능을 이용하여 정의하시오.

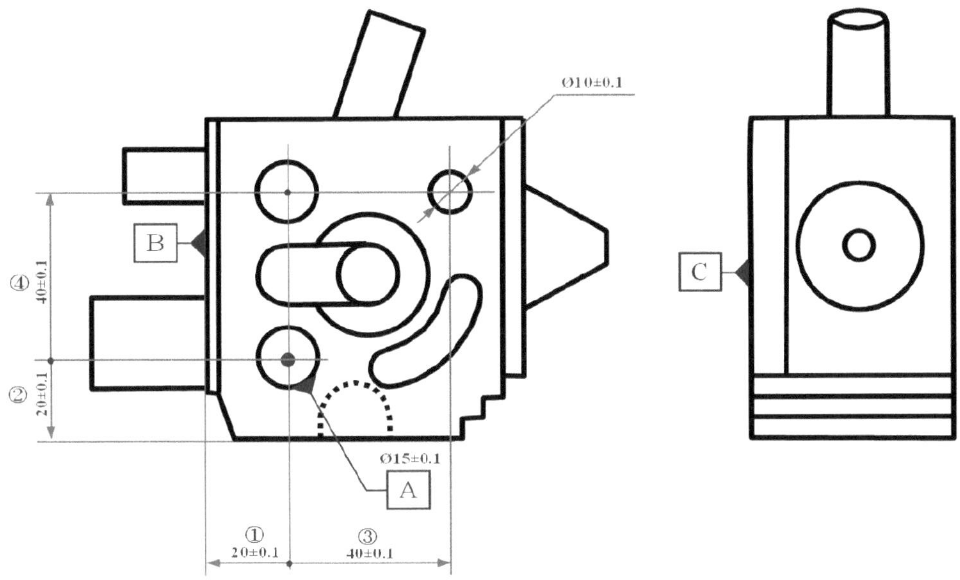


**예제 15.4** 주어진 모델의 기하학적 형상공차를 PMI 기능을 이용하여 정의하시오.

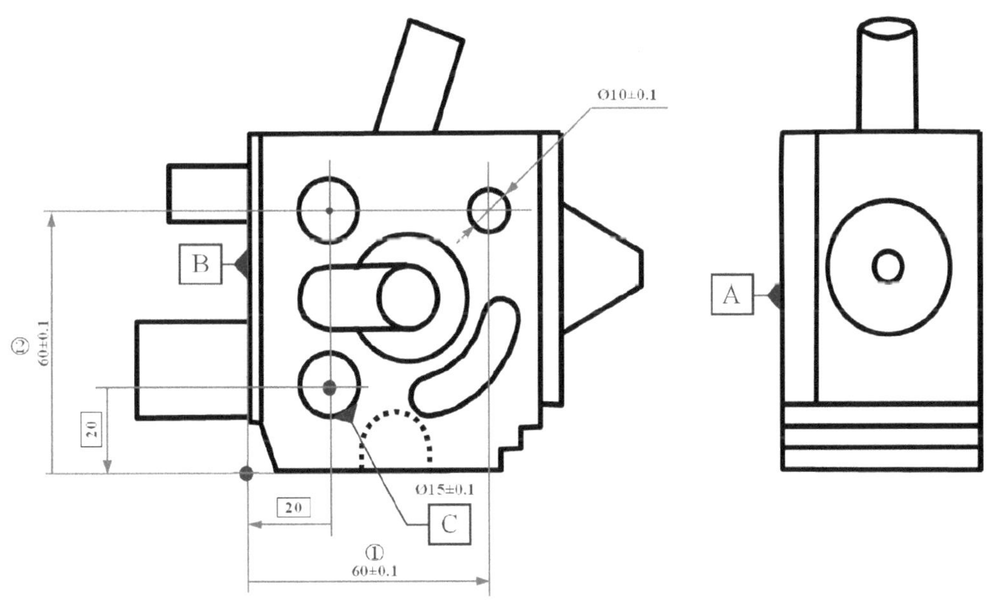

예제 15.5 주어진 모델의 기하학적 형상공차를 PMI 기능을 이용하여 정의하시오.

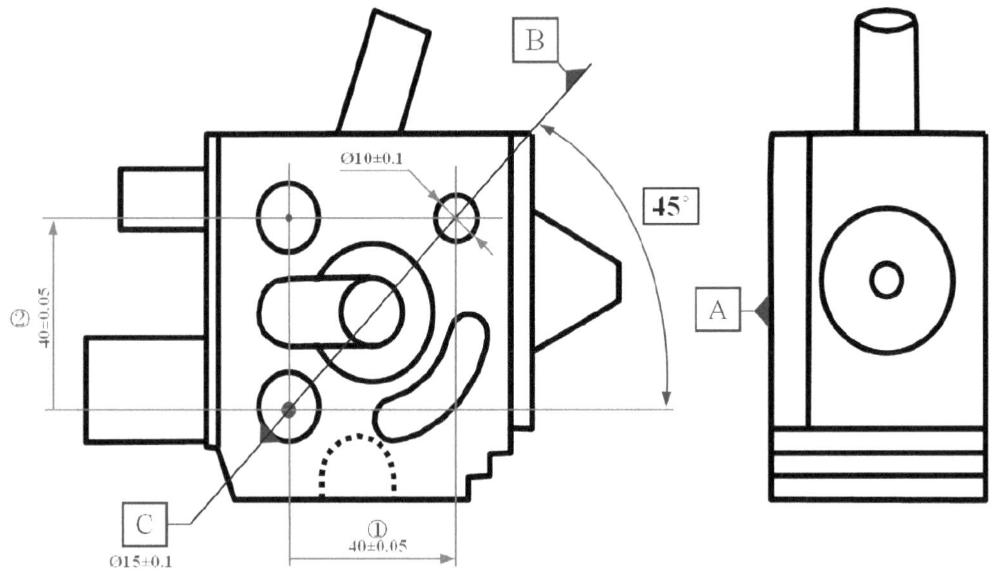

chapter

16

# PCS(Part Coordinate System)의 정렬기법

# 16.1 Alignment를 이용한 PCS의 정렬

모든 CMM 프로그램이 기계좌표계(MCS)에 상대적인 CMM 테이블의 부분위치를 설정하려면 부품(PCS) 정렬이 필요하다. 작업 부분을 CMM 기계의 축에 맞추고 가능한 자유도를 제한하는 것이 중요하다.

파트의 위치를 정의하면 해당 위치가 실제 머신의 위치와 일치하고 Alignment Assistant 명령을 사용하여 CMM 장비가 필요한 기능, 정렬 명령 및 검사 경로를 작성한다. 또한 Alignment 명령을 사용하여 파트를 수동으로 정렬할 수도 있다.

## 1. Alignment 의 적용

Menu ➡ Insert ➡ Alignment...

① PCS to MCS

CNC기계에서 기계좌표 X0, Y0, Z0을 호출하는 것과 마찬가지로 Set PCS to MCS 명령에 의해 기계원점 좌표계와 PCS좌표를 일치시키거나 새로운 PCS 좌표계를 생성한다.

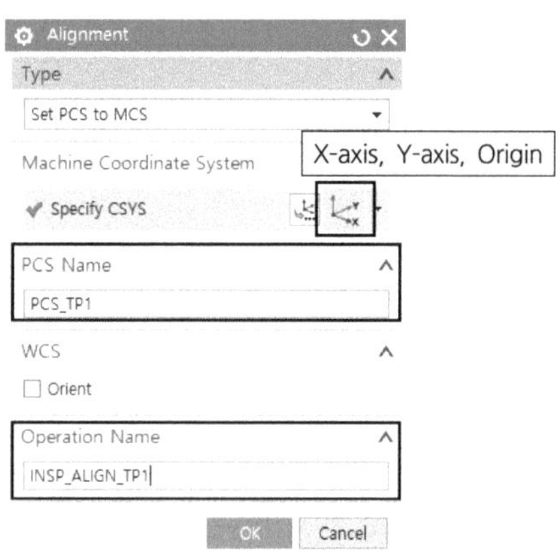


Alignment 대화상자

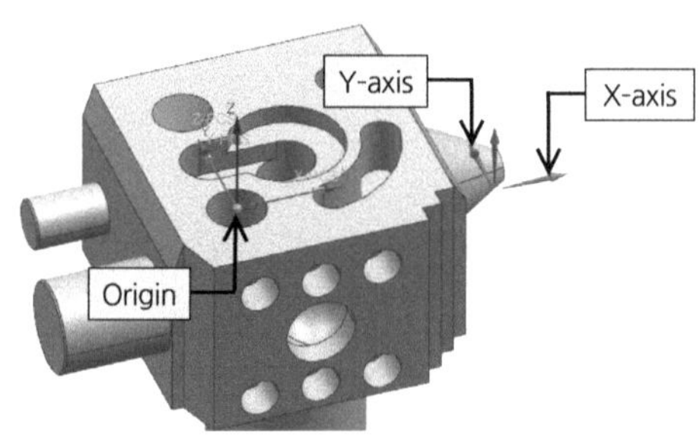


PCS 좌표계의 설정

② Translate PCS Origin

지정된 거리 또는 정의된 피쳐 또는 데이텀 등에 의해 현재 PCS를 X, Y, Z방향으로 이동한다.

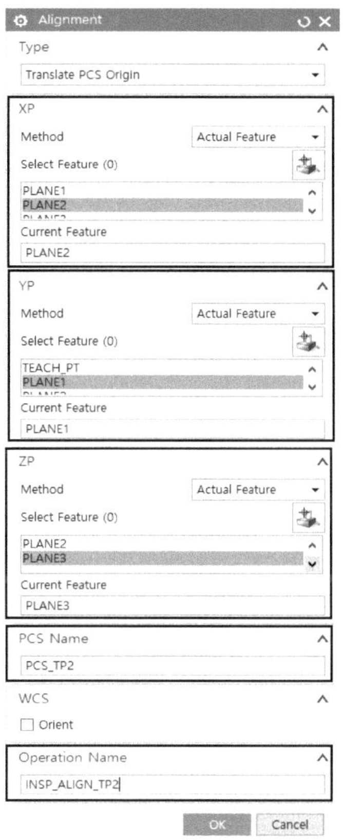


Alignment 대화상자

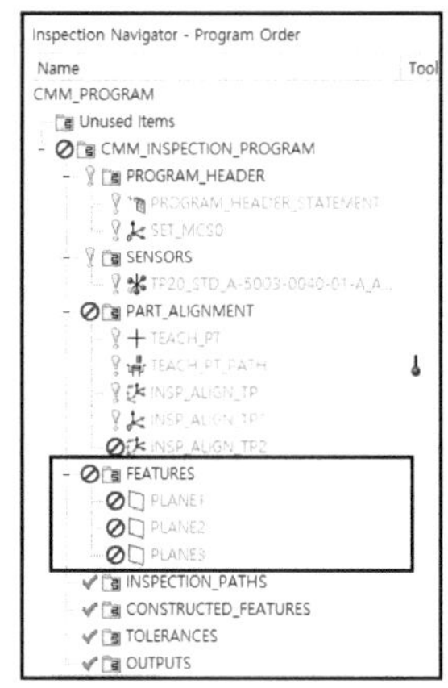


Program Order View

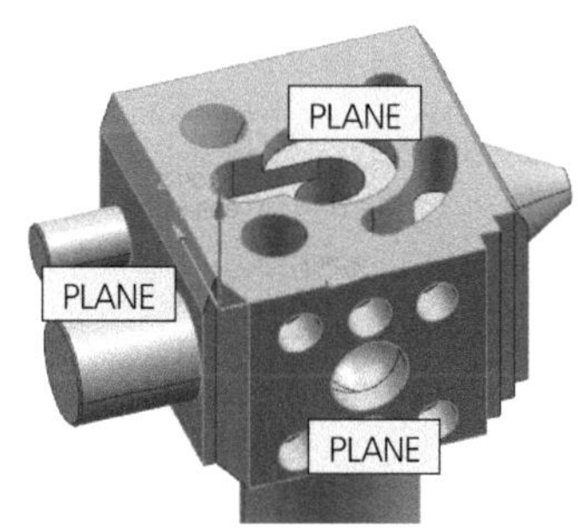


PCS 좌표계의 설정결과

③ Rotate PCS

현재 PCS를 회전축 기준으로 회전하여 X-DIR, Y-DIR, Z-DIR 방향으로 정렬한다.

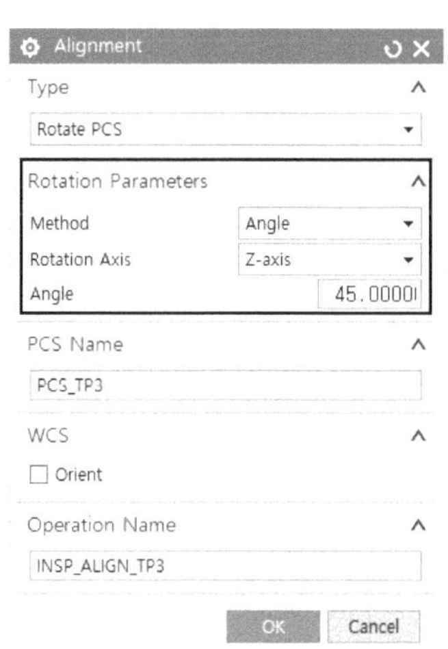


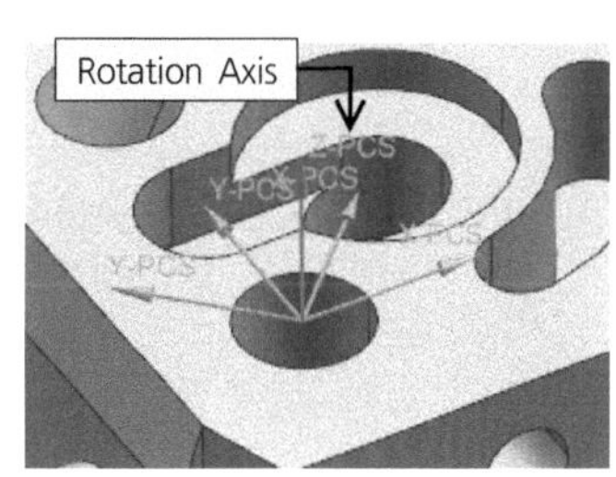


PCS 좌표계의 회전

Alignment 대화상자

※ Actual : 선택한 객체의 측정된 값을 사용한다.

Nominal : 선택한 지오메트리의 공칭값을 사용한다. **예)** PCS의 X축을 기계의 X축에 정렬하려는 경우와 같이 측정이 필요하지 않은 경우에 사용한다.

④ Define PCS from Datum's

1차, 2차 및 3차 객체를 지정하여 정의된 객체를 기준으로 PCS를 설정한다.

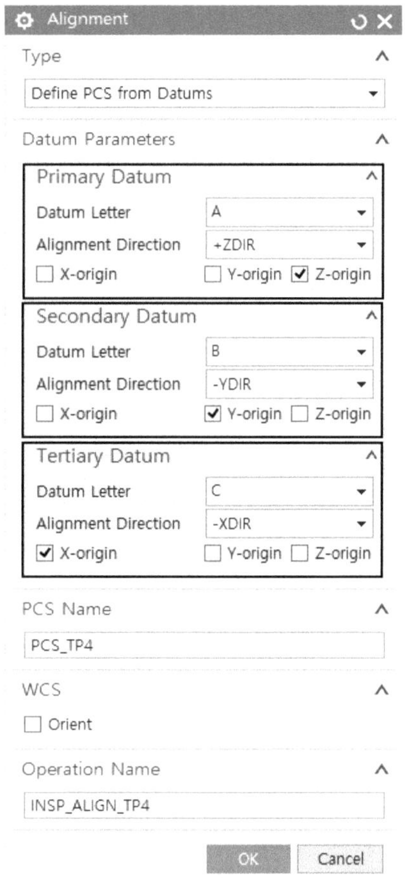


Alignment 대화상자

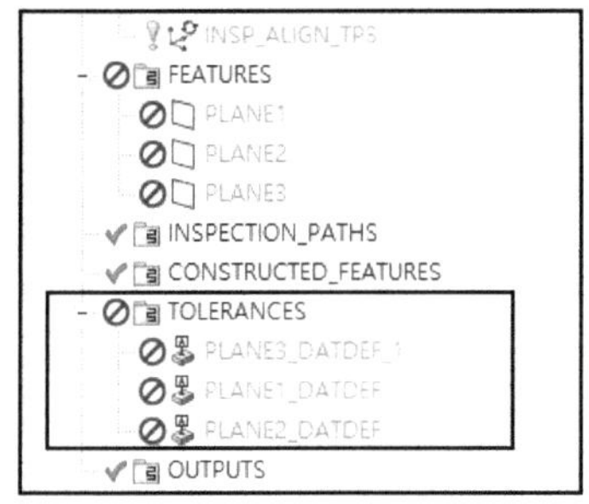


Program Order View

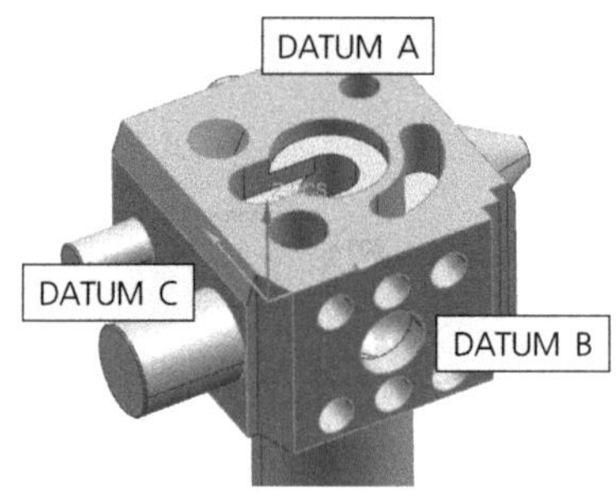


PCS 좌표계의 설정결과

⑤ Save PCS : 현재 PCS의 실제좌표(행렬)를 기계좌표계(MCS) 공간에 저장한다.

⑥ Recall PCS : 이전에 저장된 PCS를 불러오며 일반적으로 부품 검사용 고정구의 위치를 호출하는 데 사용된다.

⑦ Set PCS to CADABS : Set PCS to CADABS 명령은 DMIS 출력에서 필요한 변환 및 회전 이벤트가 포함된다.

```
D(MY_CADABS)=TRANS/XORIG,114.75,YORIG,85.25,ZORIG,-135.4
```

⑧ WCS Orient : 프로그램의 WCS를 현재 PCS에 일치하도록 점, 벡터, 축 방향 및 기타 요소를 선택할 수 있다.

## 16.2 Alignment Assistant를 이용한 PCS의 공정작성

Alignment Assistant 명령을 사용하여 특별한 DMIS 지식 없이 부품을 정렬할 수 있으며 정렬 유형을 지정하고 정렬 보조자 대화 상자는 정렬 매개 변수를 정의하여 CMM 장비에서 필요한 객체의, 정렬명령 및 검사공정를 작성한다. Alignment Assistant 명령의 정렬유형에는

- Plane/Plane/Plane
- Plane/Line/Point
- Plane/Cylinder/Cylinder인 정의방법을 사용할 수 있다.

### 1. Alignment Assistant 의 적용

Menu ➡ Insert ➡ Alignment Assistant...

① Plane/Plane/Plane

PCS를 정의하는 데 필요한 기본 데이텀 평면을 지정하며 평면형상만을 지정할 수 있다.

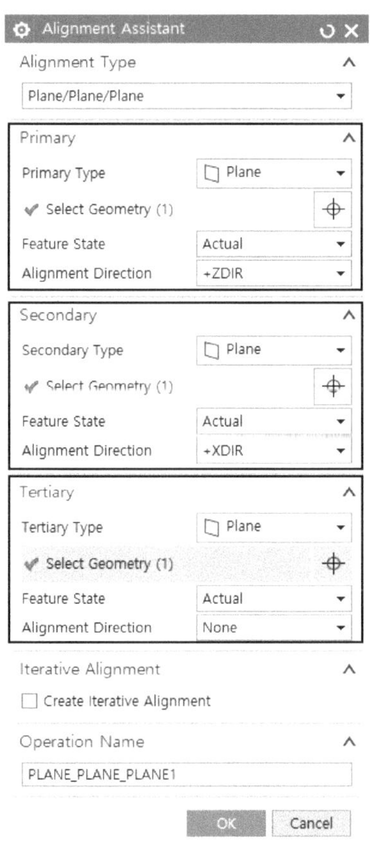


Alignment Assistant 대화상자

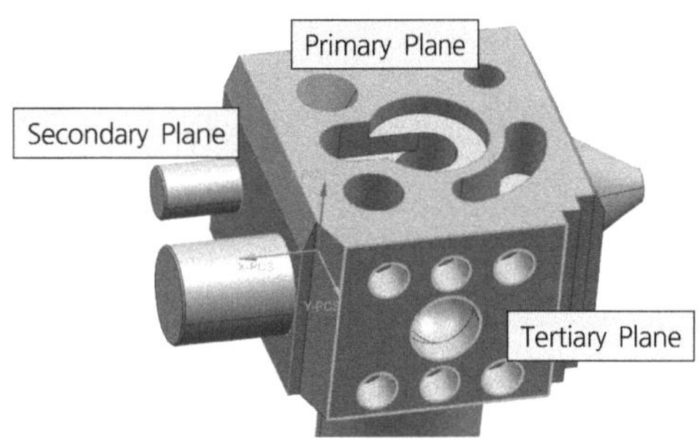


PCS 좌표계의 설정결과

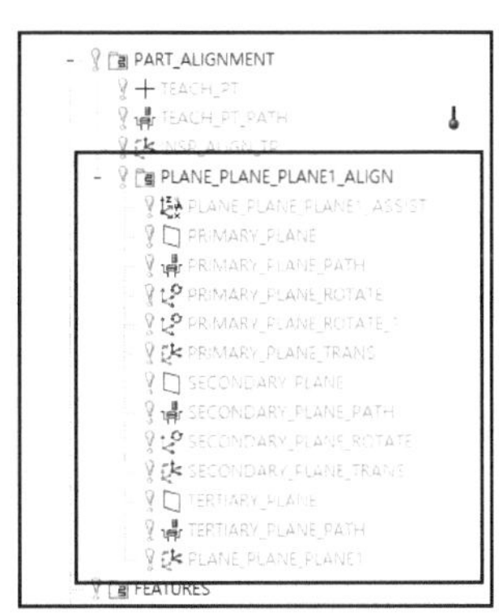


Program Order View

- Create Iterative Alignment : 곡면이나 여러 점의 형상으로 부품을 정렬할 때 정확도를 향상시킬 수 있다.

- Translation Deviation : 택된 모든 객체에 최대편차를 지정한다.
- Type : 정렬의 방식을 정의한다.

| | |
|---|---|
| **Feature의 선택** | - Absolute : 공칭 값과 측정 값 사이의 편차가 지정된 변환 편차 값보다 작은 경우 정렬을 완료<br>- Incremental : 한 반복과 다음 반복 사이의 측정 변경이 지정된 변환 편차 값보다 작은 경우 정렬을 완료 |
| **Nominal의 선택** | - Absolute : 기계 좌표계와 PCS 간의 편차가 지정된 변환 편차 값보다 작은 경우 정렬을 완료 |

② Plane/Line/Point

PCS를 정의하는 데 필요한 기본 데이텀 평면을 지정하고 두 번째 객체인 직선에 의해 정의되며 세 번째 객체인 점에 의해 PCS 좌표계와 검사공정을 함께 작성한다.

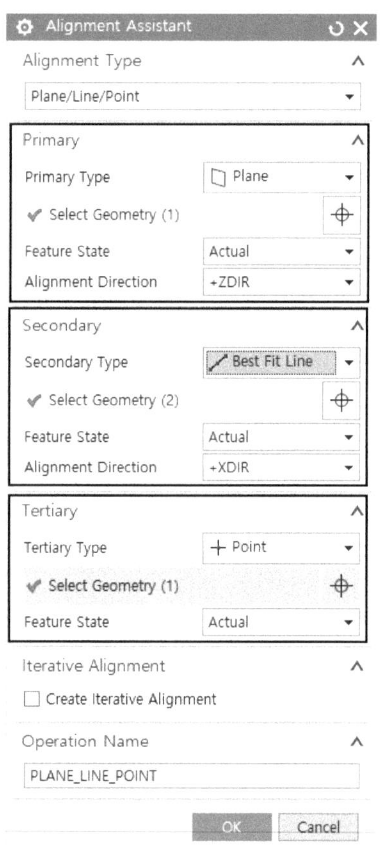


Alignment Assistant 대화상자

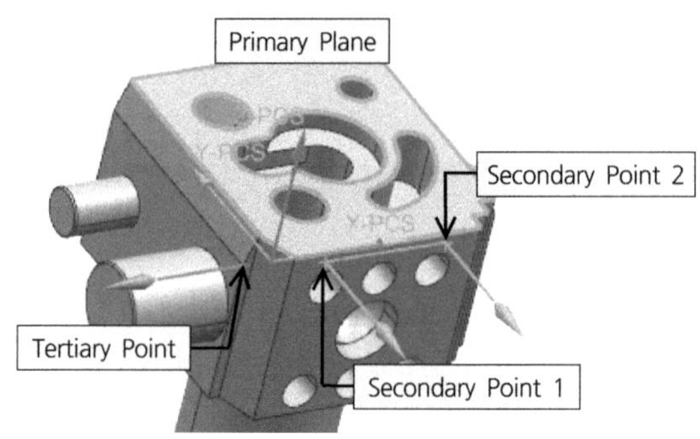


PCS 좌표계의 설정결과

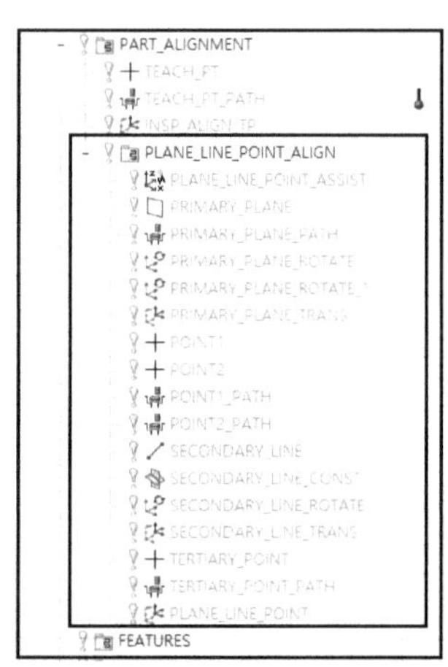


Program Order View

- Best Fit Line : 둘 이상의 점, 곡선, 면 또는 가장자리에서 가장 최적의 선을 설정한다. 자세한 내용은 Reducible 기능을 참조한다.

③ Plane/Cylinder/Cylinder

PCS를 정의하는 데 필요한 기본 데이텀 평면을 지정하고 두 번째 객체인 원기둥에 의해 정의되며 세 번째 객체인 원기둥에 의해 PCS 좌표계와 검사공정을 함께 작성한다.

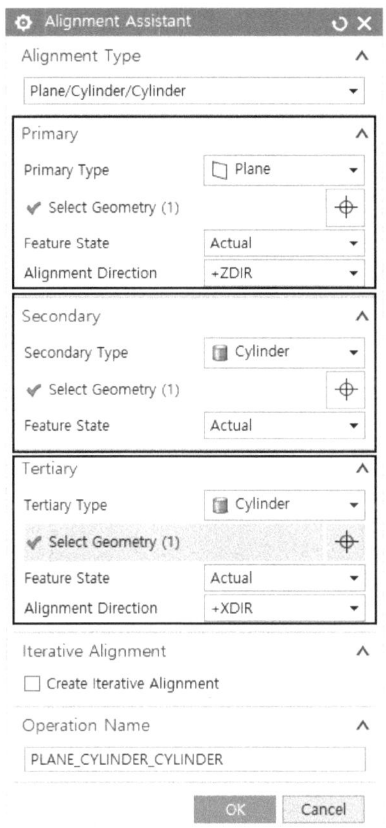


Alignment Assistant 대화상자

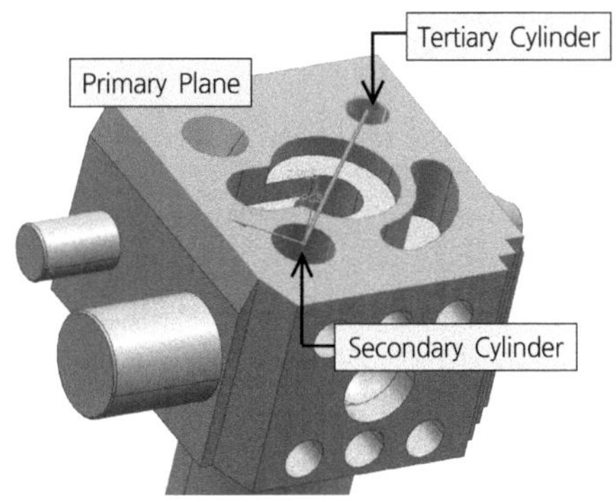


PCS 좌표계의 설정결과

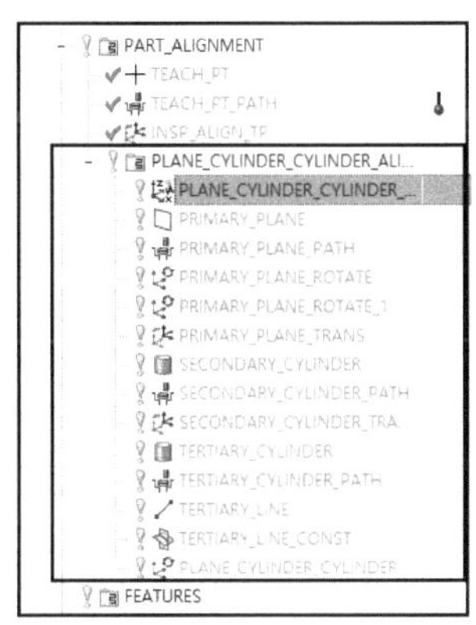


Program Order View

**예제 16.1** 위치 1에 원점을 정의하고 위치 2로 원점을 이동하여 설정하시오.

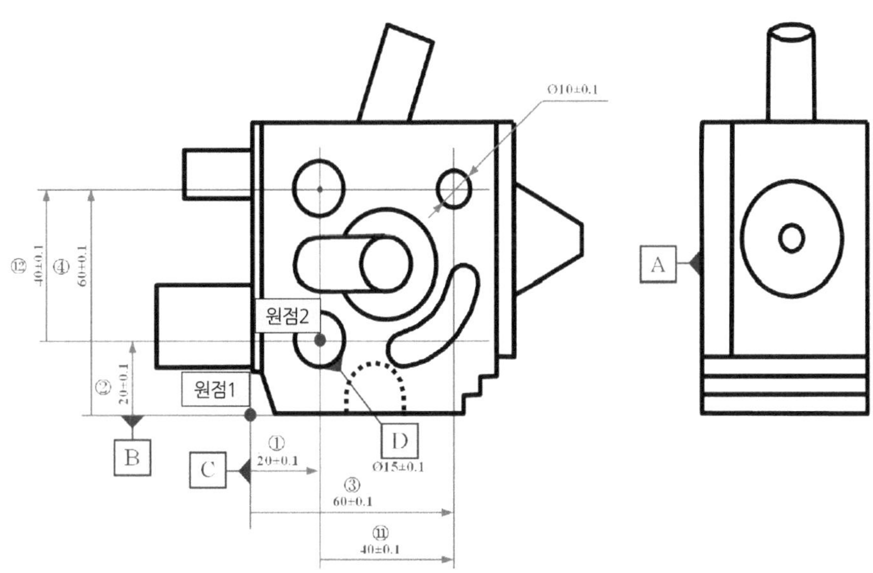

① Define PCS from Datum's를 이용한 원점 1의 작성

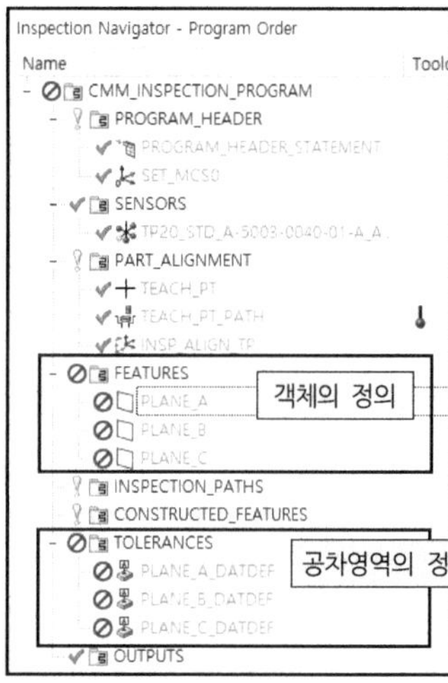


Program Order View

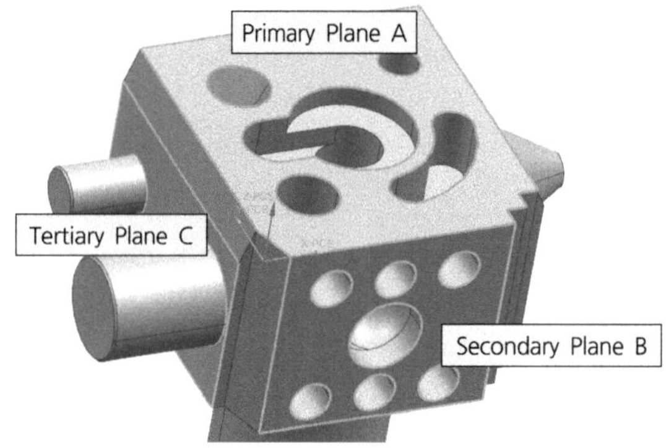


PCS 좌표계의 설정결과

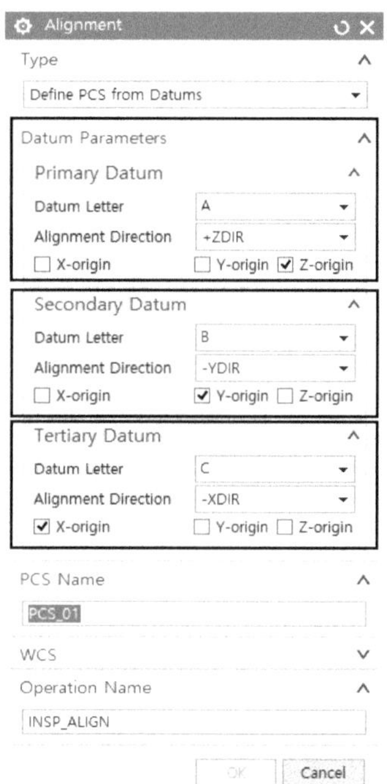


Alignment 대화상자

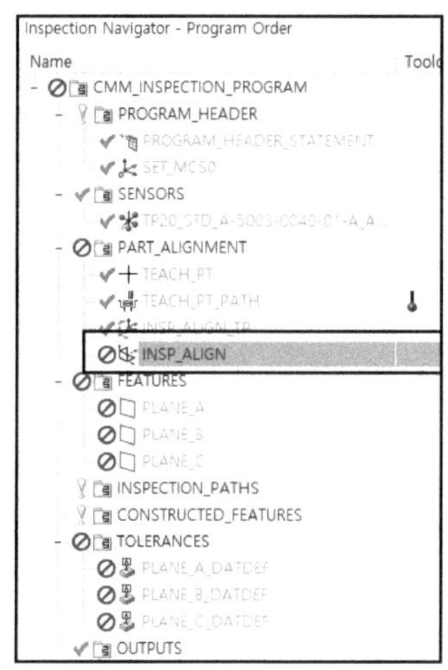


PCS 좌표계의 설정결과 확인

② Translate PCS Origin을 이용한 원점 2의 작성

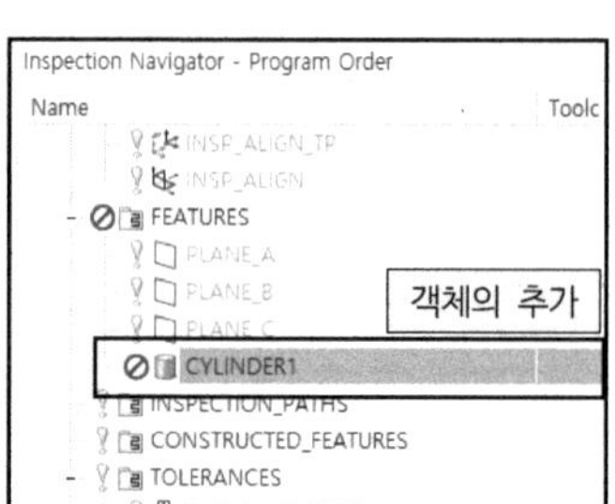


원기둥 객체의 추가

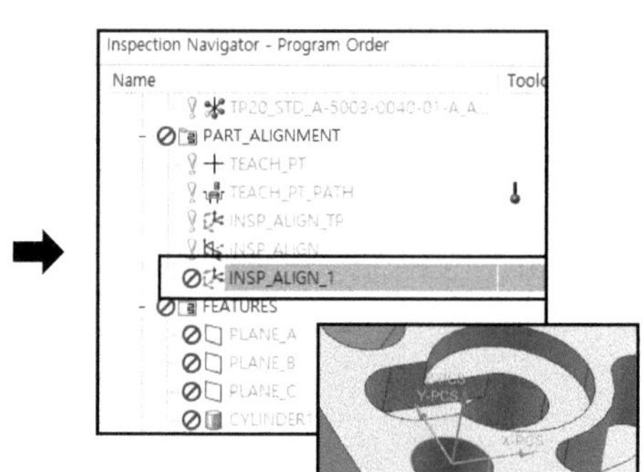


PCS 좌표계의 이동결과 확인

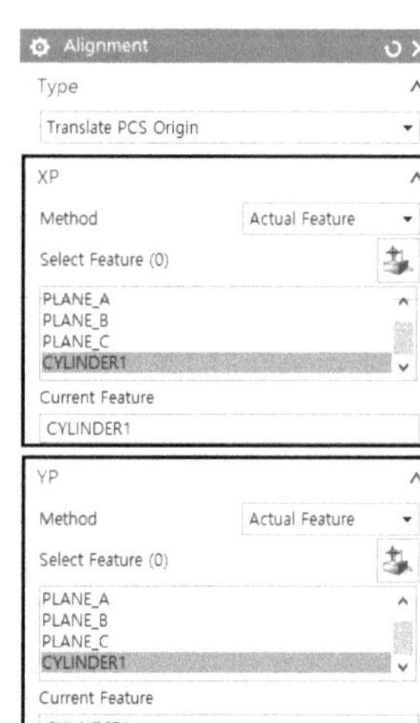


Alignment대화상자

**예제 16.2** 원통중심과 원통중심사이에 교선을 작성하여 Datum A, B, C에 의해 PCS 좌표계를 설정하고 Datum A, B, D에 의해 PCS 좌표계를 PCD(Pitch Circle Diameter)를 이용하여 설정하시오.

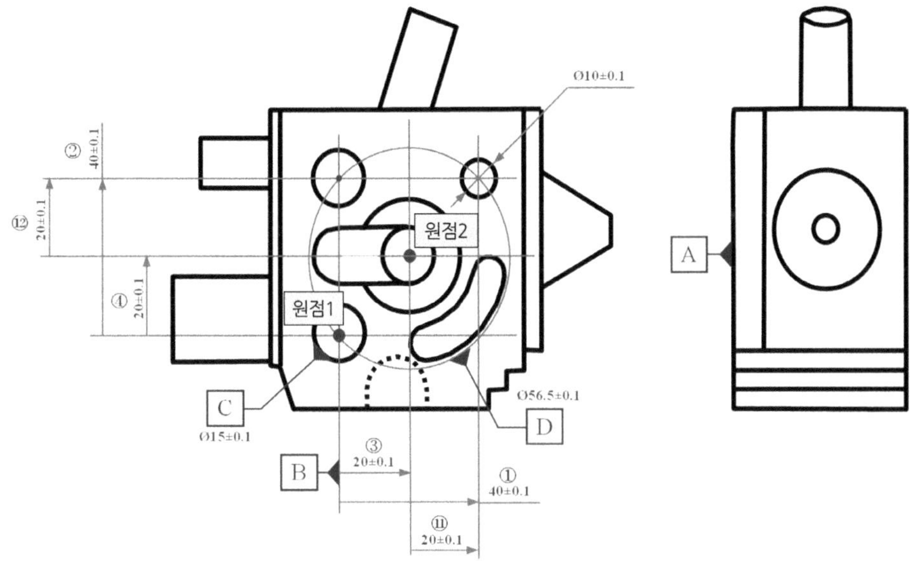


① Define PCS from Datum's를 이용한 원점 1의 작성

Datum A의 정의

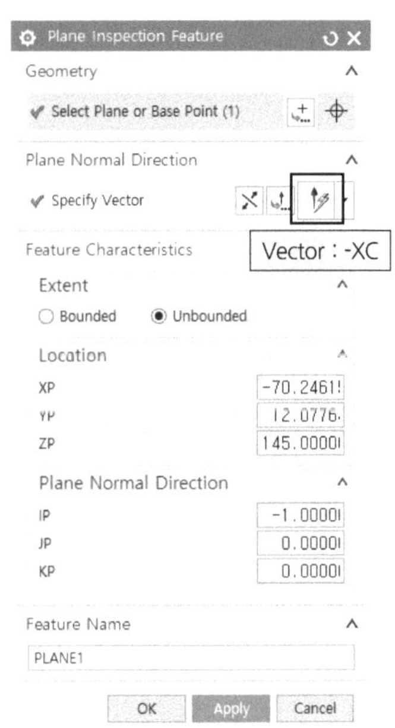


Plane B의 정의 대화상자

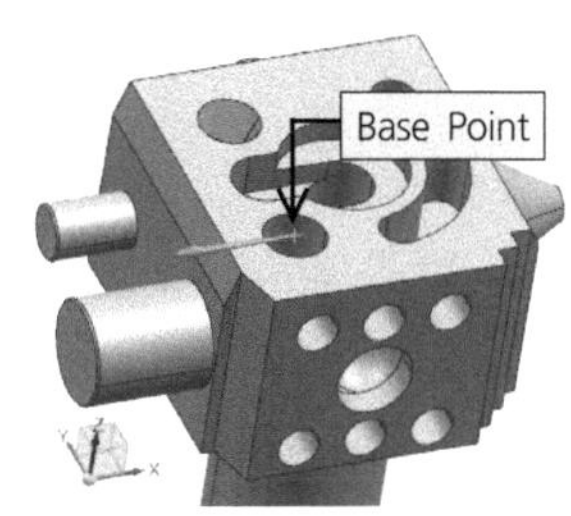


Plane B의 정의

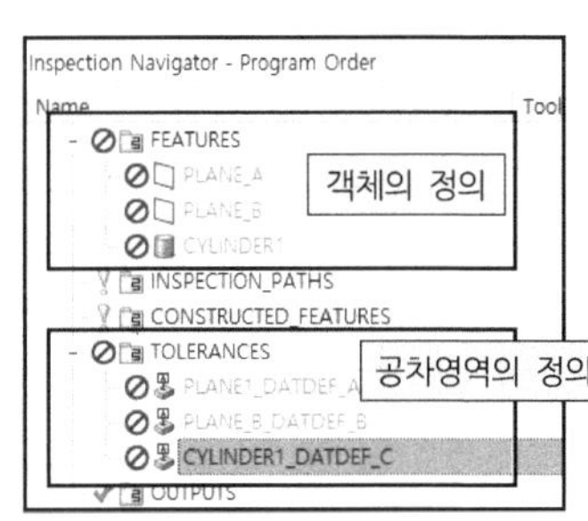


Datum의 정의결과

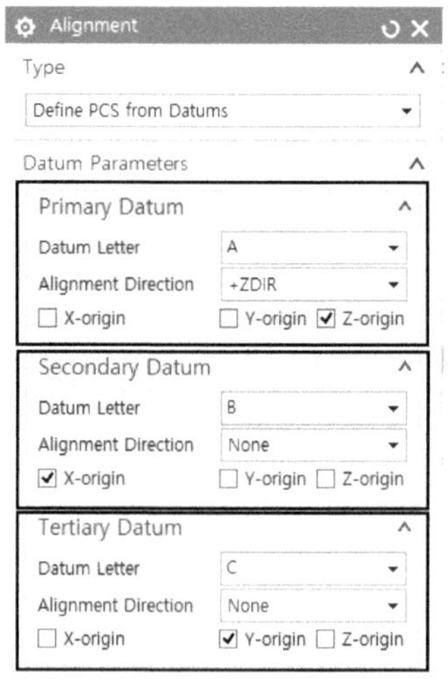


Alignment 대화상자

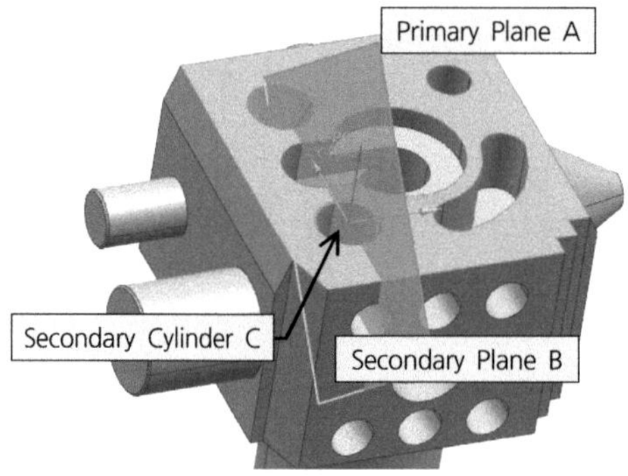


PCS 좌표계의 설정결과

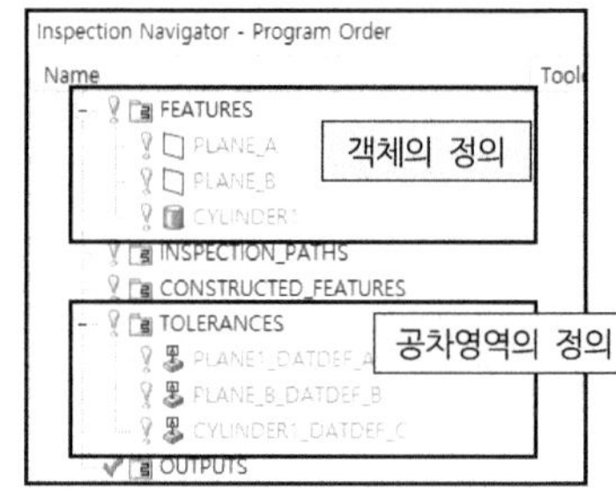


Program Order View

② PCD를 이용한 원점 2의 작성

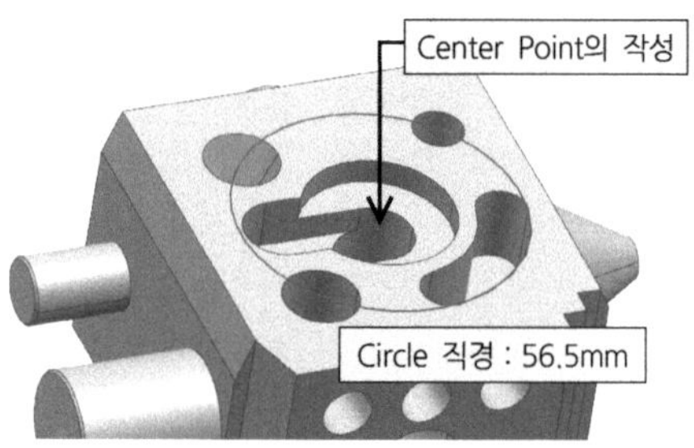


Center 포인트를 이용한 원의작도

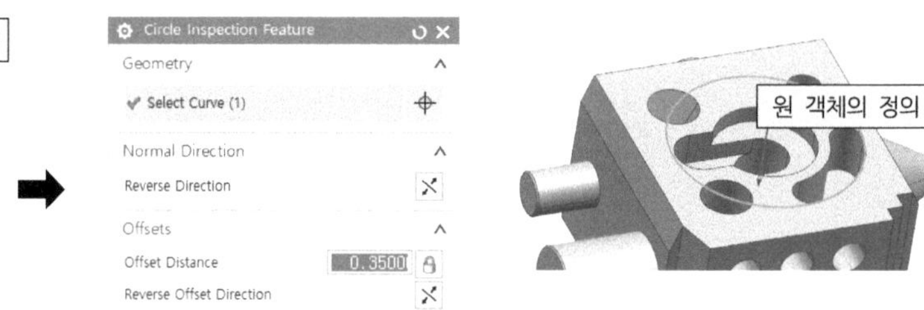


Circle Curve에 의한 객체의 정의

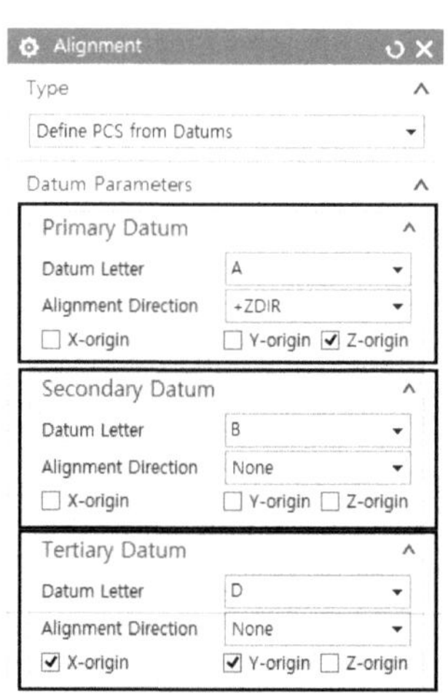


Alignment 대화상자

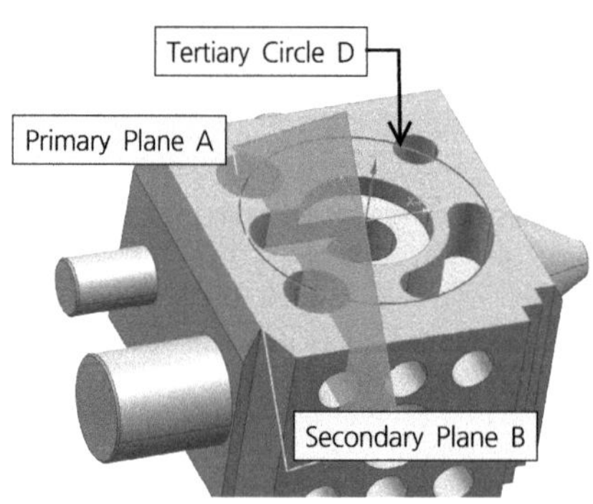


PCS 좌표계의 정의

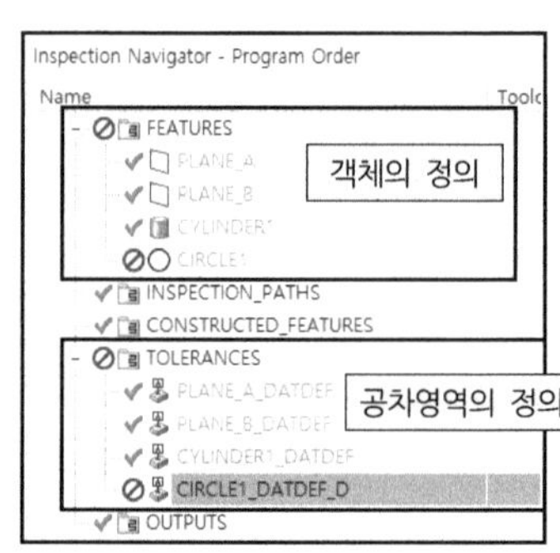


Program Order View

PCS 좌표계의 정의결과

**예제 16.3** 원통과 Datum B, C에 의해 PCS 좌표계를 설정하시오.

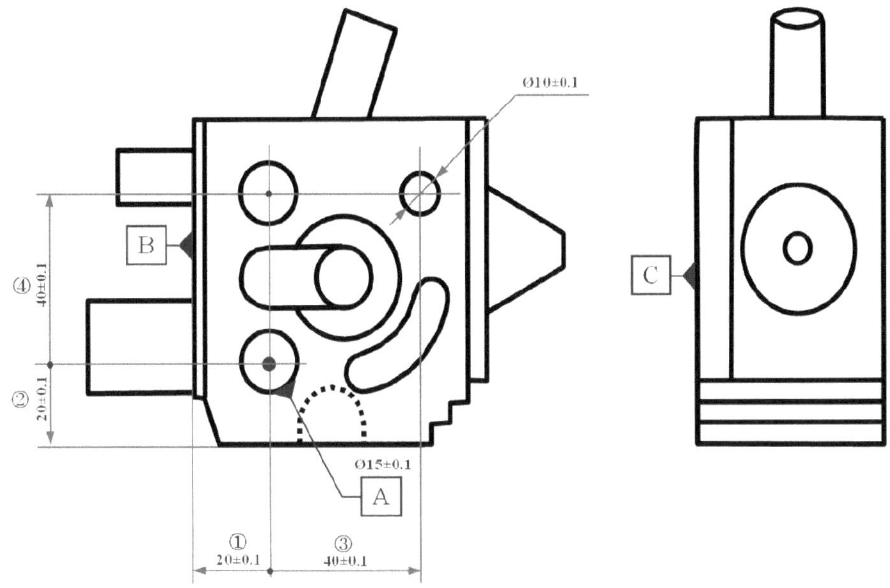


Define PCS from Datum's를 이용한 원점의 작성

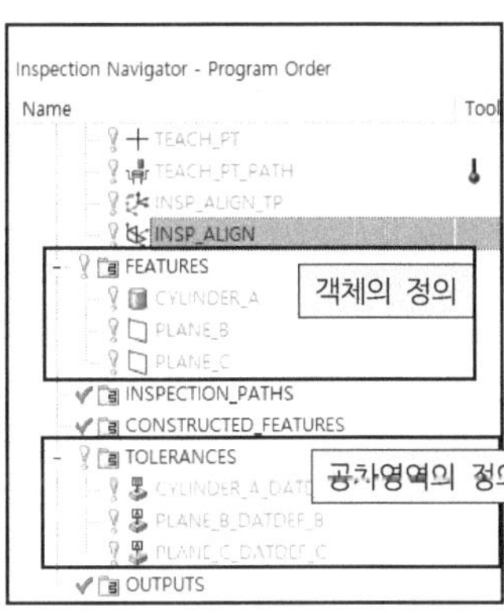


Program Order View

Alignment 대화상자

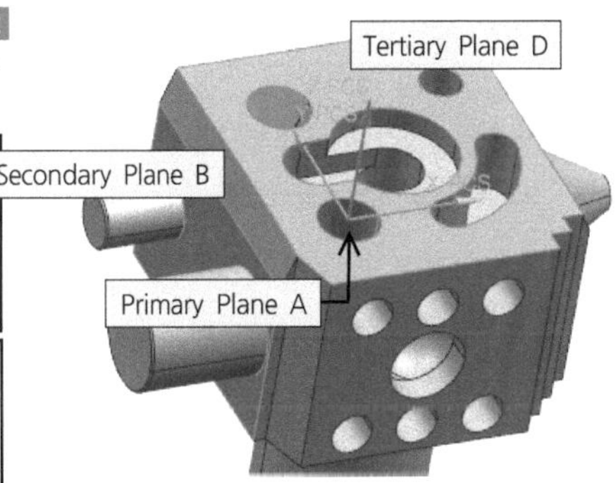


PCS 좌표계의 정의결과

**예제 16.4** 원통과 Datum A, B에 의해 PCS 좌표계를 설정하고 좌표 이동기능을 이용하여 새로운 좌표계를 정의하시오.

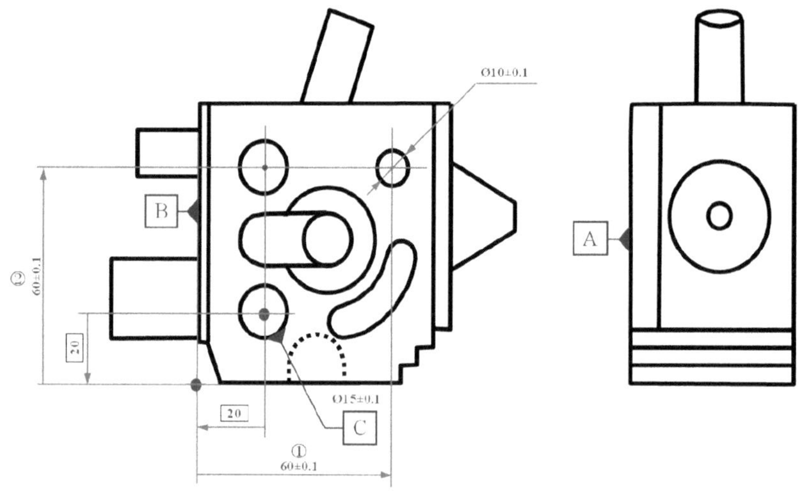


Define PCS from Datum's를 이용한 원점의 작성하고 Translate PCS Origin을 이용하여 좌표계를 이동하여 정의한다.

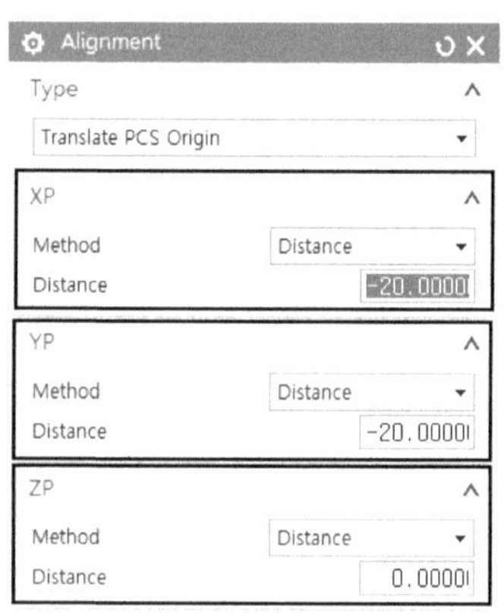


Alignment 대화상자

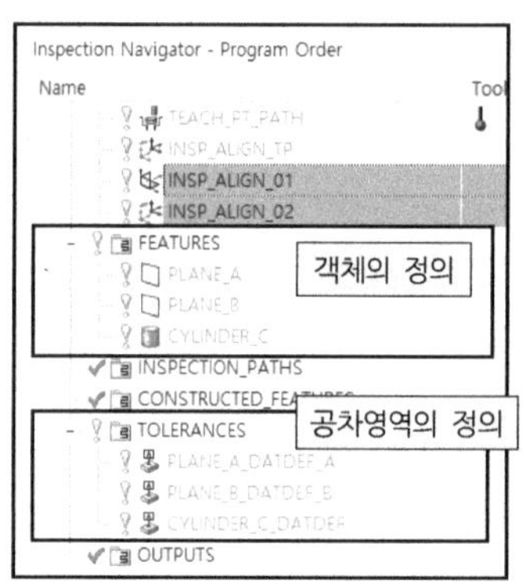


Program Order View

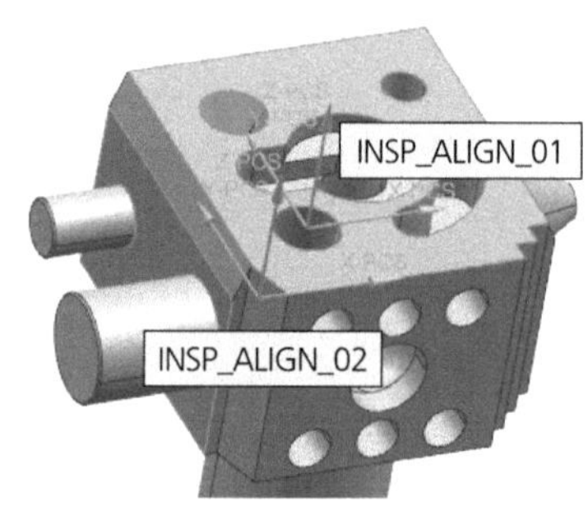


PCS 좌표계의 정의결과

**예제 16.5** 원통과 기준치수 45도에 의해 PCS 좌표계를 설정하시오.

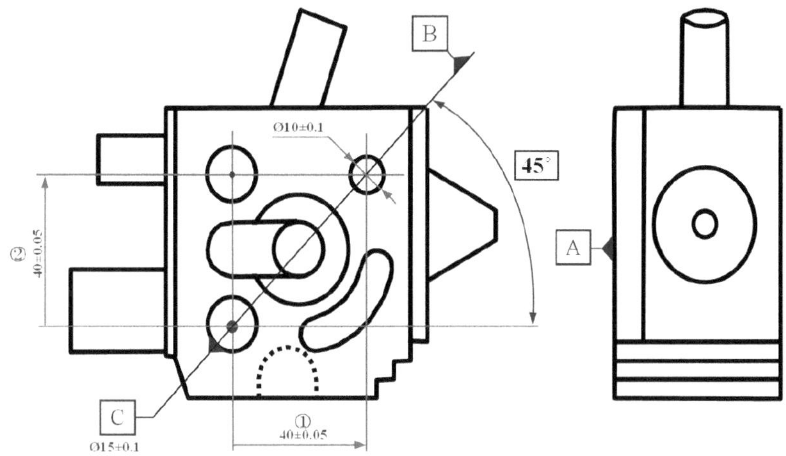


Define PCS from Datum's를 이용한 원점의 작성

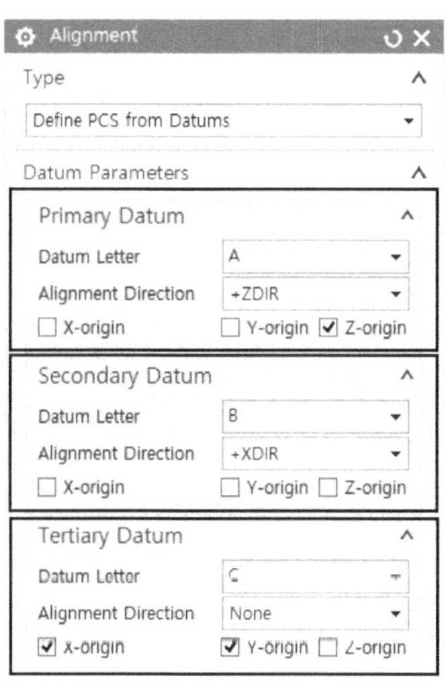


Alignment 대화상자

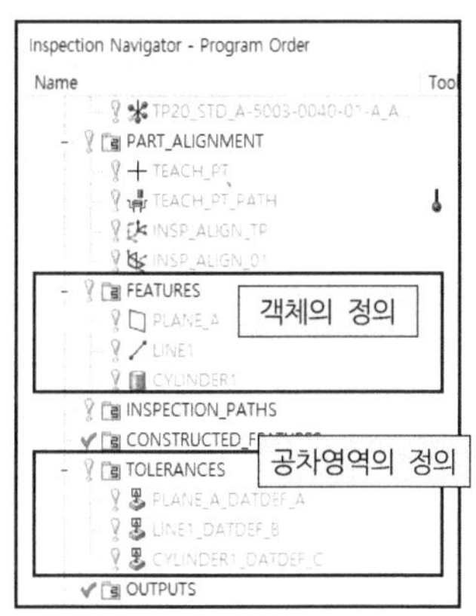


Program Order View

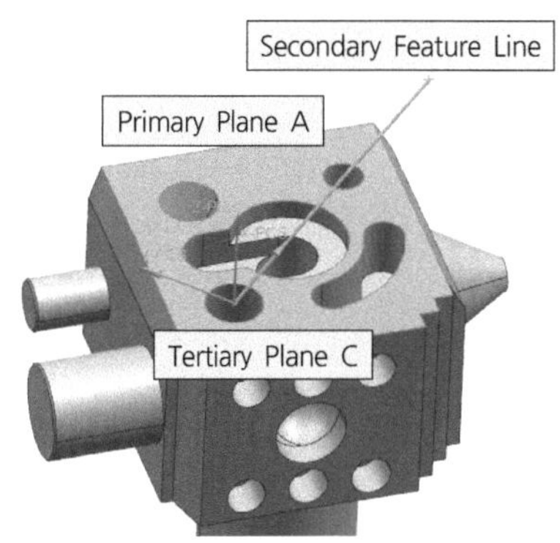


PCS 좌표계의 정의결과

※ Feature Line의 정의는 Cylinder1을 기준으로 점을 정의하고 Curve Line을 이용하여 Feature를 정의한다.

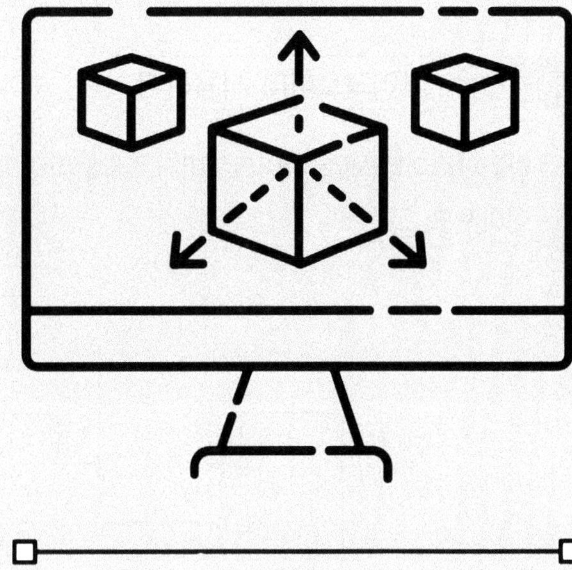

# 부록1

## 정밀측정 산업기사 문제

## 제1과제 마이크로미터 사용하기

☑ 마이크로미터(외측 마이크로미터, 내측 마이크로미터, 깊이 마이크로미터)를 이용하여 다음 부품을 측정하시오.

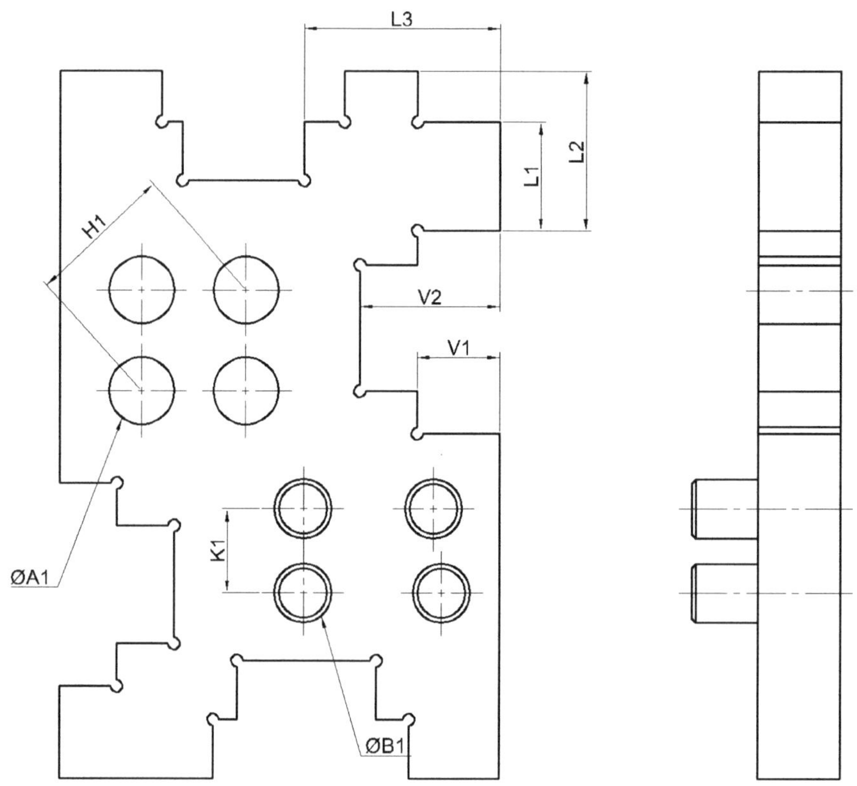


(단위 : mm)

| No | 1-1 | 1-2 | 1-3 | 1-4 | 1-5 | 1-6 | 1-7 | 1-8 | 1-9 |
|---|---|---|---|---|---|---|---|---|---|
| 측정항목 | L1 | L2 | L3 | V1 | V2 | H1 | K1 | ∅A1 | ∅B1 |
| 요구정밀도 | ±0.006 | ±0.006 | ±0.006 | ±0.024 | ±0.024 | ±0.024 | ±0.024 | ±0.006 | ±0.006 |

1. 요구사항에 대하여 실기시험 답안지에 측정 결과를 작성하시오.
2. 답안지에는 필요에 따라 그림 등을 그려서 측정 부위를 나타낼 수 있으며, 계산과정이 필요한 경우 계산과정도 작성해야 한다.
3. 시험시간 30분은 감독위원이 시험 시작을 선언한 후 측정값을 기록하여 감독위원에게 과제를 제출한 시간까지이다.

☑ 마이크로미터(외측 마이크로미터, 내측 마이크로미터, 깊이 마이크로미터)를 이용하여 다음 부품을 측정하시오.

【계산과정】

【답란】

| No | 측 정 항 목 | 측 정 값 | 요 구 정 밀 도 |
|---|---|---|---|
| 1-1 | L1 | | ±0.006 |
| 1-2 | L2 | | ±0.006 |
| 1-3 | L3 | | ±0.006 |
| 1-4 | V1 | | ±0.024 |
| 1-5 | V2 | | ±0.024 |
| 1-6 | H1 | | ±0.024 |
| 1-7 | K1 | | ±0.024 |
| 1-8 | ∅A1 | | ±0.006 |
| 1-9 | ∅B1 | | ±0.006 |

## 제2과제 높이 마이크로미터 사용하기

☑ 높이 마이크로미터를 이용하여 다음 부품의 위치도와 대칭도를 구하고 합부를 판정하시오.

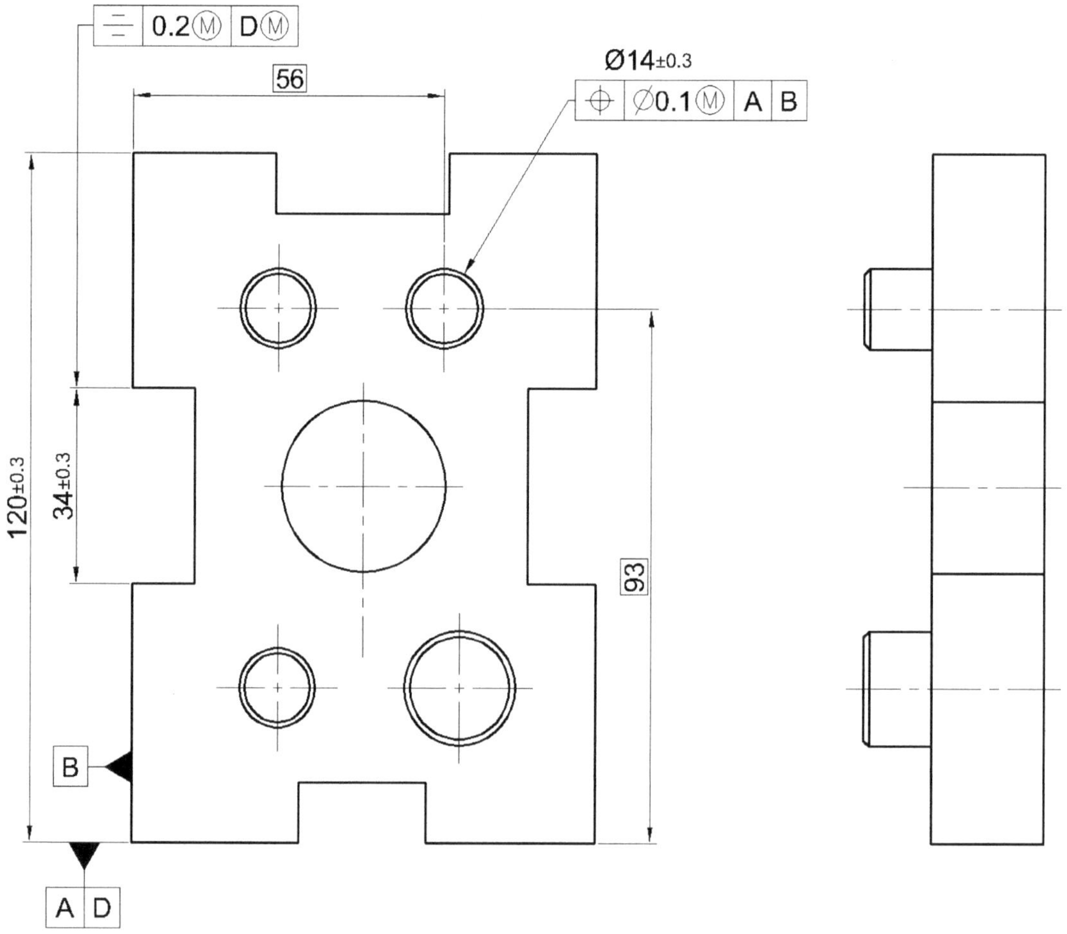


(단위 : mm)

| No | 2-1 | 2-2 |
|---|---|---|
| 측정항목 | 위치도 측정값 | 대칭도 측정값 |
| 요구정밀도 | ±0.012 | ±0.008 |

1. 요구사항에 대하여 실기시험 답안지에 측정 결과를 작성하시오.
2. 답안지에는 필요에 따라 그림 등을 그려서 측정 부위를 나타낼 수 있으며, 계산과정이 필요한 경우 계산과정도 작성해야 한다.
3. 시험시간 30분은 감독위원이 시험 시작을 선언한 후 측정값을 기록하여 감독위원에게 과제를 제출한 시간까지이다.

☑ 높이 마이크로미터를 이용하여 다음 부품의 위치도와 대칭도를 구하고 합부를 판정하시오.

【계산과정】

【답란】

① 축의 위치도 측정

(단위 : mm)

| No | 측정 항목 | 측 정 값 | | | 측 정 값 | | | 요구정밀도 |
|---|---|---|---|---|---|---|---|---|
| | | 지름 | X | Y | 계산값 | 허용값 | 판정 | |
| 2-1 | ① | | | | | | | ±0.012 |

※ 요구정밀도는 측정값에만 적용된다.

② 홈의 대칭도 측정

(단위 : mm)

| No | 측정 항목 | 측 정 값 | | 측 정 값 | | | 요구정밀도 |
|---|---|---|---|---|---|---|---|
| | | 홈폭 | 중 심 | 계산값 | 허용값 | 판정 | |
| 2-2 | ② | | | | | | ±0.008 |

※ 요구정밀도는 측정값에만 적용된다.

## 제3과제 투영기 사용하기

☑ 투영기를 이용하여 다음 부품의 길이, 위치도 및 윤곽도를 측정하시오(단, 투영기의 대물렌즈는 ×10으로 한다).

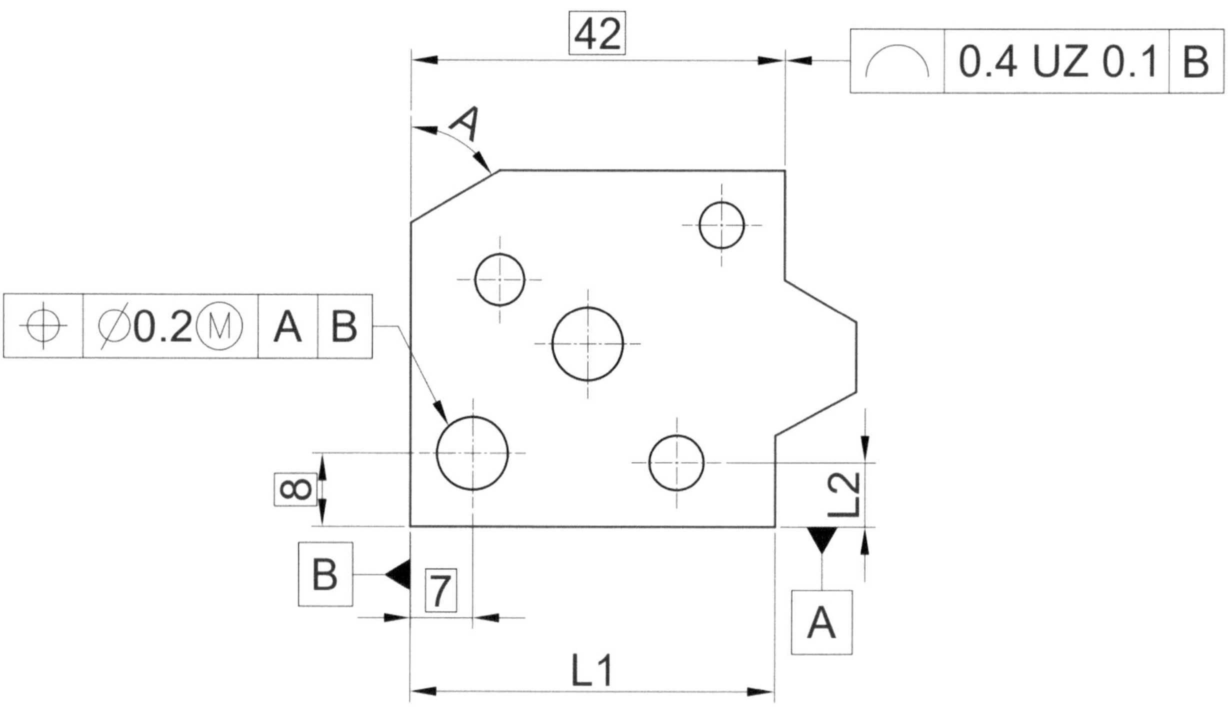


(단위 : mm, 도 분)

| No | 3-1 | 3-2 | 3-3 | 3-4 | 3-5 |
|---|---|---|---|---|---|
| 측정항목 | L1 | L2 | A | 위치도 측정값 | 윤곽도 측정값 |
| 요구정밀도 | ±0.026 | ±0.026 | ±0°12′ | ±0.030 | ±0.020 |

1. 요구사항에 대하여 실기시험 답안지에 측정 결과를 작성하시오.
2. 답안지에는 필요에 따라 그림 등을 그려서 측정 부위를 나타낼 수 있으며, 계산과정이 필요한 경우 계산과정도 작성해야 한다.
3. 시험시간 30분은 감독위원이 시험 시작을 선언한 후 측정값을 기록하여 감독위원에게 과제를 제출한 시간까지이다.

☑ 투영기를 이용하여 다음 부품의 길이, 위치도 및 윤곽도를 측정하시오.

【계산과정】

【답란】

① 길이 및 각도 측정

(단위 : mm)

| No | 측 정 항 목 | 측 정 값 | 요 구 정 밀 도 |
|---|---|---|---|
| 3-1 | L1 | | ±0.026 |
| 3-2 | L2 | | ±0.026 |
| 3-3 | A | | ±0°12′ |

※ 요구정밀도는 측정값에만 적용된다.

② 구멍의 위치도 측정

(단위 : mm)

| No | 측정 항목 | 측 정 값 | | | 측 정 값 | | | 요구정밀도 |
|---|---|---|---|---|---|---|---|---|
| | | 지름 | X | Y | 계산값 | 허용값 | 판정 | |
| 3-4 | | | | | | | | ±0.030 |

※ 요구정밀도는 측정값에만 적용된다.

③ 윤곽도 측정

(단위 : mm)

| No | 측정 항목 | 치 수 측정값 | 측 정 값 | | | 요구정밀도 |
|---|---|---|---|---|---|---|
| | | | 계산값 | 허용값 | 판정 | |
| 3-5 | | | | | | ±0.020 |

※ 요구정밀도는 측정값에만 적용된다.

## 제4과제 마이크로미터 교정하기

☑ 지급된 재료 및 시설을 사용하여 주어진 외측 마이크로미터(0~25 mm)를 교정하시오(단, 사용한 빛의 파장(λ)은 0.6㎛로 한다).

(단위 : mm)

| No | 측 정 항 목 | 상 세 내 용 | 요 구 정 밀 도 |
|---|---|---|---|
| 4-1 | L1 | 앤빌 측정면 | ±0.002 |
| | | 스핀들 측정면 | |
| 4-2 | L2 | 앤빌 측정면과 스핀들 측정면의 평행도 | ±0.002 |
| 4-3 | A | 기준 값 : 2.000 | ±0.004 |
| | | 기준 값 : 6.000 | |
| | | 기준 값 : 12.000 | |
| | | 기준 값 : 19.000 | |
| | | 기준 값 : 23.000 | |

☑ 지급된 재료 및 시설을 사용하여 주어진 외측마이크로미터(0~25 mm)를 교정하시오(단, 사용한 빛의 파장(λ)은 0.6㎛로 한다).

【답란】

(단위 : mm)

| No | 측 정 항 목 | 상 세 내 용 | 측정값 | 기차 | 요구정밀도 |
|---|---|---|---|---|---|
| 4-1 | 평면도 측정 | 앤빌 측정면 | ㎛ | | ±0.002 |
| | | 스핀들 측정면 | ㎛ | | |
| 4-2 | 평행도 측정 | 앤빌 측정면과 스핀들 측정면의 평행도 | ㎛ | | ±0.002 |
| 4-3 | 기차측정 | 기준 값 : 2.000 | | | ±0.004 |
| | | 기준 값 : 6.000 | | | |
| | | 기준 값 : 12.000 | | | |
| | | 기준 값 : 19.000 | | | |
| | | 기준 값 : 23.000 | | | |

## 제5과제 데이터 통계 처리하기

☑ 다음 데이터를 통계처리 하시오.

① 도면에 ∅27±0.5로 원통을 생산하였다. 가공 후 지름을 측정하여 다음 표와 같은 결과를 얻었다. 이 부품 10개를 모집단으로 가정할 때 모평균($\mu$)과 모표준편차($\sigma$)를 구하시오.

(단위 : mm)

| No | 1 | 2 | 3 | 4 | 5 |
|---|---|---|---|---|---|
| 측정값 | 26.951 | 27.220 | 27.214 | 27.300 | 27.350 |
| No | 6 | 7 | 8 | 9 | 10 |
| 측정값 | 27.245 | 27.224 | 26.889 | 27.110 | 27.322 |

② 2,000개의 축을 생산하여 구 중에서 샘플링한 10개의 지름을 측정하여 위 표와 같은 결과를 얻었다. 표본평균 $\bar{x}$가 모평균 $\mu$와 같다고 가정하고 축 길이의 표본 표준편차를 구하시오(①에서 사용한 표를 사용하여 계산하시오).

③ 지름이 ∅27±0.5로 지시된 축을 가공하는 공정에서 100개를 측정하여 평균과 표준편차를 결과가 각각 27.055, 0.135이었다. 주어진 평균과 표준편차를 사용하여 이 공정능력(Cp)를 구하시오.

☑ 다음 통계값을 구하시오.

① 모평균($\mu$), 모표준편차($\sigma$)

【계산과정】

② 표본 표준편차(s)

【계산과정】

③ 공정능력(Cp)

【계산과정】

| No | 5-1 | | 5-2 | 5-3 |
|---|---|---|---|---|
| 항목 | 모평균 | 모표준편차 | 표본 표준편차 | 공정 능력(Cp) |
| 계산값 | | | | |

## 제6과제 불확도 계산하기

☑ 측정범위 0~25mm, 최소눈금 0.001mm인 디지털 외측 마이크로미터의 불확도를 구하시오(단, 단위는 μm로 기록하고, 소수 셋째 자리에서 반올림하여 둘째 자리까지 기록한다).

① 주어진 게이지 블록(8, 15, 19, 25)을 이용하여 5회 반복 측정한 외측 마이크로미터 지시값과 표준편차 결과(아래 표)를 이용하여 반복측정에 대한 표준불확도($u_1$)를 구하시오(단, 5회 측정이며, t 분포이다).

(단위 : mm)

| 기준값 | 디지털 외측마이크로미터의 지시값 | | | | | 표준편차 |
|---|---|---|---|---|---|---|
| | 1회 | 2회 | 3회 | 4회 | 5회 | |
| 8.000 | 8.001 | 8.002 | 8.003 | 7.998 | 7.999 | 0.0021 |
| 15.000 | 14.997 | 15.002 | 15.002 | 15.001 | 15.003 | 0.0023 |
| 19.000 | 19.001 | 19.003 | 18.999 | 19.003 | 19.001 | 0.0017 |
| 25.000 | 24.997 | 25.002 | 25.003 | 25.001 | 25.004 | 0.0027 |

**반복측정 결과**

② 기준기(게이지 블록)에 의한 표준불확도($u_2$)를 구하시오(정규분포). [단, 게이지 블록의 성적서에서 확장불확도는 2.40μm(신뢰수준 : 약 95%, k=2)이다.]

③ 디지털 외측 마이크로미터 분해능(1μm)에 의한 표준불확도($u_3$)를 구하시오(단, 직사각형 분포이다).

④ 합성 표준불확도($u_c$)를 구하시오.

⑤ 확장 불확도(U)를 구하시오(신뢰수준 약 95%, k=2).

☑ 주어진 게이지 블록을 이용하여 5회 반복 측정한 디지털 외측마이크로미터 지시값과 표준편차 결과 (앞의 표)를 이용하여 반복측정에 대한 표준불확도($u_1$)를 구하시오.

① 반복측정에 의한 표준 불확도($u_1$)

【계산과정】

② 기준기에 의한 표준 불확도($u_2$)

【계산과정】

③ 분해능에 의한 표준 불확도($u_3$)

【계산과정】

④ 합성 표준 불확도($u_c$)

【계산과정】

⑤ 확장 불확도(U)

【계산과정】

| 항목 | 계 산 항 목 | 측정값($\mu$m) |
|---|---|---|
| 6-1 | 반복측정에 의한 표준 불확도($u_1$) | |
| 6-2 | 기준기에 의한 표준 불확도($u_2$) | |
| 6-3 | 분해능에 의한 표준 불확도($u_3$) | |
| 6-4 | 합성 표준 불확도($u_c$) | |
| 6-5 | 확장 불확도(U) | |

## 제7과제 기하편차 계산하기

☑ 다음 부품의 기하편차를 구하기 위한 측정 데이터가 표와 같을 때 홈의 대칭도(A), 홈의 위치도(B), 구멍의 위치도(C) 및 면의 윤곽도(D)를 구하시오.

【부품 도면】

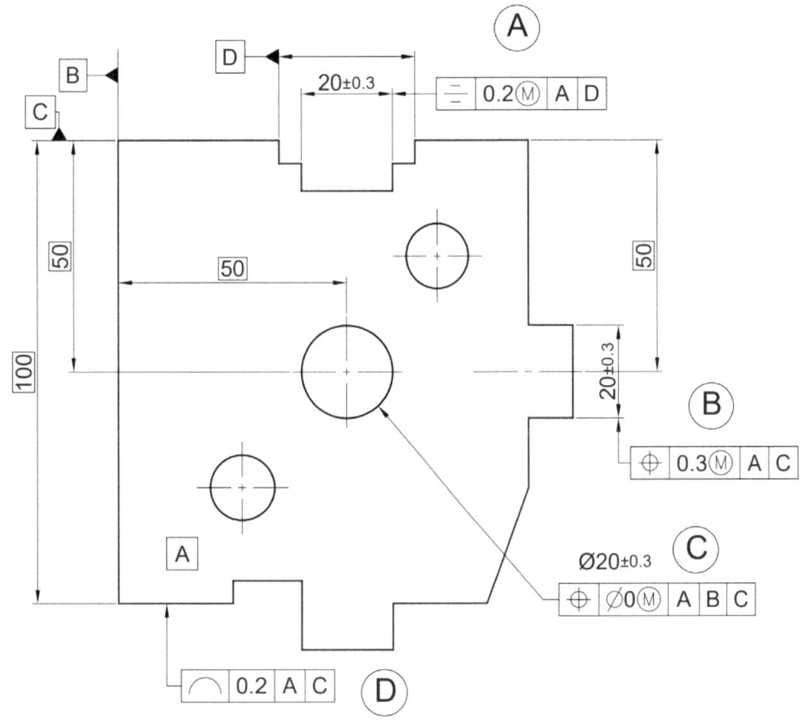

【측정 항목번호】

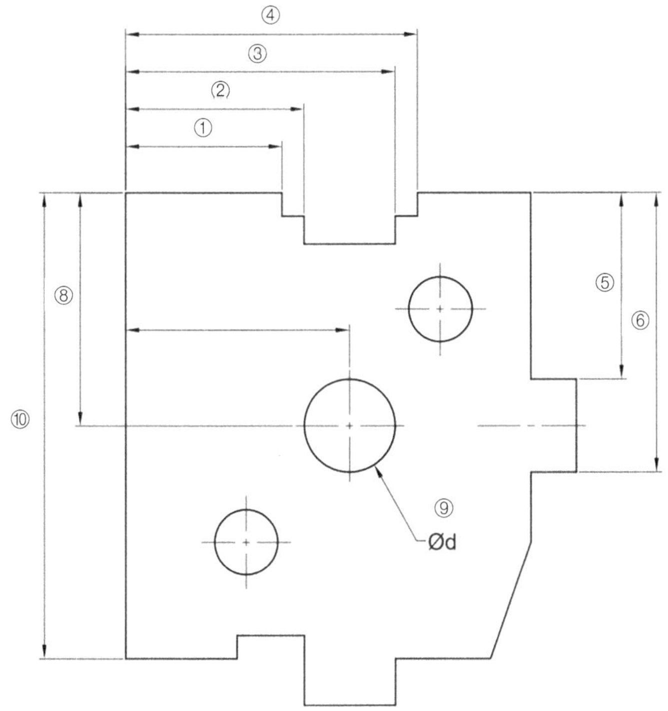

【측정 데이터】

(단위 : mm)

| No | 측정번호 | 측정값 | 비고 |
|---|---|---|---|
| 7-1 | ① | 35.034 | 홈 |
| | ② | 40.024 | |
| | ③ | 60.104 | |
| | ④ | 65.124 | |
| 7-2 | ⑤ | 40.234 | 홈 |
| | ⑥ | 60.254 | |
| 7-3 | ⑦ | 50.034 | 구멍 |
| | ⑧ | 50.012 | |
| | ⑨(∅d) | 20.084 | |
| 7-4 | ⑩ | 99.945 | 면 |

☑ 다음 부품의 기하편차를 구하기 위한 측정 데이터가 표와 같을 때 홈의 대칭도(A), 홈의 위치도(B), 구멍의 위치도(C) 및 면의 윤곽도(D)를 구하시오.

① 홈의 대칭도 계산

(단위 : mm)

| 측정항목 | 대칭도 | 대칭도 허용값 | 합부판정 |
|---|---|---|---|
| ① | | | |

【계산과정】

② 홈의 위치도 계산

(단위 : mm)

| 측정항목 | 위치도 | 위치도 허용값 | 합부판정 |
|---|---|---|---|
| ② | | | |

【계산과정】

③ 구멍의 위치도 계산

(단위 : mm)

| 측정항목 | 위치도 | 위치도 허용값 | 합부판정 |
|---|---|---|---|
| ③ | | | |

【계산과정】

④ 면의 윤곽도 계산

(단위 : mm)

| 측정항목 | 윤곽도 | 윤곽도 허용값 | 합부판정 |
|---|---|---|---|
| ④ | | | |

【계산과정】

## 제8과제 3차원 측정하기

☑ 다음 3차원 측정 관련 물음에 답하시오. 3차원 측정기를 이용하여 다음 부품의 구멍의 위치도를 측정하려고 할 때, 데이텀 형체를 측정하여 제1차, 제2차, 제3차 데이텀을 순차적으로 설정시 구속되는 자유도를 답안지에 작성하시오(단, 직선운동 자유도 X, Y, Z 회전운동 자유도는 $R_X$, $R_Y$, $R_Z$이다).

【답안 작성 예】

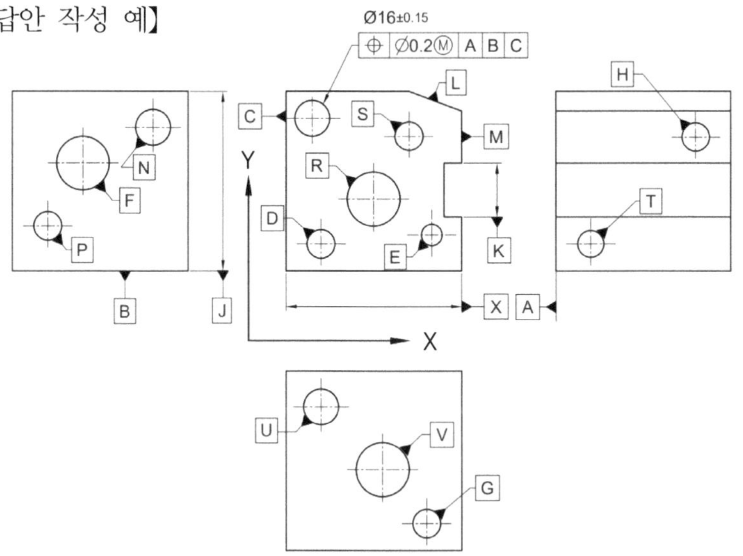


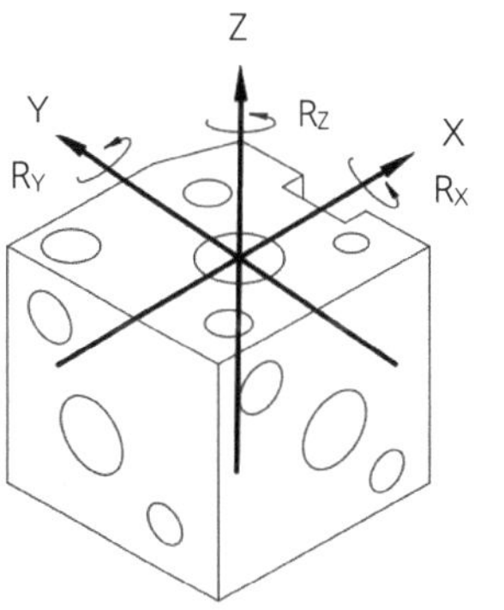


① 위의 도면을 참고하여 아래 자유도를 작성하시오.

| 측 정 항 목 | 구속되는 직선운동 자유도 | 구속되는 회전운동 자유도 |
|---|---|---|
| 제1차 데이텀 | | |
| 제2차 데이텀 | | |
| 제3차 데이텀 | | |

② 부품의 데이텀을 순차적으로 설정해서 만들어지는 3차원 좌표계를 답안지의 3D 도면에 작도하시오.

【답안 작성 예】

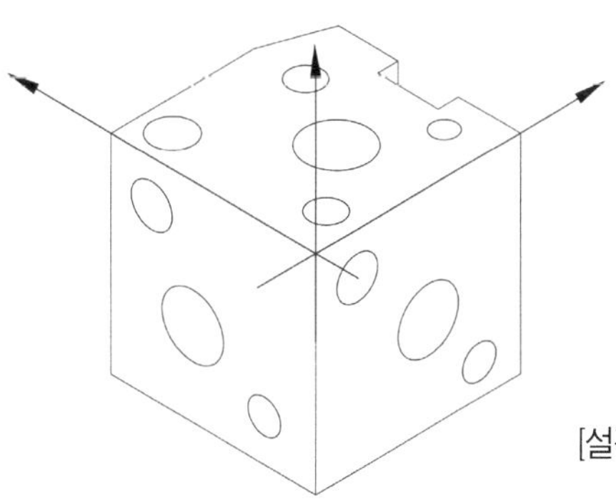

[설정된 좌표계]

## [3차원 측정하기 ①]

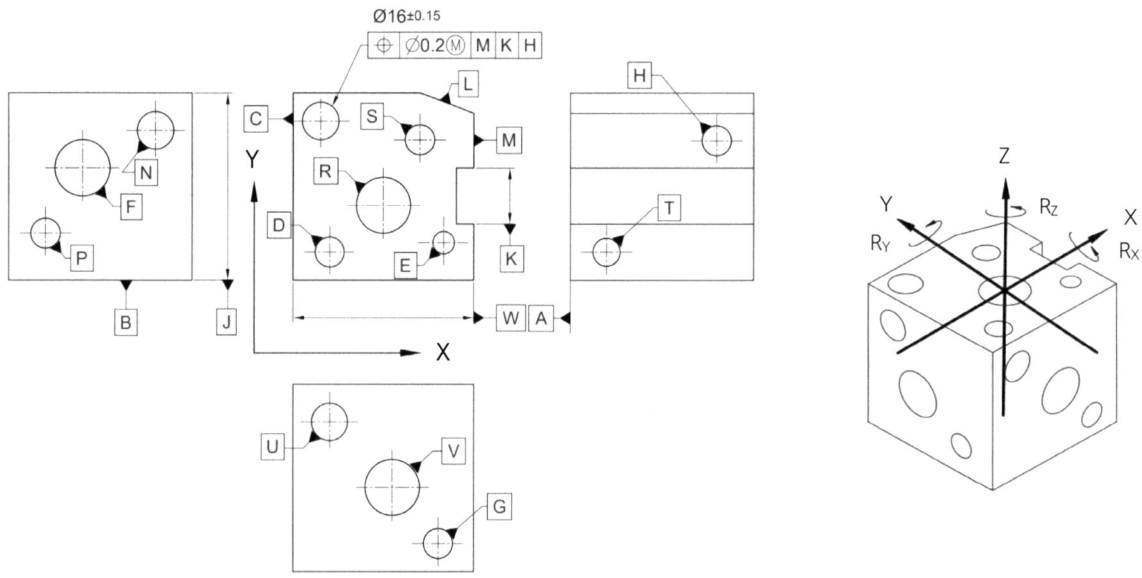


① 위의 도면을 참고하여 아래 자유도를 작성하시오.

| 측 정 항 목 | 구속되는 직선운동 자유도 | 구속되는 회전운동 자유도 |
|---|---|---|
| 제1차 데이텀 | | |
| 제2차 데이텀 | | |
| 제3차 데이텀 | | |

② 위의 도면을 참고하여 부품의 데이텀을 순차적으로 설정해서 만들어지는 3차원 좌표계를 3D 도면에 작도하시오.

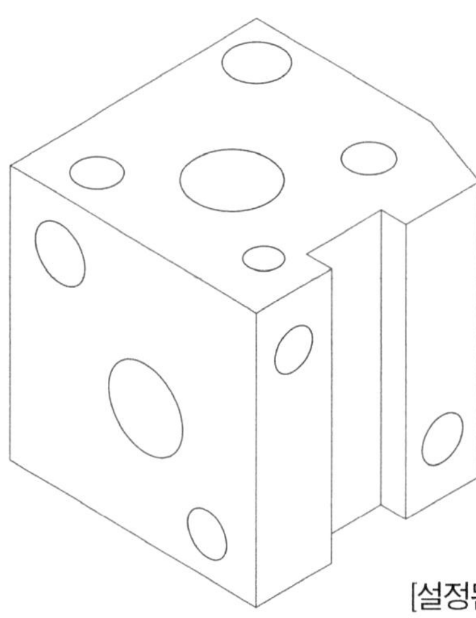

[설정된 좌표계]

## [3차원 측정하기 ②]

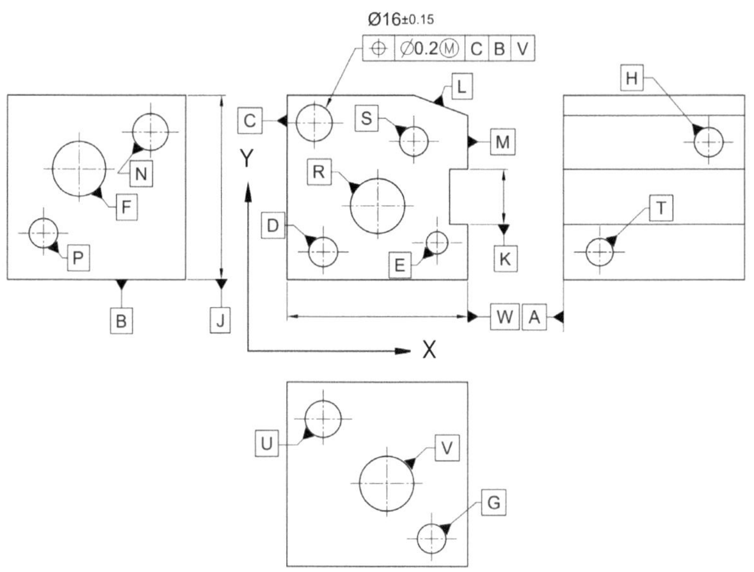


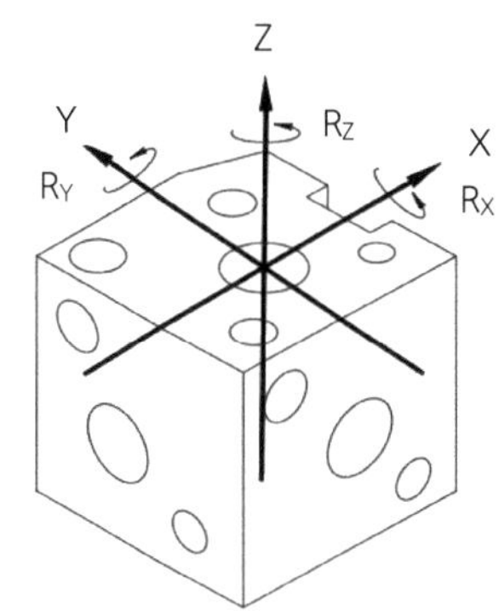


① 위의 도면을 참고하여 아래 자유도를 작성하시오.

| 측 정 항 목 | 구속되는 직선운동 자유도 | 구속되는 회전운동 자유도 |
|---|---|---|
| 제1차 데이텀 | | |
| 제2차 데이텀 | | |
| 제3차 데이텀 | | |

② 위의 도면을 참고하여 부품의 데이텀을 순차적으로 설정해서 만들어지는 3차원 좌표계를 3D 도면에 작도하시오.

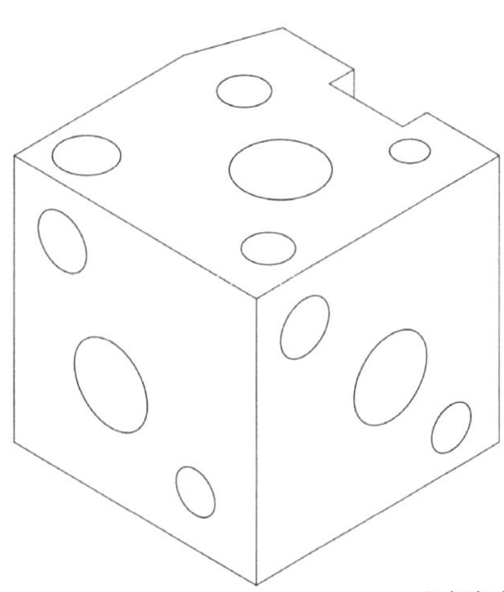

[설정된 좌표계]

## [3차원 측정하기 ③]

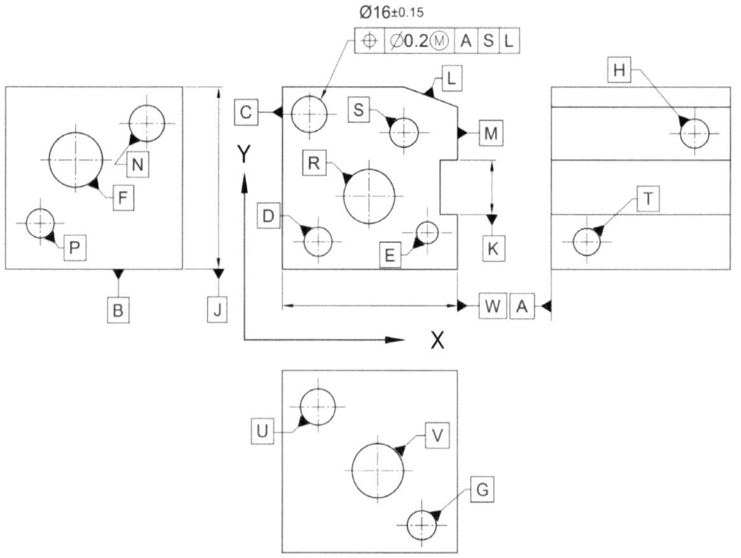


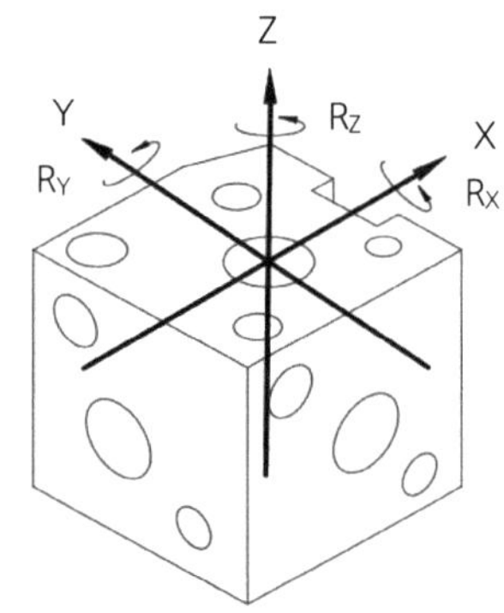


① 위의 도면을 참고하여 아래 자유도를 작성하시오.

| 측 정 항 목 | 구속되는 직선운동 자유도 | 구속되는 회전운동 자유도 |
|---|---|---|
| 제1차 데이텀 | | |
| 제2차 데이텀 | | |
| 제3차 데이텀 | | |

② 위의 도면을 참고하여 부품의 데이텀을 순차적으로 설정해서 만들어지는 3차원 좌표계를 3D 도면에 작도하시오.

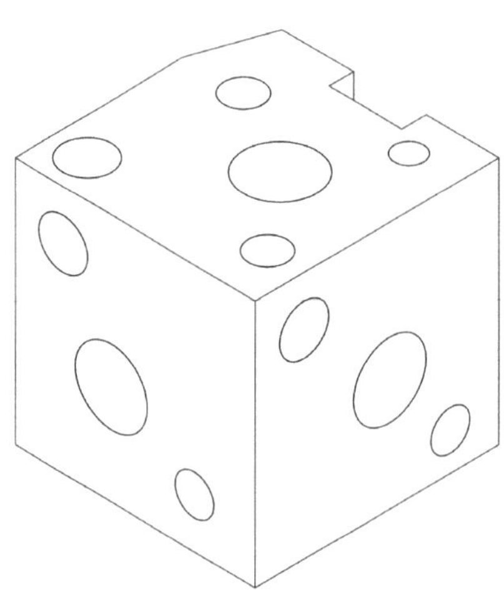

[설정된 좌표계]

## [3차원 측정하기 ④]

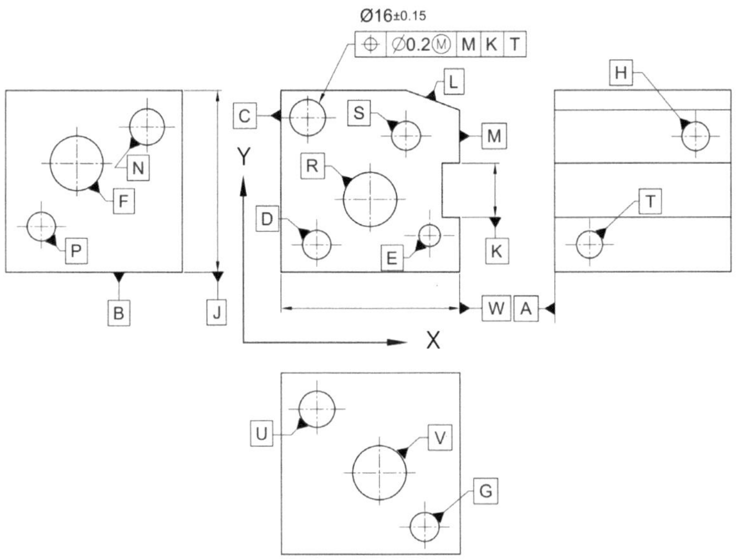


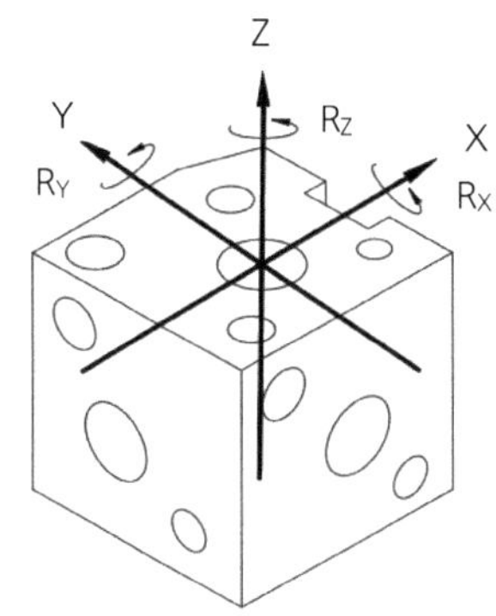


① 위의 도면을 참고하여 아래 자유도를 작성하시오.

| 측 정 항 목 | 구속되는 직선운동 자유도 | 구속되는 회전운동 자유도 |
|---|---|---|
| 제1차 데이텀 | | |
| 제2차 데이텀 | | |
| 제3차 데이텀 | | |

② 위의 도면을 참고하여 부품의 데이텀을 순차적으로 설정해서 만들어지는 3차원 좌표계를 3D 도면에 작도하시오.

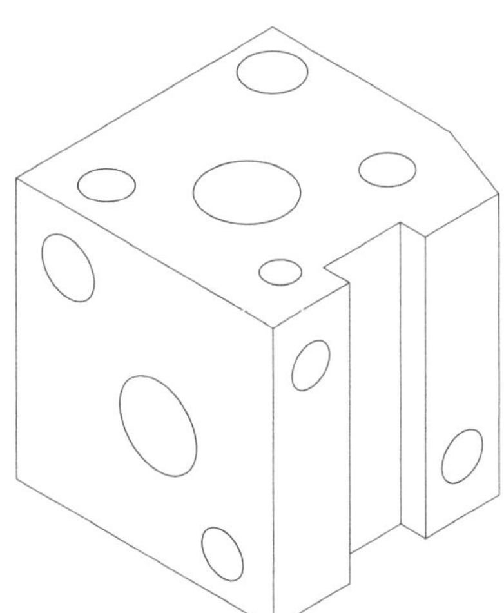

[설정된 좌표계]

## [3차원 측정하기 ⑤]

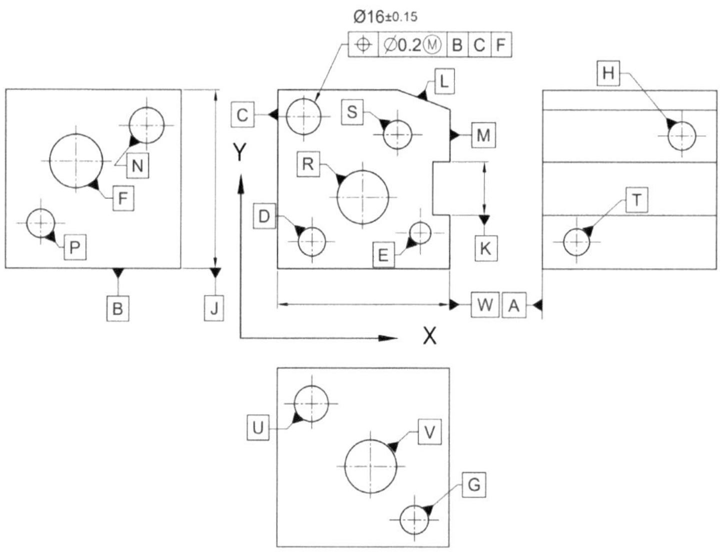


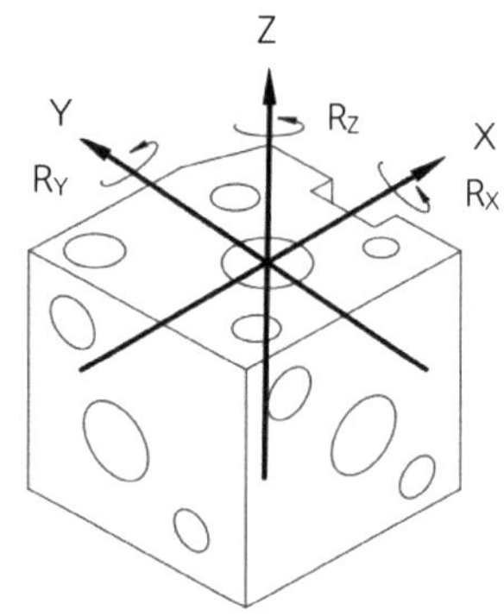


① 위의 도면을 참고하여 아래 자유도를 작성하시오.

| 측 정 항 목 | 구속되는 직선운동 자유도 | 구속되는 회전운동 자유도 |
|---|---|---|
| 제1차 데이텀 | | |
| 제2차 데이텀 | | |
| 제3차 데이텀 | | |

② 위의 도면을 참고하여 부품의 데이텀을 순차적으로 설정해서 만들어지는 3차원 좌표계를 3D 도면에 작도하시오.

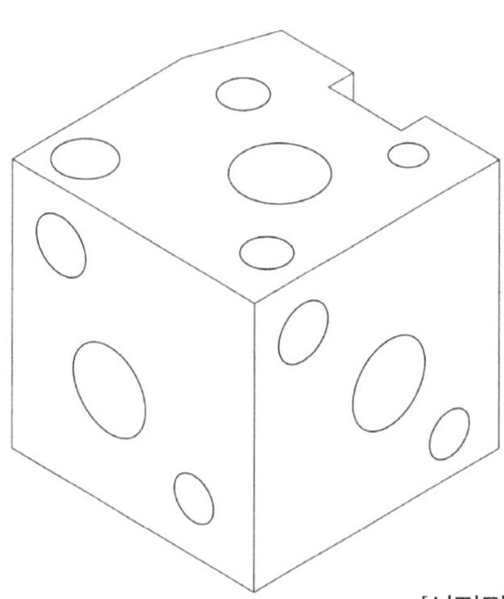

[설정된 좌표계]

# 실기시험 답안지

## 제5과제

다음 통계값을 구하시오.

① 모평균($\mu$), 모표준편차($\sigma$)

【계산과정】

· 모평균 : $\mu = \dfrac{\sum_{i=0}^{n} x_i}{n}$

$$= \frac{26.951+27.220+27.214+27.300+27.350+27.245+27.224+26.889+27.110+27.332)}{10}$$

$$= 27.183$$

· 모표준 편차 : $\sigma = \sqrt{\dfrac{\sum_{i=0}^{n}(x_i-\mu)^2}{n}}$

$$= \sqrt{\frac{(26.951-27.183)^2+(27.220-27.183)^2 \cdots\cdots + (27.332-27.183)^2}{10}} = 0.146$$

② 표본 표준편차 : $s = \sqrt{\dfrac{\sum_{i=0}^{n}(x_i-\mu)^2}{n-1}}$

【계산과정】

$$\sigma = \sqrt{\frac{(26.951-27.183)^2+(27.220-27.183)^2 \cdots\cdots + (27.332-27.183)^2}{10-1}} = 0.154$$

③ 공정능력(Cp)

【계산과정】

$$C_p = \frac{T}{6\sigma} = \frac{USL-LSL}{6\sigma} = \frac{0.5-(-0.5)}{6\times 0.135} = 1.235$$

| No | 5-1 | | 5-2 | 5-3 |
|---|---|---|---|---|
| 항목 | 모평균 | 모표준편차 | 표본 표준편차 | 공정 능력(Cp) |
| 계산값 | 27.183 | 0.146 | 0.154 | 1.235 |

## 제6과제

주어진 게이지 블록을 이용하여 5회 반복 측정한 디지털 외측마이크로미터 지시값과 표준편차 결과(아래 표)를 이용하여 반복측정에 대한 표준불확도($u_1$)를 구하시오.

① 반복측정에 의한 표준 불확도($u_1$)

【계산과정】

각각의 평균표준편차를 구하고 그 중 최대값을 A형 표준불확도($u_1$)으로 한다.

| 기준값 | 디지털 외측마이크로미터의 지시값(mm) | | | | | 표준편차 | 평균 표준편차 | A형 표준불확도 |
|---|---|---|---|---|---|---|---|---|
| | 1회 | 2회 | 3회 | 4회 | 5회 | | | |
| 8.000 | 8.001 | 8.002 | 8.003 | 7.998 | 7.999 | 0.0021 | 0.0009 | 0.0012 (mm) |
| 15.000 | 14.997 | 15.002 | 15.002 | 15.001 | 15.003 | 0.0023 | 0.0010 | |
| 19.000 | 19.001 | 19.003 | 18.999 | 19.003 | 19.001 | 0.0017 | 0.0007 | |
| 25.000 | 24.997 | 25.002 | 25.003 | 25.001 | 25.004 | 0.0027 | 0.0012 | |

$$\frac{s}{\sqrt{n}} = \frac{0.0027}{\sqrt{5}} = 0.00121\,\text{mm},\ \text{표준불확도} = 1.21\mu m$$

② 기준기에 의한 표준 불확도($u_2$)

【계산과정】

$$u_2 = \frac{U}{k} = \frac{2.40}{2} = 1.20\mu m$$

③ 분해능에 의한 표준 불확도($u_3$)

【계산과정】

외측 마이크로미터의 분해능 $0.001\text{mm} = 1\mu m$

$$u_3 = \frac{\text{분해능의 반범위}}{\sqrt{3}} = \frac{0.5}{\sqrt{3}} = 0.29\mu m$$

④ 합성 표준 불확도($u_c$)

【계산과정】

$$u_c = \sqrt{u_1^2 + u_2^2 + u_3^2} = \sqrt{(1.21)^2 + (1.20)^2 + (0.29)^2} = 1.73\mu m$$

⑤ 확장 불확도(U)

【계산과정】

$$U = ku_c = 2 \times u_c = 2 \times 1.73 = 3.46\mu m$$

| 항목 | 계 산 항 목 | 측정값($\mu m$) |
|---|---|---|
| 6-1 | 반복측정에 의한 표준 불확도($u_1$) | 1.21 |
| 6-2 | 기준기에 의한 표준 불확도($u_2$) | 1.20 |
| 6-3 | 분해능에 의한 표준 불확도($u_3$) | 0.29 |
| 6-4 | 합성 표준 불확도($u_c$) | 1.73 |
| 6-5 | 확장 불확도(U) | 3.46 |

## 제7과제

다음 부품의 기하편차를 구하기 위한 측정 데이터가 표와 같을 때 홈의 대칭도(A), 홈의 위치도(B), 구멍의 위치도(C) 및 면의 윤곽도(D)를 구하시오.

① 홈의 대칭도 계산

(단위 : mm)

| 측정항목 | 위치도 | 위치도 허용값 | 합부판정 |
|---|---|---|---|
| ① | 0.030 | 0.580 | 합격 |

【계산과정】

· 홈의 대칭도 $= 2 \times (\text{데이텀과 규제 형체 간의 편심}) = \left| \frac{①+④}{2} - \frac{②+③}{2} \right| \times 2$

$$= \left| \frac{35.034+65.124}{2} - \frac{40.024+60.104}{2} \right| \times 2 = 0.030$$

· 홈의 대칭도 허용값

| 규제형체가 MMS일 때의 허용공차 | 규제형체의 부가공차<br>$\lvert \text{MMS} - \text{측정값} \rvert$ | 대칭도 허용값 |
|---|---|---|
| 0.200 | $\lvert (20-0.3)-(60.104-40.024) \rvert$<br>$=0.380$ | 0.580 |

② 홈의 위치도 계산

(단위 : mm)

| 측정항목 | 위치도 | 위치도 허용값 | 합부판정 |
|---|---|---|---|
| ② | 0.488 | 0.580 | 합격 |

【계산과정】

· 홈의 위치도 $= 2 \times (\lvert \text{기준치수} - \text{홈의 센터치수} \rvert) = \left| \frac{⑤+⑥}{2} - 50 \right| \times 2$

$$= \left| \frac{40.234+60.254}{2} - 50 \right| \times 2 = 0.488$$

· 홈의 위치도 허용값

| 규제형체가 MMS일 때의 허용공차 | 규제형체의 부가공차<br>$\lvert \text{MMS} - \text{측정값} \rvert$ | 대칭도 허용값 |
|---|---|---|
| 0.300 | $\lvert (20+0.3)-(60.254-40.234) \rvert$<br>$=0.280$ | 0.580 |

③ 구멍의 위치도 계산

(단위 : mm)

| 측정항목 | 위치도 | 위치도 허용값 | 합부판정 |
|---|---|---|---|
| ③ | 0.072 | 0.384 | 합격 |

【계산과정】

· 구멍의 위치도 $=2\times\sqrt{(\text{X오차값})^2+(\text{Y오차값})^2}=2\times\sqrt{(⑦-50)^2+(⑧-50)^2}$

$=2\times\sqrt{(50.034-50)^2+(50.012-50)^2}=0.072$

· 구멍의 위치도 허용값

| 규제형체가 MMS일 때의 허용공차 | 규제형체의 부가공차<br>\|MMS−측정값\| | 대칭도 허용값 |
|---|---|---|
| 0 | $\|(20-0.3)-(20.084)\|$<br>$=0.384$ | 0.384 |

④ 면의 윤곽도 계산

(단위 : mm)

| 측정항목 | 위치도 | 위치도 허용값 | 합부판정 |
|---|---|---|---|
| ④ | 0.110 | 0.200 | 합격 |

【계산과정】

· 윤곽도 $=2\times(|\text{면의 기준치수 - 면의 측정값}|)=2\times|⑩-100|=2\times|99.945-100|=0.110$

## 제8과제

### [3차원 측정하기 M, K, H]

① 3차원 측정기를 이용하여 다음 부품의 구멍의 위치도를 측정하려고 할 때, 데이텀 형체를 측정하여 제1차, 제2차, 제3차 데이텀을 순차적으로 설정시 구속되는 자유도를 답안지에 작성하시오.

| 측 정 항 목 | 구속되는 직선운동 자유도 | 구속되는 회전운동 자유도 |
|---|---|---|
| 제1차 데이텀 | X | $R_Y$, $R_Z$ |
| 제2차 데이텀 | Y | $R_X$ |
| 제3차 데이텀 | Z | |

② 위의 도면을 참고하여 부품의 데이텀을 순차적으로 설정해서 만들어지는 3차원 좌표계를 3D 도면에 작도하시오.

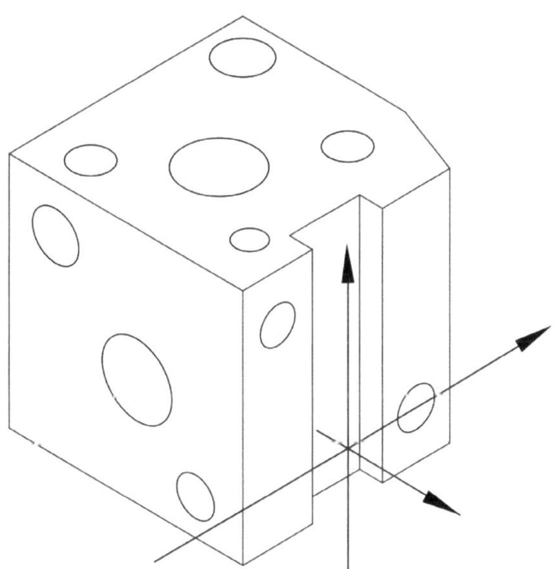

[설정된 좌표계]

## [3차원 측정하기 C, B, V]

① 3차원 측정기를 이용하여 다음 부품의 구멍의 위치도를 측정하려고 할 때, 데이텀 형체를 측정하여 제1차, 제2차, 제3차 데이텀을 순차적으로 설정시 구속되는 자유도를 답안지에 작성하시오.

| 측 정 항 목 | 구속되는 직선운동 자유도 | 구속되는 회전운동 자유도 |
|---|---|---|
| 제1차 데이텀 | X | $R_Y$, $R_Z$ |
| 제2차 데이텀 | Y | $R_X$ |
| 제3차 데이텀 | Z | |

② 위의 도면을 참고하여 부품의 데이텀을 순차적으로 설정해서 만들어지는 3차원 좌표계를 3D 도면에 작도하시오.

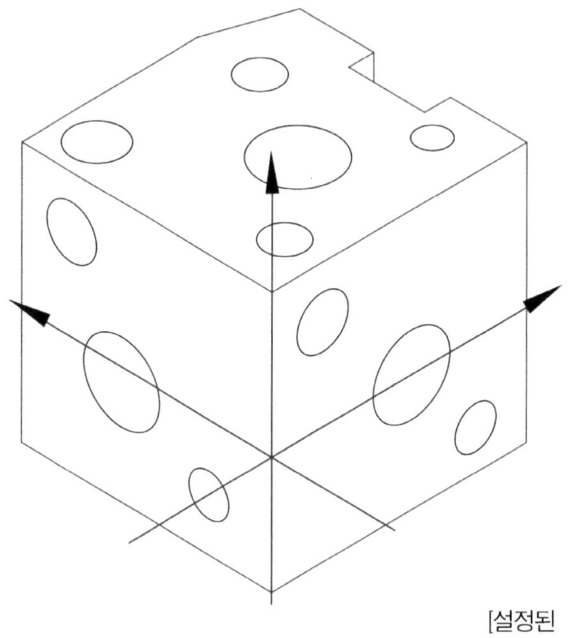

[설정된 좌표계]

[3차원 측정하기 A, S, L]

① 3차원 측정기를 이용하여 다음 부품의 구멍의 위치도를 측정하려고 할 때, 데이텀 형체를 측정하여 제1차, 제2차, 제3차 데이텀을 순차적으로 설정시 구속되는 자유도를 답안지에 작성하시오.

| 측 정 항 목 | 구속되는 직선운동 자유도 | 구속되는 회전운동 자유도 |
|---|---|---|
| 제1차 데이텀 | Z | $R_X$, $R_Y$ |
| 제2차 데이텀 | X, Y | |
| 제3차 데이텀 | | $R_Z$ |

② 위의 도면을 참고하여 부품의 데이텀을 순차적으로 설정해서 만들어지는 3차원 좌표계를 3D 도면에 작도하시오.

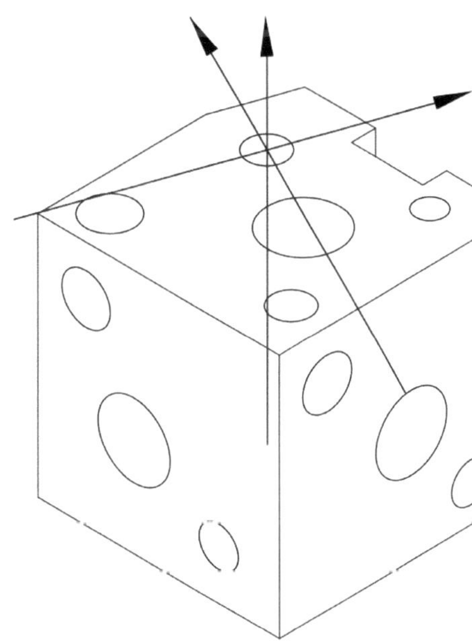

[설정된 좌표계]

## [3차원 측정하기 M, K, T]

① 3차원 측정기를 이용하여 다음 부품의 구멍의 위치도를 측정하려고 할 때, 데이텀 형체를 측정하여 제1차, 제2차, 제3차 데이텀을 순차적으로 설정시 구속되는 자유도를 답안지에 작성하시오.

| 측 정 항 목 | 구속되는 직선운동 자유도 | 구속되는 회전운동 자유도 |
|---|---|---|
| 제1차 데이텀 | X | $R_Y$, $R_Z$ |
| 제2차 데이텀 | Y | $R_X$ |
| 제3차 데이텀 | Z | |

② 위의 도면을 참고하여 부품의 데이텀을 순차적으로 설정해서 만들어지는 3차원 좌표계를 3D 도면에 작도하시오.

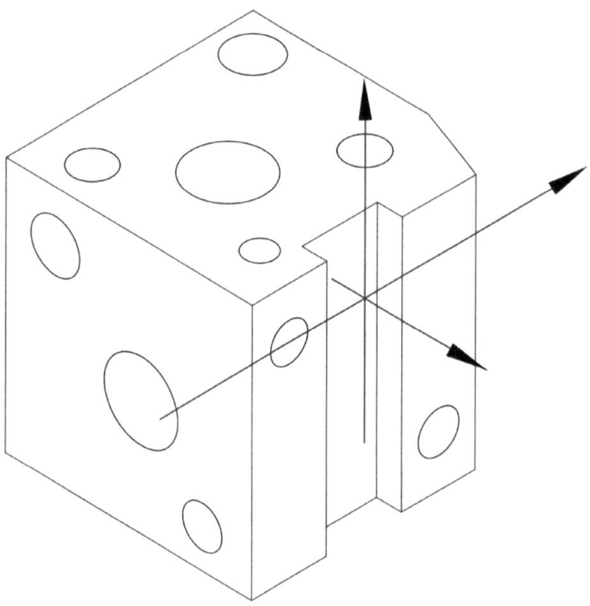

[설정된 좌표계]

[3차원 측정하기 B, C, F]

① 3차원 측정기를 이용하여 다음 부품의 구멍의 위치도를 측정하려고 할 때, 데이텀 형체를 측정하여 제1차, 제2차, 제3차 데이텀을 순차적으로 설정시 구속되는 자유도를 답안지에 작성하시오.

| 측 정 항 목 | 구속되는 직선운동 자유도 | 구속되는 회전운동 자유도 |
|---|---|---|
| 제1차 데이텀 | Y | $R_X$, $R_Z$ |
| 제2차 데이텀 | X | $R_Y$ |
| 제3차 데이텀 | Z | |

② 위의 도면을 참고하여 부품의 데이텀을 순차적으로 설정해서 만들어지는 3차원 좌표계를 3D 도면에 작도하시오.

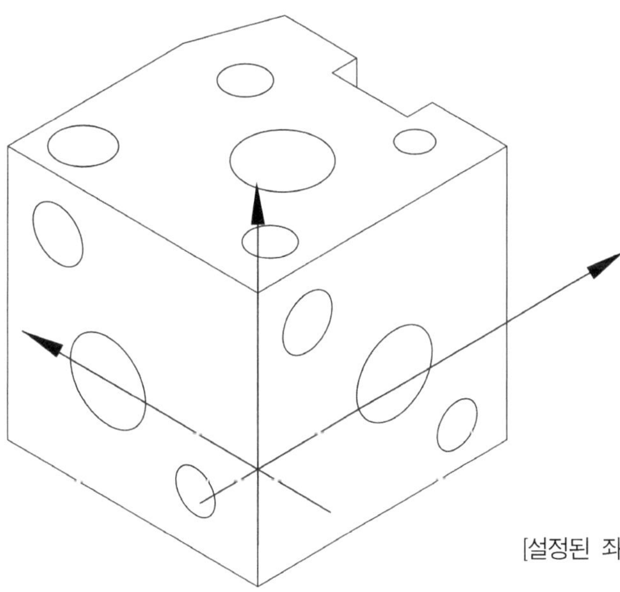

[설정된 좌표계]

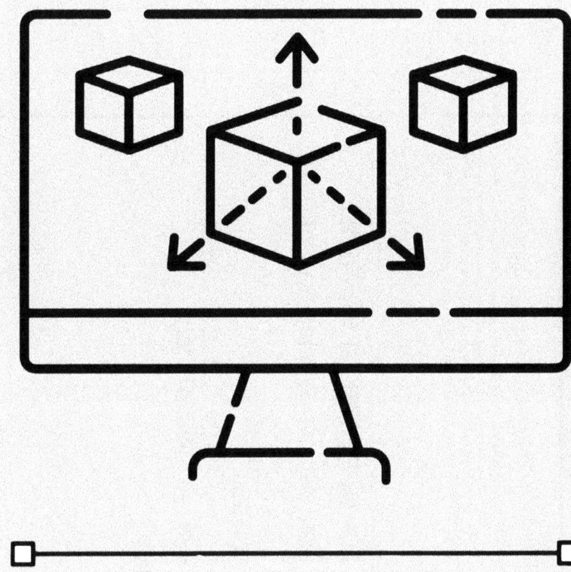

# 부록2

## 측정용 시편제작 도면

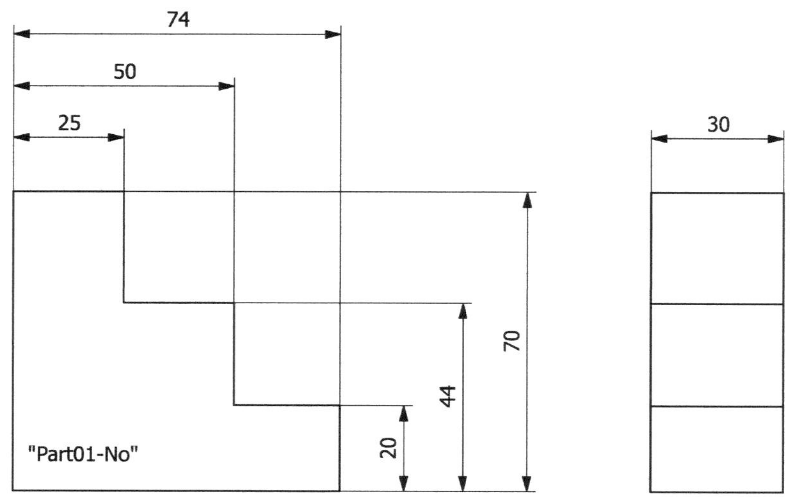


주 서

1. 각인 "Part01-No"을 문자크기 5mm각인하고
   No는 1부터 제작 수량으로 증분하여 표시한다.

2. 경도 : HRC30-35

3. 표면처리 : 흑색 산화 피막처리 또는
   인산염 피막처리

| 1 | Step Block 01 | SM45C | 1 | |
|---|---|---|---|---|
| 품번 | 품 명 | 재 질 | 수량 | 비 고 |

| 척도 | 각법 | 도면의 명칭 | 설 계 | | 도 번 |
|---|---|---|---|---|---|
| 1:1 | 3 | Step Block 01 | 성명 | 신 현 성 | |
| | | | 일자 | 2020.03.02 | |

한 국 폴 리 텍 대 학

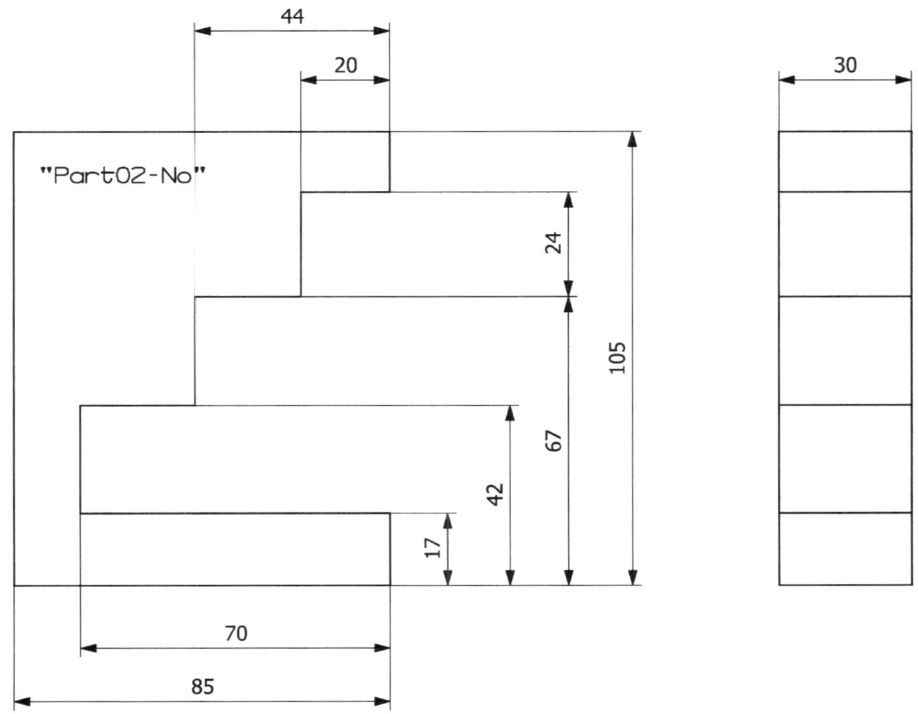


주 서

1. 각인 "Part02-No"을 문자크기 5mm각인하고
No는 1부터 제작 수량으로 증분하여 표시한다.

2. 경도 : HRC30-35

3. 표면처리 : 흑색 산화 피막처리 또는
인산염 피막처리

| 1 | Step Block 02 | | SM45C | 1 | |
|---|---|---|---|---|---|
| 품번 | 품 명 | | 재 질 | 수량 | 비 고 |
| 척도 | 각법 | 도면의 명칭 | 설 계 | | 도 번 |
| 1:1 | 3 | Step Block 02 | 성명 | 신 현 성 | |
| | | | 일자 | 2020.03.02 | |
| 한 국 폴 리 텍 대 학 | | | | | |

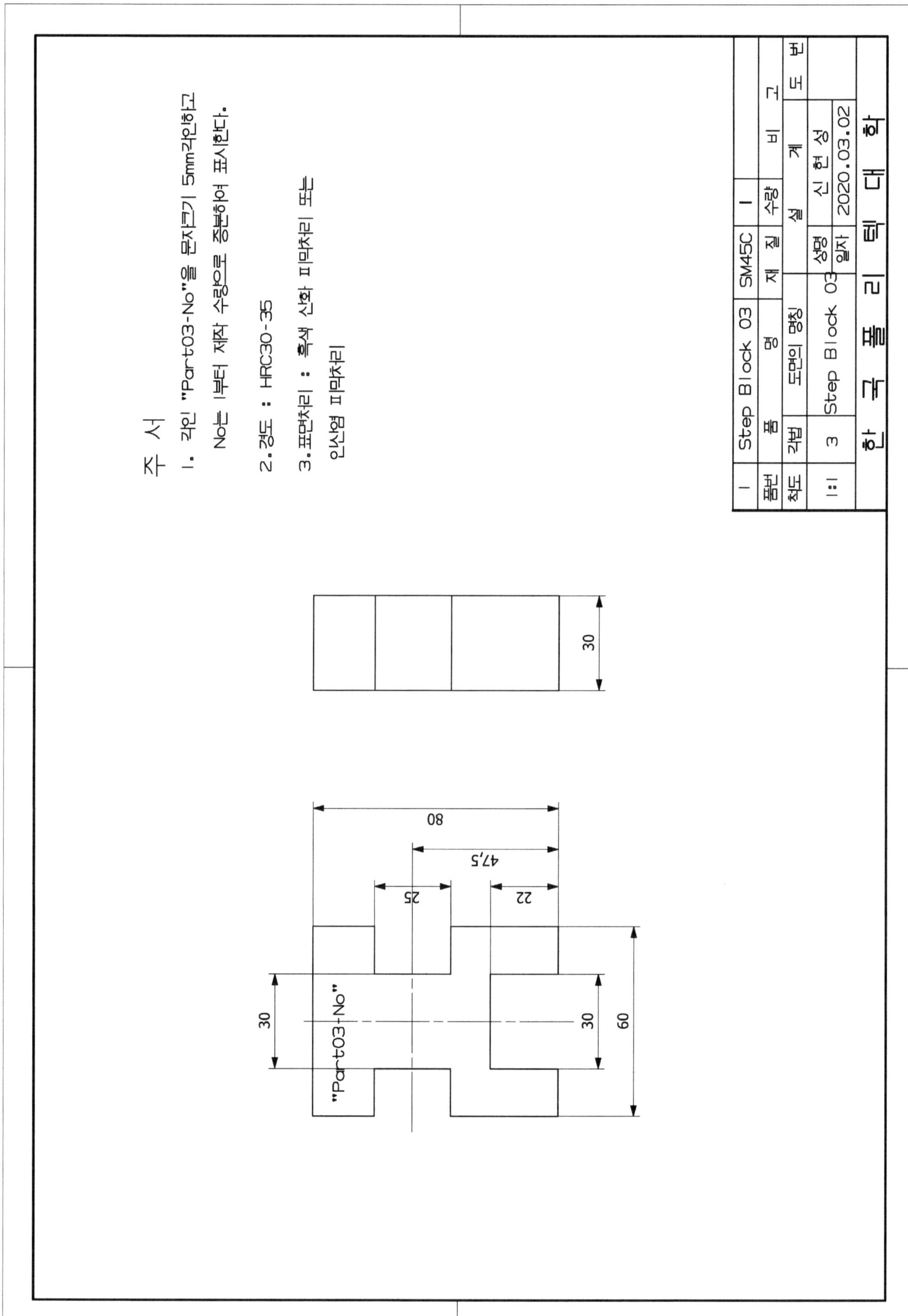
주 서
1. 각인 "Part03-No"을 문자크기 5mm각인하고
No는 1부터 제작 수량으로 증분하여 표시한다.
2. 경도 : HRC30-35
3. 표면처리 : 흑색 산화 피막처리 또는
인산염 피막처리
30
80
47,5
25
22
30
30
60
"Part03-No"
1 | Step Block 03 | SM45C | 1
품번 | 품 명 | 재 질 | 수량 | 비 고
척도 | 각법 | 도면의 명칭 | 설 계 | 도 번
1:1 | 3 | Step Block 03 | 성명 | 신 현 성
일자 | 2020.03.02
한 국 폴 리 텍 대 학

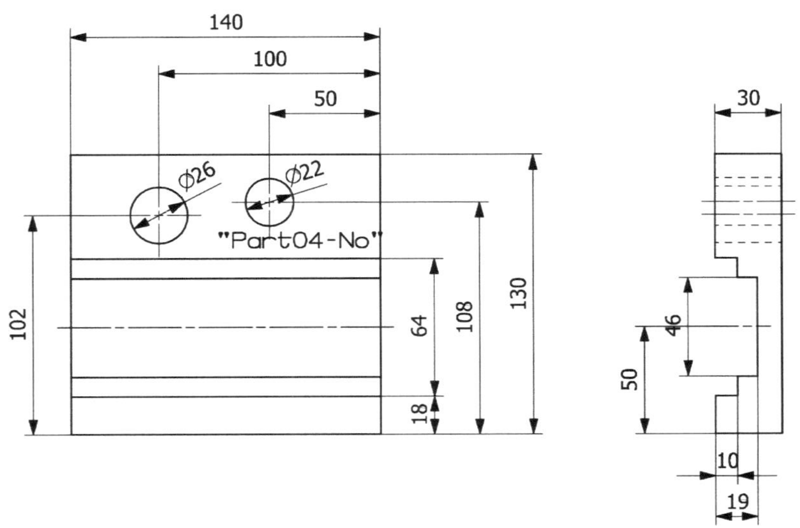


주 서

1. 각인 "Part04-No"을 문자크기 5mm각인하고
   No는 1부터 제작 수량으로 증분하여 표시한다.

2. 경도 : HRC30-35

3. 표면처리 : 흑색 산화 피막처리 또는
   인산염 피막처리

| 1 | Step Block 04 | | SM45C | 1 | | |
|---|---|---|---|---|---|---|
| 품번 | 품 명 | | 재 질 | 수량 | 비 고 | |
| 척도 | 각법 | 도면의 명칭 | 설 계 | | | 도 번 |
| 1:1 | 3 | Step Block 04 | 성명 | 신 현 성 | | |
| | | | 일자 | 2020.03.02 | | |
| 한 국 폴 리 텍 대 학 | | | | | | |

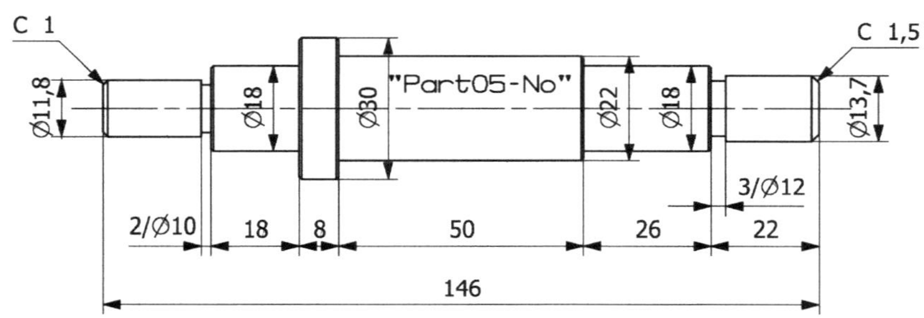


주 서

1. 각인 "Part05-No"을 문자크기 5mm각인하고 No는 1부터 제작 수량으로 증분하여 표시한다.

2. 경도 : HRC30-35

3. 표면처리 : 흑색 산화 피막처리 또는 인산염 피막처리

4. 일반 모따기 0.5

5. 양쪽 끝단에 센터드릴 Ø3로 처리할것

| 1 | Shaft 01 | | SM45C | 1 | |
|---|---|---|---|---|---|
| 품번 | 품명 | | 재질 | 수량 | 비고 |
| 척도 | 각법 | 도면의 명칭 | 설계 | | 도번 |
| 1:1 | 3 | Shaft 01 | 성명 | 신현성 | |
| | | | 일자 | 2020.03.02 | |
| 한국폴리텍대학 | | | | | |

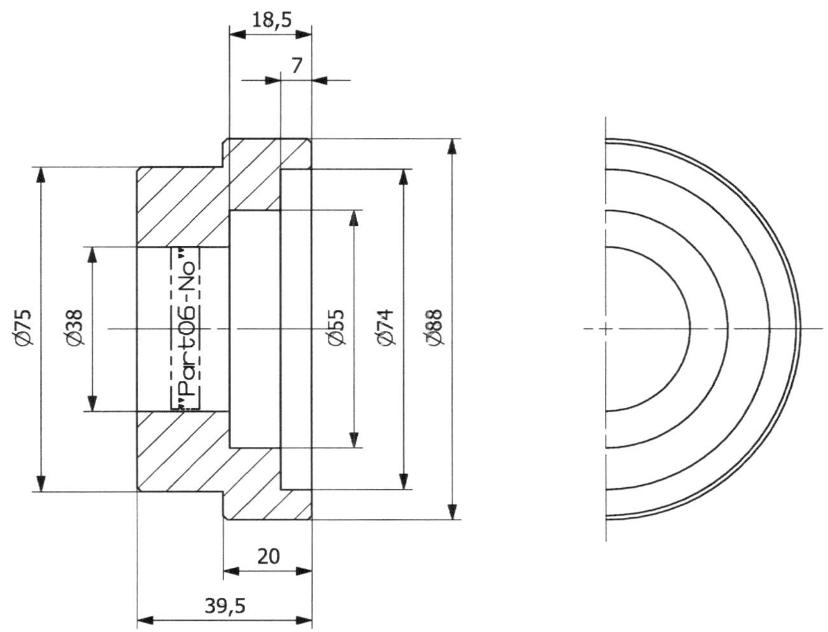


주 서

1. 각인 "Part06-No"을 문자크기 5mm각인하고
   No는 1부터 제작 수량으로 증분하여 외부에 표시한다.

2. 경도 : HRC30-35

3. 표면처리 : 흑색 산화 피막처리 또는
   인산염 피막처리

4. 주어지지 않는 모따기 1.5

<table>
<tr><td>1</td><td colspan="2">Hole 01</td><td>SM45C</td><td>1</td><td colspan="2"></td></tr>
<tr><td>품번</td><td colspan="2">품 명</td><td>재 질</td><td>수량</td><td colspan="2">비 고</td></tr>
<tr><td>척도</td><td>각법</td><td>도면의 명칭</td><td colspan="3">설 계</td><td>도 번</td></tr>
<tr><td rowspan="2">1:1</td><td rowspan="2">3</td><td rowspan="2">Hole 01</td><td>성명</td><td colspan="2">신 현 성</td><td rowspan="2"></td></tr>
<tr><td>일자</td><td colspan="2">2020.03.02</td></tr>
<tr><td colspan="7">한 국 폴 리 텍 대 학</td></tr>
</table>

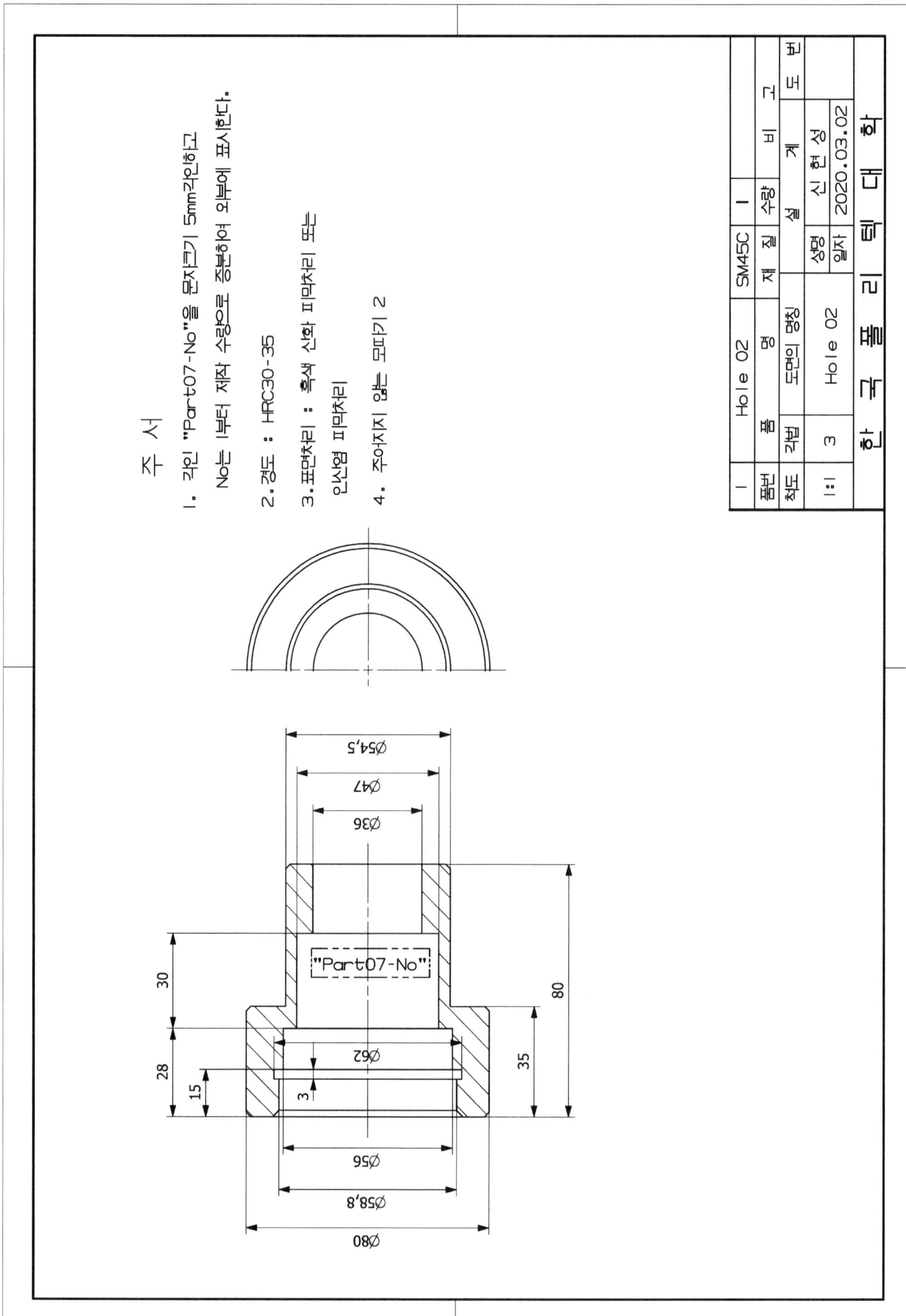
주 서
1. 각인 "Part07-No"을 문자크기 5mm각인하고
No는 1부터 제작 수량으로 종분하여 외부에 표시한다.
2. 경도 : HRC30-35
3. 표면처리 : 흑색 산화 피막처리 또는
인산염 피막처리
4. 주어지지 않은 모따기 2
1
Hole 02
SM45C
1
품번
품 명
재 질
수량
비 고
척도
각법
도면의 명칭
설 계
도 번
1:1
3
Hole 02
성명
신 현 성
일자
2020.03.02
한 국 폴 리 텍 대 학
Ø54,5
Ø47
Ø36
"Part07-No"
30
28
15
3
Ø62
35
80
Ø56
Ø58,8
Ø80

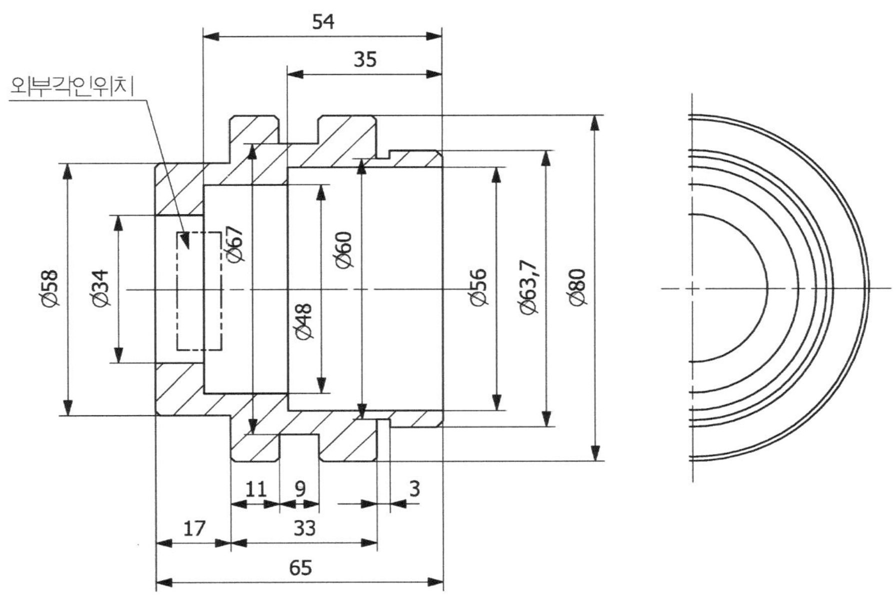


주 서

1. 각인 "Part08-No"을 문자크기 5mm각인하고
No는 1부터 제작 수량으로 증분하여 표시한다.

2. 경도 : HRC30-35

3. 표면처리 : 흑색 산화 피막처리 또는
인산염 피막처리

4. 주어지지 않는 모따기 1

| 1 | Hole 03 | | SM45C | 1 | | |
|---|---|---|---|---|---|---|
| 품번 | 품 명 | | 재 질 | 수량 | 비 고 | |
| 척도 | 각법 | 도면의 명칭 | 설 계 | | | 도 번 |
| 1:1 | 3 | Hole 03 | 성명 | 신 현 성 | | |
| | | | 일자 | 2020.03.02 | | |
| 한 국 폴 리 텍 대 학 | | | | | | |

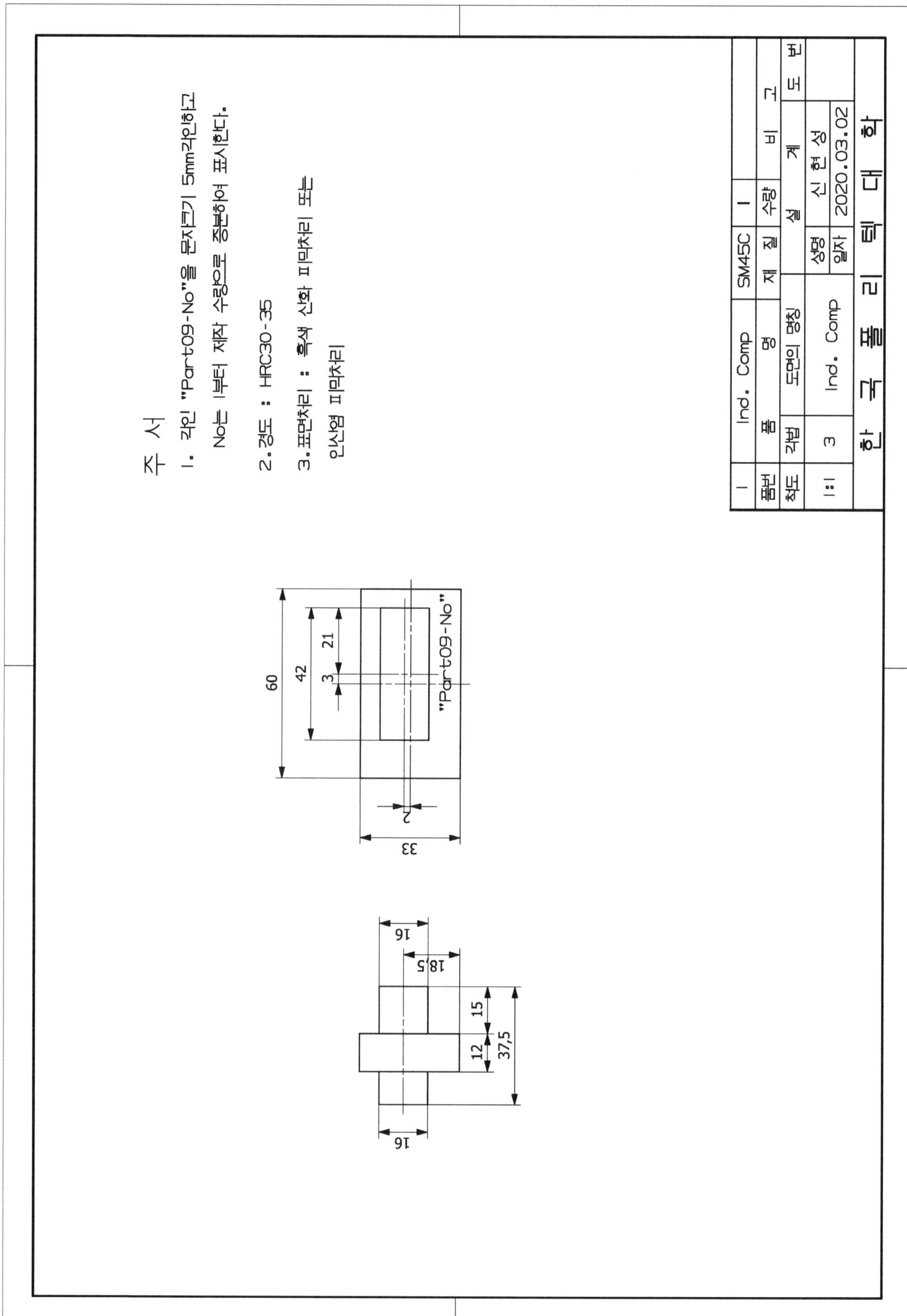

주 서
1. 각인 "Part09-No"을 문자크기 5mm각인하고 No는 1부터 제작 수량으로 증분하여 표시한다.
2. 경도 : HRC30-35
3. 표면처리 : 흑색 산화 피막처리 또는 인산염 피막처리
1 Ind. Comp SM45C 1
품번 품명 재질 수량 비고
척도 각법 도면의 명칭 설계 도번
1:1 3 Ind. Comp 성명 신현성 일자 2020.03.02
한국폴리텍대학
60
42
21
3
2
33
"Part09-No"
16
18,5
15
12
37,5
16

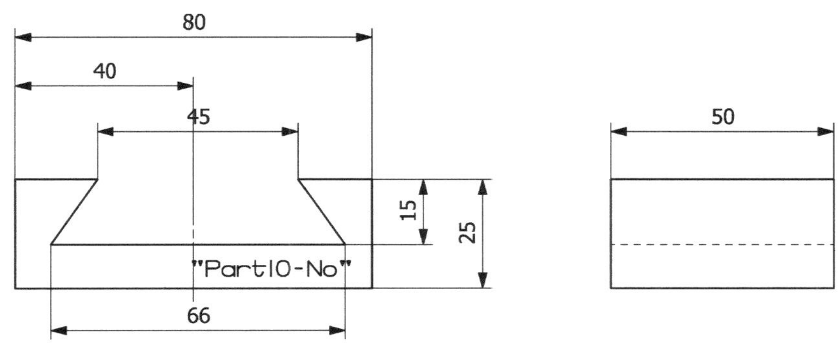


주 서

1. 각인 "Part10-No"을 문자크기 5mm각인하고
No는 1부터 제작 수량으로 증분하여 표시한다.

2. 경도 : HRC30-35

3. 표면처리 : 흑색 산화 피막처리 또는
인산염 피막처리

| 1 | Pin Meastr01 | | SM45C | 1 | |
|---|---|---|---|---|---|
| 품번 | 품 명 | | 재 질 | 수량 | 비 고 |
| 척도 | 각법 | 도면의 명칭 | 설 계 | | 도 번 |
| 1:1 | 3 | Pin Meastr01 | 성명 | 신 현 성 | |
| | | | 일자 | 2020.03.02 | |
| 한 국 폴 리 텍 대 학 | | | | | |

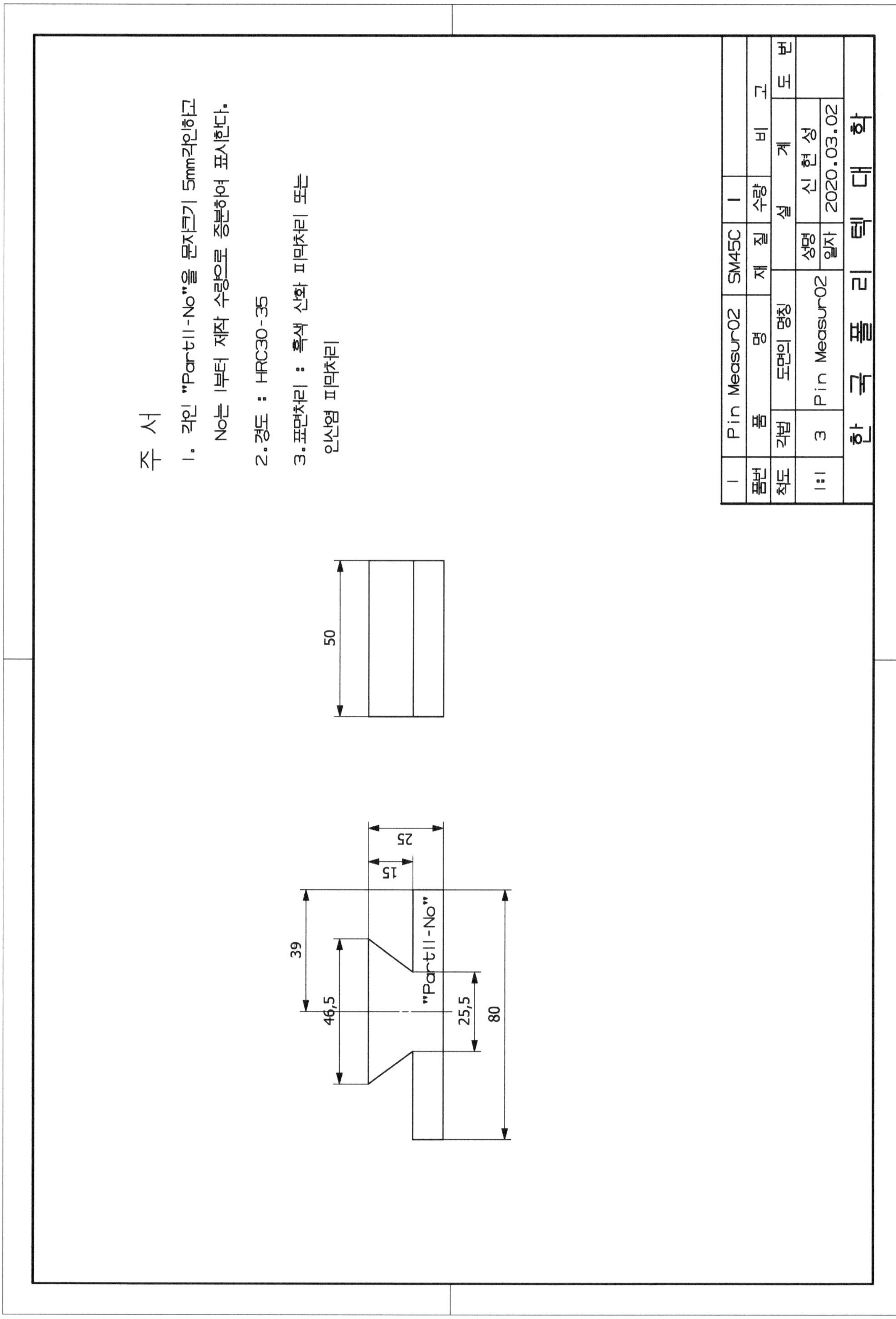
주 서
1. 각인 "Part1-No"을 문자크기 5mm각인하고
No는 1부터 제작 수량으로 증분하여 표시한다.
2. 경도 : HRC30-35
3. 표면처리 : 흑색 산화 피막처리 또는
인산염 피막처리
1 | Pin Measur02 | SM45C | 1
품번 | 품 명 | 재 질 | 수량 | 비 고
척도 | 각법 | 도면의 명칭 | 설 계 | 도 번
1:1 | 3 | Pin Measur02 | 성명 신 현 성 | 일자 2020.03.02
한 국 폴 리 텍 대 학
50
25
15
39
46,5
"Part1-No"
25,5
80

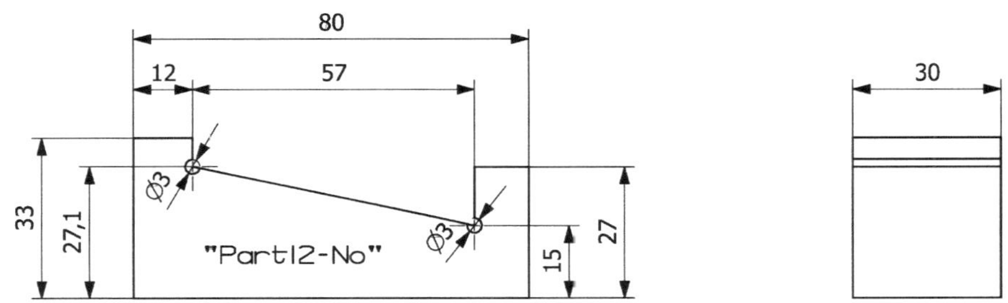


주 서

1. 각인 "Part12-No"을 문자크기 5mm각인하고
No는 1부터 제작 수량으로 증분하여 표시한다.

2. 경도 : HRC30-35

3. 표면처리 : 흑색 산화 피막처리 또는
인산염 피막처리

| 1 | Pin Angle | | SM45C | 1 | | |
|---|---|---|---|---|---|---|
| 품번 | 품 명 | | 재 질 | 수량 | 비 고 | |
| 척도 | 각법 | 도면의 명칭 | 설 계 | | | 도 번 |
| 1:1 | 3 | Pin Angle | 성명 | 신 현 성 | | |
| | | | 일자 | 2020.03.02 | | |
| 한 국 폴 리 텍 대 학 | | | | | | |

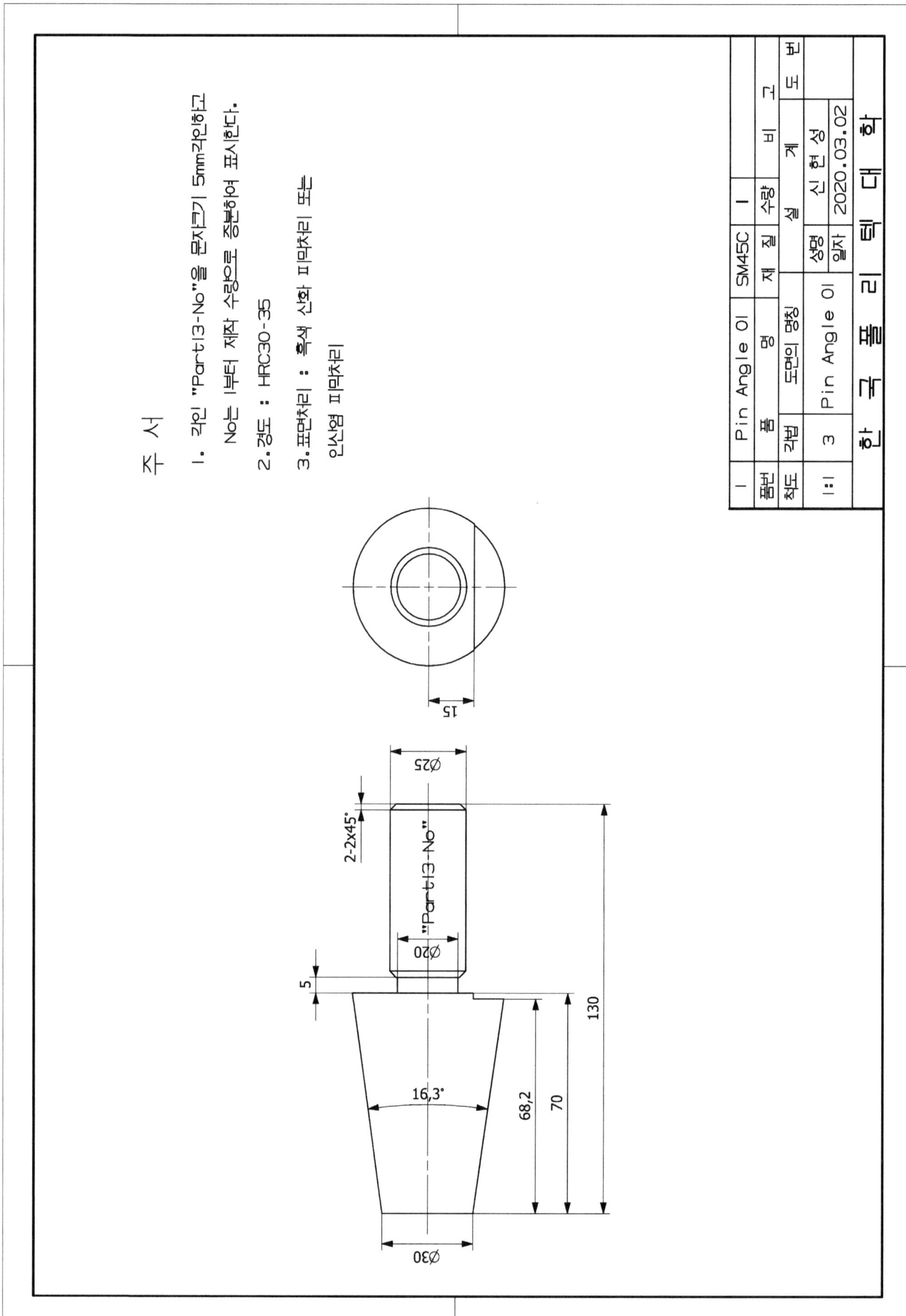
주 서
1. 각인 "Part13-No"을 문자크기 5mm각인하고
No는 1부터 제작 수량으로 증번하여 표시한다.
2. 경도 : HRC30-35
3. 표면처리 : 흑색 산화 피막처리 또는
인산염 피막처리
1
Pin Angle 01
SM45C
1
품번
품 명
재 질
수량
비 고
척도
각법
도면의 명칭
설 계
도 번
1:1
3
Pin Angle 01
성명
신 현 성
일자
2020.03.02
한 국 폴 리 텍 대 학
Ø25
2-2x45°
"Part13-No"
Ø20
5
130
16,3°
68,2
70
Ø30
15

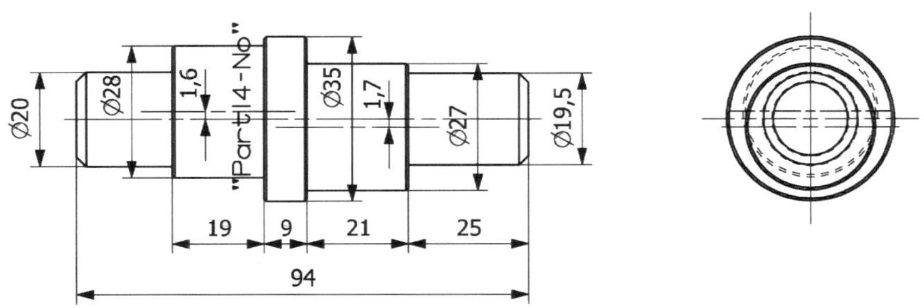


주 서

1. 각인 "Part14-No"을 문자크기 5mm각인하고
No는 1부터 제작 수량으로 증분하여 표시한다.

2. 경도 : HRC30-35

3. 표면처리 : 흑색 산화 피막처리 또는
인산염 피막처리

4. 일반 모따기 0.5

5. 양쪽 끝단에 센터드릴 ⌀3로 처리할것

| 1 | Center Shaft | | SM45C | 1 | | |
|---|---|---|---|---|---|---|
| 품번 | 품 명 | | 재 질 | 수량 | 비 고 | |
| 척도 | 각법 | 도면의 명칭 | 설 계 | | | 도 번 |
| 1:1 | 3 | Center Shaft | 성명 | 신 현 성 | | |
| | | | 일자 | 2020.03.02 | | |
| 한 국 폴 리 텍 대 학 | | | | | | |

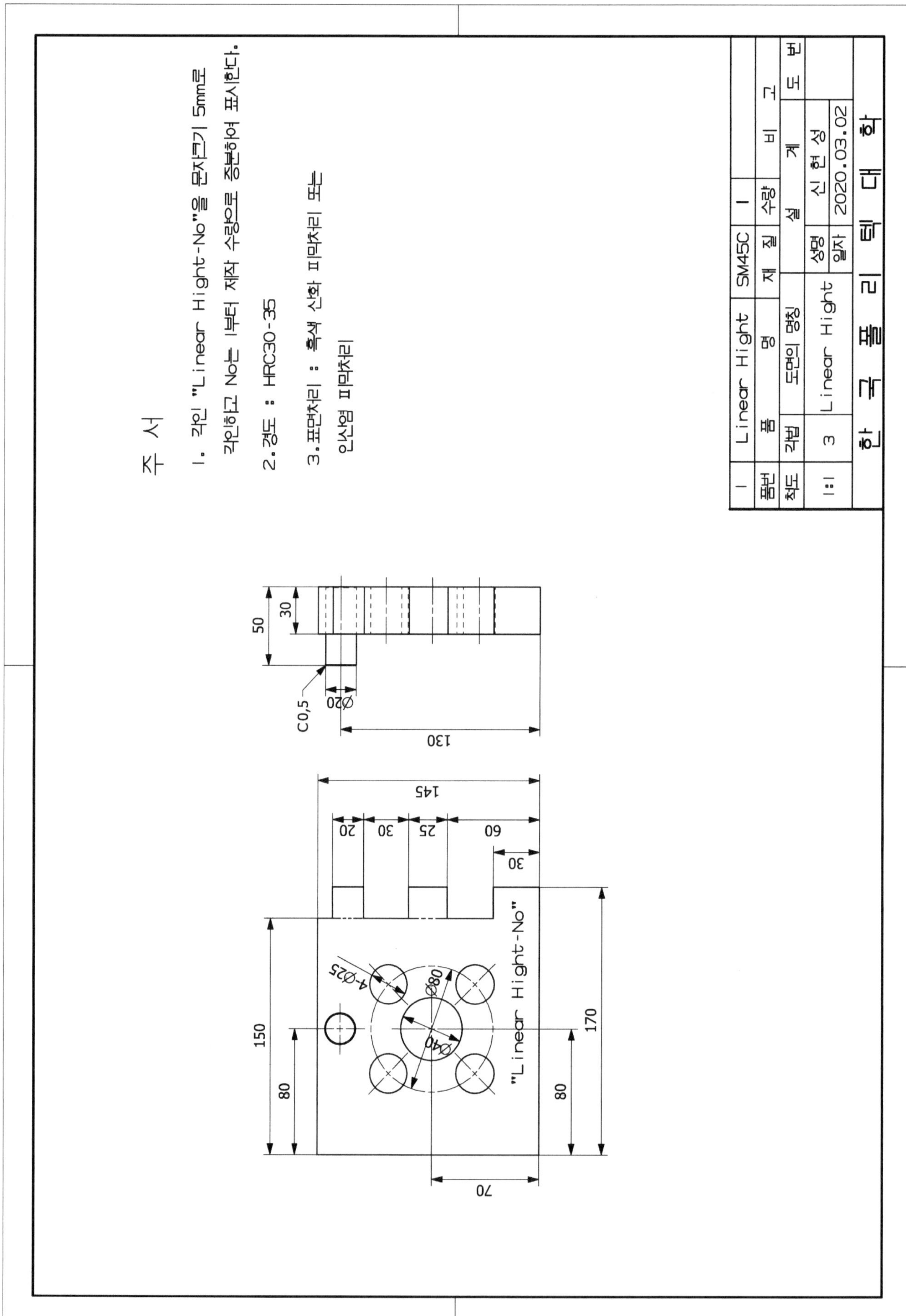
주 서
1. 각인 "Linear Hight-No"을 문자크기 5mm로 각인하고 No는 1부터 제작 수량으로 증분하여 표시한다.
2. 경도 : HRC30-35
3. 표면처리 : 흑색 산화 피막처리 또는 인산염 피막처리
50
30
C0,5
Ø20
130
145
20
30
25
60
30
150
80
170
80
70
4-Ø25
Ø80
Ø40
"Linear Hight-No"
품번
1
품 명
Linear Hight
재 질
SM45C
수량
1
비 고
척도
1:1
각법
3
도면의 명칭
Linear Hight
설 계
성명
신 현 성
일자
2020.03.02
도 번
한 국 폴 리 텍 대 학

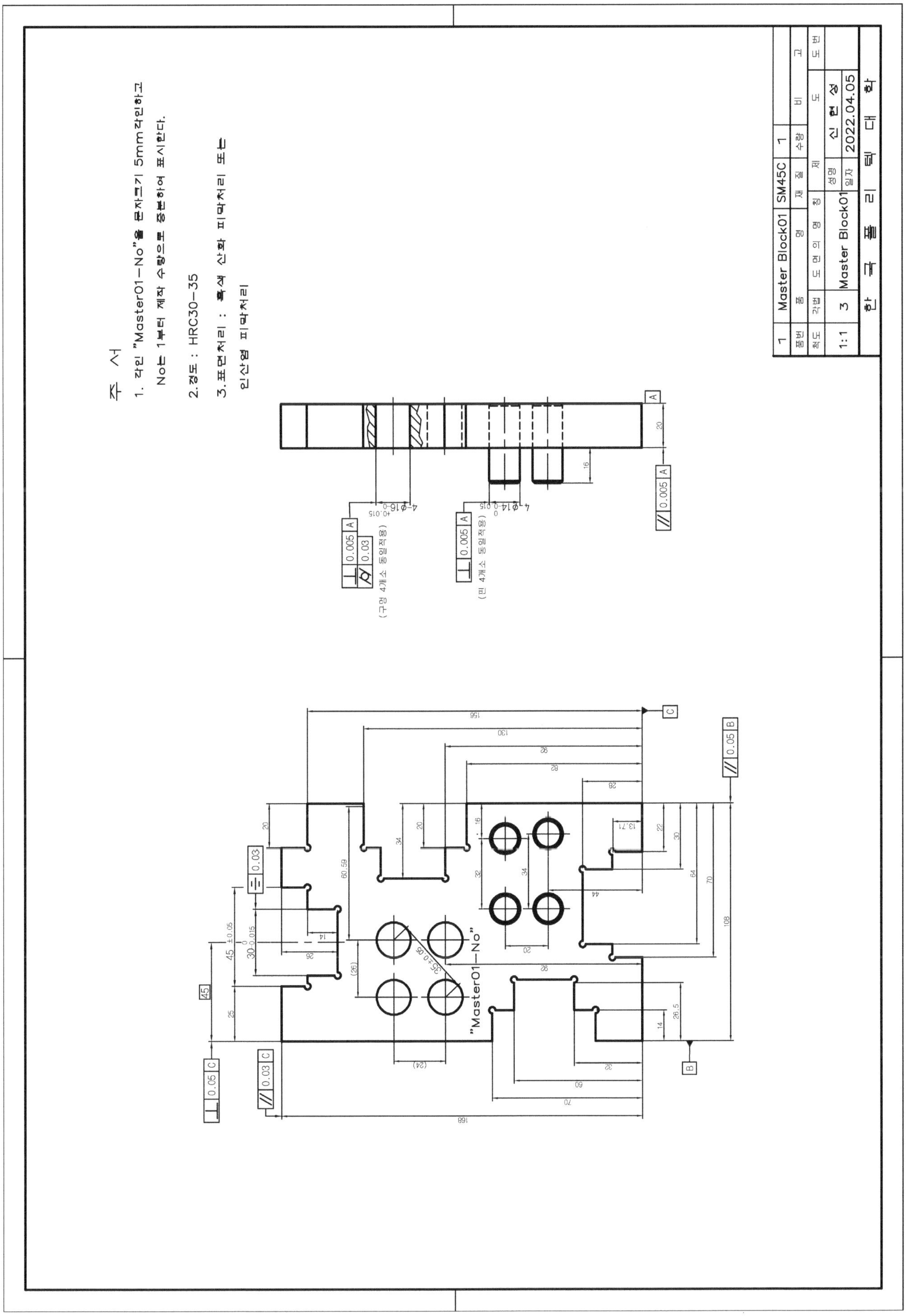
주 서
1. 각인 "Master01-No"를 문자크기 5mm각인하고
No는 1부터 제작 수량으로 증번하여 표시한다.
2.경도 : HRC30-35
3.표면처리 : 흑색 산화 피막처리 또는
인산염 피막처리
"Master01-No"
1 Master Block01 SM45C 1
품번 품명 재질 수량 비고
척도 각법 도면이름 도번
1:1 3 Master Block01
성명 신현성
일자 2022.04.05
한국폴리텍대학

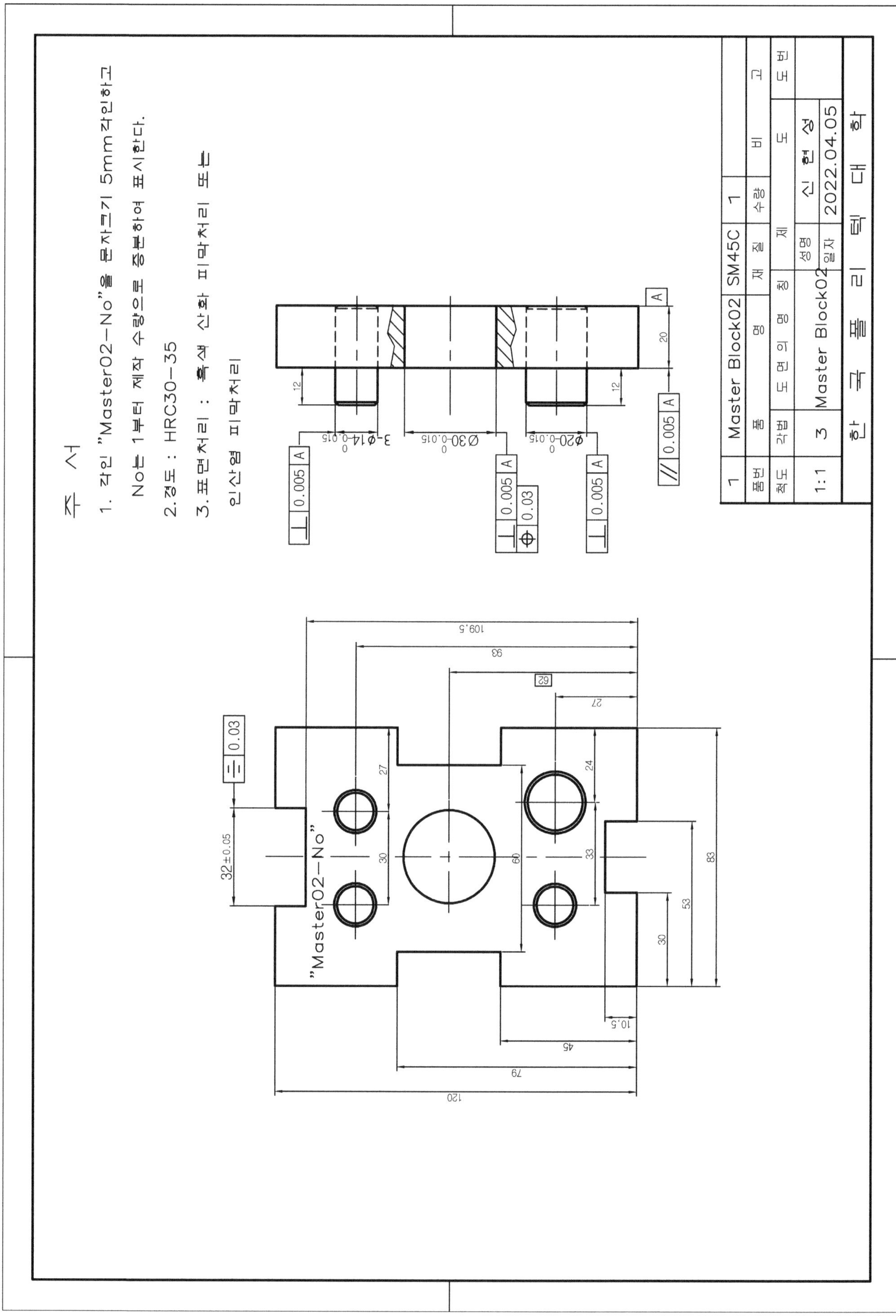
주 서
1. 각인 "Master02-No"을 문자크기 5mm각인하고
No는 1부터 제작 수량으로 증분하여 표시한다.
2.경도 : HRC30-35
3.표면처리 : 흑색 산화 피막처리 또는
인산염 피막처리
"Master02-No"
1 Master Block02 SM45C 1
품번 품명 재질 수량 비고
척도 각법 도면의 명칭 제 도 도번
1:1 3 Master Block02 성명 신현성
일자 2022.04.05
한국폴리텍대학

## 참고문헌


1. Catalog No. E11003(2), “Quick Guide to Precision Measuring Instruments”, Mitutoyo.
2. Catalog No. US-1003-DR1, “Measuring Instruments Catalog”, Mitutoyo.
3. Mahr Guide, “MarGear I Universal Measuring Technology for Form, Diameter and Gears”, Mahr GmbH.
4. General Catalog 10012.090.1601, Precision Measuring Instruments(Quality drives productivity), TESA Technology.
5. KHK The ABCs of Gears, “A-The Introductory course”, Jan. 5, 2007 First edition, Kohara Gear Industry co, Ltd.
6. Total Gear Solution Gleason, “Cylindrical Gear Manufacturing Solutions”,Gleason Corporation, 2019.
7. https://mechengineering.tistory.com/58, “경도시험(hardness test)” [공학나라] 기계 공학 기술정보.
8. KASTO-ED-P-02, “정밀측정기술교육 부교재[경도분야]”, 2016.01.06., 한국계량측정협회.
9. Dimensioning and Tolerancing, “ASME Y14.5-2009”, ASME International, 2009.
10. Measurement Good Practice Guide No. 41, “CMM Measurement Strategies”, National Physical Laboratory, 2001.
11. NX_CMM_MBG_Training_Guide_11, “NX CMM Inspection Programming”, Siemens PLM, 2016.
12. 3차원 측정기 교육교재, “3차원 측정기 뉴로메저 5 입문과정 교육”, ㈜덕인 기술지원팀 교육센터, 2017.
13. DMIS Training Manual, “PC DMIS Manual”, 한국헥사곤메트롤리지(유), 2021.

# 찾아보기

## 【한 글】

## 【영 문】

## 저자약력

**신 현 성**(공학박사) apeshs@kopo.ac.kr

1986.12~1994.08 통일중공업㈜ 기술개발연구소
1994.08~현재 한국폴리텍대학 교수

1997.03~현재 중소기업청 현장애로기술 지도위원
2015.08~현재 조달청 기계장치분야 심의위원
2002.10~현재 한국산업기술평가관리원 심의위원
1997, 1998 전라남도 기능경기대회 기계제도/CAD 심사장
1999~2022 광주광역시 기능경기대회 기계설계/CAD 심사장

〈저서〉 Autocad를 이용한 알기 쉬운 도면 작성법 Ⅱ, 기전연구사, 2020.
Unigraphics NX11을 이용한 알기 쉬운 기계해석, 기전연구사, 2018.
스마트공장 구현을 위한 스마트디바이스 활용, 기전연구사, 2017.
Unigraphics NX8를 이용한 알기 쉬운 모델링 Ⅱ, 기전연구사, 2013.

**김 광 호**(공학박사) ghkim@kopo.ac.kr

2010.05~2012.03 광주테크노파크 가전로봇센터
2012.06~2013.08 조선대학교 바이오리파이너리센터
2021.07~현재 한국폴리텍대학 교수

**김 형 선**(공학박사) hskim3@kopo.ac.kr

2000.08~2003.02 순천대학교 BK21사업단
2003.03~2004.02 대한상공회의소 전북인력개발원
2004.03~현재 한국폴리텍대학 교수

〈저서〉 모델링과 MCT가공, 2018., 우리글

# 정밀측정의 최적화 기술

2022년 8월 16일 제1판제1인쇄
2022년 8월 22일 제1판제1발행

공저자 신현성 · 김광호 · 김형선
발행인 나영찬

발행처 **기전연구사**

서울특별시 동대문구 천호대로4길 16(신설동)
전 화 : 2235-0791/2238-7744/2234-9703
FAX : 2252-4559
등 록 : 1974. 5. 13. 제5-12호

정가 28,000원


ISBN 978-89-336-1038-1
www.kijeonpb.co.kr